高等学校通用教材

数据结构教程

（第 3 版）

唐发根　编著

北京航空航天大学出版社

内 容 简 介

《数据结构教程(第3版)》是第2版的修订版。修订版继续保持了第2版的基本框架和表达风格,对其中部分内容做了增删与补充,尤其是增加了大量的习题和解答。

书中按照"数据结构"课程教学大纲系统地讨论了数据的各种逻辑结构、存储结构以及在这些结构的基础上对数据所实施的操作。全书仍然分为11章。

本书不仅可以作为高等学校计算机专业和其他相关专业本科学生的学习用书,也可以作为计算机软件开发人员的参考资料,更是报考高等院校计算机专业硕士研究生的考生考前重要的复习资料。

图书在版编目(CIP)数据

数据结构教程 / 唐发根编著. -- 3 版. -- 北京：
北京航空航天大学出版社,2017.6
ISBN 978 - 7 - 5124 - 2432 - 6

Ⅰ. ①数… Ⅱ. ①唐… Ⅲ. ①数据结构－高等学校－
教材 Ⅳ. ①TP311.12

中国版本图书馆 CIP 数据核字(2017)第 120061 号

数据结构教程(第3版)
唐发根 编著
责任编辑 陈守平
*
北京航空航天大学出版社出版发行
北京市海淀区学院路 37 号(邮编 100191) http://www.buaapress.com.cn
发行部电话:(010)82317024 传真:(010)82328026
读者信箱:goodtextbook@126.com 邮购电话:(010)82316936
保定市中画美凯印刷有限公司印装 各地书店经销
*
开本:787×1 092 1/16 印张:25.25 字数:646 千字
2017 年 8 月第 3 版 2023 年 8 月第 6 次印刷,印数 17 001～20 000
ISBN 978 - 7 - 5124 - 2432 - 6 定价:59.00 元

前　言

随着计算机科学与技术的迅速发展,"数据结构"作为一门新兴学科,已经越来越受到计算机界的重视,被认为是计算机领域的一门十分重要的基础学科。从课程性质上说,"数据结构"是高等学校计算机专业重要的专业基础课程之一。它作为计算机程序设计的灵魂,为计算机系统软件和应用软件的设计与开发提供必要的方法性的理论指导。

《数据结构教程(第2版)》一书自出版以来,得到了广大读者的认可与好评。由于作者水平所限,加上计算机技术的发展日新月异,第2版图书在内容的选取与充实方面存在进一步改进和完善的需要。本着适用与实用的原则,并结合读者的使用情况,在征询和听取了部分读者的意见和建议之后,作者对第2版进行了修正和补充,形成了今天的《数据结构教程(第3版)》。

第3版秉承第2版的思路,仍然将全书分为11章,系统地讨论了各种数据结构的基本概念和相关操作。其中,第1章绪论简要介绍数据结构与算法的基本概念、算法描述与分析的基本方法;第2章线性表,主要讨论线性表的基本概念、线性表的顺序存储结构与链式存储结构的构造原理,以及在这两种存储结构的基础上对线性表实施的基本操作;第3章重点讨论数组的基本概念,以及几种特殊矩阵的压缩存储方法;第4章讨论堆栈和队列这两种操作受限制的线性表,包括堆栈和队列的基本概念、存储结构,以及基本操作的实现;第5章简要讨论广义表的概念和存储方法;第6章讨论字符串这一非数值数据结构;第7章讨论树形结构的基本概念,包括名词术语、存储结构,以及在二叉链表存储结构基础上对二叉树实施的基本操作;第8章讨论图结构的基本概念,重点讨论图的存储方法以及几种常用算法;第9章讨论查找的基本概念和几种常用的查找方法及其时空效率分析;第10章内排序,详细讨论几种常用的内排序方法及其性能分析;第11章外排序,主要讨论如何在计算机内存与外存之间进行数据组织与数据调动来实现排序。

本书取材广泛,内容丰富,表达清晰,对"数据结构"课程中的重点和难点内容进行了较为深入细致的分析,对于一些经典算法、重点算法及其应用进行了详细的讨论,目的是使读者能够更好地掌握各种数据结构的应用。书中涉及的算法采用C语言函数描述,除个别算法外,大多数算法无须经过修改即可被其他函数调用。

"数据结构"课程是一门实践性较强的课程。本着这一认识,第3版依旧遵循着重基础与注重应用的原则,在第2版的基础上,在讨论具体内容的过程中适时增加了一些算法实例,旨在进一步增强读者对课程中相关概念和内容的理解。值得说明的是,第3版对第2版的习题作了较大幅度的更改,替换了第2版中的大部分习题,新习题量超过60%;大量新习题的出现增加了全书的习题量,并且在书的后部对绝大部分习题都给出了相应的分析与参考答案。可以说,阅读过本书并独立完成习题的读者,都能够比较容易地掌握课程所要求的基本概念、基本技术与基本方法。

本书不仅可以作为高等学校计算机专业和其他相关专业本科学生的学习用书,也可以用作从事计算机系统软件和应用软件设计与开发人员的参考资料。本书的课内讲授时间建议为50～70学时,也可以根据具体情况和不同要求对内容做某些增减(如书中带 * 号的章节),以适合不同层次的读者。由于书中习题参考了近年来国内众多高等院校计算机专业硕士研究生入学考试以及硕士研究生入学考试计算机专业基础综合全国联考试题,因此,本书也可以作为报考高等院校计算机专业硕士研究生的考生考前复习的重要资料。

　　"数据结构"课程属于一门年轻的学科。随着计算机技术的飞速发展,课程的内容仍然在不断变化与更新,加上作者水平有限,书中某些地方可能考虑不周,一些内容的描述和表达尚待改进,疏漏与错误一定存在,恳请读者批评指正,并给予宝贵意见和建议。

作　者

2017 年 2 月于北京

目 录

第 1 章 绪 论 ……………………………………………………………………… 1

1.1 什么是数据结构 ……………………………………………………………… 1

*1.2 数据结构的发展简史及其在计算机科学中的地位 …………………… 4

1.3 算 法 ………………………………………………………………………… 5

1.3.1 算法及其性质 …………………………………………………………… 5

1.3.2 基本算法 ………………………………………………………………… 6

1.3.3 算法的描述 ……………………………………………………………… 7

1.4 算法分析 ……………………………………………………………………… 10

1.4.1 时间复杂度 ……………………………………………………………… 11

1.4.2 空间复杂度 ……………………………………………………………… 13

1.4.3 其他方面 ………………………………………………………………… 14

习 题 ……………………………………………………………………………… 14

第 2 章 线性表 ……………………………………………………………………… 19

2.1 线性表的定义及其基本操作 ……………………………………………… 19

2.1.1 线性表的定义 …………………………………………………………… 19

2.1.2 线性表的基本操作 ……………………………………………………… 20

2.2 线性表的顺序存储结构 …………………………………………………… 21

2.2.1 顺序存储结构的构造 …………………………………………………… 21

2.2.2 几种常见操作的实现 …………………………………………………… 22

2.2.3 顺序存储结构小结 ……………………………………………………… 28

2.3 线性链表及其操作 ………………………………………………………… 28

2.3.1 线性链表的构造 ………………………………………………………… 29

2.3.2 线性链表的基本算法 …………………………………………………… 31

2.4 循环链表及其操作 ………………………………………………………… 45

2.5 双向链表及其操作 ………………………………………………………… 47

2.5.1 双向链表的构造 ………………………………………………………… 48

2.5.2 双向链表的插入与删除算法 …………………………………………… 49

*2.6 链表的应用举例 …………………………………………………………… 51

2.6.1 链式存储结构下的一元多项式相加 …………………………………… 51

2.6.2 打印文本文件的最后 n 行 ……………………………………………… 54

习 题 ……………………………………………………………………………… 56

第 3 章 数 组 ··· 63

3.1 数组的概念 ·· 63

3.2 数组的存储结构 ·· 63

3.3 矩阵的压缩存储 ·· 65

3.3.1 对称矩阵的压缩存储 ··· 65

3.3.2 对角矩阵的压缩存储 ··· 66

3.4 稀疏矩阵的三元组表表示 ·· 67

3.4.1 稀疏矩阵的三元组表存储方法 ··· 67

*3.4.2 稀疏矩阵的转置算法 ·· 68

*3.4.3 稀疏矩阵的相加算法 ·· 70

*3.4.4 稀疏矩阵的相乘算法 ·· 72

*3.5 稀疏矩阵的链表表示 ··· 74

3.5.1 线性链表存储方法 ··· 74

3.5.2 带行指针向量的链表存储方法 ··· 75

3.5.3 十字链表存储方法 ··· 75

3.6 数组的应用举例 ·· 79

3.6.1 一元多项式的数组表示 ·· 79

3.6.2 n 阶魔方 ··· 80

习   题 ··· 82

第 4 章 堆栈和队列 ··· 85

4.1 堆栈的概念及其操作 ·· 85

4.1.1 堆栈的定义 ·· 85

4.1.2 堆栈的基本操作 ··· 86

4.2 堆栈的顺序存储结构 ·· 86

4.2.1 顺序堆栈的构造 ··· 87

4.2.2 顺序堆栈的基本算法 ·· 87

*4.2.3 多个堆栈共享连续空间 ··· 89

4.3 堆栈的链式存储结构 ·· 92

4.3.1 链接堆栈的构造 ··· 92

4.3.2 链接堆栈的基本算法 ·· 93

4.4 堆栈的应用举例 ·· 95

4.4.1 符号匹配检查 ··· 95

4.4.2 数制转换 ·· 95

4.4.3 堆栈在递归中的应用 ·· 96

4.4.4 表达式的计算 ··· 101

4.4.5 趣味游戏——迷宫 ·· 104

4.5 队列的概念及其操作 ·· 107

4.5.1　队列的定义 ································· 107
4.5.2　队列的基本操作 ······························· 108
4.6　队列的顺序存储结构 ······························· 108
4.6.1　顺序队列的构造 ······························· 108
4.6.2　顺序队列的基本算法 ·························· 109
4.6.3　循环队列 ··································· 111
4.7　队列的链式存储结构 ······························· 113
4.7.1　链接队列的构造 ······························· 113
4.7.2　链接队列的基本算法 ·························· 114
习　题 ··· 117

第5章　广义表 ······································· 122
5.1　广义表的基本概念 ································· 122
5.2　广义表的存储结构 ································· 123
*5.3　多元多项式的表示 ································· 126
习　题 ··· 128

第6章　串 ··· 130
6.1　串的基本概念 ····································· 130
6.1.1　串的定义 ··································· 130
6.1.2　串的几个概念 ······························· 131
6.2　串的基本操作 ····································· 131
6.3　串的存储结构 ····································· 133
6.3.1　串的顺序存储结构 ··························· 133
6.3.2　串的链式存储结构 ··························· 134
6.4　串的几个操作 ····································· 135
习　题 ··· 140

第7章　树与二叉树 ··································· 142
7.1　树的基本概念 ····································· 142
7.1.1　树的定义 ··································· 142
7.1.2　树的逻辑表示方法 ··························· 144
7.1.3　基本术语 ··································· 145
7.1.4　树的性质 ··································· 146
7.1.5　树的基本操作 ······························· 147
*7.2　树的存储结构 ····································· 148
7.2.1　多重链表表示法 ····························· 148
7.2.2　三重链表表示法 ····························· 149
7.3　二叉树 ··· 150

7.3.1　二叉树的定义 ……………………………………… 150

7.3.2　二叉树的基本操作 …………………………………… 151

7.3.3　两种特殊形态的二叉树 ……………………………… 151

7.3.4　二叉树的性质 ………………………………………… 152

* 7.3.5　二叉树与树、树林之间的转换 ……………………… 154

7.4　二叉树的存储结构 …………………………………………… 156

7.4.1　二叉树的顺序存储结构 ……………………………… 156

7.4.2　二叉树的链式存储结构 ……………………………… 158

7.5　二叉树与树的遍历 …………………………………………… 163

7.5.1　二叉树的遍历 ………………………………………… 163

7.5.2　由遍历序列恢复二叉树 ……………………………… 170

7.5.3　二叉树的等价性 ……………………………………… 172

* 7.5.4　树和树林的遍历 ……………………………………… 173

7.5.5　基于二叉树遍历操作的算法举例 …………………… 174

7.6　线索二叉树 …………………………………………………… 179

7.6.1　线索二叉树的构造 …………………………………… 180

7.6.2　线索二叉树的利用 …………………………………… 181

* 7.6.3　二叉树的线索化 ……………………………………… 183

* 7.6.4　线索二叉树的更新 …………………………………… 184

7.7　二叉排序树 …………………………………………………… 185

7.7.1　二叉排序树的定义 …………………………………… 185

7.7.2　二叉排序树的建立(插入) …………………………… 186

* 7.7.3　在二叉排序树中删除结点 …………………………… 188

7.7.4　二叉排序树的查找 …………………………………… 191

* 7.8　平衡二叉树 …………………………………………………… 193

7.9　哈夫曼树及其应用 …………………………………………… 199

7.9.1　哈夫曼树(Huffman)的概念 ………………………… 199

* 7.9.2　哈夫曼编码 …………………………………………… 200

习　题 ………………………………………………………………… 203

第 8 章　图 …………………………………………………………… 209

8.1　图的基本概念 ………………………………………………… 209

8.1.1　图的定义和基本术语 ………………………………… 209

8.1.2　图的基本操作 ………………………………………… 213

8.2　图的存储方法 ………………………………………………… 213

8.2.1　邻接矩阵存储方法 …………………………………… 214

8.2.2　邻接表存储方法 ……………………………………… 215

* 8.2.3　有向图的十字链表存储方法 ………………………… 219

* 8.2.4　无向图的多重邻接表存储方法 ……………………… 220

8.3　图的遍历 ·· 221

8.3.1　深度优先搜索 ·· 221

8.3.2　广度优先搜索 ·· 224

8.3.3　连通分量 ·· 225

8.4　最小生成树 ·· 226

8.4.1　普里姆算法 ·· 227

8.4.2　克鲁斯卡尔算法 ··· 230

8.5　最短路径 ·· 231

8.6　AOV 网与拓扑排序 ·· 235

8.6.1　AOV 网 ·· 235

8.6.2　拓扑排序 ·· 236

8.6.3　拓扑排序算法 ·· 237

8.7　AOE 网与关键路径 ·· 241

8.7.1　AOE 网 ·· 241

8.7.2　关键路径 ·· 242

8.7.3　关键路径的确定 ··· 243

习　题 ·· 247

第 9 章　文件及查找 ·· 253

9.1　文件概述 ·· 253

9.1.1　文件的基本概念 ··· 253

9.1.2　文件的存储介质 ··· 255

9.1.3　文件的基本操作 ··· 256

9.2　顺序文件 ·· 258

9.2.1　连续顺序文件及其查找 ··· 258

9.2.2　链接顺序文件及其查找 ··· 262

9.3　索引文件 ·· 262

9.3.1　稠密索引文件 ·· 262

9.3.2　非稠密索引分块文件 ·· 263

*9.3.3　多级索引文件 ·· 264

9.4　B－树和 B＋树 ·· 266

9.4.1　B－树的基本概念 ·· 266

*9.4.2　B－树的基本操作 ·· 267

9.4.3　B＋树的基本概念 ·· 272

*9.4.4　B＋树的基本操作 ·· 273

9.5　散列(hash)文件 ··· 273

9.5.1　概　述 ·· 273

9.5.2　散列函数的几种常见构造方法 ·································· 275

9.5.3　处理冲突的方法 ··· 278

　　　9.5.4　散列文件的操作 ································ 281
　　　*9.5.5　散列法的平均查找长度 ···················· 284
　　习　　题 ··· 285

第 10 章　内排序 ······································ 290

　10.1　概　述 ··· 290
　　　10.1.1　排序的基本概念 ························· 290
　　　10.1.2　排序的分类 ····························· 291
　10.2　插入排序 ······································· 292
　10.3　选择排序 ······································· 295
　10.4　泡排序 ··· 296
　10.5　谢尔排序 ······································· 298
　10.6　快速排序 ······································· 300
　10.7　堆积排序 ······································· 303
　　　10.7.1　堆积的定义 ····························· 303
　　　10.7.2　堆积排序算法 ··························· 304
　10.8　二路归并排序 ··································· 308
　　　10.8.1　归并子算法 ····························· 308
　　　10.8.2　一趟归并扫描子算法 ····················· 309
　　　10.8.3　二路归并排序算法 ······················· 310
　*10.9　基数排序 ····································· 311
　10.10　各种内排序方法的比较 ······················· 314
　　　10.10.1　稳定性比较 ···························· 315
　　　10.10.2　复杂性比较 ···························· 315
　　习　　题 ··· 316

*第 11 章　外排序 ······································ 321

　11.1　概　述 ··· 321
　11.2　磁带排序 ······································· 322
　　　11.2.1　多路平衡归并排序法 ····················· 322
　　　11.2.2　多步归并排序 ··························· 324
　11.3　初始归并段的合理分布与产生 ··················· 325
　　　11.3.1　初始归并段的合理分布 ··················· 325
　　　11.3.2　一种产生初始归并段的方法——置换选择排序 ··· 326
　11.4　磁盘排序 ······································· 328
　　习　　题 ··· 330

习题答案 ··· 332

参考文献 ··· 393

第1章 绪 论

自 20 世纪 40 年代世界上第一台计算机问世以来,计算机产业飞速发展。就计算机系统本身而言,无论是在软件方面,还是在硬件方面,目前都已经远远超出了人们对它的预料。尤其随着计算机技术的高速发展以及微型计算机的日益普及,计算机已经广泛深入到人类社会的各个领域。现在,计算机已经不再局限于解决那些纯数值计算问题,而是更多、更广泛地应用在控制、管理以及数据处理等非数值计算的各个领域;与此相对应,计算机处理的对象也由纯粹的数值数据发展到诸如字符、表格、图像、声音、视频等各种各样具有一定结构的数据。为了有效地组织和管理好这些数据,设计出高质量的程序,高效率地使用计算机,就必须深入研究这些数据自身的特性以及它们之间存在的相互联系。这正是"数据结构"这门学科形成与发展的背景。

1.1 什么是数据结构

众所周知,计算机是一种信息处理装置。信息中的各个元素在客观世界中不是孤立存在的,它们之间具有一定的结构关系。如何表示这些结构关系,如何在计算机中存储数据,采用什么样的方法和技巧去加工处理这些数据,都成为数据结构这门课程所要努力解决的问题。

下面对书中常用到的几个名词术语赋以确定的含义。

1. 数据(data)

数据是描述客观世界的数字、字符以及一切能够输入到计算机中,并且能够被计算机程序处理的符号集合。简言之,数据就是计算机加工处理的"原料",是信息的载体。

人们日常所涉及的数据主要分为两类:一类是数值数据,包括整数、实数和复数等,它们主要用于工程和科学计算以及商业事务处理;另一类是非数值数据,主要包括字符和字符串以及文字、图形、语音等,它们多用于控制、管理和数据处理等领域。

数据的含义十分广泛,在不同场合可以有着不同的含义。例如,在数值计算问题中,计算机处理的对象大多数都是整数或者实数;在文字处理程序中,计算机处理的数据大多是一些符号串;而在一些控制过程问题中,数据可能又是某种信号。然而,在许多场合,人们对数据和信息的引用没有加以严格区分。信息是指数据这个集合中元素的含义;而数据则是信息的某种特定的符号表示形式,可以从中提取信息。

2. 数据元素(data element)

数据元素是能够独立、完整地描述问题世界中的实体的最小数据单位,它是数据这个集合中的一个一个的元素。数据元素也称为数据结点,或者简称结点。如数学中的一个数列称为数据,其中的一个一个元素称为数据元素。字符串就是数据,串中的单个字符就是该字符串的一个数据元素。有的时候,一个数据元素由若干个数据项组成(可见,数据项是数据不可分割的最小单位)。例如,数据文件中一个记录就是它所属文件的一个数据元素,而每个记录又是由若干个描述客体某一方面特征的数据项组成的。当然,一个记录相对于所包含的数据项而言又可以看作是数据。可以说,数据元素是本书中出现频率最高的名词。

3. 数据对象(data object)

一个数据对象被定义为具有相同性质的数据元素的集合。它是数据这个集合的一个子集。例如,自然数的数据对象是集合{1,2,3,…},该集合中的每一个数据元素都是一个自然数,而由 26 个大写英文字母组成的数据对象则是集合{'A','B','C',…,'Z'}。

4. 结　构

在客观世界中,任何事物及活动都不会孤立地存在,都在一定程度上相互影响,相互联系,甚至相互制约。同样,数据元素之间也必然存在着某种联系,这种联系称为**结构**。人们不仅要考虑到数据的这种结构,而且还要考虑将要施加于数据上的各种操作及其种类。从这个意义上说,数据结构是具有结构的数据元素的集合。

这里也可以给数据结构一个形式化的描述。数据结构是一个二元组

$$\text{Data-Structure} = (D, R)$$

其中,D 是数据元素的有限集合,R 是 D 上关系的集合。

上述定义中的"关系"通常是指数据元素之间存在的逻辑关系,也称为数据的**逻辑结构**。由于讨论数据结构的目的在于实现计算机中对它的操作,因此还需要研究数据在计算机存储器中的表示。通常把数据结构在计算机中的表示(或者称映像)称为数据的物理结构。物理结构又称**存储结构**,包括数据元素的表示以及关系的表示两个方面。

根据数据元素之间具有的不同关系,可以将数据的逻辑结构主要分为集合、线性结构与非线性结构几大类。在集合结构中,数据元素仅存在"同属于一个集合"的关系;而在线性结构中,数据元素之间的逻辑关系是"一对一"的关系,即除了第 1 个数据元素和最后那个数据元素之外,其他每一个数据元素有且仅有一个直接前驱元素,及有且仅有一个直接后继元素,这就是说,结构中的各个数据元素依次排列在一个线性序列中。对于非线性结构,一般情况下,各个数据元素不再保持在一个线性序列中,每个数据元素可能与零个或多个其他数据元素发生联系。非线性结构又分成层次结构与网状结构两种,其中层次结构称为树型结构,在这种逻辑结构中,数据元素之间的逻辑关系一般都是"一对多"或者"多对一"的,即每个数据元素有且仅有一个直接前驱元素,但可以有多个直接后继元素。在网状结构中,数据元素之间存在的一般是"多对多"的关系,即每个数据元素可以有多个直接前驱元素,也可以有多个直接后继元素(此时这种前后关系已经没有实际意义)。网状结构也称图形结构,简称图。

一种逻辑结构通过映像便可以得到它的存储结构。由于映像的方式不同,同一种逻辑结构可以映像成不同的存储结构,如顺序映像与非顺序映像,相应的存储结构为顺序存储结构与非顺序存储结构,后者包括链式存储结构(简称链表)、索引结构和散列结构;反之,在很大程度上,数据的存储结构要能够正确反映数据元素之间具有的逻辑结构。数据的逻辑结构与存储结构是密不可分的两个方面,以后读者将会看到,一个算法的设计取决于选定的逻辑结构,而算法的实现则依赖于采用的存储结构。

为了说明这些,下面看一个例子。

表 1.1 是一个反映某个班级 30 名学生情况的表格。若利用计算机来管理这个表格,它就对应着一个数据文件。该数据文件有 30 个记录,每一个记录由若干个数据项组成,一个记录

就是一个数据元素,它反映了该班一个学生的情况,30 个记录在文件中的先后顺序是按学生年龄从小到大排列的。

表 1.1 学生情况表

姓 名	性 别	民 族	年 龄	其 他
刘晓光	男	汉	15	…
王 敏	女	汉	17	…
马广生	男	回	18	…
⋮	⋮	⋮	⋮	⋮
张玉华	女	汉	20	…

对于这样一个数据文件,由于数据元素之间的逻辑关系为线性关系,因此,该数据文件的逻辑结构为线性结构,在第 2 章的讨论中将会看到,该文件被称为一个线性表。对于这个线性表,在计算机内可以有多种存储结构,除了索引存储结构和散列存储结构外,采用较多的是顺序存储结构和链式存储结构。前者在计算机存储器中用一片地址连续的存储单元(存储单元之间不能间隔)依次存放数据元素的信息,数据元素之间的逻辑关系通过数据元素的存储地址来直接反映。在这种存储结构中,逻辑上相邻的数据元素在物理地址上也必然相邻。图 1.1 给出了这个存储结构。顺序存储结构的优点是简单,易理解,并且实际占用最少的存储空间;缺点是需要占用一片地址连续的整块空间,并且存储分配要事先进行;另外,对于一些操作的时间效率较低也是这种存储结构的主要缺陷之一。

刘晓光…	王 敏…	马广生…	…	张玉华…	

图 1.1 一个顺序存储结构的例子

链式存储结构是指在计算机存储器中用一片地址任意的(连续的或者不连续的)存储单元依次存放数据元素的信息,一般称每个数据元素占用的若干存储单元的组合为一个链结点。每个链结点中不仅要存放一个数据元素的数据信息,还要存放一个指出这个元素在逻辑关系中的直接后继元素所在链结点的地址,该地址被称为指针。这就是说,数据元素之间的逻辑关系通过指针间接地反映。由于不要求存储空间地址连续,因此,逻辑上相邻的数据元素在物理上不一定相邻。链式存储结构也称链表结构,简称链表。图 1.2 给出了表 1.1 所示的数据文件的链式存储结构的映像,图中用一个箭头来图形化地表示一个指针。

图 1.2 一个链式存储结构的例子

这种存储结构的优点是存储空间不必事先分配,在需要存储空间时可以临时申请,不会造成存储空间的浪费。在以后的讨论中将会看到,像插入和删除这样操作的时间效率采用链式存储结构远比采用顺序存储结构要高。但在这种存储结构中,不仅数据元素本身的数据信息需要占用存储空间,而且指针也有存储空间的开销,因此,从这一点来说,链式存储结构要比顺序存储结构的空间开销大。

索引结构是利用数据元素的索引关系来确定数据元素存储位置的一种存储结构,它由数据元素本身的数据信息以及索引表两个部分组成。散列结构是由事先构造的散列函数关系及处理冲突的方法来确定数据元素在散列表中的存储位置。有关这两种存储结构的具体内容，将留到后面相应的章节中讨论。

对于表 1.1 所示的数据文件，对它可以进行的操作有：若某个学生因故离开该班，则相应的记录要从文件中去掉，对应的操作就是从该线性表中删除一个数据元素；若从班外新来一个同学，则相应的操作是在该线性表中插入一个数据元素；而新年伊始，线性表中的每个数据元素中的"年龄"这个数据项都要增加一岁，对应的操作是数据元素的修改；新来的班主任想从表中了解某个同学的情况，对应操作就是在表中查找一个数据元素；上述文件中记录是按学生年龄大小排列的，若要使记录按姓名的字典顺序排列，对应的操作是对线性表进行排序，等等。

综上所述，可以看到，从不同角度对数据结构进行分类是为了更好地认识它们，更深入地了解各种结构的特性及关系。在设计某个操作时，首先要搞清楚数据元素之间具有什么逻辑结构，然后采用合适的存储结构来具体实现这种操作。同一种操作在不同存储结构中的实现方法可以不同，有的则完全依赖于所采用的存储结构。

因此，数据结构课程所要研究的主要内容可以简要地归纳为以下 3 个方面。

① 研究数据元素之间固有的客观联系(逻辑结构)。

② 研究数据在计算机内部的存储方法(存储结构)。

③ 研究在数据的各种结构(逻辑的和物理的)的基础上如何对数据实施有效的操作或处理(算法)。

为此，应该说数据结构是一门抽象的、研究数据之间结构关系的学科。

*1.2　数据结构的发展简史及其在计算机科学中的地位

在国外，数据结构成为一门独立的课程始于 20 世纪 60 年代，在我国稍晚一些。此前，现在的"数据结构"课程的某些内容出现在其他一些诸如"编译方法"和"操作系统"的课程中。尽管后来美国一些大学的计算机系在教学计划中将"数据结构"列为一门独立的课程，但对课程的范围仍然没有做出明确的规定。当时的"数据结构"几乎同图论，特别是表处理和树的理论，是一回事。随后，数据结构的概念被扩充到包括网和集合代数论等方面，从而变成了称为"离散结构"的内容。20 世纪 60 年代中期出现了类似于现在的"数据结构"课程，叫作"表处理语言"，它主要介绍处理表结构和树结构的语言。1968 年，美国出版了一本大型著作《计算机程序设计技巧》第一卷《基本算法》(作者 D·E·克努特)，较为系统地阐述了数据的逻辑结构与物理结构以及运算的理论方法与技巧。20 世纪 60 年代末到 70 年代初，出现了大型程序，软件也相对独立，结构程序设计逐步成为程序设计方法学的主要内容。人们越来越重视数据结构，已经认识到程序设计的实质就是对所确定的问题选择一种好的结构，从而设计一种好的算法。从那以后，各种版本的《数据结构》著作相继问世。

在我国，随着计算机基础教育的普及以及计算机越来越广泛地应用于非数值计算问题的处理，"数据结构"不仅成为计算机专业教学计划中的重点核心课程之一，而且也开始成为其他许多非计算机专业的主要选修课。它已作为计算机专业在"程序设计语言"课程之后及各专业课程之前最重要的专业基础课之一。"数据结构"不仅为学习"编译原理""操作系统"和"数据库原理"等一系列后继专业课程提供必要的基础，也直接为从事各类系统软件和应用软件的设计开发提供了必备的知识与方法。

"数据结构"在计算机科学领域有着十分重要的地位。它有自己的理论、研究对象和应用范围,而且其研究内容还在不断扩充和深化。为此,作为一门课程或者一本教材,因受到特定对象和时期的限制,难以全面反映整个数据结构的全貌。数据结构作为一门方兴未艾的新兴学科,目前仍然处在一个蓬勃发展的阶段。

1.3 算 法

1.3.1 算法及其性质

数据结构与算法之间存在着密切的联系。可以说,不了解施加于数据上的算法需求就无法决定数据结构;反之,算法的结构设计和选择在很大程度上又依赖于作为其基础的数据结构,即数据结构为算法提供了工具,而算法则是运用这些工具来实施解决问题的最优方案。凡是从事过程序设计的人都会有这样一个体会:程序设计过程中相当多的时间花费在考虑如何解决问题上,即通常所说的构思算法,一旦有了合适的算法,用某种具体的程序设计语言来实现(编写程序)并不是一件很困难的事情。难怪有人说,算法+数据结构=程序。从这个角度上说,要设计出一个好的程序,很大程度上取决于设计出一个好的算法。

什么是算法?

算法是用来解决某个特定课题的一些指令的集合;或者说,是由人们组织起来准备加以实施的一系列有限的基本步骤。简单地说,算法就是解决问题的办法。如果需要解决的问题比较简单,可以采用自然语言来描述算法。可以说,程序就是用计算机语言表述的算法,而流程图是图形化的算法,甚至一个公式也可以称为算法。

待解决的特定课题一般可以分成数值的和非数值的两类。解决数值问题的算法称为数值算法。科学与工程计算方面的算法大都属于这一类算法,如求解数值积分、代数方程或线性方程组及微分方程等。解决非数值问题的算法称为非数值算法。数据处理方面的算法大多属于非数值算法,如各种各样的查找算法、排序算法、插入或删除算法以及遍历算法。非数值算法主要进行的操作是比较和逻辑运算。另外,由于特定的课题可能是递归的,也可能是非递归的,因而解决它们的算法就有递归算法与非递归算法之分。从理论上说,任何递归算法都可以通过循环的方法,或者利用堆栈或队列等机制转化成非递归算法。

在计算机领域,一个算法实质上是根据所处理问题的需要,在数据的逻辑结构和存储结构的基础上施加的一种运算。由于数据的逻辑结构与存储结构不是唯一的,在很大程度上可以由用户自行选择和设计,因而解决同一个问题的算法也不一定唯一;另外,即使具有相同的逻辑结构与存储结构,但如果算法的设计思想和技巧不同,设计出来的算法也可能大不相同。显然,根据数据处理问题的需要,为待处理的数据选择合适的逻辑结构与存储结构,进而设计出比较满意的算法,是学习"数据结构"这门课程的重要目的之一。

作为一个完整的算法应该满足下面 5 个标准,通常称之为算法的基本特性。

输入 由算法的外部提供 $n(n \geq 0)$ 个有限量作为算法的输入。这里的"0 个"指在算法内部的确定初始条件。也就是说,在某些特殊情况下,一个算法可以没有输入。

输出 无论什么情况,至少有一个量作为算法的输出,没有输出的算法毫无意义。这些输出与输入有着特定的联系。

有穷性　算法必须在有限的步骤内结束。这并不意味着在人们可以容忍的时间内结束，因为算法的性质不应该与具体的机器相联系，只是说明算法要有结束。

确定性　组成算法的每一条指令必须有着清晰明确的含义，不能让读者理解它时产生二义性或者多义性。就是说，算法的每一个步骤都必须准确定义。虽然采用自然语言传递的信息具有许多语义不清之处，但人们在理解它们时可以根据周围情景和上下文信息以及推理准确地接受它们，而机器却不能。

有效性　算法的每一条指令必须具有可执行性。也就是说，算法所实现的每一个动作都应该是基本的和可以付诸实施的。例如，一个数除以 0，这个动作是不能执行的。同时，实施了的算法应该能够达到预期的目的。

1.3.2　基本算法

作为算法，还有一个重要的侧面，就是构成这个算法所依据的办法（公式、方案和原则），即通常所说的解题思路。有许多问题，只要对处理的对象进行仔细分析，处理的方法就有了，有的则不然。但是，作为寻找思路的基本思想方法对任何算法设计都是有用的。

1. 枚举法(enumeration)

枚举原理是计算机领域十分重要的原理之一。所谓枚举，即从集合中一一列举各个元素。如果不知道一个命题是否为真，利用一一列举每一个元素的方法，如果都为真，找不到反例，则此命题为真。这就是枚举证明。

枚举的思想作为一个算法能够解决许多问题。一个简单的例子就是对不定方程求解的百鸡问题——公鸡每只 5 元，母鸡每只 3 元，小鸡 3 只 1 元，问 100 元钱买 100 只鸡能有多少种买法？设 x,y,z 分别为 3 种鸡的只数，可得代数方程

$$x+y+z=100$$
$$5x+3y+z/3=100$$

再也找不到其他关系了。对于这个不定方程组的求解采用枚举法比较方便。若假设可以买到的公鸡、母鸡和小鸡的数目分别用 x,y 和 z 表示，则算法可以描述如下。

```
void BUYCHICKS{
    int x,y,z;
    for(x=1;x<=20;x++)
        for(y=1;y<=33;y++){
            z=100-x-y;
            if(5*x+3*y+z/3==100)
                printf("x=%d,y=%d,z=%d",x,y,z);  /* 输出一组解 */
        }
}
```

上述算法的基本思想是在 x,y,z 可能的范围内，把 x,y,z 可能的只数一一进行列举，如果有解，则解必在其中，而且可能不止一个。枚举法的实质是枚举所有可能的解，用检验条件来判断哪些是有用的，哪些是无用的。枚举法的特点是算法比较简单，但有时运算量较大，效率

显得较低。在那些可确定解的值域,但一时又找不到其他方法时,采用枚举法不失一个较理想的选择。在本书后面的一些内容中,如在迷宫中寻找通路、在图中寻找路径以及某些查找和遍历时都用到了枚举法的思想。

2. 归纳法(induction)

当人们苦于枚举法的低效时,往往总是乐于从问题中归纳出某种规律。例如,求自然数 $1 \sim 100$ 之和 $\sum_{i=1}^{n} i$ 时,采用枚举方法要进行 99 次加法运算以后才能得到结果 5 050。然而,利用归纳法可以归纳出一个计算公式 $\sum_{i=1}^{n} i = \dfrac{n(n+1)}{2}$,利用这个公式可以很容易地求得 $\sum_{i=1}^{100} = \dfrac{100 \times (100+1)}{2} = 5\,050$,只需做一次乘法、一次加法和一次除法运算即达到目的,而且 n 值越大,优越性越明显。显然,在这一点上归纳法要比枚举法高明得多;但是,要归纳出一个公式也并非易事,尤其是当这其中的过程没有一定规律可循时。归纳法源于类比,通过仔细观察找出共同特点,用数学语言或者其他方式将其描述出来。由于是从特殊找出一般关系,归纳也是抽象。归纳法中常用的有数学归纳法,递推和递归也都属于归纳法的范畴。

3. 回溯法(backtracking)

有些问题一时难于归纳出一组简单的公式或者步骤,又不能漫无边际地进行枚举;但是,只要有一点线索就不妨"试一试"总还是可以的,即使试得不成功,再返回到问题的出发点,再换一个办法去试……直到所有可能的办法都试过了,问题也许就能够解决。这就是从方法和路线这一级采用枚举法,也正是人们习惯的思维方法之一。试失败了再返回,再试,这就是回溯。回溯法是设计递归过程的重要手段之一。本书后面介绍的迷宫求通路以及树与图的遍历等,都是使用了回溯法的一些典型例子。

4. 模拟法(simulation)

自然界和日常生活中有些事件若采用计算机处理很难建立枚举、递推、递归和回溯等算法,甚至于连数学模型都建立不了,使得问题的解决难于下手。这时,解决这类问题可以选择模拟法。模拟法本身没有固定的模式,其本质是建立模拟的数据模型,根据数据模型展开算法设计,最终达到问题的解决。

以上仅对常用的一些基本算法作了简单介绍,限于篇幅,不能在本书中对每一种方法作更详细的分析讨论,请读者参看有关程序设计或算法设计技巧与方法方面的资料。

1.3.3　算法的描述

算法独立于具体的计算机,与具体的程序设计语言无关。设计一个算法时,如何选择一种合适的方式来表达算法思想?或者说,有了解决问题的算法思想,如何选择一种合适的语言来描述算法的各个步骤?这也是本节要讨论的重要问题之一。

在计算机发展的初期,由于用计算机解决的问题相对比较简单,人们往往采用自然语言(如中国人多用汉语)来表达自己的算法思想。下面看一个简单例子。

例 1.1　求两个非零正整数 M 与 N 的最大公因子。

若采用自然语言来描述解决该问题的各个步骤,则可以表达如下。

① M 除以 N,将余数送中间变量 R。

② 判断 R 是否为零。

　　a) 若 R 等于零,算法到此结束,求得的最大公因子为当前 N 的值;

　　b) 若 R 不等于零,则将 N 值送 M,R 值送 N,重复算法的①和②。

这就是一个用自然语言描述的算法。类似的简单问题采用自然语言表达还是可以的,但很快会发现,采用自然语言描述算法不方便,也不直观,更谈不上具有良好的可读性,稍微复杂一些的算法就难以表达,甚至无法表达;另外,由于自然语言自身的一些局限性,用自然语言描述的算法可能会出现语义表达不清楚,甚至多义性现象。在计算机应用的早期,采用程序流程图形式描述算法占有统治地位(图 1.3),它比采用自然语言表达算法似乎直观了一些,但依然没有解决复杂算法的表达,而且移植性也不好。

有人认为,算法最终要通过程序设计语言实现而变成程序在计算机上运行,不如开始就直接采用某一种具体的程序设计语言(如 Pascal,C 和 C++语言等)来描述,目前在较多的"数据结构"教材中也的确采用了这种方法。准确地说,用具体的程序设计语言描述的算法就是程序。另外,也可以采用自己设计出的一种既脱离某种具体程序设计语言,又具有各种程序设计语言共同特点与基本功能的形式化语言来描述算法,人们习惯称这种语言为伪代码。

出于简单的考虑,用伪代码描述的算法在一定程度上省去一般程序设计语言对各种类型数据(如变量、数组或语句标号等)进行的说明或定义,仅仅利用大多数程序设计语言所具有的那些基本的可执行语句的格式来确定所需要

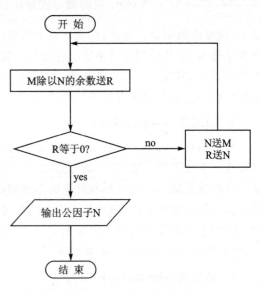

图 1.3　求 M 和 N 的最大公因子

的语句。用伪代码编写的"程序"(实际上是算法)虽然不能直接在计算机上运行,但其书写自由,并且不受具体程序设计语言的词法和语法的限制,熟悉任何一种程序设计语言的人只要对其稍做修改或补充,就能很容易地转变成计算机所能接受的程序。

对于例 1.1 求最大公因子的问题,用 C 语言可以描述如下。

```
int COMFACTOR(int M,int N)
{
    int r;
    while(1){
        r=M % N;              /* 求 M 除以 N 的余数 */
        if(r==0)
            return N;         /* 输出公因子 */
        M=N;
        N=r;
    }
}
```

本书中涉及的 C 语言成分主要包括以下几项。

① 数据结构的表示(存储结构)采用类型定义(typedef)描述,而数据元素的类型则由用户在使用该数据类型时自行定义。

② 基本操作的算法采用以下形式的函数描述。

```
函数类型 函数名(参数表)
{
    语句序列
}
```

在本书中,约定用大写英文字符串或者加上数字作为算法名(函数名)。参数表(C 函数的形参表)中包括参数的类型说明。参数表可有可无,根据具体情况决定。为了便于算法描述,使算法具有更好的可读性,算法之间除了值调用方式外,还采用了 C++语言的引用调用的参数传递方式。在参数表中,以符号 & 开头的参数即为引用参数。

③ 赋值语句有如下两种。

  a) 简单赋值 变量名=表达式;

  b) 条件赋值 变量名=条件表达式? 表达式(真):表达式(假);

④ 条件语句包括如下 4 种。

  a) 条件语句 1 if(表达式)

         语句序列;

  b) 条件语句 2 if(表达式)

         语句序列;

        else

         语句序列;

  c) 开关语句 1 switch(表达式){

         case 值 1:语句序列 1; break;

            ⋮

         case 值 n:语句序列 n; break;

         default: 语句序列 n+1;

        }

  d) 开关语句 2 switch{

         case 条件 1:语句序列 1; break;

            ⋮

         case 条件 n:语句序列 n; break;

         default: 语句序列 n+1;

        }

⑤ 循环语句包括如下 3 种。

  a) for 语句   for(赋值表达式序列;循环条件;修改表达式序列)

          语句序列;

  b) while 语句   while(条件)

          语句序列;

  c) do_while 语句 do

语句序列；
while(条件)；

⑥ 结束语句包括如下 3 种。

  a）函数返回语句　　return 表达式；

  b）case 结束语句　　break；

  c）异常结束语句　　exit(异常代码)；

  break 出现在循环语句中表示跳出包含它的最内层循环。

⑦ 输入/输出语句如下。

  a）输入语句　　　　scanf([格式串],变量 1,…,变量 n)；

  b）输出语句　　　　printf([格式串],表达式 1,…,表达式 n)；

⑧ 注释行的书写格式为"/ * 注释内容 * /"。

在程序设计过程中,注释行对于那些目的不太明确或者比较复杂的语句序列是十分有用的,它使得程序易于调试和维护,不仅对程序的编写者有一定帮助,而且对该程序的其他用户也有益处。对算法也是如此。对算法或者算法的局部做一些注释,可以增强算法的可读性。

原则上说,注释行可以出现在算法的每一个词法单位之外的任何地方,其行数不受限制。

1.4　算法分析

同一问题可以采用不同算法解决,例如将一个按值任意排列的数据元素序列转换为一个按值有序排列的数据元素序列的问题,可以通过多种排序算法解决;而一个算法的质量优劣将影响到算法乃至程序的效率。本节讨论的算法分析旨在介绍分析算法质量优劣的基本方法与概念。

算法分析的目的在于改进算法。那么,如何对一个算法进行评价呢? 首先,被评价的算法应该是正确的,这是前提。所谓一个正确的算法是指,当输入一组合理的数据时,能够在有限的运行时间内得出正确的结果;对于不合理的数据输入,能够给出警告提示信息(对不合理的数据输入的反应和处理能力,通常称为算法的健壮性)。通过对数据输入的所有可能情况的分析以及上机调试,可以验证算法是否正确;然而,要从理论上证明一个算法的正确性不是一件容易的事情,这不属于本课程的主要研究范围,故此不做讨论。除了算法的正确性之外,还应该从下面 3 个方面考虑对算法进行分析。

① 依据该算法编写的程序在计算机中运行时间多少的度量,即通常所说的时间复杂度,它是一个算法(程序)运行时间的相对量度。

② 依据该算法编写的程序占用计算机存储空间多少的度量,即空间复杂度。

③ 其他方面,如算法的可读性、简洁性、可移植性以及易测试性的好坏等。

这里所说的时间复杂度与空间复杂度的概念不是一个绝对时间多少与绝对空间多少的概念,它们分别都只是一个数量级的概念;另外,在很多时候,算法的时间复杂度与空间复杂度之间往往是相互影响和制约的。从主观上讲,人们都希望选用一个既不占用很多存储空间,运行时间又少,而且其他方面性能也较理想的算法;然而,时间与空间上的开销往往是一对矛盾,十全十美的算法实际上很少。有时,一个形式上看起来很简单的算法,其对应的程序运行时间可能要比一个形式上复杂得多的算法对应的程序运行时间慢得多;一个运行时间很少的程序可能占用的存储空间却很大。有时,为了达到获得较好时间效率的目的,甚至不惜以牺牲空间开销作为代价。这些,在实际程序设计活动中都是存在的,也都不难理解。

在具体设计一个算法时,要尽可能综合考虑以上几个方面。

1.4.1　时间复杂度

一个程序在计算机中运行时间的多少与诸多因素有关,其中主要包括以下内容。

① 问题的规模,例如,是求 100 以内还是求 10 000 以内的所有整数之和所花费的时间显然是有明显差异的。

② 源程序的编译功能的强弱以及经过编译后产生的机器代码质量的优劣。

③ 机器执行一条目标指令的时间长短。

④ 程序中语句的执行次数。

前 3 个因素与计算机系统的硬件、软件环境以及要解决的问题的规模有关,而与算法本身无直接关系。同一个算法采用不同的程序设计语言实现,或者利用不同的编译程序进行编译,或者在不同的计算机上运行,效率都不会相同,也就是说,对于不同的计算机系统可能会得出不同的结果,这就表明使用绝对的时间单位的概念来衡量算法的效率是不合适的。上述 4 个影响算法效率的因素中,只有第 4 个因素直接与算法有关。因此,通常的做法是把算法中语句执行的次数作为算法时间多少的量度。因为知道了解决同一个问题的两个不同算法的语句执行次数,就可以比较出它们的时间复杂程度。这种把语句执行次数的多少作为算法时间复杂程度的度量分析方法称为**频度统计法**。

语句频度(frequency count)是指某语句被重复执行的次数。例如,对于某语句,若在算法的一次运行中被执行了 n 次,则该语句的频度为 n。而整个算法的频度就是指算法中所有语句的频度之和。

例 1.2　对计算 Fibonacci 序列的算法做算法时间复杂度分析。

Fibonacci 序列定义为

$$F_0 = 0$$
$$F_1 = 1$$
$$F_n = F_{n-1} + F_{n-2} \qquad (n \geqslant 2)$$

相应的算法如下。

```
FIBONACCI(int n)
{
    int fn1,fn2,fn;
    fn2 = 0;     ……………………………………………1
    fn1 = 1;     ……………………………………………1
    printf("%d %d",fn2,fn1);  …………………………1
    for(i = 2;i<= n;i++){   ……………………………  n
        fn = fn2 + fn1;   …………………………………  n−1
        printf("%d",fn);  ………………………………  n−1
        fn2 = fn1;    ……………………………………  n−1
        fn1 = fn;     ……………………………………  n−1
    }
}
```

算法中各语句的最右端分别列出了各语句的频度。整个算法的频度用 f(n)表示,有

$$f(n)=1+1+1+n+4(n-1)=5n-1$$

要全面地分析一个算法的效率,需要考虑算法在最坏情况下的时间代价、在最好情况下的时间代价以及在平均情况下的时间代价。对于最坏情况,主要采用大 O(符号 O 为英文单词 Order(数量级)的第1个字母的大写)表示方法来描述,一般的提法是:当且仅当存在正整数 c 和 n_0,使得 $f(n) \leqslant cg(n)$ 对所有的 $n \geqslant n_0$ 成立,则称该算法的渐进时间复杂度为 $f(n)=O(g(n))$,即当实例特性 n 充分大时,算法的时间复杂度随 n 变化。在最坏的情况下,若存在一个增长上界,即 ng(n),则该算法的时间复杂度增长的数量级为 g(n),即算法的渐进时间复杂度为 $O(g(n))$。

对于计算 Fibonacci 序列的算法而言,其时间复杂度为 O(n),因为此时有 $g(n)=O(n)$。

算法的时间复杂度采用数量级形式表示以后,将给求一个算法的 f(n)带来很大方便。这时只需要分析影响一个算法时间复杂度的关键部分即可,不必对算法的每一个步骤都进行详细的分析。如果最后给出的是渐进值,可以直接考虑算法中关键操作的执行频度,找出与 n 的函数关系,从而得到整个算法的渐进时间复杂度。

关键操作大多在循环和递归过程中。对于单个循环,循环体内的简单语句就是关键操作,该算法段的渐进时间复杂度应该用此关键操作的执行频度的大 O 表示。对于几个并列的循环,先分析每个循环的渐进时间复杂度,然后利用大 O 表示法的加法规则来计算其渐进时间复杂度。大 O 表示法的加法规则是指,当两个并列的算法段的时间代价分别为 $f_1(n)=O(g_1(n))$ 和 $f_2(m)=O(g_2(m))$ 时,那么,将两个算法段连在一起后的算法段的时间代价为

$$f(n,m)=f_1(n)+f_2(m)=O(\max(g_1(n),g_2(m)))$$

这里的 $\max(g_1(n),g_2(m))$ 是指当 n 与 m 充分大时取 $g_1(n)$ 与 $g_2(m)$ 中的较大值。

如果存在循环嵌套的情况,关键操作应该在最内层循环中,首先自外向内层层分析每一层的渐进时间复杂度,然后利用大 O 表示法的乘法规则来计算其渐进时间复杂度。例如,当两个嵌套的算法段的时间代价分别为 $f_1(n)=O(g_1(n))$ 和 $f_2(m)=O(g_2(m))$ 时,则整个算法段的时间代价为

$$f(n,m)=f_1(n) \times f_2(m)=O(g_1(n) \times g_2(m))$$

这里需要说明的是,诸如查找与排序这样的操作,通常是通过计算操作过程中所进行的元素之间的比较次数的最坏情况来得到算法的时间复杂度。

算法的时间复杂度通常具有 $O(1),O(n),O(n^2),O(n^3),O(\log_2 n),O(n\log_2 n),O(2^n)$ 和 $O(n!)$ 等几种形式。其中,$O(1)$ 表示算法的时间复杂度为常量,它不随问题规模 n 的大小而改变,例如访问一个表中的第1个元素,或者在链表指定位置插入或者删除一个链结点的操作,无论该表的大小或者链表的长度如何,其时间复杂度都为 $O(1)$。具有 $O(n)$ 数量级的算法被称为线性算法,其运行时间与 n 成正比。例如,在长度为 n 的线性表中采用顺序查找方法进行查找时,其时间复杂度为 $O(n)$。时间复杂度为 $O(\log_2 n)$ 的算法的运行时间与 n 的对数成正比,如在具有 n 个记录的排序连续顺序文件中采用折半查找方法进行查找时算法就是如此。

表1.2给出了对于不同的 n 值,各种典型的数量级所对应的值。

从表1.2不难看到,随着问题规模 n 值的增大,各种数量级的对应值的增长速度大不相同,对数值增长速度最慢,线性值较之快一些。当 n 的值增长到一定程度后,各种不同数量级所对应的值存在如下关系

$$O(\log_2 n)<O(n)<O(n\log_2 n)<O(n^2)<O(n^3)<O(2^n)<O(n!)$$

表 1.2 算法复杂度的不同数量级变化对照表

n	$\log_2 n$	$n\log_2 n$	n^2	n^3	2^n	$n!$
4	2	8	16	64	16	24
8	3	24	64	512	256	40 320
10	3.32	33.2	100	1 000	1 024	3 628 800
16	4	64	256	4 096	65 536	2.1×10^{13}
32	5	160	1 024	32 768	4.3×10^9	2.6×10^{35}
128	7	896	16 384	2 097 152	3.4×10^{38}	∞
1 024	10	10 240	1 048 576	1.07×10^9	∞	∞
10 000	13.29	132 877	10^8	10^{12}	∞	∞

显然,若一个算法的时间复杂度为表 1.2 中列出的前几个数量级之一,如 $O(\log_2 n)$,$O(n)$ 或者 $O(n\log_2 n)$,甚至是 $O(1)$,说明该算法的时间复杂度比较满意;如果取到 $O(n^2)$ 或者 $O(n^3)$,说明该算法的时间复杂度差强人意;若取到后面几个,则当 n 稍大一点,算法的时间复杂度会急剧增大,以至于不能计算了。

当然,有些程序的执行时间不仅依赖于问题的规模,还随着程序所处理的具体数据集的状态不同而不同。例如,有的排序算法对某些原始数据(如按值从小到大排列有序的数据元素序列),其算法的时间复杂度为 $O(n)$,而对另一些状态则可以达到 $O(n^2)$。因此,除特别说明外,一般都根据可能出现的各种情况中最坏的情况来估算算法的时间复杂度。当然,有时也在某个特定的约定(如等概率)下讨论某些算法的平均时间复杂度,如查找操作对应的算法就是这样。

1.4.2 空间复杂度

一个算法在计算机存储器上所占用的存储空间应该包括存储算法本身所占用的空间、算法的输入/输出数据所占用的空间以及算法在运行过程中临时占用的空间 3 个部分。

输入/输出数据所占用的存储空间是由解决的问题所决定的,不随算法的不同而改变。存储算法本身所占用的存储空间与算法书写的长短成正比,要压缩这方面的存储空间,就必须编写出比较精炼的算法。算法在运行过程中临时占用的存储空间因算法而异,有的算法只需要占用少量的临时工作单元,而且不随问题规模的大小而改变,这种算法被称作是"就地"进行的,是节省存储空间的算法;有的算法需要占用的临时工作单元的数目则随着问题规模的增大而增大,当问题的规模较大时,算法将占用较多的存储空间。

分析一个算法所占用的存储空间要综合考虑各方面因素。如对于递归算法来说,它们形式上一般都比较简短,算法本身所占用的存储空间不多,但算法在运行过程中,需要设置一个附加堆栈,从而占用了较多的临时工作单元。若写成相应的非递归算法,算法形式上可能较长,算法本身占用的存储空间也就较多,但算法运行时需要的临时存储空间却相对较少。

算法的空间复杂度比较容易计算,主要包括局部变量(算法范围内定义的变量)所占用的存储空间和系统为实现递归(如果算法是递归的话)所使用的堆栈空间两个部分。算法的空间复杂度一般也以数量级的形式给出,如 $O(1)$,$O(n)$,$O(n^2)$ 和 $O(\log_2 n)$ 等。

1.4.3 其他方面

评价一个算法质量优劣标准的第 3 个方面包括算法的简洁性和可读性等。最简单和最直接的算法往往不一定是最有效的(最节省时间和空间);但是,算法的简洁性可以使算法的正确性证明变得比较容易,同时也便于编写、修改、调试和阅读。因此,还是应该强调编写出尽可能简洁的算法。当然,对于那些需要经常使用的算法来说,有效性比简洁性更重要。

上面简单讨论了如何从 3 个方面来分析一个算法质量的优劣。需要说明的是,这 3 个方面往往是相互矛盾的,也就是说,有时为了追求较少的运行时间,可能会占用较多的存储空间;当追求占用较少的存储空间时,又可能带来运算时间增加的问题。因此,只有综合考虑到算法的使用频率、算法的结构化和算法的易读性以及所使用系统的硬件与软件环境等因素,才可能设计出高质量的算法。

算法分析是一项比较复杂的工作,但不是本书要讨论的主要内容,对这方面有兴趣的读者可以参考有关专著或资料。

习 题

1-1 单项选择题

1. 以下关于数据结构的叙述中,错误的是＿＿＿＿。

   A. 数据结构涉及数据的逻辑结构、存储结构和施加其上的操作 3 个方面

   B. 施加在数据结构上的操作的具体实现与数据的存储结构有关

   C. 定义数据的逻辑结构时可以不考虑数据的存储结构

   D. 数据结构相同,对应的存储结构也必然相同

2. 以下关于数据结构的叙述中,正确的是＿＿＿＿。

   A. 数据的存储结构独立于该数据的逻辑结构

   B. 数据的逻辑结构独立于该数据的存储结构

   C. 数据的逻辑结构唯一地决定了该数据的存储结构

   D. 数据结构仅由数据的逻辑结构和存储结构决定

3. 数据结构研究的内容不涉及＿＿＿＿。

   A. 数据如何组织　　　　　　　　　　B. 数据如何存储

   C. 采用何种语言描述算法　　　　　　D. 数据的运算如何实现

4. 在数据结构中,数据元素之间存在的逻辑关系称为＿＿＿＿。

   A. 数据的逻辑结构　　　　　　　　　B. 数据的存储结构

   C. 对数据实施的基本操作　　　　　　D. 对数据实施的算法

5. 从逻辑上可以把数据结构分为＿＿＿＿。

   A. 动态结构和静态结构　　　　　　　B. 线性结构和非线性结构

   C. 内部结构和外部结构　　　　　　　D. 紧凑结构和非紧凑结构

6. 数据的存储结构包括＿＿＿＿。

   A. 顺序存储结构和链式存储结构

   B. 顺序存储结构、链式存储结构和索引存储结构

    C. 顺序存储结构、链式存储结构和散列存储结构

    D. 顺序存储结构、链式存储结构、索引存储结构和散列存储结构

7. 描述数据的存储结构时不需要知道_____。

    A. 计算机内存芯片的有关参数　　　　B. 数据元素如何构成

    C. 数据元素的类型　　　　　　　　　　D. 使用何种算法描述语言

8. 在选择何种存储结构时,一般不考虑_____。

    A. 对数据可以实施哪些操作

    B. 所用编程语言实现这种结构是否方便

    C. 数据元素的值如何

    D. 数据元素的数目多少

9. 若数据采用顺序存储结构,则要求_____。

    A. 存储的是属于线性结构的数据

    B. 根据数据元素值的大小有序地存放各数据元素

    C. 按照存储单元地址由低到高的顺序存放各数据元素

    D. 用地址连续的存储空间依次存储元素,并能隐含地表示元素之间的逻辑关系

10. 若数据采用链式存储结构,则要求_____。

    A. 每个链结点占用一片地址连续的存储空间

    B. 所有的链结点占用一片地址连续的存储空间

    C. 链结点的最后那个域一定是指针域

    D. 每个链结点有多少个后继结点,链结点中就应该设置多少个指针域

11. 对于索引存储结构而言,_____。

    A. 它是利用数据元素的索引关系来确定数据元素存储位置的一种存储结构

    B. 它不一定包括索引表与基本数据两个部分

    C. 索引表中只包括数据元素本身

    D. 索引表中的索引项的排列是任意的

12. 对于散列存储结构而言,_____。

    A. 必须使用一对一的散列函数

    B. 它是根据元素的种类确定元素的存储位置

    C. 它是根据函数关系确定元素的存储位置的一种存储结构

    D. 相邻存储单元中存放的元素,其值一定是连续的

13. 算法指的是_____。

    A. 用计算机语言描述的程序　　　　　B. 解决问题的计算方法

    C. 对数据进行的查找或者排序的方法　D. 解决问题的一系列有限的基本步骤

14. 下面关于算法与程序的叙述中,错误的是_____。

    A. 程序是用计算机语言表达的算法

    B. 流程图是一种图形化的算法

    C. 程序就是算法,但算法不一定是程序

    D. 算法与程序都独立于具体的计算机与具体的程序设计语言

15. 算法的时间复杂度主要与_____。

    A. 编译程序的质量有关   B. 程序设计语言有关

    C. 所解决的问题的规模有关   D. 计算机的硬件性能有关

16. 对算法进行分析的前提是_____。

    A. 算法是正确的   B. 算法尽可能简单

    C. 算法运行的时间要短   D. 算法占用的空间要少

17. 算法分析的目的是_____。

    A. 研究算法中的输入与输出之间的关系   B. 找出数据结构的合理性

    C. 分析算法的效率,以求改进算法   D. 分析算法的可读性和简明性

18. 算法分析的主要任务是_____。

    A. 分析算法是否具有较好的可读性

    B. 分析算法的执行时间与问题规模之间的关系

    C. 分析算法中是否存在语法错误

    D. 分析算法的功能是否符合设计要求

19. 计算算法的时间复杂度是属于一种_____。

    A. 事前统计的方法   B. 事前分析估算的方法

    C. 事后统计的方法   D. 事后分析估算的方法

20. 若某算法的时间复杂度采用大 O 形式表示是 $O(n^2)$,则表明该算法的_____。

    A. 问题规模是 n^2 B. 执行时间等于 n^2

    C. 问题规模与 n^2 成正比   D. 执行时间与 n^2 成正比

1-2 填空题

1. "数据结构"课程研究的主要内容包括_____、_____和_____这 3 个方面。

2. 数据的逻辑结构是指_____,而存储结构是指_____。

3. 数据的逻辑结构可以分为_____和_____两大类。

4. 线性结构是指结构中数据元素之间存在的逻辑关系是_____的关系。

5. 非线性结构是指结构中数据元素之间存在的逻辑关系是_____或者_____,甚至是_____的关系。

6. 逻辑上相邻的数据元素在物理位置上也相邻是_____存储结构的特点之一。

7. 逻辑上相邻的数据元素在物理位置上不要求相邻是_____存储结构的特点之一。

8. 顺序存储结构利用数据元素的_____直接地反映数据元素之间的逻辑结构。

9. 链式存储结构利用链结点的_____间接地反映数据元素之间的逻辑结构。

10. 若某算法的功能是完成对 n 个数据元素的处理,所需要的时间是 $T(n)=100n\log_2 n+200n+300$,则该算法的时间复杂度用大 O 形式表示为_____。

1-3 简答题

1. 通常说,数据结构可以表示为一个二元组(D,R),其中 D,R 分别代表什么?

2. 通常情况下,数据的结构包括哪两种结构?

3. 数据的逻辑结构和数据的存储结构之间的关系是什么?

4. 数据的逻辑结构是否可以独立于数据的存储结构来考虑?反之,数据的存储结构是否可以独立于数据的逻辑结构来考虑?

5. 具有某种逻辑结构数据在不同的存储结构下对其实施某种操作,其操作的时间效率可

能不同。这种说法正确吗？请举例说明。

6. 算法的基本特性之一是由算法的外部提供 n≥0 个有限量作为算法的输入。这里的 0 个输入表示什么意思？

7. "一个算法是正确的"是什么意思？

8. 衡量一个算法质量优劣的基本标准是什么？

9. 影响一个算法的时间效率的主要因素有哪些？

10. 已知在同一运行环境下实现相同功能的两个算法 A 和 B,其中算法 A 的时间复杂度为 $O(2^n)$,算法 B 的时间复杂度为 $O(n^2)$,仅就时间复杂度而言,哪一个算法更好？

1－4　应用题

1. 设 n 为大于 1 的正整数,请分别确定下面的算法段中带♯号的语句的执行次数。

①
```
i=1;
while(i<=n){
    #x++;
    i++;
}
```

②
```
i=1;
do{
    #x++;
    i++;
}while(i!=n);
```

③
```
for(i=1;i<=n;i++)
    for(j=1;j<=n;j++)
        for(k=1;k<=j;k++)
            #x++;
```

④
```
for(i=1;i<=n;i++)
    for(j=1;j<=i;j++)
        for(k=1;k<=j;k++)
            #x++;
```

⑤
```
i=1;
j=0;
while(i+j<=n)
    #if(i>j)
        j++;
    else
        i++;
```

2. 设 n 为偶数,请确定下面的算法段中带♯号的语句的执行次数。

```
for(i=1; i<=n; i++)
    if(2*i<=n)
        for(j=2*i; j<=n; j++)
            #x++;
```

3. 若假设 n 为 2 的乘幂,例如 n=2,4,8,16,…,请分析下面算法的时间复杂度。

```
main()
{
    int n,x,sum=0;
    scanf("%d",&n);
```

```
    x = 2;
    while(x<n/2){
        x = 2 * x;
        sum++;
    }
    printf("sum = %d",sum);
}
```

4. 设 n 表示问题的规模。对于下列运行时间函数,请分别写出用大 O 形式表示的时间复杂度。

① $T_1(n) = 1000$

② $T_2(n) = 1000 + n^2$

③ $T_3(n) = 4n^3 + 1000n^2 + n + 1$

5. 设 n 表示某算法所解决的问题的规模。对于下列运行时间函数,请写出用大 O 形式表示的该算法的时间复杂度。(为简单起见,设 n 为 2 的正整数幂)

$$T(n) = \begin{cases} 1 & \text{当 } n = 1 \text{ 时} \\ 2T(n/2) + n & \text{当 } n > 1 \text{ 时} \end{cases}$$

第2章　线性表

　　线性表是计算机程序设计活动中最经常遇到的一种操作对象,也是数据结构中最简单、最基本和最重要的结构形式之一。实际上,线性表结构在很多领域,尤其是在程序设计语言和程序设计过程中大量使用,并非一个陌生的概念。本章将从一个新的角度更加系统地讨论它。

2.1　线性表的定义及其基本操作

2.1.1　线性表的定义

　　线性表是由 $n(n{\geqslant}0)$ 个属于同一个数据对象的数据元素 $a_1,a_2,\cdots,a_{n-1},a_n$ 组成的有限序列。当 $1{<}i{<}n$ 时,a_i 的直接前驱元素为 a_{i-1},a_i 的直接后继元素为 a_{i+1}。也就是说,除表中第 1 个数据元素 a_1 没有前驱元素及最后一个数据元素 a_n 没有后继元素之外,其他的每一个数据元素都有且仅有一个直接前驱元素和一个直接后继元素。n 为线性表中包含的数据元素的个数,称为线性表的长度。长度为 0 的表称为空表,空表不包含任何数据元素。

　　对于非空线性表,每个数据元素在表中都有一个确定的位置,即数据元素 a_i 在表中的位置仅取决于数据元素本身的序号 i。

　　从逻辑上看,线性结构的特点是数据元素之间存在着"一对一"的逻辑关系。通常把具有这种特点的数据结构称为线性结构。反之,任何一个线性结构(其数据元素属于同一个数据对象)都可以用线性表形式表示出来,这里只要求按照元素的逻辑关系把它们顺序排列就可以了。

　　一个线性表可以用一个标识符来命名。例如,若用标识符 A 来表示一个线性表,则有

$$A=(a_1,a_2,a_3,\cdots,a_{n-1},a_n)$$

　　在不同情况下,线性表中的数据元素可以有不同的含义,它可以是一个符号,也可以是一个数(如整数或实数),甚至可以是一个由若干具体信息组成的复杂的元素。下面是一些具体例子。

　　数学中的一个数列就是一个线性表,如 $(19,25,14,33,5,83)$ 是一个由 6 个数据元素组成的、长度为 6 的线性表,表中的每一个数据元素分别是一个十进制整常数。

　　英文字母表 $('A','B','C',\cdots,'Z')$ 是一个长度为 26 的线性表,表中的每一个数据元素分别为单个的大写英文字母。

　　在稍微复杂的线性表中,一个数据元素可以由若干个数据项组成。例如,一个数据文件可以是由若干条数据记录组成的线性表,表中的一个数据元素就是单个的数据记录,而每条记录又由若干个数据项组成。例如,把选修某门课程的学生名册视为一个线性表,如表 2.1 所列。表中每个数据元素表示了一个选课学生的基本情况。

　　在这个表中,数据元素是按照选课登记时的先后次序排列的,这个次序可能反映了学生对

该课程的兴趣,即排在前面的学生一般来说学习积极性较高。当然,在很多实际应用场合,数据元素之间的排列次序并没有什么实际意义,或者无关紧要,采用怎样的排列次序需要根据使用上的方便来决定。在这个例子中,数据元素可以按照学号排列,也可以按照年龄大小排列,每一种排列方式都是一种次序。

同一个线性表中的数据元素必定具有相同特性,即它们都属于同一个数据对象。

表 2.1　一个选修某课程的学生名册

学　号	姓　名	性　别	年　龄	其　他
380614	李晓华	女	17	…
380675	张二顺	男	19	…
380503	黄四达	男	18	…
⋮	⋮	⋮	⋮	⋮
380711	郑玉宏	女	21	…

2.1.2　线性表的基本操作

线性表是一种十分灵活的数据结构。通常情况下,其长度可以根据不同需要增加或者缩短,也就是说,对线性表中的各数据元素不仅可以进行访问,而且还可以进行插入或者删除等一系列操作。

归纳起来,对线性表实施的基本操作有如下几种。

① 置线性表为空表。该操作生成一个空的线性表。

② 测试一个线性表是否为空表。该操作的结果是,若线性表为空表,则返回真,否则返回假。

③ 求线性表的长度。操作的结果为一个非负的整数,即求得线性表中数据元素的个数。

④ 检索线性表中第 i 个数据元素。操作的结果为一个数据元素 a_i 或者 a_i 的存储位置($1 \leqslant i \leqslant n$,n 为线性表长度)。

⑤ 根据数据元素的某个数据项(通常称之为关键字)的值求该数据元素在线性表中的位置,也称数据元素定位。操作的结果为一个非负的整数。

⑥ 在线性表的第 i 个位置插入一个新的数据元素,并使线性表的长度加 1。显然,这种操作只有当 $1 \leqslant i \leqslant n+1$ 时才有意义。

⑦ 在线性表的第 i 个位置存入一个新的值。请注意区别于第⑥种操作,前者每进行一次操作会使表的长度加 1,而本操作不会改变线性表的长度。

⑧ 删除线性表中的第 i 个数据元素,并使线性表的长度减 1。该操作只有当 $1 \leqslant i \leqslant n$ 时有意义。另外,对空的线性表不能进行删除操作。

⑨ 删除线性表中重复出现的数据元素。

⑩ 对线性表的数据元素按照某一个数据项值的大小做升序或者降序排序。

⑪ 复制一个线性表,即产生一个与已有线性表相同的新的线性表。

⑫ 按照一定的原则,将两个或者两个以上的线性表合并为一个线性表。

⑬ 按照一定的原则,将一个线性表分解为两个或者多个线性表。

　　上面仅仅是线性表的一些主要的基本操作,由这些基本操作还可以构成其他较为复杂的操作。例如,通过创建一个空的线性表的操作和反复向线性表的末尾插入新的数据元素的操作可以建立一个线性表;同理,通过反复执行删除第 i 个数据元素的操作,可以删除线性表中从某个数据元素开始的连续若干个数据元素,等等。

　　在上面所罗列的操作中,前 10 种操作都是在一个线性表中进行的,第⑪至第⑬种操作是在线性表之间进行的,操作返回的结果均为线性表。若按是否改变线性表的长度来划分,则第①、⑥、⑧、⑨、⑫和⑬种操作将可能会改变线性表的长度。上述每一种操作具体是如何进行的由操作所对应的算法来体现,也就是说,根据线性表的操作和采用的存储结构可以写出相应的算法。存储结构选择得不同,写出的算法也会不同。不难想象,进行某些操作(如对线性表进行插入或者删除操作)时,在某种存储结构下,会引起一系列数据元素的移动,降低操作的效率,尤其当线性表的长度很大时,这种移动可能比较突出。因此,如果线性表的存储结构选择不当,将会使实现这些操作的相应算法的时间和空间效率降低;即使线性表采用同一种存储结构,如果考虑问题的角度不同,设计出来的算法也可以不同。关于这一点,读者可以在后面的讨论中体会到。

2.2　线性表的顺序存储结构

2.2.1　顺序存储结构的构造

　　在计算机内部可以采用不同方式存储一个线性表,其中最简单的方式就是用一组地址连续的存储单元来依次存储线性表中的数据元素。这种存储结构称为线性表的**顺序存储结构**,并称此时的线性表为**顺序表**。

　　由于线性表中所有数据元素具有相同的属性,属于同一个数据对象,因此,每个元素占用的存储空间大小也相同。假设线性表的每个数据元素占用 k 个存储单元,那么,线性表的第 $i+1$ 个数据元素 a_{i+1} 的存储位置与第 i 个数据元素 a_i 的存储位置之间存在如下关系

$$LOC(a_{i+1}) = LOC(a_i) + k$$

这里,符号 $LOC(a_i)$ 通常被称为寻址函数,它表示数据元素 a_i 的存储位置,即数据元素 a_i 占用的 k 个连续存储单元的第 1 个单元的地址。若 $LOC(a_1)$ 为线性表的第 1 个元素的存储位置(通常称 $LOC(a_1)$ 为线性表的首地址或者基地址),那么,线性表的第 i 个数据元素 a_i 的存储位置为

$$LOC(a_i) = LOC(a_1) + (i-1) \times k$$

　　从线性表的这种机内表示方法可以看到,它是用数据元素在机内物理位置上的相邻关系来映射数据元素之间逻辑上的相邻关系。每个数据元素的存储位置与线性表的首地址之间相差一个和数据元素在表中的序号成正比的常数(图 2.1)。由此可见,只要确定了首地址,线性表中任意一个数据元素都可以随机存取。因此,可以称线性表的顺序存储结构为一种随机存取的存储结构。

　　由于数据元素之间的逻辑关系通过存储位置直接反映,顺序存储结构只需存放数据元素自身的信息,因此,存储密度大、空间利用率高是顺序存储结构的优点之一;另外,数据元素在表中的位置可以用一个简单、直观的解析式计算出来。由于它是一种随机存取的结构,因而存

取元素的速度快。

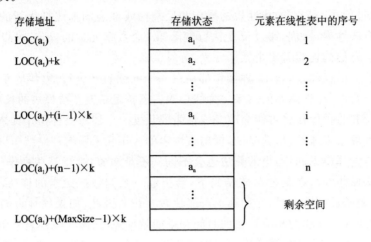

图 2.1　线性表的顺序存储结构示意图

　　但是,在这种存储结构下,线性表的存储空间除了需要事先分配之外,还需按最大需要的空间来考虑分配存储,这样做的结果是可能会导致存储空间开销的浪费;另外,后面将会看到,有关线性表的一些基本操作的时间效率也较低。这些都是线性表的顺序存储结构固有的缺陷。尽管如此,线性表的顺序存储结构在实际中仍然是使用较广泛的一种有效的基本存储结构。

　　由于程序设计语言中的一维数组在机内的表示也是顺序结构(有关数组的内容将在第 3 章详细讨论,本书后面的不少算法中都借用数组这种数据类型来描述线性表的顺序存储结构),因此,线性表的顺序存储结构的类型可以描述如下。

```
#define  MaxSize  1000          /* 假设分配的空间大小为 1 000 */
ElemType A[MaxSize];
int n;                          /* 线性表的长度 */
```

其中,n 记录线性表的长度,MaxSize 为初始分配给线性表的最大空间数。相应的存储映像如图 2.1 所示。

2.2.2　几种常见操作的实现

　　当线性表采用顺序存储结构时,2.1.2 节所罗列的有关线性表基本操作中的某些操作的实现会变得比较容易。例如,求线性表的长度、取线性表的第 i 个数据元素等。下面仅讨论线性表的插入、删除、元素定位和排序几种操作所对应的算法的实现。

1. 在长度为 n 的线性表 A 的第 i 个位置插入一个新数据元素 item

　　该操作是指在线性表的第 $i-1$ 个数据元素与第 i 个数据元素之间插入一个新的数据元素(该数据元素的信息用 item 表示),使得长度为 n 的线性表

$$(a_1, a_2, \cdots, a_{i-1}, a_i, a_{i+1}, \cdots, a_{n-1}, a_n)$$

变成一个长度为 n+1 的线性表

$$(a_1, a_2, \cdots, a_{i-1}, item, a_i, a_{i+1}, \cdots, a_{n-1}, a_n)$$

显然,在进行插入之前应该首先判断线性表是否已满,即分配给线性表的 MaxSize 个元素的存储空间是否已经被表中元素全部占用。如果未满,还要测试插入的位置 i 是否合适,合适的插入位置应该是 1≤i≤n+1(对应的数组 A 的下标为 0≤i≤n)。这里,将新的数据元素插在表的末尾是允许的)。出现上述任何一种异常,插入操作都将失败。

如果满足插入条件,具体插入的过程分为以下 3 个步骤。

① 将线性表的第 i 个数据元素到第 n 个数据元素之间的所有元素依次向后移动一个位置(共移动 n−i+1 个元素)。

② 将新的数据元素 item 插入到线性表的第 i 个位置上。

③ 修改线性表的长度为 n+1。

需要注意数据元素依次后移一个位置的方向,必须是从表的末尾元素开始后移,直到将第 i 个位置的元素后移一个位置为止。

具体算法如下。

```
void  INSERTLIST(ElemType A[],int &n,int i,ElemType item)
{
    int j;
    if(n==MaxSize || i<1 || i>n+1)
        ERRORMESSAGE("表满或插入位置不正确!");  /* 插入失败 */
    for(j=n-1;j>=i-1;j--)
        A[j+1]=A[j];                          /* 数据元素依次后移一个位置 */
    A[i-1]=item;                              /* 将 item 插入表的第 i 个位置 */
    n++;                                      /* 表的长度加 1 */
}
```

下面讨论算法的时间效率。

从算法不难看到,算法花费的时间主要在插入新元素之前移动其他数据元素的过程上,因此,可以将移动数据元素的操作作为估算算法时间复杂度的基本操作,也就是说,把在线性表中插入一个数据元素时需要移动其他元素的平均次数,作为衡量插入算法时间效率的主要指标。在上述算法中,for 循环语句中的循环次数决定了数据元素向后移动的次数,而循环次数不仅与线性表的长度 n 有关,而且与插入位置 i 值有关。当 i=n+1 时,元素移动的次数最少,为 0 次;当 i=1 时,元素移动次数最多,为 n 次。为不失一般性,设 p_i 为插入新元素于线性表第 i 个位置的概率(假设在表中任何位置插入一个数据元素的概率均等),则在长度为 n 的线性表中插入一个数据元素时需要移动其他元素的平均次数为

$$T_{is} = \sum_{i=1}^{n+1} p_i(n-i+1) = \frac{1}{n+1}\sum_{i=1}^{n+1}(n-i+1) = \frac{n}{2}$$

由此可见,在线性表的第 i 个位置插入一个新的数据元素的算法中,最好的情况是不移动任何数据元素,最坏的情况是移动了表中的所有数据元素,平均情况是移动表中一半的数据元素。为此,对于表长为 n 的线性表,算法的时间复杂度为 O(n)。

2. 删除长度为 n 的线性表 A 的第 i 个数据元素

该操作是指将线性表的第 i 个数据元素从表中去掉,使得长度为 n 的线性表

$$(a_1, a_2, \cdots, a_{i-1}, a_i, a_{i+1}, \cdots, a_{n-1}, a_n)$$

变成一个长度为 n−1 的线性表

$$(a_1, a_2, \cdots, a_{i-1}, a_{i+1}, \cdots, a_{n-1}, a_n)$$

与插入操作类似,在做具体删除动作之前应该首先判断线性表是否为空;如果不空,还需要测试被删除元素的位置 i 是否合适,合适的删除位置应该是 $1 \leqslant i \leqslant n$(对应的数组下标为 $0 \leqslant i \leqslant n-1$)。出现上述任何一种异常,删除操作都将失败。

如果满足删除条件,具体删除过程可以分为两步。首先将表的第 i+1 个数据元素至第 n 个数据元素(一共是 n−i 个元素)依次向前移动一个位置,然后修改线性表的长度为 n−1 即可。

算法如下。

```
void DELETELIST(ElemType A[],int &n,int i)
{
    int j;
    if(i<1 || i>n)
        ERRORMESSAGE("表空或删除位置不正确!");     /* 删除失败 */
    for(j=i;j<n;j++)
        A[j-1]=A[j];                          /* 数据元素依次前移一个位置 */
    n--;                                       /* 表长减 1 */
}
```

从算法中可以看到,删除顺序表中某个位置上的数据元素所花费的时间开销也主要是在移动其他元素的操作上,而移动元素的个数也取决于被删除元素的位置。若设 q_i 为删除顺序表第 i 个元素的概率(同样也假设删除表中任何一个元素的概率均等,即 q_i 等于 $1/n$),则在长度为 n 的顺序表中删除第 i 个数据元素需要移动其他元素的平均次数为

$$T_{ds} = \sum_{i=1}^{n} q_i(n-i) = \frac{1}{n} \sum_{i=1}^{n}(n-i) = \frac{n-1}{2}$$

由此可见,删除长度为 n 的顺序表中一个数据元素平均移动的元素的个数也约为表中一半元素,因此,算法的平均时间复杂度也为 O(n)。

3. 确定元素 item 在长度为 n 的线性表 A 中的位置

该操作只需从线性表的第 1 个数据元素开始,从前向后依次通过比较来确定给定元素 item 在表中的位置。如果在表中找到满足条件的数据元素,算法返回被查到元素在表中的位置;否则,算法返回信息−1。本算法没有考虑表中出现多个满足条件的元素的情况。具体算法如下。

```
int LOCATE(ElemType A[],int n,ElemType item)
{
    for(i=0;i<n;i++)
        if(A[i] == item)
            return i+1;            /* 查找成功,返回元素在表中位置 */
    return  −1;                     /* 查找失败,返回信息−1 */
}
```

算法中的基本运算是数据元素的比较。若在表中位置 i 找到给定元素,则需要 i 次比较,否则需要进行 n 次比较,n 为线性表的长度。与前面两个算法的分析类似,算法 LOCATE 在最好情况下的时间复杂度为 O(1),在最坏情况和平均情况下的时间复杂度均为 O(n)。

4. 删除表中重复出现的元素

此算法的思想比较简单,即从线性表的第 1 个元素开始到最后 1 个元素为止,依次检查在某元素后面的元素中是否存在与之相同的元素,若存在,则删除后面那个元素,并且及时修改表的长度。具体算法如下。

```
void PURGE(ElemType A[]，int &n)
{
    int i = 0,j;
    while(i<n){
        j = i + 1;                          /* 从第 i+1 个元素开始逐个与第 i 个元素比较 */
        while(j<n)
            if(A[j] == A[i])                /* 若 A[j] 与 A[i]相同 */
                DELETELIST(A,n,j+1);        /* 删除元素 A[j] */
            else
                j++;
        i++;
    }
}
```

算法的时间复杂度为 $O(n^2)$。

5. 对线性表中元素进行排序

所谓线性表的排序操作是指按照线性表中数据元素的值或者某个数据项值的大小排列数据元素,使之成为一个有序表。对线性表进行排序的方法很多,这里仅介绍简单的选择排序方法,有关其他排序方法将在本书的第 10 章中讨论。

将一个按值任意排列的线性表,通过排序操作转换为按值有序排列的线性表,通常要经过若干次称为"趟"的操作。若线性表的长度为 n,则选择排序方法要经过 n−1 趟排序才能达到目的,其中每一趟排序的规律都相同。

选择排序方法的基本思想是:第 i 趟排序是从线性表后面的 n−i+1 个数据元素中选择一个值最小的数据元素,并将其与这 n−i+1 个数据元素中的第 1 个数据元素交换位置。经过这样的 n−1 趟排序以后,初始的线性表成了一个按值从小到大排列的线性表。

由于对值最小元素与另外一个元素进行位置交换的过程很简单,于是选择一个值最小元素的过程就是这种排序方法的核心。可以这样选择值最小元素:在每一趟排序前,先假设后面 n−i+1 个数据元素中的第 1 个元素值最小,记录下它的位置,然后将它与第 2 个元素比较,若后者小于前者,记录后者的位置,否则记录的位置值不改变;接着再将刚才比较后值较小的那个元素与第 3 个元素比较,记录下比较后值较小元素的位置。这 n−i+1 个元素中的所有元素都经过了如此比较之后,最后记录的位置就是这 n−i+1 个元素中值最小元素的位置。

算法如下。

```
void SELECTSORT(ElemType K[],int n)
{
    int i,j,d;
    ElemType temp;
    for(i=0;i<n-1;i++){
        d=i;                            /* 假设最小值元素为未排序元素的第 1 个元素 */
        for(j=i+1;j<n;j++)
            if(K[j]<K[d])
                d=j;                    /* 寻找真正的值最小元素,记录其位置 d */
        if(d!=i){                       /* 当最小值元素非第 1 个元素时 */
            temp=K[d];
            K[d]=K[i];
            K[i]=temp;                  /* 最小值元素与未排序的第 1 个元素交换位置 */
        }
    }
}
```

算法的时间复杂度为 $O(n^2)$。

下面讨论几个涉及顺序表插入和删除操作的例子。

例 2.1 已知长度为 n 的顺序表 A,请写出删除该表中数据信息为 item 的元素的算法。

解题思路:

比较直观而简单的方法是:从表中的第 1 个数据元素开始到表中最后一个数据元素结束,依次将各数据元素与 item 进行比较,当遇到与 item 相匹配的数据元素时,随即删除它。因此算法可以设计如下。

```
void DELETEITEM1(ElemType A[ ],int &n,ElemType item)
{
    int i=0;
    while(i<n)
        if(A[i]==item)                  /* 若元素 A[i]满足条件 */
            DELETELIST(A,n,i+1);        /* 删除元素 A[i] */
        else
            i++;
}
```

由前面的讨论知道,算法 DELETELIST(A,n,i)的时间复杂度为 $O(n)$,因而上述算法的时间复杂度为 $O(n^2)$。细心的读者可能已经想到了,如果对算法进行改进,得到一个时间复杂度为 $O(n)$ 的算法并不很困难。

改进后的算法思路为:设置一个整型变量 k,令其初值为 -1。在对表中第 1 个数据元素到最后一个数据元素比较的过程中,当 A[i]满足条件时,只将 k 的值增 1,不做其他动作;当 A[i]不满足条件时,将 A[i]送表中位置 i-k-1 处。最后修改线性表的长度为 n-k-1 即可。按照该思路设计算法如下。

```
void DELETEITEM2(ElemType A[],int &n,ElemType item)
{
    int i,k= -1;
    for(i=0;i<n;i++)
        if(A[i]==item)              /* 若元素 A[i]满足条件 */
            k++;
        else                        /* 若元素 A[i]不满足条件 */
            A[i-k-1]=A[i];          /* 将 A[i]送表的 i-k-1 处 */
    n=n-k-1;                        /* 修改表的长度 */
}
```

例 2.2 已知长度为 n 的非空线性表 A 采用顺序存储结构,表中数据元素按值的大小非递减排列。请写一时间复杂度为 O(n)的算法,删除线性表中值相同的多余元素,使表中数据元素各不相同。

算法描述如下:

```
void PURGE(ElemType A[ ], int &n)
{
    int i,k=0;
    if (n>1){
        for (i=1;i<n;i++)
            if (A[i]!=A[k])          /* 当 A[i]与 A[k]不相同时 */
                A[++k]=A[i];
        n=k+1;                       /* 得到删除后的表长 */
    }
}
```

由于算法只需扫描一遍顺序表,因此,算法的时间复杂度为 O(n)。

例 2.3 已知长度为 n 的顺序表 A,表中数据元素按值的大小非递减排列,请写出在该表中插入数据信息为 item 的元素的算法。要求:插入后的线性表仍然保持数据元素按值的大小非递减排列。

解题思路:

分两种情况讨论。第 1 种情况是,当 item 大于或等于表的最后那个元素时,只需将 item 直接插在这个元素之后,然后修改表长即可。第 2 种情况属于一般情况,即当 item 大于或等于表中某个元素时,需要从前至后通过比较找到该元素的位置,然后再将 item 插到该位置之后,最后修改表长。算法如下。

```
void INSERTITEM(ElemType A[],int &n,ElemType item)
{
    int i;
    if(item>=A[n-1])                /* 当 item 大于或等于最后那个元素时 */
        A[n++]=item;
    else{                           /* 当 item 大于或等于某个元素时 */
        i=0;
```

```
        while(item>=A[i])            /* 寻找插入位置 */
            i++;
        INSERTLIST(A,n,i+1,item);   /* 将 item 插入表中 */
    }
}
```

2.2.3 顺序存储结构小结

1. 特 点

线性表的顺序存储结构的最大特点是逻辑上相邻的两个数据元素在物理位置上也相邻。也正是因为这一特点使得线性表在顺序存储结构下具有明显的优点和缺点。

2. 优 点

① 构造原理简单,较直观,易理解。

② 若已知每个数据元素所占用的存储单元个数,并且知道第 1 个数据元素的存储位置,则表中任意一个数据元素的位置可以通过一个简单的解析式计算出来。

③ 对表中所有数据元素,既可以进行顺序访问,也可以进行随机访问,也就是说,既可以从表的第一个元素开始逐个访问,也可以根据元素的位置直接访问,并且访问任意一个数据元素的时间代价都相同。

④ 只需存放数据元素本身的信息,而无其他额外空间开销,相对于链式存储结构,存储空间开销小(仅此而已)。

3. 缺 点

① 需要一片地址连续的存储单元作为线性表的存储空间。

② 存储空间的分配需要事先进行,使得应该分配的存储空间大小不易估计。尤其在线性表的长度变化较大时,必须按照可能的最大空间的需求量分配,估计过大,容易导致分配的存储空间不能得到充分使用;估计过小,空间容量的扩充通常比较困难。

③ 进行插入或删除操作时,需要先对插入或删除位置后面的所有数据元素逐个进行移动,操作的时间效率低,尤其当表较长,且插入或删除点的位置靠前时,更是如此。

因此,顺序存储结构比较适合于线性表的长度不经常发生变化,或者只需要在顺序存取设备上做批处理的场合。

2.3 线性链表及其操作

在 2.2 节中罗列了线性表在顺序存储结构下呈现的优点和缺点。为了弥补和克服顺序存储结构带来的不足,这一节将讨论线性表的另一种存储结构——**链式存储结构**。这种存储结构不要求逻辑上相邻的数据元素在物理位置上也相邻,仅通过指针来映射数据元素之间的逻辑关系。因此,它没有顺序存储结构具有的某些不足,但同时也失去了顺序表可以随机存取的优点。从本书后面几章的讨论中将会看到,链式存储结构不仅可以用来存储线性表,而且还可以用来存储各种非线性的数据结构,如树和图等。

2.3.1　线性链表的构造

线性表的链式存储结构是用一组地址任意的存储单元(可以是连续的,也可以是不连续的)来依次存储线性表中的各个数据元素。为了表示每个数据元素与其逻辑上的直接后继元素之间的逻辑关系,对于每一个数据元素而言,除了需要存储元素自身的数据信息之外,还需要存储一个指示其直接后继元素位置的信息,这两部分信息组成了一个数据元素的存储结构,称之为一个链结点。因此,链结点的构造如图 2.2 所示。

每一个链结点包括两个部分:用以存储一个数据元素本身信息的域称为数据域,用符号 data 作为该域的域名;存储一个数据元素逻辑上的直接后继元素存储位置的域称为指针域,用符号 link 作为指针域的域名。由于线性表的最后一个数据元素没有后继元素,故相应链结点的指针域存放"空"(NULL),作图时可用符号 ∧ 表示。

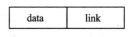

图 2.2　链结点的构造

于是,具有 n 个数据元素的线性表对应的 n 个链结点通过链接方式链接成一个链表,即线性表的链式存储结构。由于链表中每一个链结点中除了数据域以外仅设置了一个指针域,故称这样的链表为**线性链表**或**单链表**。

具体地说,对于线性表
$$A=(a_1,a_2,a_3,\cdots,a_{n-1},a_n)$$
通常直接把它表示成一个用箭头相链接的链结点序列,如图 2.3 所示。

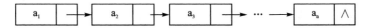

图 2.3　线性链表的示例

整个线性链表由一个称为外指针的变量(也称为头结点指针,该指针变量不妨取名为 list)来指出,它标明线性链表的首地址(第 1 个链结点的存储地址),称之为链表的入口地址,整个链表的存取从该地址开始。当链表为空时,有 list 为 NULL。这样,线性链表可以由该指针唯一确定,因为链表中任意结点的存储地址都可以通过从 list 开始,经过对链表进行遍历操作得到,因此,上述线性链表完整的表示应如图 2.4 所示。

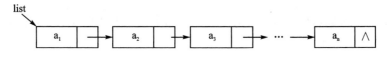

图 2.4　一个完整线性链表的示例

需要说明的是,链表中的各个链结点占用的存储空间之间不要求连续,但是每一个链结点内部占用的一系列存储单元则必须连续。所谓一个链结点的地址是指该链结点占用的一片连续的存储单元的第 1 个单元的地址。

用线性链表存储线性表时,数据元素之间的逻辑关系通过指针反映出来,指针是数据元素之间逻辑关系的映像,逻辑上相邻的两个数据元素其物理位置不一定相邻,因此,称这种存储结构为非顺序映像或者链式映像。其实,在大多数实际应用中,人们关心较多的是线性表中数据元素之间的逻辑关系,而不是每一个数据元素在存储器中的实际位置。

在 C 语言中可以按如下描述一个链结点的类型。

```
typedef struct node {
    ElemType data;
    struct node * link;
}LNode, * LinkList;                    /* 定义一个线性链表类型 */
```

在采用具体的程序设计语言进行程序设计时,通常可以用两种途径产生一个链结点,其一是调用系统中已有的动态存储分配过程或者函数(如 Pascal 语言中的过程 new(p),C 语言中的 malloc 函数),由系统动态分配链结点的空间;其二是利用程序中已经声明的数组的数组元素产生链结点。前一种方式产生的链表称为动态链表,后一种方式产生的链表称为静态链表。本书中主要讨论动态链表,简称链表,只在极少的地方涉及静态链表。

若指针变量 p 为指向线性链表中某个链结点的指针(指针变量 p 的内容为链表中某个链结点的存储地址),则

① 若符号 p—>data 出现在表达式中,它表示由 p 所指的链结点的数据域信息(内容);否则,表示由 p 所指的那个链结点的数据域(位置)。

② 若符号 p—>link 出现在表达式中,它表示由 p 所指的链结点的指针域信息(指针域的内容),也就是 p 所指的链结点的下一个链结点的存储地址;否则,表示由 p 所指的那个链结点的指针域(位置)。

于是,对于表达式中的符号 p—>link—>data,当 p—>link 不为 NULL 时,它表示 p 所指的链结点的下一个链结点的数据域信息。

因此,当线性表采用线性链表结构时,要想取得线性表中的某个数据元素,就必须从链表的第 1 个链结点出发进行查找。可见线性链表是一种非随机存取的存储结构。

例如,在如图 2.5 所示的线性链表中,该链结点左上角的数字表示该链结点的存储地址,那么,若 p=214,则表达式中的 p—>data 表示"B";p—>link 表示地址 165,即数据域信息为"C"的链结点的地址;而 p—>link—>data 表示"C"。

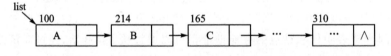

图 2.5   一个完整的线性链表示意图

把某个地址(不妨假设该地址保存在指针变量 q 中)送到由 p 所指链结点的指针域中,可以通过下面的赋值语句实现。

p—>link=q;

当 p 指向链表中某个链结点时,要想使 p 改变为指向下一个链结点,只需执行一次赋值语句

p=p—>link;

不难设想,如果最初让 p 指向链表的第 1 个链结点,然后反复执行这条赋值语句,直到 p 的内容为 NULL,此时变量 p 已经遍历了整个链表。

在线性链表中插入一个新的结点或者删除链表中的某个结点的过程也比较简单。例如,要在由指针 r 所指的结点后面插入一个由指针 p 指的新结点,其指针的变化情况如图 2.6

所示。

(a) 插入前   (b) 插入后

图 2.6 在线性链表中插入结点时指针的变化情况

根据插入操作的逻辑定义，插入新结点需要修改 r 所指结点的指针域，令其指向新结点，而新结点的指针域应该指向插入前 r 所指结点的直接后继结点，从而实现这三个结点之间逻辑关系的变化。插入后的线性链表如图 2.6(b)所示。整个插入过程用 C 语句描述为：

    p->link=r->link；　r->link=p；

反之，删除线性链表中某个结点的过程也比较简单。例如，在如图 2.7 所示的线性链表中删除由指针 r 所指结点的直接后继结点的过程只需修改 r 所指结点的指针域即可，即把直接后继结点的下一个结点的指针送 r 所指结点的指针域。相应的执行语句为

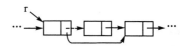

图 2.7 在线性链表中删除结点时 指针的变化情况

    r->link=r->link->link；

可见，在已知链表中结点的插入或者删除位置明确的情况下，插入一个结点或者删除一个结点时，仅需要修改指针而不需要移动元素，这是与顺序表完全不同的。

2.3.2 线性链表的基本算法

在线性表的链式存储结构中，逻辑上相邻的两个元素对应的存储位置是通过指针反映的，不要求物理位置上也相邻。因此，在对线性表进行插入和删除操作时，只需修改相关链结点的指针域内容(地址)即可，既方便、省时，又简单。由于除了数据域外，每个链结点都设有一个指针域，因而仅从这一点上说，链式存储结构的存储空间开销比顺序存储结构要付出较大的代价。

线性链表一般不具有预先设置好的存储空间以备新的链结点使用。当有新的数据元素加入线性表时(对应的操作就是在线性链表中插入一个新的链结点)，需要临时从一个被称为存储库的机构中取得一个空的结点空间，填入必要的信息，然后将它插入到线性链表中。

还应该说明的是，这个存储库并非为某一个链表所专用，当任何链表操作需要新的链结点时都可以从中获取链结点空间(只要还有可用的存储空间)；一旦某个链结点不再使用时，可以将其送还到该存储库，通常称这种操作为存储释放或者回收(不释放不再使用的链结点空间，虽然不是很大的错误，但用完及时释放则是一个好习惯)。

如果假设 p 是一个指向 LinkList 类型的指针变量，则从存储库中取得一个新的链结点空间是通过执行赋值语句

    p=(LinkList)malloc(sizeof(LNode))；

中的调用存储分配库函数 malloc 得到。该语句的作用是由系统生成一个 LinkList 类型的链结点，同时将该链结点的地址赋给指针变量 p。不过，在包含该函数的赋值语句之前应该有下

面的一条 include 语句。

　　# include ＜alloc. h＞

　　将不再使用的链结点空间回收到存储库中则是通过调用函数 free(p)实现,其中,参数 p 为 LinkList 类型的指针变量,它指向要被释放到存储库中不再使用的结点。执行 free(p)的结果是:p 正在指向的地址未变,但在该地址处的数据此时已经无定义了。因此,系统回收的链结点空间可以再次生成链结点供需要时使用。

　　在后面的讨论中将会看到,链式存储结构除了有合理利用存储空间的特点之外,还具有在表中插入或者删除元素时不需要移动表中其他元素的优点,因此,当对表进行的主要操作为插入和删除时,它是线性表的首选存储结构。

　　下面是几个有关线性链表常用的算法。

1. 建立一个线性链表

　　设线性表为 A＝(a_1,a_2,a_3,…,a_n),下面的算法建立与 A 对应的线性链表。设线性链表的第 1 个链结点的指针为 list。

　　建立一个线性链表的过程是一个动态生成链结点并依次将它们链接到链表中的过程。

　　算法思想比较简单,只需从线性表的第 1 个数据元素开始依次获取表中数据元素,每取得一个数据元素,就为该数据元素生成一个新的链结点,将取得的数据元素的数据信息送新结点的数据域的同时,将新结点的指针域置 NULL,然后将新的链结点插入到链表的末尾。当取第 1 个数据元素时,链表为空,此时直接将新的链结点的地址送 list 即可。

　　算法返回链表第 1 个链结点的位置,算法如下。

```
LinkList CREAT(int n)
{
    LinkList p,r,list = NULL;
    ElemType a;
    int i;
    for(i = 1;i < = n;i + +){
        READ(a);                              /* 获取一个数据元素 */
        p = (LinkList )malloc(sizeof(LNode));   /* 申请一个新的链结点 */
        p - >data = a;
        p - >link = NULL;                      /* 链表末尾结点指针域置空 */
        if(list == NULL)
            list = p;
        else
            r - >link = p;                      /* 将新结点链接在链表尾部 */
        r = p;                                  /* 指针变量 r 总是指向链表末尾 */
    }
    return(list);
}
```

　　算法中 READ(a)表示以某种方式提供一个数据元素 a。上述算法的时间复杂度为 O(n),n 为线性表的长度。

如前面所提到的那样,上述算法中使用了 malloc 库函数创建一个新的链结点,并返回指向该链结点的指针。但需要说明的是,这里未考虑是否一定能够通过 malloc 库函数创建该链结点,换一句话说,这里假设通过使用该库函数能够建立一个链结点。关于这一说明,同样适用于后面的讨论。

2. 求线性链表的长度

线性链表的长度被定义为链表中包含的结点的个数。因此,只需设置一个活动的指针变量和一个计数器,首先让活动指针变量指向链表的第 1 个链结点,然后遍历该链表,活动指针变量每指向一个链结点,计数器做一次计数。遍历结束后,计数器的内容就是链表的长度。算法如下。

```
int LENGTH(LinkList list)
{
    LinkList p = list;
    int n = 0;
    while(p! = NULL){
        n++;
        p = p->link;                        /* 指针 p 指向下一个链结点 */
    }
    return n;                               /* 返回链表长度 */
}
```

在该算法中,问题的规模是链表的结点数 n,基本操作是指针 p“向后移”。若链表为空,则 p->link 为 NULL,算法中 while 循环语句的执行次数为 0,否则,while 循环语句执行 n 次。因此,算法的时间复杂度为 O(n)。

由于线性链表是一种递归结构,即每个链结点的指针域均指向一个线性链表(可称之为该链结点的后继线性链表),它所指向的链结点为该单链表的第 1 个链结点,因此,也可以将上述过程设计成为一个递归算法,算法如下。

```
int LENGTH(LinkList list)
{
    if(list! = NULL)
        return 1 + LENGTH(list->link);
    else
        return 0;
}
```

3. 测试线性链表是否为空表

算法如下。

```
int ISEMPTY(LinkList list)
{
    return list == NULL;
}
```

　　需要说明的是,在 2.4 节里,将会提出带有头结点的链表问题。在带有头结点的链表中,空表并非任何结点都没有,而是只有一个头结点,此时 list 指向头结点,头结点的指针域内为 NULL。于是,判断带有头结点的链表是否为空,上述算法中的返回语句应该改为

　　return list->link==NULL;

　　此算法的时间复杂度与链表的长度无关,因此,算法的时间复杂度为 O(1)。

4. 确定元素 item 在线性链表中的位置

　　从链表的第 1 个链结点开始,从前向后依次比较当前链结点的数据域内容是否与给定值 item 匹配。若查找成功,算法返回被查找结点的地址,否则,返回 NULL。

```
LinkList FIND(LinkList list, ElemType item)
{
    LinkList p = list;
    while(p! = NULL && p->data! = item)
        p = p->link;
    return p;
}
```

　　很显然,在算法 2 与算法 4 中,"问题规模"是线性链表的长度 n,基本动作是指针变量 p 依次"后移"。若链表为空表,则算法中 while 语句的循环次数为 0。若链表非空,对于算法 2,指针变量 p 一定会"走到"最后那个链结点。而对于算法 4,若要查找的结点是链表的最后那个结点,则算法中 while 循环的执行次数为 n。因此,这两个算法的时间复杂度都为 O(n)。

5. 在非空线性链表的第 1 个链结点前插入一个数据信息为 item 的链结点

　　算法实现的步骤是:首先从存储库中申请一个新的链结点 p,将数据信息 item 置于新结点的数据域内,然后将第 1 个结点的指针 list 送到新结点的指针域内,同时将新结点的地址 p 赋给 list,至此,新结点已经插入到链表的最前面,成了新链表的第 1 个结点。最后,将指针 list 指向这个新结点即完成整个插入过程。

　　插入运算实现前后的过程如图 2.8 所示。经过图 2.8(a)~(e)所示的 5 个步骤,完成了在线性链表表头插入一个新结点的操作,最后得到的结果如图 2.8(f)所示。

　　具体算法可以描述如下,它返回插入后的链表第 1 个链结点的地址。

```
void INSERTLINK1(LinkList &list, ElemType item)
{
    /* list 中存放链表的首地址 */
    LinkList p;
    p = (LinkList)malloc(sizeof(LNode));      /* 申请一个新的链结点 */
    p->data = item;                           /* 将 item 送新结点的数据域 */
    p->link = list;                           /* 将 list 送新结点的指针域 */
    list = p;                                 /* list 指向新结点 */
}
```

　　算法的时间复杂度为 O(1),因为在链表最前面插入一个链结点与链表的长度无关。

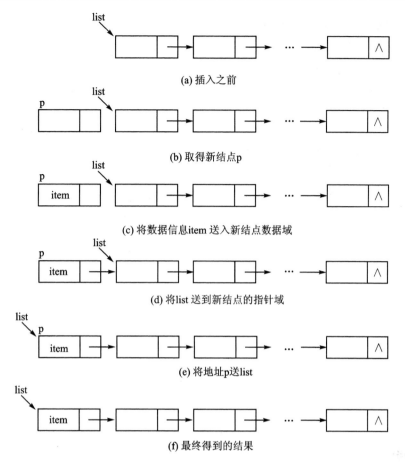

(a) 插入之前

(b) 取得新结点p

(c) 将数据信息item送入新结点数据域

(d) 将list送到新结点的指针域

(e) 将地址p送list

(f) 最终得到的结果

图 2.8　在非空线性链表的第 1 个链结点前插入一个新结点的过程

6. 在非空线性链表的末尾插入一个数据信息为 item 的链结点

算法的基本思想是，首先设置一个指针变量(不妨取名为 r)，让 r 指向链表的第 1 个链结点，然后反复执行动作 r=r—>link直到 r—>link 等于 NULL，此时 r 指向链表的末尾链结点。然后将 item 送入从存储库中申请到的新结点的数据域的同时，将新结点的指针域置 NULL，最后将新结点的地址送入 r 指向的链结点的指针域，即完成插入操作。算法如下。

```
void INSERTLINK2(LinkList list，ElemType item)
{
    /* list 中存放链表的首地址 */
    LinkList p,r；
    r=list；
    while(r—>link! =NULL)
        r=r—>link；                    /* 找到链表末尾结点的地址 */
    p=(LinkList)malloc(sizeof(LNode))；  /* 申请一个新的链结点 */
    p—>data=item；                      /* 将 item 送新结点的数据域 */
    p—>link=NULL；                      /* 新结点的指针域置 NULL */
    r—>link=p；                         /* 插入链表的末尾 */
}
```

7. 在线性链表中由指针 q 指出的链结点后面插入一个数据信息为 item 的链结点

算法的步骤是：先从存储库中申请一个新的空结点 p，将 item 送入新链结点的数据域。若原线性链表为空表，则新链结点就是结果链表，此时，只需把 p 的内容（新结点的地址）送给 list 即可；若原链表非空，先将 q 指向的链结点的下一个链结点的地址（由 q—>link 表示）送入新链结点的指针域，然后再将新链结点的地址 p 赋给 q 结点的指针域即可。当链表非空时，插入过程如图 2.9 所示。

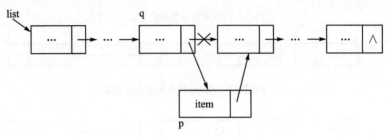

图 2.9　在非空链表中插入一个结点

算法如下。

```
void INSERTLINK3(LinkList &list，LinkList q，ElemType item)
{
        /* list 中存放链表的首地址，item 为被插入元素 */
        LinkList p;
        p=(LinkList)malloc(sizeof(LNode));          /* 生成一个新的链结点 */
        p->data=item;                                /* 将 item 送新结点的数据域 */
        if(list==NULL){                              /* 当链表为空时 */
            list=p;
            p->link=NULL;
        }
        else {                                       /* 当链表非空时 */
            p->link=q->link;
            q->link=p;
        }
}
```

不难看到，这个算法只能在指定的结点后面插入一个新的链结点，也就是说，要在链表中插入一个新结点，必须给出插入的位置，这是因为，在线性链表中无法从一个指定结点出发到达它的前驱结点（除非从链表头开始遍历这个链表，直到该指定结点的前驱结点）。类似的问题在后面的算法中也会存在。上述算法的时间复杂度为 O(1)。

8. 在线性链表中第 i 个链结点后面插入一个数据信息为 item 的链结点

有一点应该指出，这里的 i 不是结点的地址，只是一个序号。假设指针变量 p 是指向第 i 个数据元素的指针，则 p—>link 是指向第 i+1 个数据元素的指针。为此，首先应该从第 1 个结点出发，找到第 i 个链结点，然后再将新结点插在其后。若插入成功，算法返回 1，否则，返回 —1。算法如下。

```
int INSERTLINK4(LinkList list，int i，ElemType item)
{
    LinkList p，q = list；
    int j；
    j = 1；
    while(j<i && q! = NULL){
        q = q->link；
        j++；
    }                                      /* 寻找第 i 个链结点 */
    if(j! = i || q == NULL){
        ERRORMESSAGE("链表中不存在第 i 个链结点!")；
        return -1；                        /* 插入失败,返回 -1 */
    }
    p = (LinkList)malloc(sizeof(LNode))；  /* 申请一个新的链结点 */
    p->data = item；                       /* 将 item 送新结点的数据域 */
    p->link = q->link；
    q->link = p；                          /* 将新链结点插在第 i 个链结点之后 */
    return 1；                             /* 插入成功,返回 1 */
}
```

9. 在按值有序链接的线性链表中插入一个数据信息为 item 的链结点

假设有序链表为其链结点是按照数据域值的大小从小到大非递减链接的一个链表,则要求在有序链表中插入一个新的链结点以后仍然保持链表为有序链表。

首先为被插入的数据元素申请一个新的链结点,然后从链表的第 1 个链结点开始顺序查找插入位置,在查找过程中需要保留当前链结点的直接前驱结点的位置,以便在插入新的链结点时使用。算法如下。

```
void INSERTLINK5(LinkList &list，ElemType item)
{
    LinkList p，q，r；
    p = (LinkList)malloc(sizeof(LNode))；  /* 生成一个新的链结点 */
    p->data = item；
    if(list == NULL || item<list->data){  /* 若链表为空或者 item 小于第 1 个链结点 */
        p->link = list；                   /* 将新的链结点插在链表最前面 */
        list = p；                         /* list 指向被插入的新结点 */
    }
    else{
        q = list；
        while(q! = NULL && item>= q->data){  /* 寻找插入位置 */
            r = q；
            q = q->link；
        }
        p->link = q；
        r->link = p；                      /* 将新的链结点插在 q 指示的链结点后面 */
    }
}
```

显然,该算法的时间复杂度为 O(n)。

10. 从非空线性链表中删除 q 所指的链结点

这里分以下 3 种情况加以讨论。

① 若被删除结点是链表的第 1 个链结点,这时只需将链表第 2 个链结点的地址(在 list 所指的链结点的指针域中)赋给 list,使得 list 指向链表的第 2 个链结点,然后释放被删除结点即可,示意如图 2.10 所示。

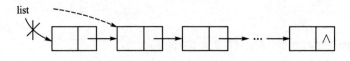

图 2.10　删除链表的第 1 个链结点

② 若被删除结点 q 不是链表的第 1 个结点,并且已知其直接前驱结点的地址为 r,那么,只要将 q 结点的直接后继结点的地址(由 q—>link 表示)送入 q 结点的直接前驱结点的指针域(由 r—>link 表示),然后释放被删除结点即可。删除过程如图 2.11 所示。

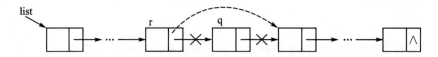

图 2.11　删除由 q 所指示的链结点

当 q 等于 list 时就是情况①。综合上述两种情况,删除算法可描述如下。

```
void DELETELINK1(LinkList &list，LinkList r，LinkList q)
{
    /* list 中存放链表的首地址 */
    if(q == list)
        list = q—>link;                    /* 删除链表的第 1 个链结点 */
    else
        r—>link = q—>link;                 /* 删除 q 指示的那个链结点 */
    free(q);                               /* 释放被删除链结点的空间 */
}
```

③ 若不知道被删除链结点 q 的直接前驱结点 r,则上述算法中需要增加寻找链结点 r 的过程。这个过程比较简单,只要首先将 r 指向链表的第 1 个链结点(将 list 的内容赋给 r 即可),然后反复执行赋值语句 r=r—>link 直到 r—>link 等于 q。算法如下。

```
void DELETELINK2(LinkList &list，LinkList q)
{
    /* list 中存放链表的首地址 */
    LinkList r;
    if(q == list){
        list = q—>link;                    /* 删除链表的第 1 个链结点 */
        free(q);                           /* 释放被删除链结点的空间 */
```

```
    }
    else{
        r = list；
        while((r－>link! = q) && (r－>link! = NULL))        /* 寻找 q 指示结点的直接前驱结点 */
            r = r－>link；
        if(r－>link! = NULL){
            r－>link = q－>link；                          /* 删除 q 指示的链结点 */
            free(q)；                                       /* 释放被删除链结点的空间 */
        }
    }
}
```

如果需要把被删除结点的数据信息保留起来,则只需在上述算法中的删除结点之前增加一条语句 item＝q－>data,将被删除结点的数据信息保存在变量 item 中即可。

11. 销毁一个线性链表

所谓销毁一个线性链表是指将链表中所有链结点删除,并释放其占用的存储空间,使之成为一个空表。对于删除链表中的所有链结点,只需设置一个指针变量,先使其指向链表的第 1 个链结点,然后反复地通过执行赋值语句 p＝p－>link 来遍历整个链表,在此过程中删除并释放链结点。算法如下。

```
void DELETELIST(LinkList &list)
{
    /* list 中存放链表的首地址 */
    LinkList p = list；
    while(p! = NULL){
        list = p－>link；                   /* 保存下一个链结点的位置 */
        free(p)；                           /* 删除并释放当前链结点 */
        p = list；                          /* 下一个链结点成为当前链结点 */
    }
}
```

12. 删除线性链表中数据域值为 item 的所有链结点

先从链表的第 2 个链结点开始,从前往后依次判断链表中所有链结点是否满足条件,若某个链结点满足条件,则删除该链结点,否则不做删除操作。最后再回过头判断链表中第 1 个链结点是否满足条件,若满足条件将其删除。算法如下。

```
void DELETELIST(LinkList &list,ElemType item)
{
    /* list 中存放链表的首地址 */
    LinkList p, q = list；
    p = list－>link；                       /* p 指向第 2 个链结点 */
    while(p! = NULL){
        if(p－>data == item){               /* p 指向的链结点满足条件 */
```

```
            q->link=p->link;              /* 删除 p 指向的链结点 */
            free(p);                      /* 释放被删除链结点的存储空间 */
            p=q->link;                    /* p 指向被删除链结点的下一个链结点 */
        }
        else{
            q=p;
            p=p->link;                    /* p 指到下一个链结点 */
        }
    }
    if(list->data==item){                 /* 第 1 个链结点满足条件 */
        q=list;
        list=list->link;                  /* 删除第 1 个链结点 */
        free(q);
    }
}
```

对于算法 11 和算法 12,不难看出,若 list 所指的链表的长度为 n,则这两个算法的时间复杂度都为 $O(n)$。这是因为要对整个链表的每一个链结点都要处理一次的缘故。

13. 逆转一个线性链表

所谓线性链表的逆转操作是指在不增加新的链结点空间的前提下,通过改变链结点指针域内地址的方式来依次改变数据元素的逻辑关系,即使得线性表$(a_1,a_2,a_3,\cdots,a_{n-1},a_n)$成为$(a_n,a_{n-1},\cdots,a_3,a_2,a_1)$。算法如下。

```
void INVERT(LinkList &list)
{
    /* list 中存放链表的首地址 */
    LinkList p,q,r;
    p=list;
    q=NULL;
    while(p!=NULL){
        r=q;
        q=p;
        p=p->link;
        q->link=r;
    }
    list=q;    /* 链表逆转结束 */
}
```

该算法设计得比较巧妙,读者不妨仔细读读。

算法中 p,q 和 r 分别为活动指针。为不失一般性,以一个具有 4 个链结点的线性链表为例,说明如何通过活动指针 p,q 和 r 来实现链表的逆转。

初始状态时,链表以及活动指针 p,q 和 r 的状态如图 2.12 所示(地址符号 y,z 和 w 是为了便于说明问题附加上去的)。

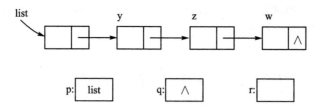

图 2.12　链表逆转前的状态

第 1 次循环结束时,p,q 和 r 及链表的状态如图 2.13 所示。

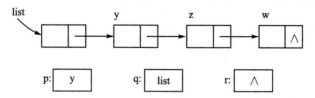

图 2.13　链表逆转第 1 次循环结束

第 2 次循环结束时的状态如图 2.14 所示。

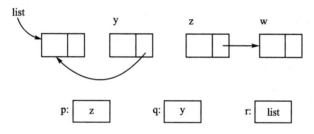

图 2.14　链表逆转第 2 次循环结束

第 3 次循环结束时的状态如图 2.15 所示。

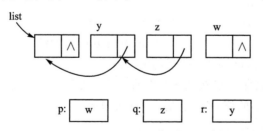

图 2.15　链表逆转第 3 次循环结束

第 4 次循环结束时链表的状态如图 2.16 所示。

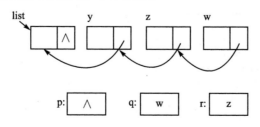

图 2.16　链表逆转第 4 次循环结束

此时,p 为 NULL,循环结束。令 list 指向结点 w(执行赋值语句 list＝q;),至此,链表的逆转过程全部完成,如图 2.17 所示。

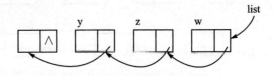

图 2.17 链表逆转后的状态

14. 将两个非空线性链表连接成一个线性链表

设两个链表的第 1 个链结点的指针分别为 lista 和 listb。

先找到第 1 个链表末尾链结点的位置,然后将第 2 个链表的第 1 个链结点的地址送其指针域即可。算法如下。

```
void CONNECT(LinkList lista, LinkList listb)
{
    LinkList p;
    for(p＝lista;p－＞link;p＝p－＞link);        /* 寻找第 1 个链表末尾结点的位置 */
    p－＞link＝listb;                           /* 将第 2 个链表链接到第 1 个链表末尾 */
}
```

若 lista 所指链表的长度为 n,则上述算法的时间复杂度也为 O(n),这是因为在链接 listb 所指的链表之前要先遍历整个 lista 所指的链表之后才能找到 lista 的末尾链结点。

15. 将两个按值有序链接的非空线性链表合并为一个按值有序链接的线性链表

设 lista 与 listb 分别为两个有序链表的第 1 个链结点的指针。将这两个有序链表合并为一个有序链表,并设合并后的链表的第 1 个链结点的指针为 listc。

这里,只需设置 3 个指针 p,q 和 r,其中,p 和 q 分别指向链表 lista 和链表 listb 当前待比较插入的链结点,而 r 指向链表 listc 中当前最后那个链结点。然后不断地比较 p 与 q 所指的链结点的数据域值,若 p－＞data≤q－＞data,则将 p 所指的链结点链接到 r 所指的链结点之后,否则将 q 所指的链结点链接到 r 所指的链结点之后。当其中一个链表为空时,只需将另一个链表中剩余的链结点都依次链接到 r 所指的链结点之后即可。初始时,让 listc 指向 lista 和 listb 所指的链结点中值小的那一个链结点。算法如下。

```
LinkList MERGELIST(LinkList lista,LinkList listb)
{
    LinkList listc,p＝lista,q＝listb,r;
    if(lista－＞data＜＝listb－＞data){
        listc＝lista;
        r＝lista;
        p＝lista－＞link;
    }
    else{
        listc＝listb;
        r＝listb;
```

```
            q = listb->link;
        }                                         /* listc 指向 lista 和 listb 所指结点中值小者 */
        while(p! = NULL && q! = NULL){
            if(p->data< = q->data){               /* 若当前 p 所指结点的值不大于 q 所指结点的值 */
                r->link = p;                       /* 将 p 所指结点链接到 r 所指结点之后 */
                r = p;
                p = p->link;
            }
            else{
                r->link = q;                       /* 将 q 所指结点链接到 r 所指结点之后 */
                r = q;
                q = q->link;
            }
        }
        r->link = p? p:q;                          /* 插入剩余链结点 */
        return listc;                              /* 返回合并后的链表第 1 个链结点地址 */
    }
```

若两个链表的长度分别为 n 与 m,则上述算法的时间复杂度为 $O(n+m)$。在合并两个链表为一个链表时不需要另外建立新链表的链结点空间,只需将给定的两个链表中的链结点之间的链接关系解除,重新按照元素值的非递减关系将所有链结点链接成为一个链表即可。

16. 复制一个线性链表

该操作的含义是,已知一个线性链表,要产生一个与已知线性链表完全等价的另外一个线性链表。这里假设已知线性链表由 lista 指出,经复制以后产生的线性链表由 listb 指出。

下面将该操作设计为一个递归算法。其操作过程可以描述如下。

① 若 lista 为空,则返回空指针。

② 若 lista 非空,则复制 lista 所指的链结点,并将该链结点的指针赋予 listb;然后复制该链结点的直接后继结点,并将该直接后继结点的指针赋予 listb->link,最后返回新复制的线性链表的第 1 个链结点指针 listb。

```
LinkList COPY(LinkList lista)
{
    LinkList listb;
    if(lista == NULL)
        return NULL;
    else{
        listb = (LinkList)malloc(sizeof(LNode));
        listb->data = lista->data;
        listb->link = COPY(lista->link);
    }
    return listb;
}
```

算法的时间复杂度为 O(n),n 为链表的长度。

17. 利用线性链表进行数据排序

已知一个按值任意排列的数据元素序列,可以利用建立一个按值有序排列的线性链表的方法对其进行数据排序。算法 9 已经提供了将一个数据元素插入到有序链表的过程。

```
void LINKSORT(ElemType A[],int n)
{
    LinkList  p,list = NULL;
    int i;
    for(i = 0;i<n;i ++ )
        INSERTLINK5(list,A[i]);         /* 建立一个有序线性链表 */
    p = list;
    i = 0;
    while(p! = NULL){
        A[i++] = p-> data;
        p = p-> link;
    }
}
```

以上仅给出了一些典型链表操作的算法。实际上,有关线性链表常用的操作还有一些,具体的算法请读者自己设计,这里不再赘述。

下面再看一个例子。

例 2.4 已知某非空线性链表第 1 个链结点的指针为 list,请写一个算法,将链表中数据域值最大的那个链结点移至链表的末尾。

解题过程分为两个步骤:第 1 步是先找到满足条件的链结点(数据域值最大的那个链结点);第 2 步是将满足条件的链结点移至链表的末尾(若数据域值最大的链结点不是链表的末尾结点的话),如图 2.18 所示。这里,设数据域值最大的链结点的地址由 q 指出,其前驱结点的地址由 s 指出。

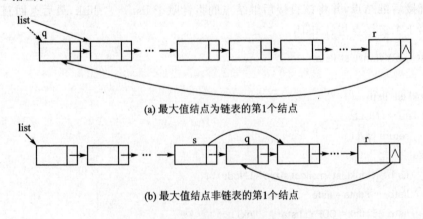

(a) 最大值结点为链表的第1个结点

(b) 最大值结点非链表的第1个结点

图 2.18　将一个链结点移到链表的末尾

应该注意的是,即便满足条件的链结点不是链表末尾的链结点,那么也还要考虑它是否是链表的第 1 个链结点,因为,对于满足条件的链结点,当它是链表的第 1 个链结点与不是第 1

个链结点,将其移至链表末尾的过程有一些差异,如图 2.18(a)和(b)所示。

算法如下。

```
void REMOVE(LinkList &list)
{
        /* list 中存放链表的首地址 */
        LinkList q = list,r = list,p = list->link,s;
        while(p! = NULL){                  /* 寻找最大值结点及其前驱结点 */
            if(p->data>q->data){
                s = r;                      /* s 指向最大值结点的前驱结点 */
                q = p;                      /* q 指向最大值结点 */
            }
            r = p;
            p = p->link;                    /* p 移至下一个链结点 */
        }
        if(q! = r){                         /* 若最大值结点不是链表的末尾结点 */
            if(q == list)                   /* 若最大值结点是链表的第 1 个结点 */
                list = list->link;          /* list 指向链表的第 2 个结点 */
            else
                s->link = q->link;          /* 若最大值结点不是链表的第 1 个结点 */
            r->link = q;
            q->link = NULL;                 /* 将新的末尾结点的指针域置空 */
        }
}
```

2.4　循环链表及其操作

对于前面讨论的线性链表而言,如果知道了某个链结点的指针,则可以比较方便地访问其后面的结点,但无法根据该指针访问到其前面的结点,这在一些涉及线性表的实际应用中可能会带来一些不便。为了从表中任意一个链结点出发都可以访问到表中其他链结点,从而为线性表的操作提供更多的便利,这里引入线性表另外两种形式的链式存储结构,其中之一就是**循环链表**。

所谓循环链表是指链表中最后那个链结点的指针域不再存放 NULL,而是指向链表的第 1 个链结点,整个链表形成一个环。图 2.19 分别给出了一个空的单向循环链表和一个非空的单向循环链表。

有时为了解决问题方便或者需要,可以在链表(包括前面讨论过的线性链表和后面要讨论的双向链表)的第 1 个链结点的前面设置一个特殊结点,称之为头结点(见图 2.19)。头结点的构造与链表中其他链结点的构造相同,但数据域可以不存放信息,也可以存放一些诸如线性表长度的信息;指针域存放线性表第 1 个数据元素对应的链结点的位置。如果线性表为空,相应的循环链表此时并不为空链表,它还有一个头结点,其指针域指向头结点自己,如图 2.19所示。

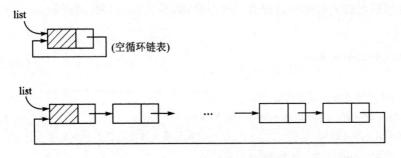

图 2.19　一个循环链表的示例

在循环链表中可以周而复始地访问链表中的所有结点,也就是说,要遍历整个链表,只需设一个活动指针 p,令其初始时指向头结点(执行赋值语句p＝list),然后反复执行赋值语句 p＝p－＞link 直到 p 等于 list(p 回到头结点)。

循环链表的操作与前面讨论过的线性链表的操作基本相同,只是算法中循环条件不是判断 p 或者 p－＞link 是否为 NULL,而是判断它们是否为链表最前面那个链结点的指针。有的时候因为实际应用的需要,可以在循环链链表中不设置头指针而设置尾指针,即尾指针指向循环链表中最后面那个结点,这样做会使得某些操作变得简单。例如,将两个线性表合并成一个线性表,只需将一个表的表尾指针与另一个表的表头指针相链接即可。

例 2.5　在一个带有头结点的循环链表中查找一个数据信息为 item 的链结点,若查找成功(存在满足条件的链结点),算法返回该链结点的指针,否则,返回 NULL。

算法如下。

```
LinkList SEARCHKEY(LinkList list, ElemType item)
{
    LinkList p;
    p= list－＞link;                      /* 从头结点的下一个结点开始查找 */
    while(p! = list){
        if(p－＞data == item)
            return p;                    /* 查找成功 */
        p= p－＞link;
    }
    return NULL;                          /* 查找失败 */
}
```

本小节的最后用一个例子说明在解决某些实际问题的过程中,循环链表可能要比线性链表方便一些。

例 2.6　约瑟夫(Josephu)问题:已知 n 个人(不妨以编号 1,2,3,…,n 分别表示)围坐在一张圆桌周围。从编号为 k 的人开始报数,数到 m 的那个人出列;他的下一个人又从 1 开始报数,数到 m 的那个人又出列;依此规则重复下去,直到圆桌周围的人全部出列。

例如,当 n＝8,m＝4,k＝3 时,出列的顺序依次为 6,2,7,4,3,5,1,8。

解决约瑟夫问题可以利用多种数据结构,但比较简单和自然的方法是利用一个具有 n 个链结点、不带头结点的循环链表。将圆桌周围的每一个人对应着该链表中的一个链结点,某个人出列相当于从链表中删除一个链结点。下面的算法就是在该循环链表中不断地报数,不断地删除一个链结点,直到循环链表中还剩一个链结点时游戏结束。整个算法可以分为以下 3 个部分。

① 建立一个具有 n 个链结点且无头结点的循环链表。

② 确定第 1 个报数点的位置。

③ 不断地从链表中删除一个链结点,直至链表中只剩有一个链结点。

```
void JOSEPHUS(int n,int m,int k)
{
    LinkList p,r,list = NULL;
    int i;
    for(i=1;i<=n;i++){
        p=(LinkList)malloc(sizeof(LNode));    /* 申请一个新的链结点 */
        p->data=i;                             /* 存放第 i 个结点的编号 */
        if(list==NULL)
            list=p;
        else
            r->link=p;
        r=p;
    }
    p->link=list;                              /* 至此,建立一个循环链表 */
    p=list;
    for(i=1;i<k;i++){
        r=p;
        p=p->link;
    }                                          /* 此时 p 指向第 1 个出发结点 */
    while(p->link!=p){
        for(i=1;i<m;i++){
            r=p;
            p=p->link;
        }                                      /* p 指向第 m 个结点,r 指向第 m-1 个结点 */
        r->link=p->link;                       /* 删除第 m 个结点 */
        printf("%4d",p->data);                 /* 输出一个结点编号 */
        free(p);                               /* 释放被删除结点的空间 */
        p=r->link;                             /* p 指向新的出发结点 */
    }
    printf("\n 最后被删除的结点是%4d\n",p->data);  /* 输出最后那个结点的编号 */
}
```

请注意,算法第 17 行中的赋值语句“r=p;”不是多余的。因为当 k≠1,但 m=1 时如果没有这条语句,此时删除动作将无法进行。

2.5　双向链表及其操作

双向链表是线性表的链式存储结构的又一种形式。

相对于线性链表而言,循环链表虽然有其优点,但尚感不足。因为线性链表中的每一个链结点只设置了一个指示该结点的直接后继结点的指针域,因此,从链表的某个链结点出发只能顺着指针方向向后寻找其他链结点,而无法到达该结点的前驱结点;要到达它的前驱结点,唯一的办法只能从链表的第1个链结点出发,从前向后进行遍历。要删除链表中的1个链结点时,也有同样的问题,即仅仅知道被删除结点的地址还不够,还需要知道被删除结点的直接前驱结点的地址,而要找到这个直接前驱结点,也只有从表头结点开始搜索,或者从被删除结点开始沿循环表周游链表一圈,十分不方便。为了克服这种单向性的缺陷,可以通过建立双向链表,尤其对于那些需要经常沿两个方向移动的链表,双向链表更合适。双向链表也简称为双链表。

2.5.1 双向链表的构造

顾名思义,所谓双向链表是指链表的每一个链结点中除了数据域以外设置两个指针域,一个指向结点的直接前驱结点,另一个指向结点的直接后继结点(实际上,对于双向链表来说,由于整个链表是对称的,因此"前后"的意义并不大),每个链结点的实际构造可以形象地描述为如图 2.20 所示。

图 2.20　双向链表中一个链接点的构造

其中,llink 域指向直接前驱结点(称为左指针域);rlink 域指向直接后继结点(称为右指针域)。

在 C 语言中可以按如下语句描述双向链表中链结点的类型。

```
typedef struct node{
    ElemType data;
    struct node * llink, * rlink;
}DNode, * DLinkList;          /* 定义一个双向链表类型 */
```

与线性链表类似,双向链表可以是非循环的,也可以是循环的。也可以根据解决问题的需要在链表最前面(最左边)设置一个头结点。图 2.21、图 2.22 和图 2.23 分别给出了不带头结点的双向链表、不带头结点的双向循环链表以及带头结点的双向循环链表。

图 2.21　不带头结点的双向链表

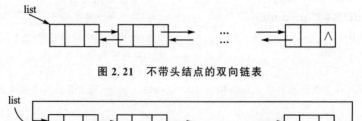

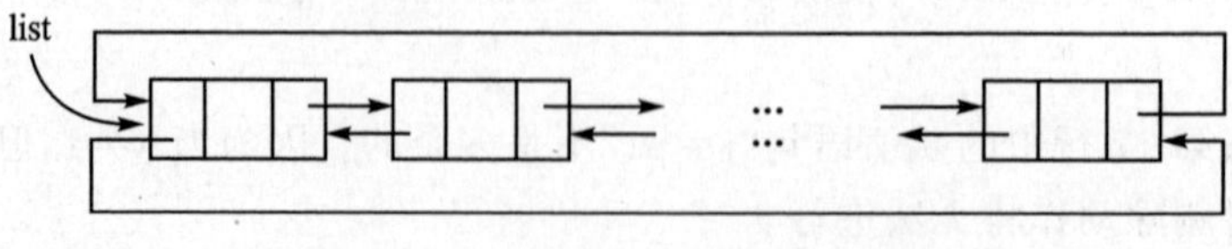

图 2.22　不带头结点的双向循环链表

双向循环链表有一个特性,即若 p 为指向链表中某结点的指针,则在表达式中,有
$$p->llink->rlink=p->rlink->llink=p$$

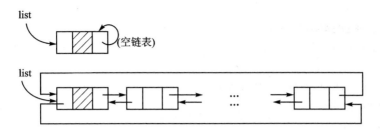

图 2.23　带头结点的双向循环链表

2.5.2　双向链表的插入与删除算法

有关双向链表的一些操作,如求链表的长度、检索链表的第 i 个结点等,仅涉及链表的一个方向,因此,这些操作对应的算法与线性链表的有关算法基本相同。但是,由于双向链表链结点的构造与单链表不同,在双向链表中插入一个新的链结点或者删除双向链表中一个链结点与在单链表中就不同了,因为这时需要同时修改两个方向的指针。

1. 在带有头结点的双向循环链表中第 1 个数据域内容为 x 的结点右边插入一个数据信息为 item 的新结点

这里所说的"第 1 个数据域内容为 x 的结点"是指,从链表的最左边开始自左向右扫描时首先遇到的那个数据域内容为 x 的链结点。因此,本操作只在满足这样一个条件的链结点后面进行插入,而不是在所有数据信息为 x 的链结点后面都插入一个新结点。

算法的核心思想是:先从链表中找到满足条件的链结点(若存在这样的结点的话,由指针变量 q 指向该结点);然后从存储库中申请一个新的链结点(由指针变量 p 指出);在将数据信息 item 送到新结点的数据域的同时,将指针 q 的内容(地址)送新结点的左指针域(llink),将 q 结点的直接后继结点的地址(在 q—>rlink 中)送新结点的右指针域(rlink);然后再将新结点的地址 p 送 q 所指结点的直接后继结点的左指针域;最后将 p 送 q 所指结点的右指针域中。插入过程如图 2.24 所示。

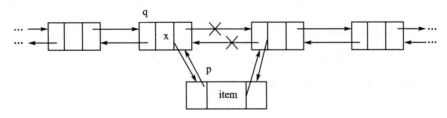

图 2.24　在双向链表中插入一个链结点示意图

算法如下。

```
int INSERTD( DLinkList list, ElemType x, ElemType item )
{
    DLinkList p, q;
    q = list—>rlink;                    /* 首先 q 指向头结点后面的那个结点 */
    while(q! = list && q—>data! = x)     /* 寻找第 1 个满足条件的结点 */
        q = q—>rlink;
```

```
if(q == list){
    ERRORMESSAGE("链表中无满足条件的结点!");
    return  -1;                         /* 插入失败,返回-1 */
}
p = (DLinkList)malloc(sizeof(DNode));   /* 申请一个新的链结点 */
p->data = item;
p->llink = q;
p->rlink = q->rlink;
q->rlink->llink = p;
q->rlink = p;
return 1;                               /* 插入成功,返回1 */
}
```

在算法最后 4 条赋值语句中,前面两条语句的先后次序无关紧要,但是,后面两条赋值语句的先后次序不能随意颠倒,如果颠倒了,就必须要对其中的一条语句做相应修改。

在上述算法中,"问题规模"是双向链表的长度 n,基本操作包括两个部分,一部分是查找满足条件的结点(查找插入点位置),这一部分的时间复杂度为 O(n);另一部分为实际插入一个新结点的过程,其时间复杂度为 O(1),因而,算法总的时间复杂度为 O(n)。

2. 从带有头结点的双向循环链表中删除第 1 个数据域内容为 x 的结点

算法思想为:先从链表中找到满足条件的结点(由变量 q 指出,即要删除 q 所指的链结点),这个过程与插入算法完全一样。若链表中存在 q 所指的链结点,则将 q 所指链结点的直接后继结点的地址送入 q 所指链结点的直接前驱结点的右指针域,同时将 q 所指链结点的直接前驱结点地址送入 q 所指链结点的直接后继结点的左指针域中,然后释放被删除链结点的存储空间。删除过程如图 2.25 所示。算法如下。

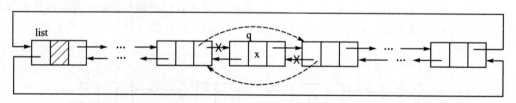

图 2.25　删除双向链表中一个链结点的示意图

```
int DELETED( DLinkList list, ElemType x )
{
    DLinkList q;
    q = list->rlink;                    /* 首先 q 指向头结点后面的那个结点 */
    while(q! = list && q->data! = x)    /* 寻找第 1 个满足条件的结点 */
        q = q->rlink;
    if(q == list){
        ERRORMESSAGE("链表中无满足条件的结点!");
        return -1;                      /* 删除失败,返回-1 */
    }
    q->llink->rlink = q->rlink;
```

```
q->rlink->llink=q->llink;
free(q);
return 1;                                    /* 删除成功,返回 1 */
}
```

若链表中除了头结点之外只有 q 所指的链结点(见图 2.26(a)),那么,执行上面的算法之后,双向链表的状态变为如图 2.26(b)所示,此时结点 q 已不在链表中了。

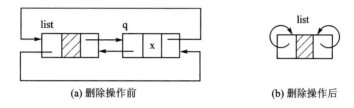

(a) 删除操作前　　　　　　　　　　　(b) 删除操作后

图 2.26　链表中除了头结点外只有一个链结点的情况

删除算法的时间复杂度与双向链表的插入算法一样,也是 O(n)。

不难想到,若线性表的主要操作是插入和删除,尤其是在表的最后那个元素之后插入一个新元素,或者删除表的最后那个元素,则采用带头结点的双向循环链表存储结构最节省运算时间。

*2.6　链表的应用举例

2.6.1　链式存储结构下的一元多项式相加

在数学上,符号多项式就是形如 ax^e 这样的项之和。换句话说,一个一元 n 阶多项式 $A_n(x)$,若按降幂排列,则可以表示成

$$A_n(x)=a_nx^n+a_{n-1}x^{n-1}+\cdots+a_1x+a_0$$

当 $a_n\neq0$ 时,称 $A_n(x)$ 为 n 阶多项式。其中 a_n 为首项系数。因此,一个 n 阶标准多项式由 n+1 个系数唯一确定。在计算机里,它可以用一个线性表 A 来表示,即

$$A=(a_n,a_{n-1},\cdots,a_1,a_0)$$

在计算机内部可以对 A 采用顺序存储结构,使多项式的某些操作变得更简洁。但是,实际情况中的多项式的阶数可能很高,而且不同多项式的阶数可能相差很大,这使得在采用顺序存储结构时需要分配的空间的最大长度难以确定。换一句话说,若多项式的阶数很高,并且最高次幂项与最低次幂项之间缺项很多(系数为零的项数很多)时,例如

$$A(x)=x^{2\,000}+5$$

若采用顺序存储结构显然十分浪费存储空间。因此,一般情况下多采用链式存储结构来存储多项式。

要唯一确定多项式中的一项,只需知道两个信息:一个是该项的系数,另一个就是该项的指数。为此,在采用线性链表来存储一个多项式时,多项式中的每个系数非零项对应着链表中的一个链结点。于是,链结点的结构如图 2.27 所示。

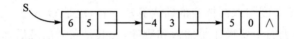

图 2.27　多项式的链结点构造

其中,coef 域用来存放某项的系数;exp 域用来存放该项的指数(其实,此时的 coef 和 exp 两个域合起来相当于前面一般讨论中的 data 域);link 域用来存放指向该项的下一个系数非零项所在链结点的指针。链结点的结构可以描述如下。

```
typedef struct node{
    int coef;
    int exp;
    struct node * link;
}PNode, * PLinkList;
```

例如,$S(x) = 6x^5 - 4x^3 + 5$ 可以表示成如图 2.28 所示的形式。

S
| 6 | 5 | → | -4 | 3 | → | 5 | 0 | ∧ |

图 2.28　一个一元多项式的链表形式

下面讨论在这种链式存储结构下进行多项式相加的操作。

假设 $B_m(x)$ 为一元 m 阶多项式,则 $B_m(x)$ 与 $A_n(x)$ 的相加运算 $C_n(x) = A_n(x) + B_m(x)$(设 n > m)用线性表表示为

$$C = (a_n, a_{n-1}, \cdots, a_{m+1}, a_m + b_m, a_{m-1} + b_{m-1}, \cdots, a_0 + b_0)$$

设多项式 A(x) 和 B(x) 以及它们的和 C(x) 分别为

$$A(x) = 3x^{14} + 2x^8 + 1$$
$$B(x) = 8x^{14} - 3x^{10} - 2x^8 + 4x^6 - 6$$
$$C(x) = 11x^{14} - 3x^{10} + 4x^6 - 5$$

采用链式存储结构分别表示为如图 2.29 所示的形式。这里,用 A,B,C 分别表示指向各链表第 1 个结点的指针。

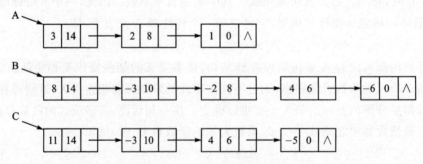

图 2.29　3 个多项式链表

一元多项式的加法运算比较简单。两个多项式中所有指数相同项的对应系数相加,若相加得到的和不为零,则构成“和多项式”中的一项,而所有指数不相同的那些项均被复制到“和多项式”中。

算法中设置了两个活动指针变量 p 和 q,它们分别沿着链表 A 与链表 B 依次访问各自链

表中的结点。p 的初值为 A,q 的初值为 B,即分别指向各自链表的第 1 个链结点。

整个算法的核心是:比较 p 和 q 所指结点的 exp 域的值,若相同,则将两结点的系数域内容相加,若相加的结果不为 0,则把这个结果和相应指数分别存入链表 C 中新申请到的空结点的系数域和指数域;若 p 与 q 所指的链结点指数不同,先将指数较高的那一项"迁"到链表 C 中,然后将 p 或者 q 移向下一个链结点;重复上述步骤,当 p 等于 NULL(或者 q 等于 NULL)时,就将链表 B(或者链表 A)中剩余部分复制到链表 C 中,直到 p 和 q 均为 NULL 时算法结束。

为了简化算法,先给出一个名为 ATTACH 的子算法,该子算法的主要功能是构成链表 C 中的一个新结点,同时将新结点链接在链表 C 的尾部,并且返回链表末尾结点的地址。在加法算法中将会看到,为了使相加后的第 1 项有所依附,事先给链表 C 一个无数据信息的空结点,等到了加法算法的最后再将这个空结点删除(释放回存储库)。ATTACH 子算法如下。

```
PLinkList ATTACH(int co,int ex,PLinkList r)
{
    /* co,ex 分别为多项式中某项的系数和指数,r 为链表 C 末尾结点的指针 */
    PLinkList w;
    w=(PLinkList)malloc(sizeof(PNode));
    w->exp=ex;
    w->coef=co;
    r->link=w;
    return w;                    /* 返回当前链表最后结点的位置 */
}
```

当产生了链表 C 的某一新项时,就将该新项的指数与系数分别存放于新结点的相应域内,然后将新结点链接到链表 C 的尾部,并修改链表 C 的结尾结点指针 r 使其指向新结点;当再有新项时,再重复这个过程,直到算法结束。下面是多项式相加的算法。

```
PLinklist PADD(PLinkList A,PLinkList B)
{
    /* A 和 B 中分别存放与 A(x)和 B(x)对应的多项式链表的首地址 */
    PLinkList C;                      /* C 为结果链表首地址 */
    PLinkList r,p=A,q=B;
    int x;
    C=(PLinkList)malloc(sizeof(PNode));   /* 为链表 C 申请一个空结点(临时使用) */
    r=C;                              /* 变量 r 总是指向链表 C 的末尾结点 */
    while(p!=NULL&&q!=NULL)
        if(p->exp==q->exp){
            x=p->coef+q->coef;
            if(x!=0)
                r=ATTACH(x,p->exp,r);   /* 将新产生的一项加入多项式 C(x) */
            p=p->link;
            q=q->link;
        }
        else if(p->exp<q->exp){
```

```
            r＝ATTACH(q－＞coef,q－＞exp,r)；     /＊ 将 B(x)中的一项加入多项式 C(x) ＊/
            q＝q－＞link；
        }
        else {
            r＝ATTACH(p－＞coef,p－＞exp,r)；     /＊ 将 A(x)中的一项加入多项式 C(x) ＊/
            p＝p－＞link；
        }
    while(p!＝NULL){
        r＝ATTACH(p－＞coef,p－＞exp,r)；
        p＝p－＞link；
    }                                         /＊ 将 A(x)中的剩余项依次加入 C(x) ＊/
    while(q!＝NULL){
        r＝ATTACH(q－＞coef,q－＞exp,r)；
        q＝q－＞link；
    }                                         /＊ 将 B(x)中的剩余项依次加入 C(x) ＊/
    r－＞link＝NULL；                           /＊ 将链表 C 末尾结点的指针域置空 ＊/
    p＝C；
    C＝C－＞link；                              /＊ C 指向多项式 C(x)的第 1 项 ＊/
    free(p)；                                  /＊ 释放最初为链表 C 申请的空结点 ＊/
    return C；                                 /＊ 返回结果多项式链表的首地址 ＊/
}
```

显然,对于上述算法,若多项式 A(x)有 n 项,B(x)有 m 项,则问题的规模就是这两个多项式的"项数之和"n＋m,而算法的基本操作是指数"比较"、系数"相加"以及指针"修改"。算法的时间复杂度依赖于问题的规模,即 O(n＋m)。

2.6.2 打印文本文件的最后 n 行

在 Unix 操作系统中有一条命令,该命令的功能是依次打印文本文件的最后 n 行。命令格式为

tail ［－n］ filename

其中,tail 为命令名;参数 filename 为文本文件名;参数［－n］表示要打印的行数,该参数是可选的,缺省值为 10,即无此参数时,表示打印文件的最后 10 行。例如,命令

tail －20 example.txt

表示打印文本文件 example.txt 的最后 20 行。

如果被打印的文本文件中行数少于 n 行或者少于 10 行,该命令将打印文件中的所有行。

设计该命令的过程可以分成以下几个组成部分。

① 命令行参数的正确性分析。这个过程包括对命令行中的参数个数及相应参数的正确性进行分析检查,如果命令行出错,及时输出错误信息,并结束该命令的执行;在上述进行正确性分析过程的同时获取需要打印的行数、被打印的文本文件的名称等必要的信息,为后面正常情况下的打印做准备。

② 如果命令行分析正确,首先建立一个具有 n 个链结点(或 10 个链结点,当缺少参数 [−n]时)且不带头结点的单向循环链表(这里,不妨设链表的第 1 个链结点指针用 list 表示), 每个链结点的数据域需要清空,然后从文本文件的第 1 行开始,依次读取文件的每一行,每读 一行就将其存入相应链结点的数据域(从 list 指的链结点开始,以后利用一个指针变量记录存 入结点的位置)。

③ 当文件读入结束后,循环链表中保留的正好是需要打印的 n 行,于是,从最后存入信息 的那一个链结点的后继结点开始,依次打印链结点数据域中的内容,直到所有链结点均被打印 或者链结点数据域内容为空时为止。

从这个例子可以看到,解决类似问题的关键之一是使用了一个循环链表数据结构。

算法如下。

```c
# include <stdio.h>
# include <stdlib.h>
# include <string.h>
# include <alloc.h>

# define DEFLINES    10                        /* n 的缺省值为 10 */
# define MAXLEN      81                        /* 这里,假设一行长度为 80 个字符 */

struct Tail {
        char data[MAXLEN];
        struct Tail * link;
};                                              /* 定义循环链表中一个链结点的构造 */

main( int argc,char * argv[] )
{
        char curline[MAXLEN] , * filename;
        int n = DEFLINES,i;                     /* n 的缺省值为 10 */
        struct Tail * list, * ptr, * qtr;
        FILE * fp;

        if(argc == 3 && argv[1][0] == '−'){     /* 进行命令行的参数正确性检查 */
            n = atoi(argv[1]+1);                /* 将字符类型的 n 转换为整数类型的 n */
            filename = argv[2];
        }
        else if(argc == 2){
                filename = argv[1];
            else{                               /* 命令行本身有错 */
                fprintf(stderr,"Usage:tail [−n] filename\n");
                exit(1);
            }
        }
```

```
if((fp = fopen(filename,"r")) == NULL){        /* 以只"读"方式打开文本文件 */
    fprintf(stderr,"Cann't open file:%s! \n",filename);
    exit(-1);
}                                              /* 该文本文件不能打开 */

list = qtr = (struct Tail *)malloc(sizeof(struct Tail));
qtr->data[0] = '\0';
for(i = 1;i<n;i++){
    ptr = (struct Tail *)malloc(sizeof(struct Tail));
    ptr->data[0] = '\0';
    qtr->link = ptr;
    qtr = ptr;
}
ptr->link = list;                              /* 建立一个不带头结点的单向循环链表 */

ptr = list;
while(fgets(curline,MAXLEN,fp)! = NULL){        /* 从文本文件中读一行放入 curline 中 */
    strcpy(ptr->data,curline);                 /* 将读到的一行送入链结点的数据域 */
    ptr = ptr->link;                           /* ptr 指向下一个链结点 */
}
for(i = 0;i<n;i++){
    if(ptr->data[0]! = '\0')
        printf("%s",ptr->data);                /* 打印文本文件的一行 */
    ptr = ptr->link;
}                                              /* 打印文本文件的最后 n 行 */
fclose(fp);                                    /* 关闭文本文件 */
return 0;
}
```

习 题

2-1 单项选择题

1. 线性表的顺序存储结构是一种_____。
   A. 随机存取的存储结构   B. 顺序储取的存储结构
   C. 索引存取的存储结构   D. 散列存取的存储结构

2. 下面关于线性表的叙述中,错误的是_____。
   A. 线性表采用顺序存储结构,必须占用一片地址连续的存储单元
   B. 线性表采用顺序存储结构,便于在表中进行插入和删除操作
   C. 线性表采用链式存储结构,不必占用一片地址连续的存储单元
   D. 线性表采用链式存储结构,便于在表中进行插入和删除操作

3. 对于在长度为 n 的顺序表中插入一个新的元素的操作,当空间已满,且又允许申请增

加 m 个空间时,若申请失败,则说明_____。
   A. 系统没有 m 个可分配的存储空间　　B. 系统没有 n+m 个可分配的存储空间
   C. 系统没有 m 个连续的存储空间　　　D. 系统没有 n+m 个连续的存储空间

4. 相比线性表的顺序存储结构,线性表的链式存储结构的优点之一是_____。
   A. 节省存储空间　　　　　　　　　　B. 对线性表的操作的实现变得简单
   C. 便于元素的插入和删除操作　　　　D. 便于实现随机存取操作

5. 若经常需要在线性表中按数据元素在表中的序号查找元素,则该线性表应该采用的存储结构是_____。
   A. 顺序存储结构　B. 链式存储结构　　C. 索引存储结构　　D. 散列存储结构

6. 若既要求在线性表中能够进行快速的插入和删除操作,又要求其存储结构能够正确反映数据元素之间的逻辑关系,则线性表应该选择的存储结构是_____。
   A. 顺序存储结构　B. 链式存储结构　　C. 索引存储结构　　D. 散列存储结构

7. 若频繁地对线性表进行插入和删除操作,则该线性表应该采用的存储结构是_____。
   A. 顺序存储结构　B. 链式存储结构　　C. 索引存储结构　　D. 散列存储结构

8. 设存储分配是从低地址到高地址进行。若每个元素占用 4 个存储单元,则某个元素的地址是指它所占用的存储单元的_____。
   A. 第 1 个单元的地址　　　　　　　　B. 第 2 个单元的地址
   C. 第 3 个单元的地址　　　　　　　　D. 第 4 个单元的地址

9. 若长度为 n 的线性表采用顺序存储结构,在表的第 i 个位置插入一个数据元素,i 的值应该是_____。
   A. i>0　　　　　　B. i≤n　　　　　　C. 1≤i≤n　　　　　D. 1≤i≤n+1

10. 若长度为 n 的非空线性表采用顺序存储结构,删除表的第 i 个数据元素,i 的值应该是_____。
   A. i>0　　　　　　B. i≤n　　　　　　C. 1≤i≤n　　　　　D. 1≤i≤n+1

11. 若长度为 n 的非空线性表采用顺序存储结构,删除表的第 i 个数据元素,首先需要移动表中_____个数据元素。
   A. n−i　　　　　　B. n+i　　　　　　C. n−i+1　　　　　D. n−i−1

12. 若长度为 n 的线性表采用顺序存储结构,在表的第 i 个位置插入一个数据元素,需要移动表中_____个元素。
   A. i　　　　　　　B. n+i　　　　　　C. n−i+1　　　　　D. n−i−1

13. 一般情况下,链表中所占用的存储单元的地址是_____。
   A. 无序的　　　　B. 连续的　　　　　C. 部分连续的　　　D. 不连续的

14. 链表中的每一个链结点所占用的存储单元_____。
   A. 一定不连续　　　　　　　　　　　B. 只需部分连续
   C. 必须连续　　　　　　　　　　　　D. 连续与否无所谓

15. 在线性链表中插入一个新的结点或者删除链表中一个结点_____。
   A. 不需移动结点,不需改变结点的指针　B. 不需移动结点,只需改变结点的指针
   C. 只需移动结点,不需改变结点的指针　D. 既需移动结点,也需改变结点的指针

16. 线性表采用链式存储结构所不具有的特点是_____。

A. 插入和删除操作不需要移动其他元素　　　B. 不必事先估计所需要的存储空间

C. 所需的空间与线性表的长度成正比　　　　D. 可以随机访问表中任意元素

17. 与单向链表相比,双向链表的优点之一是_____。

A. 插入和删除操作变得更加简便　　　　　B. 可以进行随机访问

C. 可以访问相邻结点　　　　　　　　　　D. 可以省略头结点指针

18. 若 list 是某带头结点的循环链表的头结点指针,则该链表最后那个链结点的指针域中存放的是_____。

A. list 的地址　　　　　　　　　　　　B. list 的内容

C. list 指的链结点的值　　　　　　　　D. 链表第 1 个链结点的地址

19. 若 list 是某带头结点的循环链表的头结点指针,当 p(p 与 list 同类型)指向链表的最后那个链结点时,_____。

A. 该结点的指针域为空

B. p 为空

C. p 的内容与头结点的内容相同

D. 该链结点指针域内容与 list 的内容相同

20. 若某非空线性表采用带头结点的循环链表作为存储结构,list 为头结点指针。当条件 list->link->link->link=list 成立时,则可以断定线性表的长度为_____。

A. 1　　　　　　　B. 2　　　　　　　C. 3　　　　　　　D. 4

21. 若 list1 和 list2 分别为一个单链表和一个双向链表的第 1 个结点的指针,则下列说法中,正确的是_____。

A. list2 比 list1 占用更多的存储单元

B. list1 与 list2 占用相同大小的存储单元

C. list1 和 list2 应该是相同类型的指针变量

D. list2 所指的双向链表比 list1 所指的单链表占用更多的存储单元

22. 若某非空线性表采用带头结点的单链表作为存储结构,list 为头结点指针,则删除线性表的第一个元素的过程(不考虑释放被删除结点的空间)是执行_____。

A. list=list->link;　　　　　　　　B. list=list->link->link;

C. list->link=list->link;　　　　　　D. list->link=list->link->link;

23. 在非空线性链表中由 p 所指的链结点后面插入一个由 q 所指的链结点的过程是依次执行_____。

A. q->link=p->link; p->link=q;　　　B. q->link=p; p->link=q;

C. p->link=q; q->link=p->link;　　　D. p->link=q; q->link=p;

24. 删除非空线性链表中由 p 所指的链结点的直接后继链结点的过程是依次执行_____。

A. r=p->link; p->link=r; free(r);

B. r=p->link; p->link=r->link; free(r);

C. r=p->link; p->link=r->link; free(p);

D. p->link=p->link->link; free(p);

25. 在非空双向循环链表中由 q 所指的链结点后面插入一个由 p 所指的链结点的动作依

次为:p—>llink=q;p—>rlink=q—>rlink;q—>rlink=p;_____。(空白处为一条赋值语句)

A. q—>llink=p　　　　　　　　　B. q—>rlink—>llink=p;

C. p—>rlink—>llink=p;　　　　　D. p—>llink—>llink=p;

26. 在非空双向循环链表中由 q 所指的那个链结点前面插入一个由 p 所指的链结点的动作所对应的语句依次为:p—>rlink=q;p—>llink=q—>llink;q—>llink=p;_____。(空白处为一条赋值语句)

A. q—>rlink=p;　　　　　　　　　B. q—>llink—>rlink=p;

C. p—>rlink—>rlink=p;　　　　　D. p—>llink—>rlink=p;

27. 在一个具有 n 个链结点的线性链表中查找某一个链结点,若查找成功,则需要平均比较的结点个数为_____。

A. n　　　　　　B. n/2　　　　　　C. (n+1)/2　　　　　D. (n−1)/2

28. 若长度为 n 的线性表采用顺序存储结构,则访问表中一个数据元素的操作和删除表中一个数据元素的操作对应的时间复杂度分别为_____。

A. O(1)和 O(n)　B. O(n)和 O(1)　C. O(1)和 O(1)　D. O(n)和 O(n)

29. 已知线性链表 A 的长度为 n,线性链表 B 的长度为 m,若将 B 链表链接在 A 链表的末尾,在没有设置链尾指针的情况下,算法的时间复杂度为_____。

A. O(1)　　　　　B. O(n)　　　　　C. O(m)　　　　　D. O(n+m)

30. 在一个具有 n 个链结点的有序线性链表(链结点按照数据域值有序链接)中插入一个新的链结点,并且仍然保持链表有序的时间复杂度为_____。

A. O(1)　　　　　B. O(n)　　　　　C. O(n²)　　　　　D. O(log₂n)

2−2　填空题

1. 顺序表是一种_____的线性表。

2. 线性表的顺序存储结构通过_____直接反映数据元素之间的逻辑关系,而链式存储结构则通过_____间接反映数据元素之间的逻辑关系。

3. 若某线性表采用顺序存储结构,每个元素占 4 个存储单元,首地址为 100,则第 12 个元素的存储地址为_____。

4. 在顺序表的_____插入一个新的数据元素不必移动任何元素。

5. 若长度为 n 的线性表采用顺序存储结构,则在其第 i 个位置(1≤i≤n+1)插入一个新的数据元素,当不溢出时,首先,_____,然后,_____,最后,_____。

6. 当长度为 n 的线性表采用顺序存储结构时,删除其第 i 个元素(1≤i≤n),首先,_____,然后,_____。

7. 线性表的链式存储结构主要包括_____、_____和_____3 种形式。

8. 根据_____可以将链表分为线性链表(单链表)和双向链表。

9. 若 p 为线性链表中某个结点的指针,则判断 p 所指结点有后继结点的标志是_____。

10. 若 p 为线性链表中某个结点的指针,则判断 p 所指结点是链表的最后那个结点的标志是_____。

11. 若 p 为指向循环链表中某结点的指针,判断循环链表只有一个结点的标志是_____。

12. 与线性链表相比,循环链表的最大优点是_____。

13. 若线性表采用带有头结点的双向循环链表作为存储结构，list 为头结点指针，则判断线性表为空的标志是_____。

14. 一般情况下，在双向链表中插入一个新的结点，需要修改_____个指针域内的指针。

15. 在非空双向循环链表中由 q 所指的结点后面插入一个由 p 指的新结点的过程是依次执行语句 p—>llink=q; p—>rlink=q—>rlink; q >rlink—p; _____。

16. 删除非空双向链表中由 q 所指的结点的过程是依次执行语句_____。

17. 在具有 n 个链结点的链表的已知位置插入一个结点的时间复杂度为_____。

18. 在具有 n 个链结点的链表中查找一个结点的时间复杂度为_____。

19. 若要以复杂度为 O(1) 的时间代价将两个单链表链接成一个单链表，则这两个单链表分别应该为_____。

20. 一元多项式 $f(x)=9x^{13}-4x^8+3x-5$ 的线性链表表示为_____。

2-3 简答题

1. 线性表的顺序存储结构与程序设计语言中的一维数组有何异同？

2. 在何种情况下，线性表应该采用顺序存储结构？在何种情况下，线性表应该采用链式存储结构？

3. 对于线性表而言，要想以 O(1) 的时间复杂度存取表中第 i 个数据元素，该线性表应该采用何种存储结构？

4. 在等概率情况下，在长度为 n 的顺序表中插入和删除一个数据元素都需要移动其他元素的位置。问：移动的元素的个数主要取决于什么因素？

5. 若已知在长度为 n 的顺序表 $(a_1,a_2,\cdots,a_n)$ 的第 i 个位置 $(1\leqslant i\leqslant n+1)$ 插入一个新的数据元素的概率为 $p_i=\dfrac{2(n-i+1)}{n(n+1)}$，则平均插入一个元素时所需移动元素次数的期望值（平均次数）是多少？

6. 有人说线性表的顺序存储结构比链式存储结构的存储空间开销要小，也有人说线性表的链式存储结构比顺序存储结构的存储空间开销要小。你是如何看待这两种说法的？请说明你的看法。

7. 线性表的顺序存储结构具有三个弱点：其一，作插入或删除操作时，需要移动其他元素的位置，导致操作的时间效率低；其二，由于难以估计所需空间的大小，必须预先分配较大的空间，往往使得存储空间不能够得到充分利用；其三，表的容量扩充比较困难。若线性表采用链式存储结构，是否一定能够克服上述三个弱点？请分别分析讨论之。

8. 有人说，顺序存储结构只能用来存储具有线性关系的数据。你认为此说法正确与否？请举一简单例子说明。

9. 链表中的头结点的设置是否是必需的？

10. 若某线性表最常用操作是在表的最后那个元素之后插入一个新的元素以及删除表的第 1 个元素，则该线性表采用链式存储结构时应该选择什么样的链表结构会进一步提高操作的时间效率？

2-4 算法题

1. 已知长度为 n 的线性表 A 采用顺序存储结构。请写一算法，找出该线性表中值最小的数据元素，给出该元素在表中的位置。

2. 设计一个算法,用不多于 3n/2 的平均比较次数,在顺序表 A[1..n]中分别找出最大值元素和最小值元素。

3. 已知长度为 n 的线性表 A 采用顺序存储结构,并假设表中每一个数据元素均为整型数据,请写出在该顺序表中查找值为 item 的数据元素的递归算法。若查找成功,算法返回 item 在表中的位置,否则,算法返回信息－1。

4. 已知长度为 n 的线性表 A 采用顺序存储结构。请写出逆转该线性表的算法,即由 A＝$(a_1,a_2,\cdots,a_{n-1},a_n)$产生 A′＝$(a_n,a_{n-1},\cdots,a_2,a_1)$,要求在逆转过程中用最少的附加空间(用尽可能少的辅助变量)。

5. 已知长度为 n 的线性表 A 采用顺序存储结构,并且每个数据元素均为一个无符号整数,请写一算法,删除线性表中的所有奇数。

6. 已知长度为 n 的线性表 A 采用顺序存储结构。请写一时间复杂度为 O(n)的算法,该算法删除线性表中原来序号为奇数的那些数据元素。

7. 已知长度为 n 且按值有序排列的线性表 A 采用顺序存储结构。请写一算法,删除所有值大于 x 且小于 y 的数据元素。

8. 请写一算法,通过键盘输入一系列数据元素,建立一个长度为 n 且不包含重复元素的线性表 A。这里,设线性表 A 采用的存储结构为顺序存储结构,并且假设空间足够。

9. 已知线性表 A 与线性表 B 的长度分别为 n 与 m,并且都采用顺序存储结构。请写一算法,在线性表 A 的第 i 个位置插入线性表 B。约定:不考虑存储空间溢出问题。

10. 已知线性链表第 1 个结点的存储地址为 list。请写一算法,把该链表中数据域值为 d 的所有结点的数据域值修改为 item。

11. 已知非空线性链表的第 1 个结点的指针为 list,请写出删除该链表第 i 个结点的算法。

12. 已知非空线性链表第 1 个结点的存储地址为 list,请写出删除链表中从第 i 个结点开始的(包括第 i 个结点本身)连续 k 个结点的算法。

13. 已知线性链表第 1 个结点指针为 list。请写一算法,删除链表中数据域值最大的结点。

14. 已知线性链表第 1 个结点指针为 list。请写一算法,判断该链表是否是有序链表(结点是否按照数据域值的大小链接),若是,算法返回 1,否则,算法返回 0。

15. 已知线性链表第 1 链结点指针为 list。请写一算法,交换 p 所指结点与其下一个结点的位置(假设 p 指向的不是链表中最后那个结点)。

16. 已知非空线性链表第 1 个结点由 list 指出。请写一算法,将链表中数据域值最小的链结点移到链表最前面。

17. (2009 年硕士研究生入学考试计算机专业基础综合全国联考试题)请写一算法,该算法用尽可能高的时间效率找到由 list 所指的线性链表的倒数第 k 个结点。若找到这样的结点,算法给出该结点的地址;否则,算法给出信息 NULL。

限制:算法中不得求出链表的长度,也不允许使用除指针变量和控制变量以外的其他辅助空间。

18. 设线性表 X＝$(x_1,x_2,x_3,\cdots,x_n)$与 Y＝$(y_1,y_2,y_3,\cdots,y_m)$都采用链式存储结构(链表第 1 个结点的指针不妨分别用 X 和 Y 表示)。试写一个算法合并这两个线性链表为一个线性链表,使得

$$Z=\begin{cases} x_1,y_1,x_2,y_2,\cdots,x_m,y_m,x_{m+1},\cdots,x_n & m\leqslant n \\ x_1,y_1,x_2,y_2,\cdots,x_n,y_n,y_{n+1},\cdots,y_m & m>n \end{cases}$$

19. 已知线性链表第 1 个结点的指针为 list。请写一算法,删除数据域值相同的多余结点,即若链表中有多个结点具有相同的数据域值,只保留其中一个结点,其余结点均从链表的最后删去,使得到的链表中所有结点的数据域值都不相同。

20. 请写一算法,依次输出通过键盘输入的一组整型数据中的最后 k 个元素。约定:以 Ctrl+z 作为键盘输入的结束,并假设 k≤输入的数据元素的个数。限制:算法中不允许使用数组,也不允许有计算输入数据个数的过程。

21. 已知一个不带头结点也无头指针变量,并且长度大于 1 的循环链表。请写一算法,删除 p 所指链结点的直接前驱结点。

22. 请写出将一个线性链表(第 1 个结点的存储地址为 list)分解为两个循环链表,并将两个循环链表的长度存放在各自的头结点的数据域中的算法。

分解规则:若线性链表中某一链结点属于第 1 个循环链表,则下一个链结点就属于第 2 个循环链表;反之,若线性链表中某一个链结点属于第 2 个循环链表,则下一个链结点就属于第 1 个循环链表。

23. 已知带头结点的循环链表的头结点指针为 list,请编写一个逆转链表链接方向的算法。

24. 已知非空线性表(a_1, a_2, $\cdots$, a_{n-1}, a_n)采用仅设置了末尾结点指针的单向循环链表作为存储结构(设末尾结点指针为 rear),请写一算法,将线性表改造为(a_1, a_2, $\cdots$, a_{n-1}, a_n, a_{n-1}, $\cdots$, a_2, a_1)。要求:改造后的线性表依然采用仅设置末尾结点指针的单向循环链表存储,并且算法中只能出现一个循环。

25. 已知某一元 n 阶多项式 $f(x)=\sum_{i=1}^{n}a_i x^{e_i}$ 采用(a_1, e_1), (a_2, e_2), $\cdots$, (a_n, e_n)作为输入。请写一算法,生成 $f(x)$ 按降幂排列的线性链表结构(e_i 之间按值大小无序)。

26. 已知不带头结点的双向链表第 1 个结点的指针为 list,链结点中除了数据域和分别指向该结点直接前驱结点和直接后继结点的指针域外,还设置了记录该结点被访问的次数的频度域 freq(初始值为 0)。请设计一个算法 LOCATE(list, x),该算法的功能是每当在此链表上进行一次 LOCATE(list, x)操作,数据信息为 x 的结点的 freq 域的值增 1,并且保持链表中链结点按 freq 域值递减链接,以使得频繁被访问的链结点靠近链表的前端。

27. 已知带有头结点的双向循环链表中头结点的指针为 list,请写出删除并释放数据域内容为 x 的所有结点的算法。

28. 已知不带头结点的双向循环链表第 1 个结点指针为 list,请写一算法,判断该链表是否为对称链表,即前后对应结点的数据信息相同。对称返回 1,否则返回 0。

29. 请写一算法,该算法的功能是先通过键盘输入 n 个整型数据,建立一个带有头结点的双向循环链表,然后按照与输入相反的次序依次输出这 n 个整型数据。

30. 已知带头结点的双向循环链表头结点指针为 list,除头结点外的每个链结点数据域值为一个整数。请写一算法,将链表中所有数据域值大于 0 的结点放在所有数据域值小于 0 的结点之前。若链表中除头结点外没有其他结点,算法返回 0,否则,算法返回 1。

第3章 数　组

数组(array)是最常用的数据结构之一。在早期的程序设计语言中,数组是唯一可供使用的组合类型,现在,几乎所有的程序设计语言都允许用数组来描述数据,因此,数组是人们十分熟悉的一种数据类型。本书在讨论各种数据结构的顺序存储分配时,也多是借用数组形式来描述它们的存储结构。本章将简要讨论数组的逻辑结构及其存储方式;另外,也将讨论几种特殊矩阵的压缩存储以及相应的算法。

3.1　数组的概念

人们习惯把数组定义为"一个连续的存储单元的有限集合"。虽然数组可以用连续的存储单元来实现其元素的存储,但上述定义并未触及数组的实质。大家应该逐步地把某种数据结构同它的表示方法区分开来,因为后面将会看到,堆栈也可以用一组连续的存储单元加上一个栈顶指针来实现。那么,能这样来定义堆栈吗? 显然不合适。究竟如何定义一个数组呢? 简单地说,数组应该是下标(index)与值(value)组成的数偶的有限集合。在数组中,一旦给定下标,就存在一个与之相对应的值,这个值称为数组元素。也可以说,数组中的每一个数据元素都对应于一组下标$(j_1,j_2,\cdots,j_n)$,每个下标的取值范围为$0 \leqslant j_i \leqslant b_i - 1$,称$b_i$为第 i 维的长度$(i=1,2,\cdots,n)$。当 $n=1$ 时,n 维数组就退化为一个定长的线性表;反之,n 维数组也可以看成是线性表的推广。

一般情况下,数组没有插入和删除操作,这就是说,数组一旦被定义,它的维数和维界就不再改变。数组的规模是固定的,称之为静态结构。

归纳起来,除了结构的初始化和销毁之外,数组的主要操作有以下几种。

① 给出一组下标,检索对应的数组元素。

② 给定一组下标,存、取或者修改对应数组元素的值。

③ 检索满足条件的数组元素。

④ 对数组的所有元素按照值的大小进行升序或者降序排序。

3.2　数组的存储结构

由于对数组一般不进行插入和删除操作,一旦定义了一个数组,其结构中的数据元素的个数以及各个元素之间的相互关系不再发生变化。因此,数组一般情况下都采用顺序存储结构。

只要确定了数组的维数和各维的上、下界,就可以为它们分配存储空间;反之,只要给定一组下标值,便可以求得相应元素的存储位置。下面仅讨论一维数组与二维数组的顺序存储结构,对于高于二维的多维数组,读者可以在这个基础上推而广之。

若一维数组的每个元素占 k 个存储单元,并且从地址 l_0 开始存储数组的第 1 个元素,则数组第 i 个元素的存储位置 $LOC(a_i)$ 可由下式确定

$$LOC(a_i) = LOC(a_1) + (i-1) \times k = l_0 + (i-1) \times k$$

一维数组各元素的存储位置如图 3.1 所示。

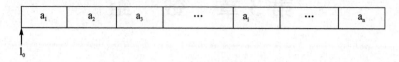

图 3.1 一维数组的存储结构

由于存储单元是一个一维结构,而二维以上的数组是个多维结构,因此,用一组连续的存储单元存放数组的元素就存在一个次序约定的问题。以二维数组为例,它至少可以有两种次序来存放数组中的元素:一种是以行序为主序的方式,另一种是以列序为主序的方式。行序为主序的方式是以行的先后次序为主(行中按列的次序)进行分配,其特点是前一行的最后那个数组元素与后一行的第 1 个数组元素的存储位置一定紧密相邻;而列序为主序的方式则是以列的先后次序为主(列中按行的次序)进行分配,其特点是前一列的最后那个数组元素与后一列的第 1 个数组元素的存储位置紧密相邻。在众多的程序设计语言中,以行序为主序分配方式的有 Pascal 语言、Cobol 语言、C 语言及扩展 Basic 语言等,以列序为主序分配方式的有 Fortran 语言。无论采用哪一种存储方式,一旦确定了存储映像区的首地址,数组中任意元素的存储地址都可以确定。

其实,以上存储规则可以推广到 n 维数组,即以行序为主序的方式可以规定为最右的下标优先,从右至左;以列序为主序的方式可以规定为最左的下标优先,从左至右。

已知一个具有 m 行 n 列元素的二维数组 **A**(借助一个矩阵的形式给出更直观)为

$$\mathbf{A} = \begin{bmatrix} a_{11} & a_{12} & a_{13} & \cdots & a_{1n} \\ a_{21} & a_{22} & a_{23} & \cdots & a_{2n} \\ a_{31} & a_{32} & a_{33} & \cdots & a_{3n} \\ \vdots & \vdots & \vdots & & \vdots \\ a_{m1} & a_{m2} & a_{m3} & \cdots & a_{mn} \end{bmatrix}$$

按照行序为主序的分配方式对数组元素进行存储分配,其存储结构如图 3.2 所示。

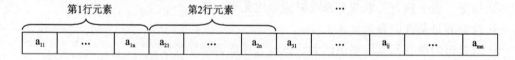

图 3.2 二维数组以行序为主序的存储结构

若已知元素 a_{11} 的存储地址为 $LOC(a_{11})$,并且每个元素占用 k 个存储单元,则数组第 i 行第 j 列的元素 a_{ij} 的存储位置为

$$LOC(a_{ij}) = LOC(a_{11}) + (i-1) \times n \times k + (j-1) \times k$$
$$= LOC(a_{11}) + [(i-1) \times n + (j-1)] \times k$$

若按照列序为主序的分配方式对数组元素进行存储分配,则其存储结构如图 3.3 所示。

同理,数组第 i 行第 j 列的元素 a_{ij} 的存储位置为

$$LOC(a_{ij}) = LOC(a_{11}) + (j-1) \times m \times k + (i-1) \times k$$
$$= LOC(a_{11}) + [(j-1) \times m + (i-1)] \times k$$

图 3.3 二维数组以列序为主序的存储结构

在一般的程序设计过程中,一维数组与二维数组使用较为普遍,超过二维以上的多维数组使用相对较少。因此,对于高维数组的顺序存储方法,读者可以根据一维和二维的情形加以推广便能够得到,这里不再赘述。

由于计算各个数组元素位置的时间相等,所以存取数组中任意一个数组元素的时间也相等。一般称具有这一特点的存储结构为随机存储结构。数组就是一种随机存储结构。

3.3 矩阵的压缩存储

矩阵(matrix)是许多科学与工程计算问题中常常涉及的一种运算对象。一个 m 行 n 列的矩阵共有 m×n 个矩阵元素。若 m=n,则称该矩阵为 n 阶(或 m 阶)方阵。这里,所感兴趣的不是矩阵本身,而是矩阵在计算机内的有效存储方法以及对它们实施的各种有效操作。

除了少数程序设计语言提供了矩阵操作的一些功能外,一般情况下,人们在利用程序设计语言编写程序时,很自然地就会将矩阵的元素存入一个数组中。例如,一个 m×n 阶矩阵可以采用一个二维数组 A[0..m-1][0..n-1]来存储,矩阵中的每一个元素对应着数组中的一个数组元素,这种方法可以随机地访问每一个元素,因而能够较为容易地实现矩阵的各种操作。

然而,在一些有关数值分析的问题中,常常可能会出现一些阶数很高且矩阵中含有很多值相同或者为零的元素,甚至元素的排列位置具有一定规律的矩阵,一般称这样的矩阵为特殊矩阵,如对称矩阵和对角矩阵;称具有较多零元素的矩阵为稀疏矩阵。

对于这些特殊的矩阵,若采用前面提到的传统做法存储其元素,很可能会牺牲大量的存储空间来存放那些实际上可以考虑不必存放的元素。为了节省存储空间,可以对这些矩阵采用**压缩存储**的方法进行存储。所谓压缩存储,是指为多个值相同的元素只分配一个存储空间,而对值为零的元素不分配存储空间。例如,一个 1 000×1 000 的矩阵中有 800 个值非零的元素,只需设法给这 800 个非零元素分配存储空间就可以了。

下面分别就这两类矩阵来讨论它们的压缩存储以及在这种存储下的一些基本操作。

3.3.1 对称矩阵的压缩存储

若一个 n 阶矩阵 **A** 的元素满足性质

$$a_{ij} = a_{ji} \qquad 1 \leqslant i, j \leqslant n$$

则称该矩阵为一个 n 阶对称矩阵。

在对称矩阵中,位置对称于主对角线的元素值都相同。因此,不必考虑为每一个元素都分配存储单元,只需为每一对位置对称的元素分配一个存储单元即可。由于包括主对角线在内的上(或下)三角形部分一共有 n×(n+1)/2 个元素,这样,n 阶对称矩阵的 n^2 个元素就压缩到这 n×(n+1)/2 个元素的存储空间中。为不失一般性,现以行序为主序分配方式来存储对称矩阵的下三角元素(包括主对角线上的元素)。

设一维数组 LTA[0..n×(n+1)/2−1]作为 n 阶对称矩阵 **A** 的存储结构,那么,当 **A** 中任意元素 a_{ij} 与 LTA[k]之间存在着如下对应关系

$$k = \begin{cases} \dfrac{i \times (i-1)}{2} + j - 1 & i \geqslant j \\[2mm] \dfrac{j \times (j-1)}{2} + i - 1 & i < j \end{cases}$$

时,则有 a_{ij}=LTA[k]。也就是说,对任意一组下标值(i,j)均可以在 LTA 中找到矩阵 **A** 的元素 a_{ij};反之,对于所有的 k=0,1,2,…,n×(n+1)/2−1,都能确定 LTA[k]在矩阵 **A** 中的位置(i,j)。为此,称数组 LTA 为 n 阶对称矩阵 **A** 的压缩存储,其存储结构如图 3.4 所示。

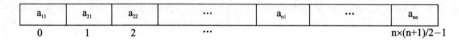

a_{11}	a_{21}	a_{22}	…	a_{n1}	…	a_{nn}
0	1	2	…			n×(n+1)/2−1

图 3.4　n 阶对称矩阵的压缩存储结构

这种压缩存储方法同样也适用于三角矩阵。

3.3.2　对角矩阵的压缩存储

所谓对角矩阵是指矩阵中的所有非零元素都集中在以主对角线为中心的带状区域中,即除了主对角线上和直接在主对角线上、下方对称的若干条对角线上的元素之外,其余元素均为零。

下面给出的矩阵 **B** 就是一个对角矩阵(确切地说是一个三对角矩阵,这里,仅以三对角矩阵为例)。

$$\mathbf{B} = \begin{bmatrix} b_{11} & b_{12} & & & & \\ b_{21} & b_{22} & b_{23} & & & \\ & b_{32} & b_{33} & b_{34} & & \\ & & \ddots & \ddots & \ddots & \\ & & & & & b_{(n-1)n} \\ & & & & b_{n(n-1)} & b_{nn} \end{bmatrix}$$

三对角矩阵一共有 3n−2 个非零元素。大家可以按照某个原则(或者以行序为主序的分配方式,或者以列序为主序的分配方式,或者按照对角线的顺序进行分配)将对角矩阵 **B** 的所有非零元素压缩存储到一个一维数组 LTB[0..3n−3]中。这里,不妨仍然采用以行序为主序的分配方式对 **B** 进行压缩存储,当 **B** 中任一非零元素 b_{ij} 与 LTB[k]之间存在着如下一一对应关系

$$k = 2 \times i + j - 3$$

时,则有 b_{ij}=LTB[k]。反过来,也很容易通过 LTB[k]确定非零元素在 B 中的位置。因此称数组 LTB 为三对角矩阵 **B** 的压缩存储,其存储结构如图 3.5 所示。

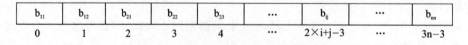

b_{11}	b_{12}	b_{21}	b_{22}	b_{23}	…	b_{ij}	…	b_{nn}
0	1	2	3	4	…	2×i+j−3	…	3n−3

图 3.5　三对角矩阵的压缩存储结构

上面讨论的几种特殊矩阵中,非零元素的分布都具有明显的规律,因而都可以被压缩存储到一个一维数组中,并且能够确定这些矩阵的每一个元素(或非零元素)在一维数组中的位置。

但是,对于那些非零元素在矩阵中的分布没有规律的特殊矩阵(如稀疏矩阵),则需要寻求其他的方法来解决压缩存储问题。

例 3.1　下面的算法将一个 n 阶对称矩阵 **A** 的主对角线以下元素(包括主对角线上的元素)按照行序为主序方式依次存放于一维数组 LTA[0..MaxN−1]中。

```
#define   MaxN    100
ElemType LTA[MaxN];
void STORE(ElemType A[][MaxN],int n)
{
    int i,j,k=0;
    for(i=0;i<n;i++)
        for(j=0;j<=i;j++)
            LTA[k++]=A[i][j];
}
```

3.4　稀疏矩阵的三元组表表示

3.4.1　稀疏矩阵的三元组表存储方法

什么样的矩阵是一个稀疏矩阵? 很难下一个确切的定义,它只是一个凭人们的直观感觉来理解的概念。一般认为,一个较大的矩阵(多大的矩阵为较大的矩阵?)中,值为零的元素的个数相对于整个矩阵元素的总个数所占比例较大(多大的比例为较大的比例?)时,就可以称该矩阵是一个稀疏矩阵。在有的资料中是这样定义一个稀疏矩阵的:在一个 m×n 阶的矩阵中,若存在 t 个元素非零,令 $\delta=t/(m\times n)$,称 δ 为矩阵的稀疏因子,则通常当 $\delta\leqslant 0.05$ 时,称该矩阵为一个稀疏矩阵。

例如,有一个 6×6 阶的矩阵 **A** 如下,其 36 个矩阵元素中只有 8 个非零元素,其余 28 个矩阵元素均为零元素。那么,可以称矩阵 **A** 为一个稀疏矩阵。

$$
\mathbf{A}=\begin{bmatrix}
15 & 0 & 0 & 22 & 0 & -15 \\
0 & 11 & 3 & 0 & 0 & 0 \\
0 & 0 & 0 & -6 & 0 & 0 \\
0 & 0 & 0 & 0 & 0 & 0 \\
91 & 0 & 0 & 0 & 0 & 0 \\
0 & 0 & 28 & 0 & 0 & 0
\end{bmatrix}
$$

按照压缩存储的思想,只需存储稀疏矩阵中的非零元素,不必去理会那些值为零的元素。对于矩阵的每一个非零元素,除了要给出元素值(value)之外,还要指出它所在的行与列的位置(i,j)。因此,用一个三元组(i,j,value)可以唯一地确定矩阵的一个非零元素,而整个稀疏矩阵可以表示成按某种规律排列起来的一个三元组表。

例如,上述稀疏矩阵 **A** 可以用 8 个三元组(1,1,15),(1,4,22),…,(6,3,28)来分别表示它的 8 个非零元素。除此之外,再设置一个特别的三元组给出存储矩阵总的行数、列数以及非零元素的总个数。这样,整个三元组表可以用一个 9 行 3 列的二维数组 TA[0..8][0..2]来

6	6	8
1	1	15
1	4	22
1	6	−15
2	2	11
2	3	3
3	4	−6
5	1	91
6	3	28

TA=

图 3.6 一个稀疏矩阵 A 的三元组表

表示,如图 3.6 所示,并称 TA 为稀疏矩阵 A 的压缩存储。

归纳起来,对于一个 m×n 阶且具有 t 个非零元素的稀疏矩阵,采用 t+1 个三元组来表示,其中,第 1 个三元组用来分别给出该稀疏矩阵的总行数、总列数以及非零元素的总个数;从第 2 个三元组到第 t+1 个三元组依次按行的先后次序(行号相同的元素按列号的先后次序)分别表示 t 个非零元素。也就是说,用一个具有 t+1 行 3 列的二维数组作为稀疏矩阵的压缩存储。

3.5 节还要讨论稀疏矩阵的链表表示。

下面先介绍稀疏矩阵在三元组表压缩存储下的几种操作。

*3.4.2 稀疏矩阵的转置算法

矩阵的转置是一种最简单的矩阵运算。已知一个 m×n 阶的矩阵 A,其转置矩阵 B 应是一个 n×m 阶的矩阵,并且满足 $a_{ij} = b_{ji}$。以矩阵 A 为例,它的转置矩阵 B 及相应的三元组表如图 3.7所示。

$$B=\begin{bmatrix} 15 & 0 & 0 & 0 & 91 & 0 \\ 0 & 11 & 0 & 0 & 0 & 0 \\ 0 & 3 & 0 & 0 & 0 & 28 \\ 22 & 0 & -6 & 0 & 0 & 0 \\ 0 & 0 & 0 & 0 & 0 & 0 \\ -15 & 0 & 0 & 0 & 0 & 0 \end{bmatrix}$$

6	6	8
1	1	15
1	5	91
2	2	11
3	2	3
3	6	28
4	1	22
4	3	−6
6	1	−15

TB=

图 3.7 转置矩阵 B 及相应的三元组表

一个稀疏矩阵经转置以后仍然是稀疏矩阵。下面讨论稀疏矩阵的转置算法,该算法对采用三元组表形式给出的稀疏矩阵进行转置,转置后的稀疏矩阵仍然采用三元组表形式表示。

由于三元组表中各三元组是以稀疏矩阵的行序为主序存放的(行中又按列的顺序),因此,转置后的稀疏矩阵的三元组表也应该满足这个原则。于是,可以从第 2 个三元组开始,按序号从小到大逐个扫描三元组表的第 2 列,每得到一个三元组(i,j,value)就将其转置(行号变为列号,列号变为行号),并将转置后的三元组存放到另一个三元组中由位置变量 k 所指出的位置上(k 的初值为 1,每存放一个转置后的三元组,k 的值加 1)。重复上述过程,直到三元组表所表示的三元组全部处理完毕,也就得到了转置矩阵的三元组表。该三元组表也是按照行序为主序方式排列的。

下面是转置算法。

```
void TRANS(ElemType TA[][3],ElemType TB[][3])
{
    /* TA 与 TB 分别表示转置前后的稀疏矩阵的三元组表 */
    int i,j,k=1;
    TB[0][0]=TA[0][1];
```

```
        TB[0][1]=TA[0][0];
        TB[0][2]=TA[0][2];
        if(TA[0][2]>0)
            for(j=1;j<=TA[0][1];j++)
                for(i=1;i<=TA[0][2];i++)
                    if(TA[i][1]==j){
                        TB[k][0]=TA[i][1];
                        TB[k][1]=TA[i][0];
                        TB[k][2]=TA[i][2];
                        k++;
                    }
    }
```

算法思想很简单,具有较好的可读性。

下面分析算法的时间复杂性。算法可执行语句中的第 1～3 行执行的时间复杂度为 $O(1)$,因此,算法的主要工作在算法的后面。第 7 行的 if 子句在每次内循环中执行 t 次,而外循环又有 n 次,于是,算法的时间复杂度应为 $O(n \times t)$。可见,该算法的时间效率不算高。为了提高算法的效率,可以先求出稀疏矩阵每一列的第 1 个非零元素在 TB 表中的行号,因为第 1 列的第 1 个非零元素一定在 TB 的第 1 行。若还能知道这一列的非零元素的个数,就可算出下一列的第 1 个非零元素在 TB 中的起始位置(第 1 列第 1 个非零元素在 TB 的位置加上这一列非零元素的个数)。依此类推。

根据这个思想,下面改进后的转置算法(称为快速转置算法)中增加了两个一维数组 s 和 u。其中,s[k]记录着转置前稀疏矩阵第 k 列中非零元素的个数;u[i]记录着第 i 列第 1 个非零元素在 TB 中的位置。有

$$u[1]=1$$
$$u[i]=u[i-1]+s[i-1] \qquad 2 \leqslant i \leqslant n$$

对于上例中的稀疏矩阵 **A**,数组 s[i]及 u[i]的取值如表 3.1 所列。

表 3.1 对稀疏矩阵 A 的快速转置算法中数组的取值

i	1	2	3	4	5	6
s[i]	2	1	2	2	0	1
u[i]	1	3	4	6	8	8

改进后的转置算法称为快速转置算法。读者可能已经发现,它主要是通过牺牲空间来换取时间上的改进。

算法的主要思想是:先统计出转置之前稀疏矩阵每一列上非零元素的个数,并分别存入数组 s[k]中;然后利用 u[i-1]与 s[i-1]计算出第 i 列非零元素在 TB 中的起始位置,从而在扫描转置前的三元组表的各项时,可以将它们依次存放在 TB 中的相应位置上。这样就避免了算法中的循环嵌套,只需进行 t 次循环就能完成置换工作。下面是具体的算法。

```
#define   MaxN 100
void FASTTRANS(ElemType TA[][3],ElemType TB[][3])
{
```

```
/* TA 与 TB 分别表示转置前后的稀疏矩阵的三元组表 */
int i,j;
int s[MaxN],u[MaxN];
TB[0][0] = TA[0][1];
TB[0][1] = TA[0][0];
TB[0][2] = TA[0][2];
if(TA[0][2]>0){
    for(i=1;i<=TA[0][1];i++)
        s[i]=0;                           /* 数组 s 的每个元素赋初值 0 */
    for(i=1;i<=TA[0][2];i++)
        s[TA[i][1]]=s[TA[i][1]]++;        /* 统计第 i 列非零元素的个数 */
    u[1]=1;
    for(i=2;i<=TA[0][1];i++)
        u[i]=u[i-1]+s[i-1];               /* 确定第 i 列非零元素在 TB 中的位置 */
    for(i=1;i<=TA[0][2];i++){
        j=TA[i][1];
        TB[u[j]][0]=TA[i][1];
        TB[u[j]][1]=TA[i][0];
        TB[u[j]][2]=TA[i][2];
        u[j]++;
    }
}
```

算法运行时间效率主要取决于算法中 4 个独立的循环,而它们的执行次数分别为 n,t,n−1 及 t。因此,该算法总的时间复杂度为 $O(n+t)$,要比 $O(n \times t)$ 快一些;但快速转置过程多占用了存储空间。由此也可以看出,时间与空间是一对矛盾,此消彼长。一个设计较好的算法要对矛盾进行具体分析,决定取舍。一般来说,对稀疏矩阵而言,算法 FASTTRANS 较算法 TRANS 所用空间多,但比采用一个具有 m×n 个元素的二维数组来存储一个稀疏矩阵要少得多,并且时间效率也高于算法 TRANS。若矩阵不够稀疏,则用三元组表表示的两种算法所占空间有可能会多,读者可以自己分析其中的道理。

*3.4.3 稀疏矩阵的相加算法

设具有相同行数与相同列数的稀疏矩阵 **A** 和稀疏矩阵 **B** 分别都采用三元组表 TA 和 TB 表示,求 **C**=**A**+**B**,得到的结果矩阵 **C** 也采用三元组表 TC 表示。

求和的过程可以描述为:从三元组表的第 1 个三元组开始,依次扫描并比较 **A** 和 **B** 的行号与列号,则有

① 若 **A** 当前项的行号与 **B** 当前项的行号相同,则比较它们的列号。

    a) 若列号也相同,则对应元素的值相加。若相加得到的和非零,则将该项的行号、列号以及和存入 **C** 中;

    b) 若列号不相同,将列号小的项复制到 **C** 中。

② 若 **A** 当前项的行号小于 **B** 当前项的行号,则将 **A** 的当前项复制到 **C** 中;若 **A** 当前项的行号大于等于 **B** 当前项的行号,则将 **B** 的当前项复制到 **C** 中。

最后复制结果矩阵的总行数与总列数,并且得到结果矩阵中非零元素的总个数。

由上述过程产生稀疏矩阵 **C**。算法如下。

```
void MATRIXADD(ElemType TA[][3],ElemType TB[][3],ElemType TC[][3])
{
    int i=1,j=1,k=1;
    ElemType s;
    while(i<A[0][2]&&j<B[0][2])
        if(A[i][0]==B[j][0])              /* 若 A 和 B 当前元素的行号相同 */
            if(A[i][1]<B[j][1]){          /* 若 A 当前列号小于 B 当前列号 */
                C[k][0]=A[i][0];
                C[k][1]=A[i][1];
                C[k++][2]=A[i++][2];
            }
            else if(A[i][1]>B[j][1]){     /* 若 A 当前列号大于 B 当前列号 */
                C[k][0]=B[j][0];
                C[k][1]=B[j][1];
                C[k++][2]=B[j++][2];
            }
            else{                         /* 若 A 和 B 当前行、列号都相同 */
                s=A[i][2]+B[j][2];
                if(s!=0){                 /* 元素值相加后和不为零 */
                    C[k][0]=B[j][0];
                    C[k][1]=B[j][1];
                    C[k++][2]=s;
                }
                else if(A[i][0]<B[j][0]){ /* 若 A 当前行号小于 B 当前行号 */
                    C[k][0]= A[i][0];
                    C[k][1]=A[i][1];
                    C[k++][2]=A[i++][2];
                }
                else{                     /* 若 A 当前行号大于等于 B 当前行号 */
                    C[k][0]=B[j][0];
                    C[k][1]=B[j][1];
                    C[k++][2]=B[j++][2];
                }
            }
    C[0][0]=B[0][0];                      /* 复制结果矩阵的总行数 */
    C[0][1]=B[0][1];                      /* 复制结果矩阵的总列数 */
    C[0][2]=k-1;                          /* 得到结果矩阵中非零元素的总个数 */
}
```

*3.4.4 稀疏矩阵的相乘算法

两个矩阵相乘是另一个常见的矩阵运算。

设 A 是 $m_1 \times n_1$ 阶矩阵，B 是 $m_2 \times n_2$ 阶矩阵。当 $n_1 = m_2$ 时，有

$$C = A \times B$$

其中，C 是一个 $m_1 \times n_2$ 阶矩阵，并且

$$C[i,j] = \sum_{k=1}^{n_1} A[i,k] \times B[k,j] \qquad (1 \leqslant i \leqslant m_1, 1 \leqslant j \leqslant n_2)$$

有关矩阵相乘的经典算法大家都很熟悉。但是，如果矩阵 A 和矩阵 B 均为稀疏矩阵，并且都采用三元组表作为存储结构，那么，如何进行 A 与 B 的相乘呢？

设矩阵 A 和矩阵 B 分别为

$$A = \begin{bmatrix} 0 & -2 & 1 & 0 \\ 0 & 0 & 0 & 4 \\ 3 & 0 & 5 & 0 \end{bmatrix} \qquad B = \begin{bmatrix} 0 & 1 & 0 \\ 2 & 0 & 3 \\ 4 & 0 & 1 \\ 0 & 0 & 0 \end{bmatrix}$$

则 $C = A \times B$ 为

$$C = \begin{bmatrix} 0 & 0 & -5 \\ 0 & 0 & 0 \\ 20 & 3 & 5 \end{bmatrix}$$

它们的三元组表 TA，TB 与 TC 如图 3.8 所示。那么，如何由 TA 与 TB 得到 TC 呢？

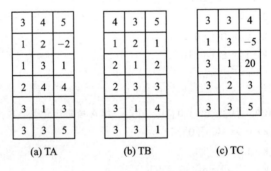

(a) TA   (b) TB   (c) TC

图 3.8　矩阵 A，B，C 的三元组表

在经典算法中，不论 $A[i][k]$ 和 $B[k][j]$ 的值是否为零，都要进行一次乘法运算。实际上，这两个元素中只要有一个值为零，其乘积也为零。显然，在进行相乘运算时，应该避免这种不必要的操作。因此，为了求得 TC，只需在 TA 和 TB 中找到相应的各对元素(TA 中第 2 列与 TB 中第 1 列中值相等的各对元素)相乘即可。

例如，TA 中的三元组 $(1,2,-2)$ 要和 TB 中的三元组 $(2,1,2)$ 相乘，而 TA 中三元组 $(2,4,4)$ 却不需要和 TB 中任何三元组相乘，因为 TB 的第 1 列没有 4 的三元组。为了得到非零的乘积，只要对从 TA 的第 2 个三元组开始(第 1 个三元组存放矩阵 A 的行数、列数以及非零元素的总个数)的每一个三元组 $(i,k,A[i][k])$ $(1 \leqslant i \leqslant m_1, 1 \leqslant k \leqslant n_1)$，找到 TB(也是从 TB 的第 2 个三元组开始寻找)中所有相应的三元组 $(k,j,B[k][j])$ $(1 \leqslant k \leqslant m_2, 1 \leqslant j \leqslant n_2)$ 进行相乘

即可。

稀疏矩阵相乘的基本操作是对 TA 中每个元素 TA[p][2](p=1,2,…,t1;t1 为稀疏矩阵 A 中非零元素的个数)找到 TB 中所有满足条件 TA[p][2]=TB[q][1](q=1,2,…,t2;t2 为稀疏矩阵 B 中非零元素的个数)的元素进行相乘运算 TA[p][3]×TB[q][3]。这个乘积只是 C[i][j] 中的一部分,于是,需要设置一个累加和的变量不断对乘积进行累加。每一次处理 A 中一行元素之前,先将该变量清零。

两个稀疏矩阵相乘的乘积不一定是稀疏矩阵;反之,即使 **A**[i][k]×**B**[k][j] 不为零,其累加和 C[i][j] 也可能为零。是否为零,只有在求得相应的累加和之后才能得知。若累加和非零,则将(TA[p][1],TB[q][2],累加和值)作为乘积矩阵 **C** 的三元组表 TC 中的一个元素。最后,将(m_1, n_2, t_3)作为 TC 的第 1 个元素。其中,t_3 为乘积矩阵 **C** 中非零元素的个数。算法如下。

```
void MATRIXMULT(ElemType TA[][3],ElemType TB[][3],ElemType TC[][3])
{
    /* TA,TB 和 TC 分别是稀疏矩阵的三元组表,其中 TC 为积的三元组表 */
    int i,j, p,q,k=0;
    ElemType sum;
    for(i=1;i<=TA[0][0];i++)
        for(j=1;j<=TB[0][1];j++){
            sum=0;                          /* 存放累加和的变量清零 */
            p=1;
            while(p<=TA[0][2]){
                if(TA[p][0]==i){
                    q=1;
                    while(q<=TB[0][2]){
                        if(TB[q][1]==j&&TA[p][1]==TB[q][0]){
                            sum=sum+TA[p][2]*TB[q][2];
                            break;
                        }
                        q++;
                    }
                }
                p++;
            }
            if(sum!=0){
                k++;
                TC[k][0]=i;
                TC[k][1]=j;
                TC[k][2]=sum;
            }
        }
    TC[0][0]=TA[0][0];                      /* 记录乘积矩阵的行数 */
```

```
    TC[0][1]=TB[0][1];              /* 记录乘积矩阵的列数 */
    TC[0][2]=k;                     /* 记录乘积矩阵中非零元素的个数 */
}
```

上述算法还可以进行改进,读者不妨一试。

对稀疏矩阵采用三元组表存储方法的目的是为了节省存储空间。从理论上说,对于任意一个具有 m 行、n 列以及 t 个非零元素的矩阵都可以采用三元组表存储方法,但是,相比传统的做法,只有当 t<(n×m)/3−1 时这样做才有意义,否则,会花费更多的存储空间。

*3.5 稀疏矩阵的链表表示

3.4 节讨论了用三元组表的形式存储一个稀疏矩阵的方法。但是,在实际应用中,当稀疏矩阵中非零元素的位置或者个数经常发生变化时,使用三元组表就不太方便。本节将介绍稀疏矩阵的另一种表示方法——链表表示。

3.5.1 线性链表存储方法

如何用链表形式表示一个稀疏矩阵呢? 方法之一就是将所有非零元素以行序为主序方式(当然也可以以列序为主序方式)采用循环链表链接起来。链结点的构造由 4 个域组成,如图 3.9 所示。

row	col	value	link

图 3.9 稀疏矩阵线性链表的链结点构造

其中,row,col 分别表示某非零元素所在的行号与列号;value 表示该非零元素的值;link 域用来指向下一个非零元素所在的链结点,它是一个指针。链结点的类型可定义如下。

```
typedef struct SPMnode{
    int   row,col;
    ElemType   value;
    struct SPMnode   * link;
}SPMnode;
```

另外,为整个链表设置了一个表头结点,其构造如图 3.10 所示。

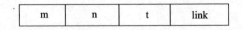

图 3.10 稀疏矩阵线性链表的表头结点构造

其中,m,n 分别表示稀疏矩阵总的行数与总的列数;t 为稀疏矩阵中非零元素的总个数;link 域为指针域,用以指向第 1 个非零元素对应的链结点。其类型定义如下。

```
typedef struct SPMatrix{
    int   m,n,t;
    SPMnode   * link;
}SPMatrix;
```

例如,对于稀疏矩阵

$$\begin{bmatrix} 4 & 0 & 0 & 2 \\ 0 & 3 & 0 & 0 \\ 5 & 0 & 1 & 8 \\ 0 & 0 & 0 & 0 \end{bmatrix}$$

若采用以行序为主序方式(每行又按列的先后顺序)依次将所有非零元素链接起来,则得到如图 3.11 所示的一个带头结点的循环链表。

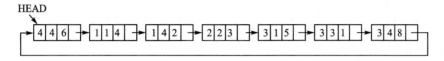

图 3.11 稀疏矩阵的线性链表表示

这种表示方法最明显的一个缺点就是,当要访问某行某列的一个非零元素时,必须从链表的最前面那个链结点开始进行搜索,其效率之低可想而知。

3.5.2 带行指针向量的链表存储方法

另外一种采用链表存储稀疏矩阵的方法是带行指针向量的链表结构。在这种链表结构中,将具有相同行数的元素所对应的链结点按照列号从小到大的顺序链接成为一个线性链表,也就是说,稀疏矩阵中的每一行对应着一个线性链表;同时,每一个链表前设置一个头结点,头结点中存放该行第 1 个非零元素所对应链结点的地址(若该行无非零元素,则存放 NULL)。对于具有 m 行的稀疏矩阵,一共设置 m 个头结点。为了便于访问每一个链表,将该 m 个头结点定义为一个指向 SPMnode 类型的指针数组,即有

struct SPMnode ＊ SMatrix[m];

对于前面的那个稀疏矩阵,相应的带有行指针向量的链表结构如图 3.12 所示。

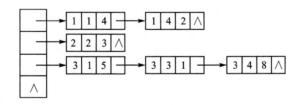

图 3.12 带行指针向量的链表表示

当然,还需要保存矩阵总的行数、列数以及非零元素个数的信息。

3.5.3 十字链表存储方法

一个能够提高访问效率的方法就是采用十字链表存储。这种方法不仅为稀疏矩阵的每一行设置一个单独的行循环链表,同样也为每一列设置一个单独的列循环链表。这样,稀疏矩阵中的每一个非零元素同时包含在两个链表中,即包含在它所在的行链表和所在的列链表中,也就是这两个链表的交汇处。

对于一个 m×n 的稀疏矩阵,分别建立 m 个行的循环链表与 n 个列的循环链表,每个非零元素用一个链结点来存储。链结点的结构可以设计为如图 3.13 所示的格式。其中,row,col,

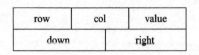

图 3.13　稀疏矩阵十字链表的链结点构造

value 分别表示某非零元素所在的行号、列号和相应的元素值;down 与 right 分别称为向下指针与向右指针,它们分别用来链接同一列中的及同一行中的某非零元素的结点。也就是说,稀疏矩阵中同一行的所有非零元素是通过 right 指针链接成一个行链表,同一列中的所有非零元素是通过 down 指针链接成一个列链表。而对每一个非零元素而言,它既是某个行链表中的一个链结点,同时又是某个列链表中的一个链结点,这个非零元素好比处在一个十字路口,故称这种链表表示为十字链表表示法。

作为链表,应该用某种方式能访问表中的第 1 个结点,为此,对于 m 个行链表,分别设置 m 个行链表表头结点。表头结点的构造与链表中其他链结点一样,只是令 row 与 col 域的值均为 0,right 域指向相应行链表的第 1 个链结点。同理,对于 n 个列链表,分别设置 n 个列链表表头结点。头结点结构也同其他链结点一样,只是令 row 与 col 的值均为 0,down 域指向相应列链表的第 1 个链结点。另外,通过 value 域把所有这些表头链结点也链接成一个循环链表。

十字链表中的链结点类型可以描述如下。

```
typedef struct node{
    int   row,col;
    union{
        ElemType   val;
        struct node   * ptr;
    };                          /* value 域包括两种类型 */
    struct node * right, * down;
}CNode, * CrossLink;            /* 定义十字链表结点类型 */
```

细心的读者也许已经从 m 个行链表的表头结点与 n 个列链表的表头结点的设置情况看到,行链表的头结点只用了 right 域作为指针,而列链表的头结点只用了 down 域与 value 域,其他域没有使用。因此,可以设想原来的(m+n)个头结点实际上可以合并成 max(m,n)个头结点。为此,再设置一个结点作为头结点链表的头结点,称之为总头结点,总头结点的构造如图 3.14所示。其中,m,n 分别为稀疏矩阵总的行数与总的列数;t 为非零元素总的个数;link 指向头结点链表的第 1 个头结点。

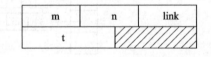

图 3.14　稀疏矩阵十字链表的总头结点构造

总头结点的类型可以描述如下。

```
typedef struct{
    int   m, n,t,nil;
    CrossLink   * link;
}HNode, * HLink;               /* 定义一个十字链表的总头结点类型 */
```

综上所述,若给出一个稀疏矩阵 **B** 如下,则它的十字链表表示如图 3.15 所示。

$$\mathbf{B} = \begin{bmatrix} 4 & 0 & 0 & 2 \\ 0 & 2 & 9 & 0 \\ 4 & 6 & 0 & -5 \end{bmatrix}$$

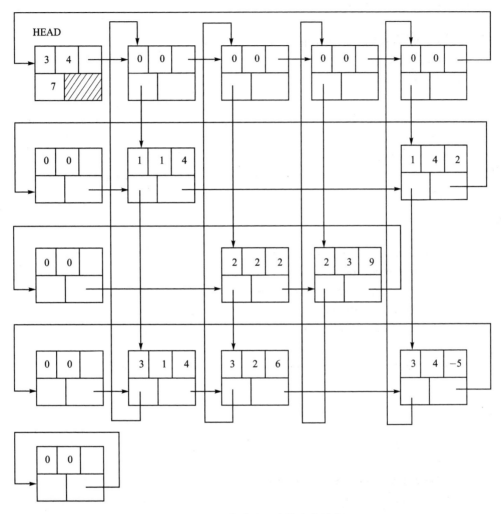

图 3.15 一个稀疏矩阵的十字链表

下面给出创建一个具有 m 行 n 列及有 t 个非零元素的稀疏矩阵的十字链表的算法。

稀疏矩阵用三元组表的形式作为输入。首先输入稀疏矩阵的行数、列数以及非零元素的总个数(m,n,t),然后依次读入 t 个三元组。算法中用到了一个辅助数组 hdnode[0..max (m,n)−1],其中,hdnode[i]用来分别存放第 i 列(也是第 i 行)链表的头结点的指针(0≤i≤max(m,n)−1)。

```
#define MaxN    100
HLink MREAD()
{
    HLink HEAD,p,last,hdnode[MaxN];
    int m,n t,k,i,current_row;
    int rrow,ccol,val;
```

```
    scanf("%d%d%d",&m,&n,&t);              /* 读入矩阵总的行、列数和非零元素的个数 */
    if(t<=0)
        return NULL;
    k=(m>n)?m:n;
    for(i=0;i<k;i++){
        p=(HLink)malloc(sizeof(HNode));
        hdnode[i]=p;
        p->row=0;
        p->col=0;
        p->ptr=p;
        p->right=p;
        p->down=p;
    }              /* 建立 k 个头结点;初始时第 i 个头结点的地址存放于 hdnode[i-1]中 */
    current_row=1;
    last=hdnode[0];
    for(i=1;i<=t;i++){
        scanf("%d%d%d",&rrow,&ccol,&val);        /* 读入一个某非零元素的三元组 */
        if(rrow>current_row){
            last->right=hdnode[current_row-1];
            current_row=rrow;
            last=hdnode[rrow-1];
        }
        p=(CrossLink)malloc(sizeof(CNode));       /* 申请一个新的链结点 */
        p->row=rrow;
        p->col=ccol;
        p->val=val;
        last->right=p;                            /* 生成一个新的链结点 */
        last=p;
        hdnode[ccol-1]->ptr->down=p;              /* 将新结点链接到相应行链表中 */
        hdnode[ccol-1]->ptr=p;                    /* 将新结点链接到相应列链表中 */
    }
    if(t!=0)
        last->right=hdnode[current_row-1];        /* 封闭最后一行链表 */
    for(i=0;i<k;i++)                              /* 通过 value 域将头结点链接为一个循环链表 */
        hdnode[i]->ptr->down=hdnode[i];          /* 封闭所有列链表 */
    HEAD=(HLink)malloc(sizeof(HNode));           /* 申请一个总的头结点 */
    HEAD->m=m;
    HEAD->n=n;
    HEAD->t=t;
    for(i=0;i<k-1;i++)
        hdnode[i]->ptr=hdnode[i+1];
    if(k==0)
        HEAD->ptr=HEAD;
```

```
    else{
        hdnode[k-1]->ptr = HEAD;
        HEAD->ptr = hdnode[0];
    }
    return HEAD;
}
```

算法思想可以归纳为下面几点。

① 先建立 max(m,n)个头结点,此时,头结点的 right 域与 value 域均指向头结点本身,如图 3.16 所示。

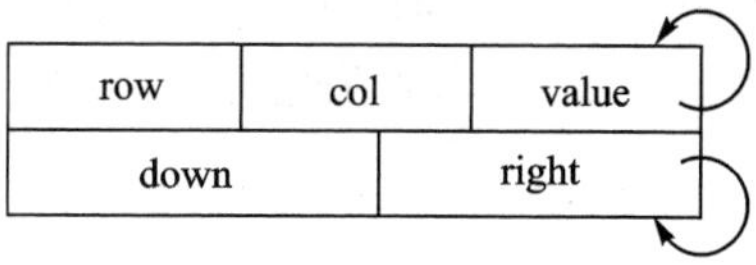

② 依次输入三元组表的一个三元组(row,col, value),同时申请一个新的链结点,分别将 row,col 与 value 送入新结点的相应域内,并将新结点分别链接到相应的行链表与列链表中。

row	col	value
down		right

图 3.16 稀疏矩阵十字链表的头结点构造

③ 当某一行的非零元素全部处理完毕,及时将该链表封闭成一个循环链表。

④ 将所有列链表封闭成循环链表。

⑤ 创建稀疏矩阵十字链表的一个总头结点,并利用 value 域将总头结点与各个链表的头结点链接成一个循环链表,并设总头结点的指针为 HEAD。

算法中设置了一个活动指针变量 last。每当输入一个三元组时,先判断是否是当前要处理的那一行元素,若是,申请一个新的链结点后,把新的链结点的存储位置送当前 last 所指的链结点的 right 域,同时令 last 指向新的链结点。可见,last 实际上是行链表尾结点的指针。另外,第 i 个头结点 hdnode[i]的 value 在开始时用来跟踪第 i 列链表当前最后那个链结点,以便将新的链结点链接到链表的末尾。可见其功能类似于指针变量 last。这是由于头结点的 value 域直到最后链接头结点时才派上用场,故可以先利用它。这样既节省了存储开销,也可以使得算法变得更加简练,否则,每个列表链表都要设置一个类似于 last 的活动指针。

算法的时间复杂度为 $O(t+k)$,这里 $k=\max(m,n)$。

3.6 数组的应用举例

3.6.1 一元多项式的数组表示

如果将一个一元 n 阶多项式的各项按照降幂排列,可以表示为

$$A_n(x) = a_n x^n + a_{n-1} x^{n-1} + \cdots + a_1 x + a_0 \quad (a_n \neq 0)$$

其中,a_n 为最高次项的系数。若 $A_n(x)$ 最多有 n+1 项,则称 $A_n(x)$ 为一个标准的一元 n 阶多项式,否则,为一个非标准多项式。

第 2 章讨论过一元 n 阶多项式的线性链表表示法以及相应的加法运算,在这一小节,将讨论一元 n 阶多项式的数组表示方法。下面分别介绍两种方法。

方法一:定义一个一维数组 A[0..n+1]。其中,A[0]用来存放多项式 $A_n(x)$ 的阶数 n;从第 2 个数组元素 A[1]到第 n 个数组元素 A[n+1]依次用来存放 $A_n(x)$ 的 n+1 个系数 a_n,a_{n-1},…,a_1,a_0。也就是说,多项式中各个系数以指数递减顺序进行存储。

例如,对于多项式 $A(x)=10x^6-8x^5+3x^2-1$,则有

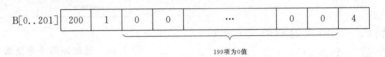

A[0..7]	6	10	−8	0	0	3	0	−1
	A[0]	A[1]	A[2]	A[3]	A[4]	A[5]	A[6]	A[7]

方法一固然能够表示一个一元多项式,有关多项式的许多操作(如加、减、乘、除等)也可以用非常简单的算法来实现,但当多项式的阶数较高,而且多项式的最高次项与最低次项之间缺项很多(系数为0)时,显然要利用很多其实不必要的存储空间来存储为 0 的系数。例如,多项式 $B(x)=x^{200}+4$,若采用方法一,则为

B[0..201]	200	1	0	0	⋯	0	0	4

199项为0值

显然不足取。此时,宜采用方法二。

方法二:定义一个一维数组 A[0..2m]来存储多项式。其中,第 1 个数组元素 A[0]存放多项式中系数非零项的总项数 m(设非零项总项数为 m);从第 2 个元素到第 2m+1 个元素(一共 2m 个数组元素)依次存放系数非零项的系数与指数偶对(一共 m 个这样的偶对)。

对于前面的例子 A(x),其存储映像为

A[0..8]	4	10	6	−8	5	3	2	−1	0

而 B(x)的存储映像为

B[0..4]	2	1	200	4	0

上面介绍的两种存储一元 n 阶多项式的数组方法,很难说哪一种方法最好,要根据多项式的具体情况具体分析。如果多项式是一个标准多项式,或者接近标准的多项式,应该说采用方法一要比方法二合适。如果多项式的阶数较高,并且最高次项与最低次项之间缺项较多,这时应该采用方法二更合适。

关于一元 n 阶多项式在采用数组表示方法时做加法运算的算法,请读者自己设计。

3.6.2 n 阶魔方

作为二维数组应用,先来介绍一个有趣的游戏。

所谓"n 阶魔方"是一个填数游戏。游戏中要求将 $1\sim n^2$ 个数字不重复地填入一个由 n 行、n 列,共 n^2 个方格组成的方阵中,使得方阵中的每一行、每一列及两个对角线上的数字之和分别等于同一个数,称这个方阵为一个 n 阶魔方。这里,假设 n 为任意奇数(n 为偶数时是另一种情况)。

例如,把 $1,2,3,\cdots,9$ 不重复地填入一个由 3 行、3 列,共 9 个方格组成的方阵中,得到的魔方如图 3.17(a)所示。该方阵中的每一行、每一列及两个对角线上的数之和均为 15。同样,当 n 为 5 时,得到的魔方如图 3.17(b)所示,同理,行、列及对角线上数的相加之和均为 65。

6	1	8
7	5	3
2	9	4

15	8	1	24	17
16	14	7	5	23
22	20	13	6	4
3	21	19	12	10
9	2	25	18	11

(a) 3阶魔方　　　　　　　　　(b) 5阶魔方

图 3.17　n＝3 和 n＝5 的两个魔方

对于任意的奇数 n，读者可以根据后面给出的算法很方便地得到相应的 n 阶魔方。在产生一个魔方时，可以用一个二维数组 SQUARE[0..n−1][0..n−1] 来表示这个方阵。在具体填数之前，先将方阵的所有元素清零，然后按一定规律将 $1 \sim n^2$ 个数依次填入方阵中。

规律如下：先将第 1 个数 "1" 填入方阵中第 1 行位置居中的方格中。若用 (i,j) 分别表示方阵中(数组中)某一位置的行坐标与列坐标，则第 1 个数的位置为 (0,n/2)。每填入一个数之后，将适合下一个数的位置修改到刚才已填入的这个数的位置 (i,j) 的左上角位置 (i′,j′) (i′＝i−1,j′＝j−1)。对于这个位置，可能要根据下面两种情况进行修改，然后再将下一个数填入修改后的位置上。

① 若 (i′,j′) 位置已经填过数，则修改 i′ 为 i′＋2，修改 j′ 为 j′＋1。

② 若 i′ 小于零，但 j′ 不小于零，修改 i′ 为 n−1；若 j′ 小于零，但 i′ 不小于零，则修改 j′ 为 n−1；若 i′ 与 j′ 同时小于零，则将 i′ 修改为 1，j′ 修改为 0。

在按照上面规则修改后的位置(注意：不符合上述修改条件时不进行修改)处填入一个数。重复上述过程，直到最终将 n^2 个数填入方阵中为止，这时得到的方阵就是一个 n 阶魔方了。下面用 C 语言描述这个规律。

```c
#define MaxN 20
void MAGIC(int SQUARE[][MaxN],int n)
{
    int i,j,num;
    for(i=0;i<n;i++)
        for(j=0;j<n;j++)
            SQUARE[i][j]=0;           /* 首先将方阵的所有元素清零 */
    i=0;
    j=n/2;                            /* 确定 i 和 j 的初始位置 */
    for(num=1;num<=n*n;num++){
        if(i<0&&j<0 || SQUARE[i][j]!=0){
            i+=2;
            j++;
        }
        SQUARE[i--][j--]=num;         /* 填入一个数 num,并修改位置(i,j) */
        if(i<0&&j>=0)
            i=n-1;                    /* 修正 i 的位置 */
        if(j<0&&i>=0)
            j=n-1;                    /* 修正 j 的位置 */
```

```
    }
}
```

显然,算法的时间复杂度为 $O(n^2)$。

习 题

3-1 单项选择题

1. 下列关于数组的叙述中,错误的是_____。

    A. 数组是一种线性结构

    B. 数组是一种长度确定的线性结构

    C. 数组的基本操作有存取、修改、查找和排序等,没有插入和删除操作

    D. 除了插入和删除操作外,数组的基本操作还有存取、修改、查找和排序等

2. 通常情况下,数组具有的最基本的操作是_____。

    A. 顺序存取元素   B. 随机存取元素

    C. 散列存取元素   D. 索引存取元素

3. 所谓特殊矩阵是指_____。

    A. 矩阵元素的取值比较特殊   B. 矩阵的存储方法比较特殊

    C. 矩阵元素之间的关系比较特殊   D. 对矩阵的处理方法比较特殊

4. 所谓稀疏矩阵是指_____。

    A. 非零元素较少的矩阵   B. 零元素较多且分布无规律的矩阵

    C. 元素较少的矩阵   D. 不适合采用二维数组表示的矩阵

5. 对矩阵进行压缩存储的目的是_____。

    A. 方便矩阵的运算   B. 方便矩阵的存储

    C. 减少存储矩阵占用的空间   D. 提高矩阵运算的效率

6. 下面关于对称矩阵、对角矩阵和稀疏矩阵的说法中,错误的是_____。

    A. 只需存放对称矩阵中包括主对角线元素在内的下(或上)三角部分的元素即可

    B. 只需存放对角矩阵中的非零元素即可

    C. 稀疏矩阵中值为零的元素较多,因此可以采用三元组表方法存储

    D. 稀疏矩阵中大量值为零的元素分布有规律,因此可以采用三元组表方法存储

7. 与三元组表方法相比,稀疏矩阵采用十字链表存储的优点在于_____。

    A. 便于实现增加或减少矩阵中非零元素的操作

    B. 便于实现增加或减少矩阵元素的操作

    C. 可以更快地查找到矩阵元素

    D. 节省存储空间

8. 对稀疏矩阵采用压缩存储的缺点之一是_____。

    A. 无法判断矩阵的行数和列数

    B. 无法根据行、列号计算矩阵元素的存储地址

    C. 无法根据行、列号查找某个矩阵元素

    D. 使得矩阵元素之间的逻辑关系更加复杂

9. 将一个 20 阶的五对角矩阵中所有非零元素压缩存储到一个一维数组中,该一维数组至少应该有_____。
   A. 90 个数组元素
   B. 92 个数组元素
   C. 94 个数组元素
   D. 96 个数组元素

10. 将 10 阶三对角矩阵 **A** 中的所有非零元素按照行序为主序方式依次存放于一维数组中,矩阵的第 7 行第 8 列的元素 a_{78} 在该一维数组中_____。
    A. 是第 20 个数组元素
    B. 是第 21 个数组元素
    C. 是第 22 个数组元素
    D. 不存在

11. 将 10 阶三对角矩阵中的所有非零元素按照行序为主序方式依次存放于一维数组中,一维数组中的第 18 个数组元素是矩阵的_____。
    A. 第 6 行第 3 列那个元素
    B. 第 6 行第 7 列那个元素
    C. 第 7 行第 7 列那个元素
    D. 第 7 行第 6 列那个元素

12. 若将 n 阶对称矩阵 **A** 按照行序为主序方式将包括主对角线元素在内的下三角形的所有元素依次存放在一维数组 B 中,则该对称矩阵在 B 中占用的数组元素的个数是_____。
    A. n^2　　　　B. $n \times (n-1)$　　　　C. $n \times (n+1)/2$　　　　D. $n \times (n-1)/2$

13. 若将 n 阶三对角矩阵 **A** 按照行序为主序方式将所有非零元素依次存放在一维数组 B 中,则该三对角矩阵在 B 中占用的数组元素的个数是_____。
    A. n^2　　　　B. $3n-2$　　　　C. $3n$　　　　D. $3n+2$

14. 若将对称矩阵 **A** 按照行序为主序方式将包括主对角线元素在内的下三角形的所有元素依次存放在一个一维数组 B 中,那么,**A** 中某元素 $a_{ij}(i<j)$ 在 B 中的位置是_____。
    A. $[j \times (j-1)]/2+i-1$
    B. $[j \times (j-1)]/2-i-1$
    C. $[i \times (i-1)]/2+j-1$
    D. $[i \times (i-1)]/2-j-1$

15. 若对三对角矩阵 **A** 采用压缩存储的方法将所有非零元素存放于一个一维数组 B[0..3n−3] 中,**A** 中某非零元素 a_{ij} 在 B 中的位置是_____。
    A. $2 \times i+j-2$　　B. $2 \times i+j+2$　　C. $2 \times j+i-3$　　D. $2 \times i+j-3$

3-2　简答题

1. 一维数组的逻辑结构是线性结构吗?

2. 二维数组的逻辑结构是线性结构吗?

3. 哪些特殊矩阵采用压缩存储后仍然保持了随机存取的功能?

4. 为什么稀疏矩阵经过压缩存储(十字链表存储或者三元组表存储)后都失去了随机存取的功能?

5. 按照压缩存储的思想,对于一个具有 t 个非零元素的 m×n 阶稀疏矩阵,若采用三元组表作为存储结构,t 到达什么程度时这样做才有意义?

3-3　算法题

1. 对于具有 m 行 n 列的稀疏矩阵 **A**,请写出将该稀疏矩阵转换为用三元组表表示的算法。

2. 请写一算法,该算法将一个 n 阶矩阵 **A** 主对角线以下的所有元素(不包括主对角线上的元素)按照列序为主序方式依次存放于一个一维数组 B 中。

3. 已知 n 阶对称矩阵 **A** 采用三元组表方法将下三角部分的元素按照行序为主序方式依次存放于一维数组 TA[0..m-1]中,请写出输出该对称矩阵的算法。(设 TA[0][2]中存放下三角形部分元素的个数)

4. 请写一算法,将数组 A[0..n-1]中的所有元素循环右移 k 位,要求:只允许使用一个数组元素大小的附加空间。

5. 试设计一时间复杂度为 O(n)的算法,该算法将数组 A[0..n-1]中的元素循环右移 k 位,要求采用尽可能少的附加空间。

6. 已知 n 阶三对角矩阵 **A** 按行序为主序分配方式将所有非零元素存放于数组 B[0..3n-3]中,其中,元素 a_{11} 存放于 B[0]中,请设计一个确定数组 B 中存放的元素 a_{ij} 的值($1 \leqslant i, j \leqslant n$)的算法。

7. 请写一算法,该算法功能是首先按行序为主序的方式依次为二维数组 A[0..n-1][0..n-1]的每个元素获取初值,然后计算该数组的两条对角线上的元素之乘积。

8. 对于已知二维数组 A[0..m-1][0..n-1],请写一算法,计算该数组最外围一圈的元素之和。

9. 对于已知二维数组 A[0..n-1][0..n-1],请写一空间复杂度为 O(1)算法,将该整个数组按照顺时针方向旋转 90°。

10. 请写出对于任意输入的正整数 n,产生并显示 n 阶螺旋式数字方阵的算法。例如,当 n=5 时,要显示的 5 阶螺旋式数字方阵为

$$
\begin{bmatrix}
1 & 2 & 3 & 4 & 5 \\
16 & 17 & 18 & 19 & 6 \\
15 & 24 & 25 & 20 & 7 \\
14 & 23 & 22 & 21 & 8 \\
13 & 12 & 11 & 10 & 9
\end{bmatrix}
$$

11. 若在 m×n 阶的矩阵 **A** 中某一元素 a_{ij} 满足条件:a_{ij} 既是第 i 行元素的最小值,同时也是第 j 列元素的最大值,则称 a_{ij} 为矩阵 **A** 的鞍点。请写出求矩阵鞍点的算法。

约定:若矩阵中不存在鞍点,算法给出信息 0,否则,给出鞍点的值。

12. 对于已知存放整型数据的一维数组 A[0..n-1],请写一时间复杂度为 O(n)的算法,该算法将数组调整为左右两部分,使得左边所有元素均为奇数,右边所有元素均为偶数。

13. 已知整型数组 A[0..n-1],请写一算法,将该数组中所有值为 0 的元素都依次移到数组的前端 A[i]($0 \leqslant i \leqslant n-1$)。

第 4 章　堆栈和队列

堆栈和队列在各种类型的程序设计中应用十分广泛,它们可以用来存放许多中间信息。在编译技术、操作系统等系统软件设计以及递归问题处理等方面都需要使用堆栈或者队列。可以说,很多问题的解决都依赖于堆栈或者队列,甚至有些问题离开堆栈或者队列不可能得到解决。

从逻辑上看,堆栈和队列都属于线性结构,是两种特殊的线性表,其特殊性就在于堆栈和队列的有关操作只是一般线性表有关操作的一个子集,并且操作的位置受到限制。因此,又称堆栈和队列是两种在操作上受到限制的线性表。在有的书上,称堆栈和队列为限定性数据结构。

本章将分别讨论堆栈和队列的基本概念、存储结构、基本操作以及在计算机中的具体实现,同时给出一些体现它们在实际问题中的应用实例。

4.1　堆栈的概念及其操作

4.1.1　堆栈的定义

堆栈(stack)简称为栈。它是一种只允许在表的一端进行插入和删除操作的线性表。允许操作的一端称为栈顶,栈顶元素的位置由一个称为栈顶指针的变量(不妨用 top 命名该变量)给出;另一端则称为栈底。当表中没有元素时,称之为空栈。

堆栈的插入操作简称为入栈或者进栈,删除操作称为出栈或者退栈。

设 $S=(a_1,a_2,a_3,\cdots,a_n)$ 为一个堆栈,栈中元素按照 $a_1,a_2,\cdots,a_n$ 的次序依次进栈,当前的栈顶元素为 a_n。根据堆栈的定义,每次删除的总是堆栈中当前的栈顶元素,即此前最后进入堆栈的元素。而在进栈时,最先进入堆栈的元素一定在栈底,最后进入堆栈的元素一定在栈顶,也就是说,元素进入堆栈或者退出堆栈是按照"后进先出(Last In First Out,LIFO)"的原则进行的。正是由于这一特点,也称堆栈为后进先出表或者下推表。

在人们日常生活中有许多类似于堆栈的例子。例如,把食堂里洗净的一摞盘子看作一个堆栈,通常,后洗净的盘子总是摞在先洗净的盘子的上面(相当于进栈),最后洗净的盘子摞在最上面;而在使用时,每次又都是先取走最上面的盘子(相当于出栈),即后洗净的盘子先被使用(后摞上的盘子先取走)。于是,摞盘子和取盘子的过程就是对堆栈操作的一个生动形象的模拟。另外一个例子是,向枪支弹夹里装填子弹时,子弹是一个接一个地压入(相当于进栈),而射击时子弹又总是从弹夹顶端一个接一个地被射出(相当于出栈)。又如,图 4.1 所示的铁路列车车辆调度站也是堆栈结构的一个形象表示。车辆由

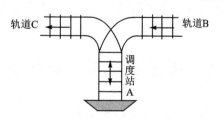

图 4.1　铁路车辆调度示意图

轨道 B 进入调度站 A(相当于进栈)，调度站 A 中的车辆从轨道 C 离开(相当于出栈)；后进入调度站的车辆将先被调出，而先进入调度站的车辆后被调出。

设堆栈采用顺序存储结构(在 4.2 节将具体讨论)，图 4.2 表明了某个堆栈随时间推移而扩大或者收缩的动态过程。由此可见，堆栈是一个动态结构，随着元素的进出，堆栈的状态是不同的。

图 4.2 中的箭头代表栈顶指针 top 所指的位置。图 4.2 中的(a)表示一个空栈；(b)表示插入元素 A 后堆栈的状态；(d)表示依次插入 B,C,D,E 4 个元素之后堆栈的状态；(f)为删除当前栈顶元素 D 之后堆栈的状态。有趣的是，(c)的状态与(f)的状态完全相同，然而，人面未老，却历尽沧桑。

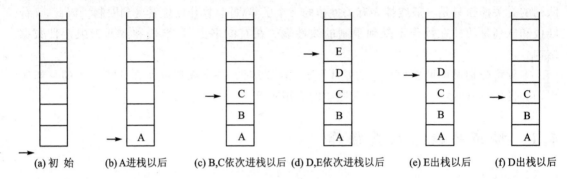

图 4.2　一个堆栈的例子

4.1.2　堆栈的基本操作

堆栈的操作十分简单，通常有以下几种。

① 初始化一个堆栈。

② 测试堆栈是否为空栈。当堆栈为空时，返回一个真值；否则，返回一个假值。显然，这是在对堆栈进行删除操作或者取当前栈顶元素的操作之前必须要考虑的操作。

③ 测试堆栈是否已满。当堆栈已满时，返回一个真值；否则，返回一个假值。这个操作通常只是在堆栈采用顺序存储结构时，对堆栈做插入操作之前需要进行的一个操作。

④ 在堆栈的顶端位置插入一个新的数据元素，简称进栈或者入栈。该操作相当于在线性表的最后那个元素后面插入一个新的数据元素。显然，该操作会改变栈顶指针的位置。

⑤ 删除堆栈的栈顶元素，简称出栈或者退栈。在实际应用中，被删除的数据元素往往有某种用途，因此，可以将该操作定义为一个函数，函数返回栈顶元素，并从堆栈中删除它。有的处理方法是在进行删除动作之前先保存被删除元素。该操作也会改变栈顶指针的位置。

⑥ 取当前栈顶元素。该操作与操作⑤不同，它不改变栈顶指针的位置。

4.2　堆栈的顺序存储结构

4.1 节已经提到，堆栈属于线性表范畴，为此，有关线性表的顺序存储结构与链式存储结构这两种存储结构同样也适用于堆栈。最简单的方法就是借助一个数组来描述堆栈的顺序存储结构。一般将采用顺序存储结构的堆栈简称为**顺序堆栈**。

4.2.1　顺序堆栈的构造

在实际程序设计过程中,堆栈的顺序存储结构可以利用一个具有 M 个元素的数组 STACK[0..M−1]来描述。其中,STACK 作为堆栈的名字,数组的上界 M 表示堆栈的最大容量。根据堆栈的概念,定义一个整型变量 top 作为堆栈的栈顶指针,它指出某一时刻堆栈栈顶元素的位置。当堆栈不空时,top 的值就是数组某一元素的下标值,这样,STACK[0]为第 1 个进入堆栈的元素,STACK[i]为第 i+1 个进入堆栈的元素(当没有进行删除操作时),STACK[top]为当前的栈顶元素。因此,当堆栈为空栈时,有 top=−1。

由于堆栈是一个动态结构,而数组是一个静态结构,故利用一个静态结构的数组描述一个动态结构的堆栈,存在着所谓的溢出(overflow)问题。当堆栈中已经有 M 个元素时,如果此时再做进栈操作则会产生溢出,称这种现象为上溢;对空栈进行删除操作也会产生溢出,称之为下溢。为了避免溢出,在对堆栈进行进栈操作和退栈操作之前,应该分别测试堆栈是否已满或者是否为空。

堆栈的顺序存储结构的类型描述如下。

```
#define M 1000              /* 定义堆栈的最大容量 */
SElemType STACK[M];
int top;                    /* 栈顶指针变量 */
```

4.2.2　顺序堆栈的基本算法

下面分别给出在顺序存储结构下,堆栈最常用的几种操作的算法。

1. 初始化一个堆栈

初始化一个堆栈的算法如下。

```
void INITIALS(int &top)
{
    top=−1;
}
```

2. 测试堆栈是否为空

测试堆栈是否为空的算法如下。

```
int EMPTYS(int top)
{
    return top==−1;
}
```

当堆栈为空时,算法返回 1,否则返回 0。

3. 测试堆栈是否已满

测试堆栈是否已满的算法如下。

```
int FULLS(int top)
```

```
{
    return top == M - 1;
}
```

当堆栈已满时,算法返回 1,否则返回 0。

4. 取当前栈顶元素

将当前栈顶元素取出送变量 item。该操作的前提是堆栈不空。若堆栈不空,算法返回 1,否则返回 0。该操作不改变栈顶指针的位置。

```
int GETTOPS(SElemType STACK[], int top, SElemType &item)
{
    /* top 为栈顶指针变量 */
    if(EMPTYS(top))
        return 0;                    /* 堆栈为空,操作失败,返回 0 */
    else{
        item = STACK[top];           /* 保存栈顶元素 */
        return 1;                    /* 堆栈非空,操作成功,返回 1 */
    }
}
```

5. 插入(进栈)

该算法在容量为 M 的堆栈中插入一个新的数据元素 item,栈顶元素的位置由 top 指出。

新的数据元素进栈之前首先测试上溢条件,若产生溢出,则算法返回 0,表示插入失败,算法结束;否则,将栈顶指针 top 向前移动一个位置,然后将新的数据元素 item 插入到修改以后的 top 指出的新的栈顶位置上,并且算法返回 1,表示本次插入成功。

```
int PUSH(SElemType STACK[], int &top, SElemType item)
{
    /* top 为栈顶指针变量 */
    if(FULLS(top))
        return 0;                    /* 堆栈已满,插入失败,返回 0 */
    else{
        STACK[++ top] = item;
        return 1;                    /* 堆栈未满,插入成功,返回 1 */
    }
}
```

6. 删除(退栈)

该算法从堆栈中退出当前栈顶元素,并保存在变量 item 中,同时修改栈顶指针的位置。

删除栈顶元素之前应首先测试堆栈是否为空,若为空栈,则算法返回 0,表示删除失败,算法结束;否则,若栈顶元素有保留的必要,则将其保留在 item 中,然后将栈顶指针后退一个位置,并且算法返回 1,表示本次删除成功。

这里有必要说明一下,所谓删除,只是将栈顶指针"后退"一个位置,原来的栈顶位置中保存的元素依然存在，只是被认为不作为当前栈中的元素而已（实际上该元素还占据原来的位置，当有新的数据元素进栈时就会将其"冲掉"）。

```
int POP(SElemType STACK[]，int &top，SElemType &item)
{
    /* top 为栈顶指针变量 */
    if(EMPTYS(top))
        return 0；              /* 堆栈为空，删除失败，返回 0 */
    else{
        item＝STACK[top－－]；   /* 保存栈顶元素 */
        return 1；              /* 堆栈非空，删除成功，返回 1 */
    }
}
```

从算法 5 和算法 6 可以看到，无论是进栈操作还是退栈操作，关键的一步都是修改栈顶指针 top 的位置。显然，上述 6 种算法的时间复杂度均为 O(1)，这些操作与堆栈的长度无关。

*4.2.3　多个堆栈共享连续空间

堆栈的使用非常广泛，经常会出现在一个程序中需要同时使用多个堆栈的情形。为了避免出现溢出，需要为每个堆栈分配一个足够大小的空间。然而，要做到这一点往往并不容易，一个原因是各个堆栈在实际使用过程中所需要的空间大小很难估计；另一个原因是堆栈是个动态结构，各个堆栈的实际大小在使用过程中都会发生变化，有时其中一个堆栈产生了上溢，而其他各栈可能还留有很多可用空间却不能使用。这就要求设法调整堆栈的空间，防止堆栈溢出来解决多栈共享空间的问题。

设将多个堆栈顺序地映射到一个已知大小为 M 的存储空间 STACK[0..M－1]上。如果只有两个堆栈来共享这 M 个存储空间，问题比较容易解决，只需要让第 1 个堆栈的栈底位于 STACK[0]处，而让另一个堆栈的栈底位于 STACK[M－1]处。使用堆栈时，两个堆栈各自向它们中间的方向伸展，仅当两个堆栈的栈顶指针（不妨用一个一维数组的两个元素 top[0] 和 top[1]分别表示栈 1 与栈 2 的栈顶位置）相遇时才发生上溢。这样，两个堆栈之间就做到了存储空间余缺互补，相互调剂，从而达到减少空间浪费的目的。显然，按照这种设计，栈 1 或者栈 2 满的条件均为 top[0]＝top[1]－1。类似地，栈 1 和栈 2 空的条件分别为 top[0]＝－1 和 top[1]＝M，如图 4.3 所示。

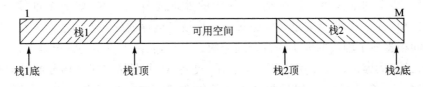

图 4.3　两个堆栈共享连续空间示意图

下面是将 item 插入第 i 个堆栈（i＝1,2）的算法。

```
int PUSH2(SElemType STACK[]，int top[]，int i，SElemType item)
{
```

```
        if(top[0] == top[1] - 1)
            return 0;                          /* 堆栈已满,插入失败,返回 0 */
        else {
            if(i == 1)
                top[0]++;
            else
                top[1]--;
            STACK[top[i-1]] = item;            /* 插入新的数据元素 item */
            return 1;                          /* 堆栈未满,插入成功,返回 1 */
        }
    }
```

同理,删除第 i 个堆栈栈顶元素时先测试第 i 个堆栈是否为空,若不空,则删除第 i 个栈的栈顶元素,返回删除成功的标志 1;否则,返回删除失败的标志 0。算法如下。

```
int POP2(SElemType STACK[],int top[],int i, SElemType &item)
{
    if(i == 1){
        if(top[0] == -1)
            return 0;                          /* 堆栈 1 为空,删除失败,返回 0 */
        else{
            item = STACK[top[0]--];
            return 1;                          /* 堆栈 1 非空,删除成功,返回 1 */
        }
    }
    else
        if(top[1] == M)
            return 0;                          /* 堆栈 2 为空,删除失败,返回 0 */
        else{
            item = STACK[top[1]++];
            return 1;                          /* 堆栈 2 非空,删除成功,返回 1 */
        }
}
```

若有两个以上的堆栈共享连续空间,问题的处理要复杂一些,如 n 个堆栈(n>2)共享 STACK[0..M-1]。如果事先已经知道每一个堆栈可能存放的元素的最大个数,那也可以将这 M 个空间根据各个堆栈的大小进行合理分配。但是,实际上更多的情况是人们事先并不知道各个堆栈的最大容量。一个解决的办法就是,先将 M 个存储空间平均分配给 n 个堆栈,每个栈占用 $\lfloor M/n \rfloor$[①]个存储空间(最后那个堆栈可能会多一些),当其中任意一个堆栈产生上溢而整个空间并未占满时,则进行"浮动"再调整。

这里,不妨设数组 top[0..n-1] 为 n 个堆栈的栈顶指针的集合,top[i](i=0,1,…,n-1)

---

① 符号 $\lfloor x \rfloor$ 表示不大于 x 的最大整数,$\lceil x \rceil$ 表示不小于 x 的最小整数。

为第 i+1 个堆栈的栈顶指针。另外,设 bot[0..n]为 n+1 个堆栈的栈底指针的集合(第 n+1 个堆栈是虚设的,其用意后面可以看到);bot[i](i=0,1,…,n−1)为第 i+1 个堆栈的栈底指针,位于第 i 个堆栈实际栈底元素的前一个位置。

初始时,令

$$bot[i]=top[i]=i\times ROUND(M/n-0.5)\qquad(0\leqslant i\leqslant n-1)$$

$$bot[n]=M-1$$

其中,ROUND( )表示四舍五入取整函数,如图 4.4 所示。

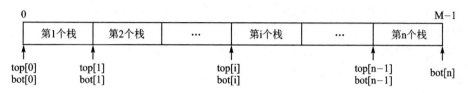

图 4.4　堆栈的初始状态

当没有出现溢出时,各个栈底指针的位置固定不动,只有栈顶指针随各栈元素的增减而移动。经过一段时间以后,整个空间中各个堆栈的状态可能会出现如图 4.5 所示的情形。

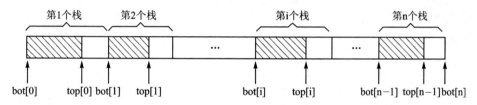

图 4.5　堆栈的当前状态

不难看出,表示第 i 个堆栈栈空的条件为

$$top[i]=bot[i]\qquad(0\leqslant i\leqslant n-1)$$

表示第 i 个堆栈栈满的条件为

$$top[i]=bot[i+1]\qquad(0\leqslant i\leqslant n-1)$$

这里,终于看到了设置第 n+1 个栈底指针 bot[n]的目的是为了测试第 n 个堆栈的栈满与否。有了上述结构,不难写出在第 i 个栈中插入一个元素和删除第 i 个栈的栈顶元素的算法了。限于篇幅,具体算法的实现留给读者完成,这里仅给出处理的一些思路。

需要注意的是,在第 i 个栈(0≤i≤n−1)中插入一个元素时,若条件 top[i]=bot[i+1]成立,只能说明第 i 个栈已满,并不意味着 M 个存储空间全被占用,可能在第 j 个栈与第 j+1 个栈之间还有可用空间(0≤j≤n−1,j≠i)。于是,为了给新的元素寻找一个合适的位置,可以分以下 3 种情况进行处理。

① 在 i≤j≤n−1 中确定有可用空间的最小 j,即找到第 i 个栈右边第 1 个有可用空间的栈j(此时必然有 top[j]<bot[j+1]),然后将第 i+1 个栈、第 i+2 个栈……第 j 个栈中的所有元素连同栈底指针与栈顶指针都右移一个位置,使得第 i 个栈空出一个空间。

② 当第 i 个栈右边没有可用空间时,则在 1≤j≤i 中确定有可用空间的最大 j,即找到第 i 个栈左边第 1 个有可用空间的栈j,然后将第 j+1 个栈、第 j+2 个栈……第 i 个栈中的所有元素连同栈底指针与栈顶指针都左移一个位置,使得第 i 个栈空出一个空间。

③ 若所有的堆栈均已经找过,都没有发现可用的空间,这时才能说明整个空间全部被占

用,即真正产生了溢出。

多个堆栈共享连续空间的优点之一就是节省空间,但这种处理方法的弊病仍旧是要移动大量的数据元素,时间代价较高,尤其是当整个存储空间即将充满时,这个问题更加严重。这也正体现了顺序存储结构固有的缺陷。

4.3　堆栈的链式存储结构

从 4.2 节的讨论可以知道,堆栈的顺序存储结构保留着顺序分配的固有缺陷,即在重新调整存储空间时(如多个堆栈共享连续空间),元素的移动量较大,尤其在分配的存储空间即将充满时,这种情况更为突出。为此,对堆栈可以采用另一种存储方式——堆栈的链式存储。通常称链式存储方式的堆栈为**链接堆栈**,甚至就简称为**链栈**。

4.3.1　链接堆栈的构造

链接堆栈就是采用一个线性链表实现一个堆栈结构。栈中每一个元素用一个链结点表示,同时,设置一个指针变量(这里不妨仍用 top 表示)指出当前栈顶元素所在链结点的存储位置。当堆栈为空时,有 top 为 NULL。例如 a,b,c,d 4 个元素依次进入一个初始为空的堆栈后,该链接堆栈如图 4.6 所示。

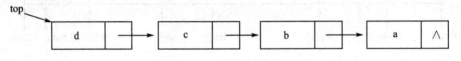

图 4.6　一个链接堆栈的例子

从这个简单的例子很容易看到,采用线性链表表示的堆栈,链表不必设置头结点,链表的第 1 个链结点就是栈顶元素所在的链结点,最先进入堆栈的元素一定在链表末尾的那个链结点中。根据堆栈的定义,在链接堆栈中插入一个新的元素,实际上就是在该链表的第 1 个结点之前插入 1 个新的链结点;同样,删除链接堆栈的栈顶元素,实际上就是删除链表的第 1 个链结点。这些操作在第 2 章有关线性链表的内容中就已经讨论过了,因此,只要把线性链表第 1 个链结点的指针定义为栈顶指针,并且限定只能在链表前面进行插入、删除等操作,这个链表就成了链接堆栈。由于对链接堆栈的操作都是在链表的表头位置进行的,因而相应算法的时间复杂度都为 O(1)。

另外,由于采用了链式存储结构,不必事先声明一片存储区作为堆栈的存储空间,因而不存在因为栈满而产生溢出的问题,只要从存储库中可以动态申请到可用链结点空间,就可以认为堆栈没有满。正因为如此,多个堆栈共享连续空间就成为一件十分自然的事情。这里,读者可能已经意识到了,在实际问题中,若不知道或者难以估计将要进栈元素的最大数量时,采用链式存储结构比采用顺序存储结构更为适合。

链接堆栈的类型可以按如下定义。

```
typedef struct node {
    SElemType data;
    struct node * link;
```

} STNode，* STLink；　　　　　　　　　/ *　定义一个线性链表堆栈类型　* /

4.3.2　链接堆栈的基本算法

下面给出链接堆栈的初始化、堆栈插入与删除等算法。这些算法同样也适用于多个堆栈的情况，只需设第 i 个堆栈的栈顶指针为 top[i] 就可以了。图 4.6 和图 4.7 分别是插入和删除算法的示意图。

1. 链接堆栈初始化

链接堆栈初始化的算法如下。

```
void INITIALSLINK（STLink &top）
{
    top = NULL；
}
```

2. 测试链接堆栈是否为空

测试链接堆栈是否为空的算法如下。

```
int EMPTYSLINK（STLink top）
{
    return（top == NULL）；
}
```

3. 取当前栈顶元素

从链接堆栈中取当前栈顶元素的算法如下。

```
int GETTOPSLINK（STLink top，SElemType &item）
{
    / *　top 指向栈顶元素所在的链结点　* /
    if（EMPTYSLINK（top））
        return 0；                    / *　堆栈为空,操作失败,返回 0　* /
    else{
        item = top - >data；          / *　保存栈顶元素　* /
        return 1；                    / *　堆栈非空,操作成功,返回 1　* /
    }
}
```

4. 链接堆栈的插入

链接堆栈的插入相当于在线性链表最前面插入一个新结点,这个过程在第二章中讨论过。算法如下。

```
# define LEN   sizeof（STNode）
int PUSHLINK（STLink &top，SElemType item）
{
    / *　top 指向栈顶元素所在的链结点　* /
```

```
    STLink p;
    if(!(p=(STLink)malloc(LEN)))            /* 申请一个新的链结点 */
        return 0;                           /* 插入失败,返回 0 */
    else{
        p->data=item;                       /* 将 item 送新结点的数据域 */
        p->link=top;                        /* 将 top 送新结点的指针域 */
        top=p;                              /* 修改栈顶指针 top 的指向 */
        return 1;                           /* 插入成功,返回 1 */
    }
}
```

插入操作后,链接堆栈变为图 4.7 所示的形式。

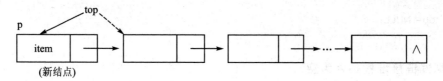

图 4.7   插入一个新元素后的链接堆栈

5. 链接堆栈的删除

从链接堆栈中删除一个元素相当于删除线性链表的第一个结点。算法如下。

```
int POPLINK(STLink &top, SElemType &item)
{
    /* top 指向栈顶元素所在的链结点 */
    STLink p;
    if(EMPTYSLINK(top))
        return 0;                           /* 堆栈为空,删除失败,返回 0 */
    else{
        p=top;
        item=p->data;                       /* 保存被删除结点的数据信息 */
        top=top->link;
        free(p);                            /* 释放被删除结点 */
        return 1;                           /* 堆栈非空,删除成功,返回 1 */
    }
}
```

从链接堆栈中删除一个元素后的示意图如图 4.8 所示。

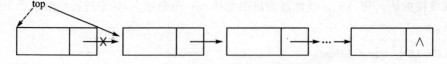

图 4.8   删除栈顶元素后的链接堆栈

正常情况下,上述 5 种算法的时间复杂度均为 O(1)。

4.4　堆栈的应用举例

堆栈所具有的后进先出的特性使得它在计算机领域中成为十分重要、也是应用非常广泛的数据结构之一。也就是说,实际应用中,只要问题满足"先进后出(或后进先出)"的原则,就可以使用堆栈。例如,在编译和运行程序的过程中,就需要利用堆栈进行语法检查(如检查括号是否配对)和表达式求值,在递归过程的实现与函数之间的调用等也都离不开堆栈结构。这一节将通过几个较简单的例子来说明堆栈的具体应用。

4.4.1　符号匹配检查

对于用户编写的源程序,需要经过编译程序检查其是否存在语法错误。编译程序在检查源程序的语法时,常常由于缺少一个符号(如遗漏一个花括号或者注释的起始符)引起编译程序列出上百行的诊断信息,而真正的错误却往往没有找到。

在这种情况下,一个有用的工具就是检验是否每件事情都能够成对出现的一个程序,因为每一个右花括号、右方括号以及右圆括号都应该对应其相应的左括号。例如:"{()}"是合法的,而"{(})"则是错误的。事实上检验这种情况并不困难。为了简单起见,仅以花括号和圆括号为例进行检验,并忽略出现的任何其他字符。算法中要用到一个堆栈。

这里,不必给出具体的算法,仅把算法的核心思想描述如下。

首先创建一个空的堆栈,依次读入字符直到文件的末尾。

如果读得的字符为左花括号或者左圆括号,则将其压入堆栈。如果读得的字符是右花括号或者右圆括号,而此时堆栈为空,则出现不匹配现象,报告错误;否则,退出当前栈顶元素。如果退出的栈顶符号不是对应的左花括号或者左圆括号,则出现不匹配,报告错误。读到文件末尾,若堆栈非空,则报告错误。

读者根据上述核心思想,可以比较容易写出相应算法,这里不再赘述。

4.4.2　数制转换

对于给定的任意无符号十进制整数 num,如何依次输出与其等值的八进制数的各位数字。

把一个十进制整数转换为八进制的过程可以是反复地执行以下动作。

① 将 num 除以 8,取其余数。

② 判断商是否为零。

　a) 若商为零,则转换到此结束;

　b) 若商不为零,则将商送 num,转到第①步。

例 4.1　对 $(391)_{10} = (607)_8$ 进行数制转换,计算过程如下。

步骤	num	num/8(商)	num%8(余数)
1	391	48	7
2	48	6	0
3	6	0	6

上述计算过程中依次求得的余数实际上就是要求的八进制数的各位数字,但是,是按照八进制数从低位到高位的顺序产生的,也就是说,产生的顺序与实际的八进制数的各位数字的前后次序正好相反。为此,可以把在计算过程中产生的八进制数的各位数字依次送入一个堆栈保存,最后按照退栈的次序依次打印栈中各元素即可。

若堆栈采用顺序存储结构,则算法如下。

```
void CONVERSION(int num)
{
    int STACK[M],top=-1;
    do{
        STACK[++top]=num % 8;          /* 本次求得的余数进栈 */
        num=num/8;                     /* 求 num 除以 8 的商 */
    }while(num!=0);
    while(top>=0)
        printf("%d",STACK[top--]);     /* 依次退栈 */
}
```

若堆栈采用链式存储结构,则算法如下。

```
void CONVERSION(int num)
{
    STLink p,top=NULL;
    do{
        p=(STLink)malloc(sizeof(STNode));
        p->data=num % 8;               /* 本次求得的余数进栈 */
        p->link=top;
        top=p;
        num=num/8;                     /* 求 num 除以 8 的商 */
    }while(num!=0);
    while(top!=NULL){                  /* 依次退栈 */
        p=top;
        printf("%d",p->data);
        top=top->link;
        free(p);
    }
}
```

在该问题中,"问题规模"是待转换的无符号十进制整数 num,基本操作是进栈、退栈和求商,算法中 while 语句的执行次数为 $\log_8 num$。因此,算法的时间复杂度为 $O(\log_8 num)$。

4.4.3　堆栈在递归中的应用

1. 递归的概念

递归是一种最有威力而又较难掌握的程序设计方法和技术之一。许多程序设计语言都提供了递归的功能,使得不少问题能够采用递归的方法来解决。用递归方法编写出来的程序简洁、清晰,程序结构符合结构化程序设计,可读性较好,并且易于验证其正确性。但是,并非所有高级程序设计语言都提供了递归功能,这给一些递归问题的解决带来了麻烦。因此,在本小节里除了讨论递归在计算机内的实现过程外,还将讨论如何将一个递归过程转换为等价的非递归过程,大家将会看到,这其中起着关键作用的就是设置堆栈结构。

递归的概念对多数人来说也许并不生疏,可能早在童年时代就有所接触。有一首流传很广且深为孩子们所喜爱的儿歌是这样说的:

"从前有座山,山里有座庙,庙里有个和尚讲故事,讲的是什么呢? ——从前有座山,山里有座庙,庙里有个和尚讲故事,讲的是什么呢? ——从前有座山,……"

孩子们之所以觉得故事有趣,是因为它隐含了许多奥妙之处:谁讲了些什么,故事有没有完结之处。其实,这个故事的陈述是递归式的,没有完结之处。可以不妨改写成以下的等价形式:

"从前有座山,山里有座庙,庙里有个和尚讲故事,讲的是什么呢? 讲的是这段文字所表述的故事。"

在这段文字中,最后一句通过引用自身而实现了对故事内容精确而简洁的描述。

这就是一个递归的例子。再看另一个例子。

设想有一架电视摄像机直接连接到一台电视机上,并将它摄入到的景象显示出来。如果将摄像机对准电视机,将会出现怎样的画面呢?

画面是对摄像机视野景象的反映,但景象中有一部分却又是对自身的引用。不妨假设摄像机到电视机的连接线具有信号延迟作用,镜头接收到的信号在 1 秒之后才传到电视机;又假设电视机仅由一个矩形屏幕构成,则画面的变化情况如图 4.9 所示。

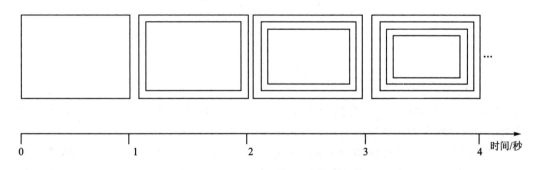

图 4.9　一个递归的例子

从第 1 秒时开始传送单框景象,第 2 秒时传到屏幕,同时开始传送双框景象……如此下去,形成了一个循环往复的"怪圈",直至屏幕分辨能力的极限为止。

数学中常常利用递归手段来定义一些概念,最简单的例子就是计算阶乘的运算。n 的阶乘的定义为

$$n! = \begin{cases} 1 & n = 0 \\ n \times (n-1)! & n \neq 0 \end{cases}$$

为了定义 n 的阶乘,必须先定义 $(n-1)$ 的阶乘;为了定义 $(n-1)$ 的阶乘,又必须先定义 $(n-2)$ 的阶乘……这种用自身的简单情况来定义自己的方式就是一个递归定义的过程。

以 n=3 为例,求 3! 的过程可以描述如下。

① 3! ＝3×2!

②   2! ＝2×1!

③   1! ＝1×0!

④   0! ＝1

⑤   1! ＝1×1＝1

⑥   2! ＝2×1＝2

⑦ 3! ＝3×2＝6

对于每个正整数而言,其阶乘的值取决于另一个数的阶乘的值。这里,n＝0 为递归终止条件,此时函数返回 1。

在算法设计过程中,把一个通过算法调用语句直接或者间接调用自己的算法称为递归算法。如

```
A( … )
{
    …
    A( … )
    …
}
```

在算法 A 中,出现了调用算法 A 自己的语句。这种自己调用自己的过程称为直接递归。又例如

```
B( … )                          C( … )
{                               {
    …                               …
    C( … )                          B（ … )
    …                               …
}                               }
```

算法 B 中调用了算法 C,而算法 C 中又调用了算法 B,这种通过另一个(或几个)算法来间接调用自己的过程称为间接递归。

一个递归定义必须具有确切的含义。也就是说,递归定义必须一步比一步简单,最后有终结,不能无限制地循环下去。过程中最简单的那一步称为递归出口,它本身不再使用递归的定义。

2. 递归过程的实现

在 4.4.3 小节的 1. 中已经说明了,若算法 A 要调用另一算法 B,则称 A 为调用算法,而称 B 为被调用算法。一般说来,在计算机中实现程序的调用可分为如下 3 个步骤。

① 保存调用信息,其中主要是返回地址信息和实参信息。

② 分配调用过程中所需要的数据区。

③ 把控制转移到被调用过程的入口。

当被调用算法运行结束需要返回到调用算法时,一般也分为以下 3 个步骤。

① 保存返回时的有关信息,如计算结果等。

② 释放被调用算法占用的数据区。

③ 把执行控制按调用时保存的返回地址转移到调用算法中调用语句的下一条语句。

在非递归调用的情况下,数据区的分配可以在程序运行之前进行,一直到整个程序运行结束才释放,这种分配称为静态分配。采用这一方式时,算法调用及返回处理都比较简单,通常只需要执行①和②。对不同的算法分配各不相同的数据区,这可能会引起存储空间的浪费。在递归调用的情况下,被调用算法的每个局部变量不能固定分配在一个单元中,必须是每调用一次分配一份。当前程序所使用的所有量,包括形参、局部变量以及中间工作单元等都必须是最近一次递归调用时所分配的数据区中的量。因此,存储分配只能在程序执行递归调用时进行,即所谓的动态分配。动态分配的处理方法是,在内存中开辟一个动态存储区,该存储区实际上是一个堆栈结构,称为存储栈。每次调用时,移动该存储栈的栈顶指针,分配被调用算法所需的数据区;每次返回时,将存储栈栈顶指针反向移动,释放本次调用所分配的数据区,恢复到上次调用所分配的数据区。被调用算法中的变量地址全部采用相对于动态区指针的位移量表示(相对地址),这样,无论调用多少次,只要动态区够用,总能够使程序正确运行。可以看到,这个表示动态区的堆栈结构中的每个结点都是一个数据区。

递归调用一般不节省时间,也不节省空间,因为它必须依赖系统中的运行栈(这个运行栈对用户来说是不可见的),来保存每次调用时的参数、变量与返回信息等。但是,递归程序比较紧凑,并且一般易于根据概念和定义进行编写,结构清晰,也便于阅读。利用允许递归调用的程序设计语言(如 Pascal,C 语言)进行程序设计将会给用户编制程序与调试程序带来很大方便。因为对递归问题编程时,不需要用户自己而是由系统来管理运行栈。然而,递归程序的运行效率比较低,无论从时间角度还是空间角度看都比非递归程序差。若在程序中消除递归调用,则其运行时间可以大为节省。当然,这里并非一概提倡消除递归,因为在很多时候,程序结构简单、可读性好比运行时间短可能更有意义。但是至少在下列两种情况下,希望、甚至必须消除递归。

① 程序中频繁使用的部分。

② 进行程序设计的语言(如 Fortran 语言和大多数汇编语言)不允许递归调用。

3. 从递归算法到非递归算法的转换

前面已经提到,并非所有的程序设计语言都提供了递归功能,这样,在利用无递归功能的程序设计语言解决递归问题时,就有一个将递归过程转换为非递归过程的问题。

目前,将一个递归过程转换为等价的非递归过程的方法很多,这里不打算也不可能对这些方法进行逐一和全面深入的探讨。下面的一个例子介绍一种与堆栈密切相关的转换方法,目的在于进一步揭示堆栈与递归的内在联系。当然,方法可行,但不一定最佳。

例 4.2　对任意给定的正整数 m,n,计算下列函数的值。

$$f(m,n) = \begin{cases} m+n+1 & m \times n = 0 \\ f(m-1,f(m,n-1)) & m \times n \neq 0 \end{cases}$$

f(m, n)是一个递归函数。当明确了函数的意义之后,可以十分容易地写出求该函数值的递归算法如下。

```
int F(int m,int n)
{
```

```
    if(m * n==0)
        return (m+n+1);
    else
        return F(m-1,F(m,n-1));
}
```

但是,要写出计算该函数值的非递归算法就不这么简单了。在写出非递归算法以前,不妨先假设 m=2,n=1,跟踪一下函数的求值过程。

$$f(2, 1) = f(1, f(2, 0))$$
$$= f(1, 3)$$
$$= f(0, f(1, 2))$$
$$= f(0, f(0, f(1, 1)))$$
$$= f(0, f(0, f(0, f(1, 0))))$$
$$= f(0, f(0, f(0, 2)))$$
$$= f(0, f(0, 3))$$
$$= f(0, 4)$$
$$= 5$$

从跟踪的过程可以看到,每次处理的都是最内层的 f(m,n),而前面的保持不动。实际上,等号右边就是一个不断伸缩的数据(不计函数符号 f 与括号)堆栈。若令栈顶指针 top 指向 m,当 top 为 0 时即可求得函数值。这就给了人们一个启示:可以设置一个空间足够大的堆栈 STACK[0..M-1],当 m×n≠0 时,每次递归之前将 m-1 保存在堆栈里;当 m×n=0 时,就从栈顶取出一个值送 m,并且将当前已求得的函数值送 n。重复上述过程,直到堆栈为空时即可求得函数值。具体的非递归算法可以描述如下。

```
#define M 100
int RECCURRESIVE(int m,int n)
{
    int STACK[M],top=-1;
    do{
        if(m * n!=0){
            STACK[++top]=m-1;
            n--;
        }
        else{
            n=m+n+1;
            if(top>=0)
                m=STACK[top];
            top--;
        }
    }while(top>=-1);
    return (n);                    /* 返回计算结果 */
}
```

4.4.4　表达式的计算

表达式的计算是程序设计语言编译系统中的一个基本问题,它的实现是堆栈应用的一个较典型实例。在编译程序中,要把一个表达式翻译成能正确求值的机器指令序列,或者直接对表达式求值,首先必须能够正确解释表达式。

一个表达式是由运算对象(也称操作数)、运算符(也称操作符)以及分界符组成,一般称这些运算对象、运算符以及分界符为单词。根据运算符的类型,通常可以把表达式分为逻辑表达式、关系表达式及算术表达式 3 类。为了简化问题而又不失一般性,这里仅讨论由加、减、乘、除 4 种算术运算符以及左、右圆括号组成的算术表达式的求值问题。读者不难将解决问题的过程推广到一般表达式的处理中去。

先要说明一点,通常在数学中看到的或者出现在程序中的算术表达式都称为中缀表达式。顾名思义,中缀表达式中的运算符一般出现在两个运算对象之间(单目运算符除外)。例如

$$A+(B-C/D)\times E$$

就是一个简单的中缀表达式。

在计算机系统多遍处理的编译程序中,在处理这样的表达式并将其生成一系列机器指令或者直接对表达式求值之前,往往先将表达式变换成另外一种形式,即后缀表达式形式。后缀表达式就是表达式中的运算符出现在运算对象之后。后缀表达式的特点是,表达式中没有括号,也不存在运算符优先级的差别,计算过程完全按照运算符出现的先后次序进行,整个计算过程仅需一遍扫描处理便可以完成,比中缀表达式的计算简单得多。例如,中缀形式的表达式 $A+B$ 的后缀形式为 $AB+$。前面给出的那个中缀表达式写成后缀形式为

$$ABCD/-E\times+$$

这样处理的好处是:编译程序处理表达式时,首先从左至右依次扫描后缀表达式的各个单词,如果当前读到的一个单词为运算符,就对该运算符前面的两个运算对象施以该运算符所代表的运算,然后将结果存入一个临时单元 T_i 中($i\geq1$),并作为一个新的运算对象重复进行上述过程,直到表达式处理完毕。表 4.1 就是表达式 $ABCD/-E\times+$ 的处理过程。T_4 中保存的结果与中缀表达式计算出来的相同。

表 4.1　表达式 $ABCD/-E\times+$ 的处理过程

操作顺序	后缀表达式
$T_1 \leftarrow C/D$	$ABT_1-E\times+$
$T_2 \leftarrow B-T_1$	$AT_2E\times+$
$T_3 \leftarrow T_2 \times E$	AT_3+
$T_4 \leftarrow A+T_3$	T_4

从上面的讨论可知,后缀表达式之所以容易被编译程序处理,是由于它具有以下特点。

① 后缀表达式中不出现括号。

② 后缀表达式与中缀表达式中运算对象的先后次序相同,只是所读到的运算符的先后次序可能有所改变。

正是由于后缀表达式具有以上特点,所以,处理时不必考虑运算符的优先关系。在具体处

理过程中,需要设置一个堆栈,用来保存已经读到的运算对象(可称之为运算对象栈)。换一句话说,从左至右依次扫描后缀表达式,当读得的一个单词若为运算对象,就将其压入堆栈;当读得的一个单词若为运算符,就从堆栈中取出相应的运算对象施以该运算符所代表的操作,并把运算结果作为一个新的运算对象压入堆栈(保存中间结果的单元)。表达式最后的计算结果就位于栈顶指针 top 所指的位置上。

图 4.10 以后缀表达式 ABCD/−E×+为例说明了堆栈的变化情况。

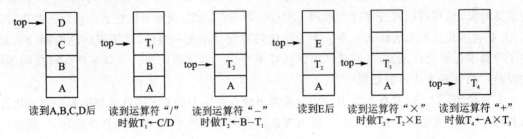

读到A,B,C,D后　　读到运算符"/"　　读到运算符"−"　　读到E后　　读到运算符"×"　　读到运算符"+"
　　　　　　　时做$T_1 \leftarrow$C/D　时做$T_2 \leftarrow$B$-T_1$　　　　　　时做$T_3 \leftarrow T_2 \times$E　时做$T_4 \leftarrow$A$\times T_3$

图 4.10　堆栈的变化

综上所述,表达式计算过程有两个问题需要解决:其一,如何把中缀表达式变换为后缀表达式;其二,如何根据后缀表达式产生出计算该表达式的机器指令序列。后一个问题相对来说简单一些,而且也已经做过了一些讨论,现在首先讨论它。

约定用"#"作为后缀表达式的结束标志,算法中设置一个假设容量足够、并且采用顺序存储结构的堆栈 STACK[0..M−1]来存放所读到的运算对象和中间计算结果,初始时 top=−1。另外,算法中将反复调用一个函数 NEXTTOKEN(E)来依次从后缀表达式 E 中读取一个单词。这里所指的单词包括运算对象、运算符以及后缀表达式的结束标志"#"3 类。遇到"#"表示已经读到了后缀表达式的末尾,算法应该结束。

算法的核心思想是:根据所读单词的不同情况分别加以处理,当读到运算对象时要调用进栈算法 PUSH。

算法如下。

```
#define M 100
int EVAL(Expresstype E)
{
    int top=−1;
    Expresstype STACK[M],x;
    while(1){
        x=NEXTTOKEN(E);                  /* 取表达式中一个元素 */
        switch(x){
            case "#":        return 1;
            case 运算对象:    PUSH(STACK,top,x);
            default:         从堆栈中取出相应的运算对象进行由 x 指明的运算,
                             并将运算结果压入堆栈
        }
    }
}
```

下面再来讨论如何把中缀表达式变换为后缀表达式。

根据中缀表达式与后缀表达式中运算对象的排列次序完全相同,只是运算符按照某种规则可能改变了位置这个特点,可以从左到右依次扫描中缀表达式,每读到一个运算对象即把它作为后缀表达式的一部分输出。关键是在处理运算符时要事先设置一个运算符栈 STACK[0..M−1],每读到一个运算符,就将其与栈顶位置的运算符的优先级别进行比较,以决定是将当前所读到的运算符进栈还是将栈顶位置的运算符作为后缀表达式的一部分输出。

表 4.2 给出的是四则运算符以及圆括号的优先级关系。其中,"♯"号为中缀表达式的左、右分界符;符号 θ_1 代表栈顶运算符,其优先级别用符号 $ISP(\theta_1)$ 表示;θ_2 代表当前扫描读到的运算符,其优先级别用符号 $ICP(\theta_2)$ 表示;表中空格处表示无优先级关系。

表 4.2 运算符优先级关系表

θ_1 \ θ_2	+	−	×	/	(	)	♯
+	>	>	<	<	<	>	>
−	>	>	<	<	<	>	>
×	>	>	>	>	<	>	>
/	>	>	>	>	<	>	>
(	<	<	<	<	<	=	
)	>	>	>	>		>	>
♯	<	<	<	<	<		=

根据这个优先级关系表,每当读到中缀表达式中的一个运算符 θ_2,先将 θ_2 与栈顶运算符 θ_1 的优先级别进行比较,若有 $ICP(\theta_2) > ISP(\theta_1)$,则将 θ_2 进栈,然后继续读下一个单词;否则,θ_1 退栈作为后缀表达式中的一部分输出,此后,继续比较 θ_2 与 θ_1 的优先级别(注意:由于进行了退栈操作,此时的 θ_1 已不是先前那个运算符了),直到 θ_2 得到合适的处理。若 $ICP(\theta_2) = ISP(\theta_1)$,并且 $\theta_2 \neq$ "♯",则 θ_1 退栈,然后继续读下一个单词。重复上述过程,当 $\theta_2 =$ "♯",并且 $\theta_1 =$ "♯"时,算法结束。

下面是具体算法。

```
#define M  100
int POSTFIX(Expresstype E)
{
    int top = 0;
    Expresstype STACK[M],x;
    STACK[0] = "♯";
    while(1){
        x = NEXTTOKEN(E);              /* 取表达式中一个元素 */
        switch(x){
            case  "♯": while(top>0)
                    输出 STACK[top--];
                    输出"♯";
```

```
                    return 1；
          case x 为运算对象:输出一个运算对象；  /* 输出一个运算对象 */
          case  ")"：while(STACK[top]！＝"(")｛
                    输出 STACK[top]；
                    top－－；
               ｝
               top－－；                    /* 放弃当前读到的")",并且栈顶"("退栈 */
          default：while(ISP(STACK[top])＞＝ICP(x))
                    输出 STACK[top－－]；    /* 运算符退栈 */
               PUSH(STACK,top,x)；          /* 运算符进栈 */
          ｝
     ｝
｝
```

利用上述算法将中缀表达式 A＋(B－C/D)×E 转换成后缀表达式的过程如表 4.3 所列。

表 4.3　将中缀表达式 A＋(B－C/D)×E 转换为后缀表达式的过程

步　骤	中缀表达式	STACK	输　出 (后缀表达式)	步　骤	中缀表达式	STACK	输　出 (后缀表达式)
1	A＋(B－C/D)×E#	#		9	)×E#	#＋(－/	ABCD
2	＋(B－C/D)×E#	#	A	10	×E#	#＋(－	ABCD/
3	(B－C/D)×E#	#＋	A	11	×E#	#＋(	ABCD/－
4	B－C/D)×E#	#＋(	A	12	×E#	#＋	ABCD/－
5	－C/D)×E#	#＋(	AB	13	E#	#＋×	ABCD/－
6	C/D)×E#	#＋(－	AB	14	#	#＋×	ABCD/－E
7	/D)×E#	#＋(－	AB	15	#	#＋	ABCD/－E×
8	D)×E#	#＋(－/	ABC	16	#	#	ABCD/－E×＋

4.4.5　趣味游戏——迷宫

　　老鼠走迷宫的游戏不少人都知道,甚至一些医学专家用老鼠在迷宫中的行为来进行实验心理学研究。今天,利用计算机来解决迷宫问题的确是"数据结构"课程的一个很好的练习,它不仅有助于熟悉数组与堆栈的应用,而且还会对"枚举求解法"和"回溯程序设计"方法增加一些直观和感性的认识。

　　在迷宫问题中,这两种方法的总体思路大体相同,也就是说,从迷宫的入口出发,沿着某一个方向向前试探,若能够行得通,则继续往前走;否则,沿原路退回,再换一个方向继续试探,直到所有可能的通路都被试探过。为了保证在任何一个位置上都能够沿原路退回,需要设置一个堆栈结构来保存从入口到当前位置的路径。

　　迷宫可以用一个二维整型数组 MAZE[1..m][1..n]来表示,其中,m 和 n 分别表示迷宫的行数和列数。数组中的元素值为 1 时表示该点道路阻塞,为 0 时表示该点可以进入。这里,不妨假定迷宫的入口处为元素 MAZE[1][1],出口处为元素 MAZE[m][n]。在 MAZE[1][1]与 MAZE[m][n]处的元素值必为 0。

在任意时刻,老鼠在迷宫中的位置可以用老鼠所在点的行下标与列下标(i,j)来表示,这样,老鼠在迷宫中的某一点 MAZE[i][j] 时,其可能的运动方向有 8 个。图 4.10 中符号 ⊕ 表示某时刻老鼠所在的位置(i,j),相邻的 8 个位置分别标以 N,NE,E,SE,S,SW,W 和 NW(分别代表点的北、东北、东、东南、南、西南、西和西北 8 个方向);同时,相对于(i,j),这 8 个相邻位置的坐标值都可以计算出来,图 4.11 给出了这个计算规则。

	→东	
NW (i−1,j−1)	N (i−1,j)	NE (i−1,j+1)
W (i,j−1)	⊕ (i,j)	E (i,j+1)
SW (i+1,j−1)	S (i+1,j)	SE (i+1,j+1)

图 4.11　位置计算规则

但是,并非迷宫中的每一个位置都有 8 个方向可走,如迷宫的 4 个角上就只有 3 个方向可供选择,而周边只有 5 个方向可供选择。为了不在算法中每次都去检查这些边界条件,可以在整个迷宫外面套上一圈其值均为 1 的元素(见图 4.12)。因此,作为表示迷宫的二维数组实际为 MAZE[0..m+1][0..n+1]。

为了简化算法,根据图 4.11 所示的位置(i,j)及其相邻的 8 个位置的坐标关系,建立一个如图 4.13 所示的数组 MOVE[0..7][0..1],其中给出了计算相对于位置(i,j)的 8 个方向时的 i 与 j 的增量值。

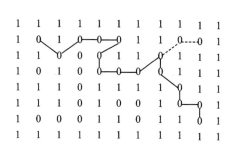

图 4.12　一个迷宫的二维数组表示

MOVE[8][2]

−1	0	方向N
−1	1	方向NE
0	1	方向E
1	1	方向SE
1	0	方向S
1	−1	方向SW
0	−1	方向W
−1	−1	方向NW

图 4.13　相对于位置(i,j)的 8 个方向的增量表

若老鼠在位置(i,j),要进入 SW 方向(此时的 SW 为点(i,j)的第 6 个方向)的(g,h),则

$$g \leftarrow i + MOVE[5][0]$$
$$h \leftarrow j + MOVE[5][1]$$

例如,若(i,j)为(3,4),则其 SW 方向的相邻点为(3+1,4−1),即(4,3)点。

这里约定,在每个位置上都从 N 方向(正北方向)试起,若试不通,则顺时针方向试 NE 方向,以此类推。当选定一个可通的方向后,要把目前所在的位置以及所选的方向记录下来,以便当往下走不通时可以依次一点一点地退回来,每回退一步以后接着试在该点上尚未试过的方向。另外,为避免走回到已经进入过的点,凡是已经进入过的点都应该做上必要的记号。由于约定某个点值 1 为不通,0 为可以进入,所以,凡是进入过的点就可以赋予一个非 0 非 1 的值,不妨赋予一个 2,当然,这样做可能会影响原始迷宫的形象,但能节约不少存储空间;否则,要设置一个大小与迷宫完全相同的标记数组,太不划算了。一旦过了某一点(i,j),立即将 MAZE[i][j] 置为 2。因此,只有当 MAZE[g][h] 为 0 才表明(g,h)点是通的,并且从未进入过。为了记录当前位置以及在该位置上所选择的方向,算法中设置了一个堆栈 STACK[0..Maxmn−1][0..2],以便进行回溯。这个堆栈的每个元素包括 3 项内容,分别记录当前位置的行坐标、列坐标以及在该位置所选的方向(MOVE 数组的下标值)。

以图 4.11 所示的迷宫为例,从(1,1)入口进入迷宫以后,向 N 方向试探,MAZE[0][1]为 1,故进不去;接着顺时针试探直到 SE,此时 MAZE[1][1]为 0,故可进入,把(1,1,3)压入堆栈(因为 SE 方向在 MOVE 中为第 4 个方向,相应的数组下标为 3),然后将 MAZE[2][2]置为 2。每到一个新的位置,都从 N 方向开始试探。如图 4.11 所示,当到了 MAZE[1][9],周围 8 个位置不是进不去就是已经去过,这时把栈顶保留的(1,8,2)取出(因为点 MAZE[1][9]是从 MAZE[1][8]选定第 3 个方向后才到达的,所以栈顶元素必为(1,8,2))。于是回溯到点(1,8),并从第 4 个方向 SW 继续试探,如此试探前进。如果堆栈为空时仍未找到一条通路,则说明该迷宫无路可通,打印出相应信息,结束寻找。若有一条通路通向出口(m,n),则堆栈中必然记录了从入口到出口所经过的各点坐标以及每点所选择的方向,也就是说,堆栈记录了从入口通向出口的路径。

求解迷宫问题是一个递归过程,既可以采用递归算法实现,也可以采用非递归算法实现。下面给出的是非递归算法。限于篇幅,不再对算法做具体解释。

```
#define MaxN 100
#define MaxMN 10000
int MAZEPATH(int MAZE[][MaxN],int m,int n)
{
    int STACK[MaxMN][3];
    int MOVE[8][2]={{-1,0},{-1,1},{0,1},{1,1},{1,0},{1,-1},{0,-1},{-1,-1}};
    int p,i,j,k,g,h,top=0;
    MAZE[1][1]=2;                          /* MAZE[1][1]置一个非 0 非 1 的整数 */
    STACK[0][0]=1;
    STACK[0][1]=1;
    STACK[0][2]=1;
    while(top>=0){
        i=STACK[top][0];
        j=STACK[top][1];
        k=STACK[top--][2]+1;               /* k 为方向数,初值为 2(方向东) */
        while(k<8){
            g=i+MOVE[k][0];
            h=j+MOVE[k][1];
            if(g==m-2&&h==n-2&&MAZE[g][h]==0){ /* 若到了迷宫的出口处 */
                printf("\n 找到一条通路! \n");
                for(p=0;p<=top;p++)
                    printf("%3d %3d",STACK[p][0],STACK[p][1]);
                printf("%3d %3d",i,j);
                printf("%3d %3d",m-1,n-1);/* 以上几条语句输出一条通路的坐标 */
                return 1;                  /* 找到通路,返回 1 */
            }
            if(MAZE[g][h]==0){             /* 找到了通路上的一个位置(g,h) */
                MAZE[g][h]=2;             /* 在 MAZE[g][h]置一个非 0 非 1 的整数 */
```

```
        STACK[++ top][0] = i;
        STACK[top][1] = j;
        STACK[top][2] = k;
        i = g；  j = h；  k = 0;              /* 获得一个新的位置 */
      }
      k++;                                    /* 试下一个方向 */
    }
  }
  printf("\n迷宫中没有发现通路!");
  return 0;                                   /* 没有找到通路,返回 0 */
}
```

需要说明的是,若迷宫中存在通路,该算法一定能够找到其中一条,但这条通路是不是捷径,则请读者自己分析。另外,算法中设置的这个堆栈最多可以保存 Maxmn 组信息,这是在不知道迷宫的实际情况时需要保存的最大可能的信息量。

该算法的运行时间和使用的堆栈大小都与迷宫的大小成正比,最好的情况下,时间和空间复杂度均为 $O(m+n)$,最差的情况为 $O(m \times n)$。

4.5 队列的概念及其操作

4.5.1 队列的定义

队列(queue),简称为队,是一种只允许在表的一端进行插入操作,而在表的另一端进行删除操作的线性表。允许进行插入的一端称为队尾,队尾元素的位置由一个变量(不妨用名为 rear 的变量)指出;允许删除的一端称为队头,队头元素的位置由另一个变量(不妨用名为 front 的变量)指出。没有元素的队列称为空队。

队列的插入操作有时也简称进队,删除操作简称为出队。队列的例子在日常生活中随处可见,任何一次排队的过程都形成一个队列,它反映了"先来先服务"的处理原则。如排队上汽车,食堂排队购饭菜,等等,新来的成员总是加入到队尾(相当于进队),每次离开队列的又总是队头上的成员(相当于出队),当最后一个人上车或者买了饭菜离队之后,队列为空。队列在计算机程序设计领域应用比较广泛。一个比较典型的应用就是操作系统中的作业排队,在允许多道程序运行的计算机系统中,同时有几个作业运行。如果运行的结果都需要通过通道输出,那就要按照请求输出的先后次序排队。每当通道传输完毕可以接受新的输出任务时,队头的作业先从队列中退出做输出操作。凡是申请输出的作业都从队尾进入队列。这就是说,元素进入队列或者退出队列是按照"先进先出(First In First Out,FIFO)"的原则进行的。因此,队列也称为**先进先出表**。

假设 $Q = (a_1, a_2, \cdots, a_{n-1}, a_n)$ 为一个队列结构,那么,队头元素为 a_1,队尾元素为 a_n,该队列的元素是按 $a_1, a_2, \cdots, a_{n-1}, a_n$ 的顺序依次进入队列的,元素退出该队列也只能按照这个次序进行,也就是说,只有在 $a_1, a_2, \cdots, a_{n-1}$ 都已经退出队列以后,元素 a_n 才能退出队列。

队列和堆栈一样,也是一个动态结构。

4.5.2　队列的基本操作

与堆栈类似,队列的基本操作可以归纳为以下几种。

① 初始化一个队列。

② 在队列的尾部插入一个新的元素,称之为进队或者入队。该操作将改变队尾指针的位置。

③ 删除队列的队头元素(也称为出队或者退队)。该操作将改变队头指针的位置。

④ 测试队列是否为空。当队列为空时,返回一个真值;否则,返回一个假值。这是一个在队列删除操作之前必须要进行的一个操作。

⑤ 测试队列是否已满。当队列已满时,返回一个真值;否则,返回一个假值。这个操作通常只是在队列采用顺序存储结构时,对队列做插入操作之前要进行的一个操作。

⑥ 取当前队头元素。该操作与第③个操作不同,后者要修改队头元素指针的位置,而本操作则不修改队头元素指针的位置。

4.6　队列的顺序存储结构

4.6.1　顺序队列的构造

在实际程序设计活动中,通常也是用数组来描述队列的顺序存储结构,不过,这要比堆栈的顺序存储结构稍微复杂一些,除了定义一维数组 QUEUE[0..M−1]来存放队列的元素以外,同时还需要设置两个整型变量 front 与 rear 以分别指出队头元素与队尾元素的位置。

采用顺序存储结构的队列简称顺序队列。

这里,为了算法设计上的方便以及算法本身的简单,约定:队头指针 front 指出实际队头元素所在位置的前一个位置,而队尾指针 rear 指出实际队尾元素所在的位置,如图 4.14 所示。

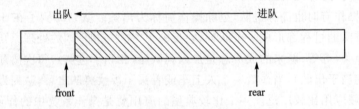

图 4.14　一个顺序队列的示例

队列的顺序存储结构类型可以描述如下。

```
#define M 1000                    /* 定义队列的最大容量 */
QElemType QUEUE[M];
int front,rear;
```

初始时,队列为空,有 front=rear=−1。非空队列随着删除操作的进行,队列有可能为空,而测试一个队列是否为空的条件是 front=rear。作为一个简单例子,某个队列的变化过程如图 4.15 所示。

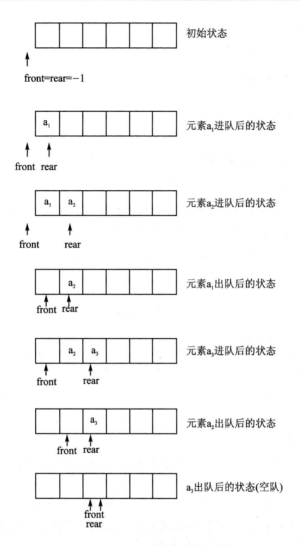

图 4.15　一个队列的变化过程

　　顺序队列也存在溢出问题,即当队列已满时做进队操作,这种现象称为上溢,而当队列为空时做删除操作,这种现象称为下溢,这些都是在进行不同操作时需要考虑的问题。

4.6.2　顺序队列的基本算法

下面给出顺序存储结构下队列最常用的几个操作的算法。

1. 初始化一个队列

初始化一个队列的算法如下。

```
void INITIALQ(int &front,int &rear)
{
    front = -1;
    rear = -1;
}
```

2. 测试队列是否为空

测试队列是否为空的算法如下。

```
int EMPTYQ(int front,int rear)
{
    return front == rear;
}
```

队列为空时,算法返回 1,否则返回 0。

3. 取当前队头元素

将当前队头元素取出送变量 item。该操作的前提是队列不空。若队列不空,算法返回 1,否则返回 0。前面已经提到,该操作不改变队头指针的位置。

```
int GETQ(QElemType QUEUE[],int front,int rear,QElemType &item)
{
    if(EMPTYQ(front,rear))
        return 0;                /* 队列为空,操作失败,返回 0 */
    else{
        item = QUEUE[front+1];   /* 取出队头元素 */
        return 1;                /* 队列非空,操作成功,返回 1 */
    }
}
```

4. 队列的插入（进队）

该算法在容量为 M 的队列中插入一个新的元素 item,队头元素与队尾元素的位置分别由 front 和 rear 指出。

新的元素进队之前首先测试上溢条件,若产生溢出,则算法返回 0,表示插入失败,算法结束;否则,先将队尾指针 rear 加 1,然后将新的元素 item 插入到修改以后的 rear 指出的新的队尾位置上,并且算法返回 1,表示本次插入成功。

```
int ADDQ(QElemType QUEUE[],int &rear,QElemType item)
{
    if(rear == M-1)
        return 0;                /* 队列已满,插入失败,返回 0 */
    else{
        QUEUE[++rear] = item;
        return 1;                /* 队列未满,插入成功,返回 1 */
    }
}
```

5. 队列的删除（出队）

该算法从队列中退出当前队头元素,并保存在变量 item 中。

删除队头元素之前应该首先测试队列是否为空队。若队列为空队,则算法返回 0,表示删除失败,算法结束;否则,若即将要删除的队头元素有保留的必要,则将其保留在 item 中,然后将队头指针加 1,并且算法返回 1,表示本次删除成功。应该说明,所谓删除,并不是把队头元素从原存储位置上物理地删除,只是将队头指针向队尾方向移动一个位置,这样,原来那个队头元素就被认为不再包含在队列中了。

```
int DELQ(QElemType QUEUE[],int &front,int rear,QElemType &item)
{
    if(EMPTYQ(front,rear))
        return 0;                    /* 队列为空,删除失败,返回 0 */
    else{
        item=QUEUE[++front];         /* 保存队头元素 */
        return 1;                    /* 队列非空,删除成功,返回 1 */
    }
}
```

正常情况下,上述 5 个算法的时间复杂度均为 O(1)。

4.6.3　循环队列

在队列的插入算法 ADDQ 中,当 QUEUE[0]~QUEUE[M-1]均被队列元素占用时,有 rear=M-1,导致若在此时进行插入操作就会报告产生溢出的信息。细心的读者从图 4.14 所示的过程中会发现,由于每次总是删除当前的队头元素,而插入操作又总在队尾进行,队列的动态变化犹如使队列向右整体移动。当队尾指针 rear=M-1 时,队列的前端可能还有许多由于此前进行了删除操作而产生的空的(可用的)位置,因此,把这种溢出称为假溢出。

解决假溢出问题的可能的做法之一是:每次删除队头的 1 个元素后,就把整个队列往前(往左)移动 1 个位置,其过程如图 4.16 所示。

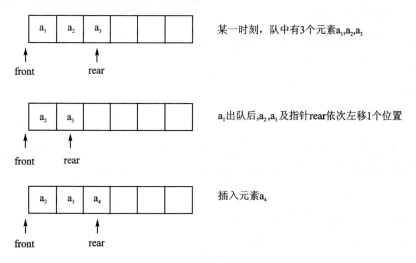

图 4.16　"假溢出"问题的一种解决方法

这样,队列的删除算法可以修改为下面的形式。

```
int DELQ(QElemType QUEUE[],int &rear,QElemType &item)
{
```

```
    if(rear == -1)
        return 0;                              /* 队列为空,删除失败,返回 0 */
    else{
        item = QUEUE[0];                       /* 保存队头元素 */
        for(I = 0;i<rear;i++)
            QUEUE[i] = QUEUE[i+1];
        return 1;                              /* 队列非空,删除成功,返回 1 */
    }
}
```

此时在该算法中队头指针似乎都用不着了,因为按照这种方法,队头元素的位置总是在队列的最前端。很显然,这个算法很不经济,效率极低。若队列中已有 1 000 个元素,某一次删除操作为了删除一个队头元素,竟要移动其他 999 个元素,可谓牵一发而动全身。从时间复杂度来分析,原来的算法是执行一些简单的语句,而此时出现了循环过程。为了节省存储空间而白白浪费大量的时间,这种处理方法似乎不足取。

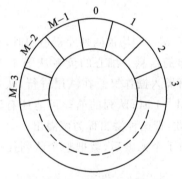

图 4.17　循环队列示意图

一个聪明的想法是,在初始化队列时令 front = rear = 0,并且把队列设想成头尾相连的循环表,使得空间得以重复使用,问题迎刃而解。这种队列通常称为**循环队列**,如图 4.17 所示。当然,这也会带来其他需要加以处理的问题。由于队列存储空间的上下界分别为 0 和 M−1,因此在算法中利用数学中的求模运算,会使循环队列的操作变得更加简单容易了。

在进行插入操作时,当队列的第 M 个位置(数组下标为 M−1)被占用以后,只要队列前面还有可用空间,新的元素加入队列时就可以从第 1 个位置(数组下标为 0)开始。

按照这个思路,插入算法中修改队尾指针的语句就可以写成

```
if(rear == M-1)
    rear = 0;
else
    rear++ ;
```

若修改后的队尾指针满足 rear = front,那么就真的要产生溢出了。上述语句若采用"求模"运算,则可以成为如下更简单的赋值语句的形式,效果完全相同。

rear = (rear+1) % M;

同样,在删除算法中也可以有

front = (front+1) % M;

下面是循环队列的插入和删除算法。

1. 循环队列的插入

算法如下。

```
int ADDCQ(QElemType QUEUE[],int front,int &rear,QElemType item)
```

```
    {
        if((rear+1)%M==front)
            return 0;                    /*  循环队列已满,插入失败,返回 0  */
        else{
            QUEUE[++rear%M]=item;
            return 1;                    /*  循环队列未满,插入成功,返回 1  */
        }
    }
```

2. 循环队列的删除

算法如下。

```
int DELCQ(QElemType QUEUE[],int &front,int rear,QElemType &item)
{
    if(front==rear)
        return 0;                    /*  循环队列为空,删除失败,返回 0  */
    else{
        front=(front+1)%M;
        item=QUEUE[front];
        return 1;                    /*  循环队列未空,删除成功,返回 1  */
    }
}
```

有趣的是,上述两个不同的算法中测试循环队列"满"和测试循环队列"空"的条件居然都是 front＝rear,这样会产生混乱吗？仔细分析就会发现,只有当 rear 加 1 以后从"后面"赶上来并等于 front 时才是循环队列"满"的情况,其余情况下的 front 等于 rear 均表示循环队列"空"。应该说明的还有一点,此时循环队列的"满",实际上还有一个空位置(仅一个),但借此能区别"上溢"与"下溢"。当然,循环队列并不一定是唯一的解决假溢出的方法。

从上面的讨论可知,C 语言中不能用动态分配的一维数组来实现循环队列。如果用户的应用程序中设有循环队列,则必须为它设定一个足够大的队列长度;如果用户无法预先估计所用队列的最大长度,则循环队列宜采用链式存储结构。

4.7　队列的链式存储结构

4.7.1　链接队列的构造

从对链式存储结构的讨论可以看到,对于在使用过程中数据元素变动较大,或者说,频繁地进行插入和删除操作的数据结构来说,采用链式存储结构要比采用顺序存储结构更合适,队列就属于这样一种数据结构。

所谓队列的链式存储结构是用一个线性链表来表示一个队列,队列中每一个元素对应链表中一个链结点,这样的队列简称链接队列。具体地说,把线性链表第 1 个链结点的指针定义为队头指针 front,在链表最后的链结点建立指针 rear 作为队尾指针,并且限定只能在链头进行删除操作,在链尾进行插入操作,这个线性链表就构成了一个链接队列,如图 4.18 所示。另一个与顺序存储结构队列的不同点是,队头指针与队尾指针都是指向实际队头元素与队尾元素所在的链结点,因此,4.6 节讨论顺序队列时对队头指针与队尾指针所作的约定在这里不再适用。

图 4.18　链接队列的一般形式

测试链接队列为空的条件是 front 为 NULL。事实上,在链接队列中插入一个新的元素就是在链表的表尾链结点后添加一个新链结点;而删除一个元素的操作就是删除链表的第 1 个链结点(这个操作在 2.3 节已经讨论过了)。也就是说,链接队列的操作就是线性链表的插入和删除操作的特殊情况,只需修改头指针或者尾指针。

链接队列的类型可以定义如下。

```
typedef struct node {
    QElemType data;
    struct node * link;
} QNode, * QLink;                    /* 定义一个链表队列类型 */
```

4.7.2　链接队列的基本算法

下面给出链接队列的几个常用操作的算法。

1. 初始链接队列

算法如下。

```
void INITIALQLINK(QLink &front, QLink &rear)
{
    front = rear = NULL;
}
```

2. 测试链接队列是否为空

算法如下。

```
int EMPTYQLINK(QLink front)
{
    return front == NULL;
}
```

3. 取当前队头元素

算法如下。

```
int GETLINKQ(QLink front, QElemType &item)
{
```

```
    /*  front 指向队头元素所在的链结点  */
    if(EMPTYQLINK(front))
        return 0;                      /*  队列为空,操作失败,返回 0  */
    item = front - >data;              /*  保存队头元素的数据信息  */
    return 1;                          /*  队列非空,操作成功,返回 1  */
}
```

4. 链接队列的插入

链接队列的插入相当于在链表的末尾插入一个新结点。该操作的示意如图 4.19 所示。算法如下。

```
#define LEN      sizeof(QNode)
int ADDLINKQ(QLink &front,QLink &rear,QElemType item)
{
    /*  front 和 rear 分别指向队头元素和队尾元素所在的链结点  */
    QLink p;
    if( !(p = (QLink)malloc(LEN)))     /*  申请一个链结点  */
        return 0;                      /*  插入失败,返回 0  */
    p - >data = item;                  /*  将 item 送新结点的数据域  */
    p - >link = NULL;                  /*  新结点的指针域置空  */
    if(front == NULL)                  /*  将 item 插入空队的情况  */
        front = p;
    else                               /*  将 item 插入非空队的情况  */
        rear - >link = p;              /*  将 p 送队尾结点的指针域  */
    rear = p;                          /*  修改队尾指针 rear 的指向  */
    return 1;                          /*  插入成功,返回 1  */
}
```

和链接堆栈一样,对链接队列做插入操作一般不会产生溢出,除非整个可用空间全部被利用。

图 4.19　向链接队列中插入一个元素

5. 链接队列的删除

链接队列的删除相当于删除链表的第一个节点,其操作示意如图 4.20 所示。算法如下。

```
int DELLINKQ(QLink &front,QElemType &item)
{
    /*  front 指向队头元素所在的链结点  */
    QLink p;
    if(EMPTYQLINK(front))
```

```
        return 0;                      /* 队列为空,删除失败,返回 0 */
    p = front;
    item = p->data;                    /* 保存队头元素的数据信息 */
    front = p->link;                   /* front 指向下一个结点 */
    free(p);                           /* 释放被删除头结点空间 */
    return 1;                          /* 队列非空,删除成功,返回 1 */
}
```

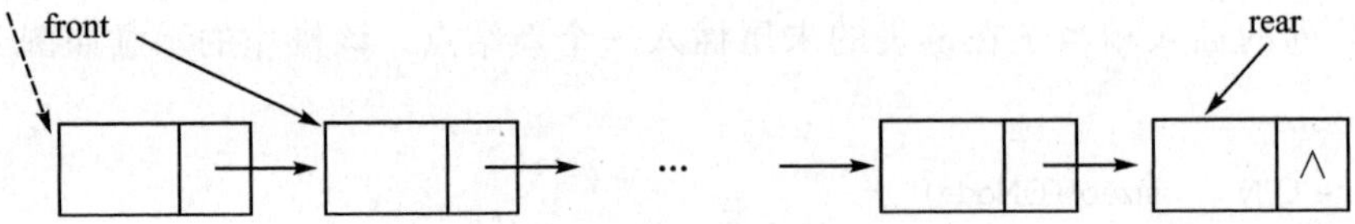

图 4.20 删除链接队列的队头元素

一般情况下,删除队头元素时只需修改头结点中的指针即可,但是,当队列中最后一个元素被删除后,队列为空,此时队尾指针也丢失了;因此,还需要对队尾指针重新赋值。

6. 链接队列的销毁

所谓链接队列的销毁是指将队列对应链表中的所有链结点(的空间)释放,使之成为一个空队。这个过程与删除并释放一个线性链表的所有链结点的过程(销毁一个线性链表)完全一样,只是在删除过程中没有另外定义临时变量,而是使用了队尾指针 rear 充当该角色。算法如下。

```
void DESLINKQ(QLink &front,QLink &rear)
{
    while(front){
        rear = front->link;
        free(front);
        front = rear;
    }
}
```

正常情况下,上述 6 个算法中的前 5 个算法的时间复杂度均为 O(1),算法 6 的时间复杂度为 O(n),其中,n 为当前队列的长度。

队列与堆栈一样,是计算机科学领域中比较简单,然而应用又十分广泛的一种基本数据结构,其应用主要体现在以下两个方面:其一是解决计算机的主机与外部设备之间速度不匹配的问题;其二是解决由于多用户引起的系统资源竞争的问题。

对于第一个方面,可以以主机与打印机之间速度不匹配的问题为例做一简要说明。主机输出数据给打印机进行打印,输出数据的速度比打印数据的速度要快得多,若直接把数据送给打印机打印,由于速度不匹配,显然行不通。为此,解决的方法是设置一个打印数据缓冲区,主机把要打印输出的数据依次写入到这个缓冲区(输出),写满后就暂停输出,转去做其他的事情;而打印机则从缓冲区中按照先进先出的原则依次取出数据并且打印。这样做既保证了打印数据的正确,又使主机提高了效率。由此可见,打印机数据缓冲区应该是一个队列结构。

对于第二个方面,可以简要说明如下。在一个带有多个终端的计算机系统中,当多个用户需要各自运行自己的程序时,就分别通过终端向操作系统提出占用 CPU 的请求;操作系统通常按照每个请求在时间上的先后顺序将它们排成一个队列,每次把 CPU 分配给队头请求的用户使用;当相应的程序运行结束或者用完规定的时间间隔以后,则令其退出队列,再把 CPU 分配给新的队头请求的用户使用。这样,既能够满足每个用户的请求,又能够使 CPU 正常运行。

在离散事件模拟方面,队列也是一个十分有用的结构。

除了堆栈和队列之外,还有一种限定性数据结构,称之为**双端队列**(Deque)。

双端队列是一个限定队列的插入和删除操作分别在表的两端进行的线性表。这两端分别称作端点 1 和端点 2(如图 4.21(a)所示)。我们可以用一段铁道转轨网络来形象描述双端队列,如图 4.21(b)所示。在实际应用中,还可以有输出受限的双端队列,即一个端点允许进行插入和删除操作,而另一个端点只允许进行插入操作。如果再限定双端队列从某个端点插入的元素只能从该端点删除,这样的双端队列就演变成了两个栈底相邻的堆栈了。

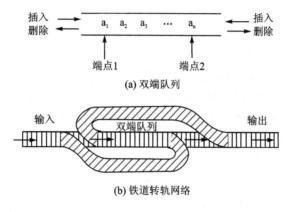

(a) 双端队列

(b) 铁道转轨网络

图 4.21　双端队列示意图

另外,还有一种队列称之为优先级队列。在这种队列中的每一个元素都带有一个优先级数,用来表示该元素的优先级别。在优先级队列中,优先级最高的元素必须处在队头位置,因此,每次向队列中插入元素时都要按照一定次序调整元素的位置,以确保优先级最高的元素处在队头位置。而每次从队列中删除元素(优先级最高的元素)时,也都要按照一定次序再调整当前所有元素的位置,确保将具有最高优先级的元素调整到队头位置。关于优先级队列的详细讨论,请读者参看本书后面列出的有关参考资料,这里不再赘述。

关于队列的应用将会在"操作系统"等后续专业课程的学习中详尽讨论,在本课程的后续章节里也会陆续看到不少关于队列应用的具体实例。

习　题

4-1　单项选择题

1. 堆栈和队列的共同之处在于它们具有相同的_____。

  A. 逻辑特性   B. 物理特性   C. 运算方法   D. 元素类型

2. 下列 4 种操作中,不是堆栈的基本操作的是_____。

  A. 删除栈顶元素   B. 删除栈底元素

C. 将堆栈置为空栈　　　　　　　　　　D. 判断堆栈是否为空

3. 若用 STACK[0..n−1]表示某堆栈采用顺序存储结构,则下列关于堆栈及堆栈操作的叙述中,正确的是_____。

　　A. 堆栈的大小为 n

　　B. 堆栈为空时 n=0

　　C. 最多只能进行 n 次进栈和出栈操作

　　D. n 个元素依次进栈后,它们的出栈顺序一定与进栈顺序相反

4. 下列关于队列的叙述中,错误的是_____。

　　A. 队列是一种插入和删除位置受到限制的特殊线性表

　　B. 做删除操作时要先判断队列是否为空,做插入操作时要先判断队列是否已满

　　C. 采用循环链表作为存储结构的队列称为循环队列

　　D. 通常情况下,循环队列比非循环的队列的空间使用率要高

5. 对于采用链式存储结构的队列,在进行删除操作时_____。

　　A. 只需修改队头指针　　　　　　　　B. 只需修改队尾指针

　　C. 队头指针和队尾指针都需要修改　　D. 队头指针和队尾指针都可能需要修改

6. 若队列采用顺序存储结构,元素的排列顺序_____。

　　A. 由元素进入队列的先后顺序决定　　B. 与元素值的大小有关

　　C. 与队头指针和队尾指针的取值有关　D. 与作为顺序存储结构的数组大小有关

7. "链接队列"这一概念涉及_____。

　　A. 数据的逻辑结构　　　　　　　　　B. 数据的存储结构

　　C. 数据的逻辑结构和存储结构　　　　D. 链表的种类

8. 下列 4 种形式的链表中,最适合作为队列的链表结构的是_____。

　　A. 单向链表　　　B. 单向循环链表　　C. 双向链表　　　　D. 双向循环链表

9. 若描述某循环队列的数组为 QUEUE[0..M−1],则当循环队列满时,队列中的元素个数为_____。

　　A. M−1　　　　　B. M　　　　　　　C. M+1　　　　　　D. M+2

10. 若某堆栈初始为空,符号 PUSH 与 POP 分别表示对堆栈进行一次进栈与出栈操作,那么,对于进栈序列 a,b,c,d,e,经过 PUSH,PUSH,POP,PUSH,POP,PUSH,PUSH 以后,得到的出栈序列是_____。

　　A. b,a　　　　　B. b,c　　　　　　C. b,d　　　　　　D. b,e

11. 若某堆栈初始为空,符号 PUSH 与 POP 分别表示对堆栈进行一次进栈操作与一次出栈操作,那么,对于输入序列 a,b,c,d,要得到输出序列 b,c,a,相应的操作序列是_____。

　　A. PUSH,PUSH,POP,POP,PUSH,POP

　　B. PUSH,PUSH,PUSH,POP,POP,POP

　　C. PUSH,PUSH,POP,PUSH,POP,POP

　　D. PUSH,POP,PUSH,PUSH,POP,POP

12. 若 5 个元素的出栈序列为 1,2,3,4,5,则进栈序列可能是_____。

　　A. 2,4,3,1,5　　　　　　　　　　　B. 2,3,1,5,4

　　　C. 3，1，4，2，5　　　　　　　　　　D. 3，1，2，5，4

13. 若 4 个元素 1,2,3,4 依次进栈,则不可能出现的出栈序列是_____。

　　　A. 1，2，3，4　　　B. 4，1，3，2　　　　C. 1，4，3，2　　　D. 4，3，2，1

14. 某队列初始为空,若它的输入序列为 a，b，c，d,它的输出序列应为_____。

　　　A. a，b，c，d　　　B. d，c，b，a　　　　C. a，c，b，d　　　D. d，a，c，b

15. 当 4 个元素的进栈序列给定以后,由这 4 个元素组成的可能的出栈序列应该有_____。

　　　A. 24 种　　　　　B. 17 种　　　　　　C. 16 种　　　　　D. 14 种

16. 设 n 个元素的进栈序列为 1，2，3，$\cdots$，n,出栈序列为 p_1，p_2，p_3，$\cdots$，p_n,若 p_1=n,则 p_i(1≤i<n)的值_____。

　　　A. 为 i　　　　　B. 为 n－i　　　　　C. 为 n－i+1　　　D. 有多种可能

17. 设 n 个元素的进栈序列为 p_1，p_2，p_3，$\cdots$，p_n,出栈序列为 1，2，3，$\cdots$，n,若 p_n=1,则 p_i(1≤i<n)的值_____。

　　　A. 为 i　　　　　B. 为 n－i　　　　　C. 为 n－i+1　　　D. 有多种可能

18. 若堆栈采用链式存储结构,栈顶指针为 top,向堆栈插入一个由 p 指向的新结点的过程是依次执行:_____。

　　　A. p->link=top; top=p;　　　　　　　B. top->link=p; top=p;

　　　C. p->link=top; p=top;　　　　　　　D. top=p;

19. 若非空堆栈采用链式存储结构,栈顶指针为 top,删除堆栈一个元素的过程是依次执行:p=top;,_____,free(p);。

　　　A. top=p;　　　　　　　　　　　　　B. top=p->link;

　　　C. p=top->link;　　　　　　　　　　D. p=p->link;

20. 若队列采用链式存储结构,队头元素指针与队尾元素指针分别为 front 和 rear,向队列中插入一个由 p 指向的新结点的过程是依次执行:_____。

　　　A. rear=p;　　　　　　　　　　　　　B. front=p; rear=p;

　　　C. rear->link=p; rear=p;　　　　　　D. front->link=p; rear=p;

21. 若非空队列采用链式存储结构,队头元素指针与队尾元素指针分别为 front 和 rear,删除队列的一个元素的过程是依次执行:_____。

　　　A. p=front; rear=p; free(p);

　　　B. p=front; rear=p->link; free(p);

　　　C. p=front; front=rear->link; free(p);

　　　D. p=front; front=p->link; free(p);

22. 在循环队列中,若 front 与 rear 分别表示队头元素和队尾元素的位置,则判断循环队列队空的条件是_____。

　　　A. front=rear+1　　　　　　　　　　B. rear=front+1

　　　C. front=rear　　　　　　　　　　　D. front=0

23. 在解决计算机主机与打印机之间速度不匹配问题时,通常设置一个打印数据缓冲区,主机将要输出的数据依次写入该缓冲区,而打印机则依次从该缓冲区中取出数据打印,该缓冲区应该是一个_____。

    A. 线性表结构   B. 数组结构   C. 堆栈结构   D. 队列结构

24. 通常情况下,设计一个递归问题的非递归算法需要用到_____。

    A. 线性表结构   B. 数组结构   C. 堆栈结构   D. 队列结构

25. 中缀表达式 A－(B+C/D)×E 的后缀形式是_____。

    A. ABC+D/×E－   B. ABCD/+E×－

    C. AB－C+D/E×   D. ABC－+D/E×

4－2　填空题

1. 从逻辑上说,线性表、堆栈和队列的逻辑结构都是_____结构。可以在线性表的_____位置插入和删除元素,但只能在堆栈的_____位置插入和删除元素,在队列的_____插入元素,在队列的_____删除元素。

2. 对某堆栈执行删除操作时,只有在_____的情况下,才会将栈底元素删除。

3. 实际应用中如果出现使用多个堆栈的情况时,堆栈最好采用_____存储结构。

4. 相比堆栈采用顺序存储结构,堆栈采用链式存储结构有一个明显的优点,就是_____。

5. 为了增加空间的利用率和减少溢出的可能性,在两个堆栈共享一片连续空间时通常将两个堆栈的栈底位置分别设置在这片空间的两端,当_____时才会产生上溢。

6. 在长度为 n 的非空堆栈中插入一个元素或者删除一个元素的操作的时间复杂度采用大O形式表示为_____。

7. 队列的主要特点是_____。

8. 若非空队列采用线性链表作为存储结构,则队头元素所在结点是链表的_____,而队尾元素所在结点是链表的_____。

9. 引入循环队列的目的是_____。

10. 在具有 n 个元素的非空队列中插入一个元素或者删除一个元素的操作的时间复杂度采用大O形式表示为_____。

4－3　简答题

1. 若 5 个元素 A,B,C,D,E 按此先后次序进入一个初始为空的堆栈,则在所有可能的出栈序列中,第一个元素为 C 且第二个元素为 D 的出栈序列有哪几个?

2. 设有编号 1,2,3,4 的 4 辆列车,顺序进入一个栈式结构的站台,这 4 辆列车开出车站的所有可能的顺序是哪些?

3. 若 n 个元素的进栈次序为 $1,2,\cdots,n$,则有多少种可能的输出序列?

4. 堆栈采用顺序存储结构的缺点是什么?

5. 若某堆栈采用顺序存储结构,元素 a_1, a_2, a_3, a_4, a_5, a_6 依次进栈,若 6 个元素的出栈顺序为 a_2, a_3, a_4, a_6, a_5, a_1,则堆栈的容量至少应该是多少个元素的空间?

6. 一般情况下,当一个算法中需要建立多个堆栈时可以选用下列三种处理方案之一。问:这三种方案各有什么优点和缺点?

    ① 多个堆栈共享一个连续的存储空间;

    ② 分别建立多个采用顺序存储结构的堆栈;

    ③ 分别建立多个采用链式存储结构的堆栈。

7. 在检查一个算术表达式中出现的圆括号是否配对时,一般可以设置一个什么结构来辅助进行判断?

8. 什么是递归算法？在计算机系统实现递归算法时，通常会用到什么数据结构？这样做可能会出现什么问题？

9. 递归深度与递归工作栈有何关系？

10. 在实际的应用中可能同时使用到多个队列，在这种情况下，应该如何组织队列结构？

4-4 算法题

1. 请利用一链接堆栈编写一非递归算法，对于给定的十进制整数 num，打印出对应的 r 进制整数（$2 \leqslant r \leqslant 9$）。

2. 已知 n 为大于等于零的整数，请写出利用堆栈计算下列递归函数 $f(n)$ 的非递归算法。

$$f(n) = \begin{cases} n+1 & n=0 \\ nf(\lfloor n/2 \rfloor) & n \neq 0 \end{cases}$$

3. 已知 Ackerman 函数的定义为

$$ACK(m, n) = \begin{cases} n+1 & m=0 \\ ACK(m-1, 1) & m \neq 0, n=0 \\ ACK(m-1, ACK(m, n-1)) & m \neq 0, n \neq 0 \end{cases}$$

① 写出相应的递归算法。

② 利用堆栈写出非递归算法。

③ 根据非递归算法，求出 $ACK(2, 1)$ 的值。

4. 已知求两个正整数 m 和 n 的最大公约数的过程可以表达为如下递归函数

$$gcd(m, n) = \begin{cases} gcd(n, m) & m < 0 \\ m & n=0 \\ gcd(n, m \text{ MOD } n) & \text{其他} \end{cases}$$

请写出求解该递归函数的非递归算法（m MOD n 表示求 m 除以 n 的余数）。

5. 设中缀表达式 E 存放于字符数组中，并以"@"作为结束标志。请写出判断一个中缀表达式 E 中左、右圆括号是否配对的算法。

6. 汉诺塔（Tower of Hanoi）问题是这样的：一个底盘上有 3 根竖着的柱子，初始时 A 柱上穿着 n 张盘片（见图 4.22），现要求将这 n 张盘片移到 C 柱上，并且要求任何时刻不得将大盘放在小盘之上，而且每一次只允许移动一张盘片。请写出实现这一过程的算法。

提示：将 n 张盘片由 A 柱依次移到 C 柱上，可以将 B 柱作为辅助过渡的柱子。当 n=1 时，可以直接完成；否则，利用 C 柱作为辅助柱子将 A 柱上面的 n-1 张盘片移到 B 柱上；然后移动第 n 张盘片（A 柱上最下面那张盘片），最后，利用 A 柱作为辅助柱子将 B 上的 n-1 张盘片再移到 C 柱上。

图 4.22 汉诺塔问题示意

7. 设某队列采用带头结点的循环链表作为存储结构，并且只设置了一个尾指针 rear 指向队尾结点。请分别写出向该队列插入一个新元素和删除该队列一个元素的算法。

第5章 广义表

顾名思义,广义表是线性表的一种推广,是广泛应用于人工智能等领域的一种重要的数据结构。广义表也称为列表,甚至就简称为表。

5.1 广义表的基本概念

已经知道,在一个线性表 $A = (a_1, a_2, a_3, \cdots, a_n)$ 中,每个数据元素 $a_i (1 \leqslant i \leqslant n)$ 只限于是结构上不可再分割的原子元素,而不能是其他情况,如果放宽这个限制,允许表中的元素既可以是原子元素,也可以是另外一个表,则称这样的表 A 为**广义表**,其中,A 为广义表的名字,n 为广义表的长度,称不是原子元素的那些元素为表元素或子表。

广义表的定义是递归的,因为在描述广义表时又用到了广义表自身的概念。与线性表一样,也可以用一个标识符来命名一个广义表。因此,一个广义表可以记作

$$LS = (a_1, a_2, a_3, \cdots, a_n)$$

其中,LS 为广义表的名字;a_i 为广义表中的元素。为了方便起见,不妨约定,表名用大写字母表示,原子元素用小写字母表示。

当广义表 LS 非空时,称第 1 个元素 a_1 为广义表 LS 的表头(head),称其余元素组成的表 $(a_2, a_3, \cdots, a_n)$ 为广义表 LS 的表尾(tail)。因此,任何一个非空广义表的表头元素可能是原子元素,也可能是表元素,但其表尾元素一定是广义表。

下面是一些广义表的例子。

① A=( )   A 是长度为 0 的空表。

② B=(e)   B 是一个长度为 1 且元素为原子元素的广义表。

③ C=(a,(b,c))   C 是一个长度为 2 的广义表。它的第 1 个元素为原子元素 a,第 2 个元素为子表(b,c)。

④ D=(A,B,C)   D 是一个长度为 3 的广义表,其 3 个元素均为子表,显然,若将各子表代入以后可得到 D=(( ),(e),(a,(b,c)))。

⑤ E=(a,E)   E 是一个长度为 2 的递归广义表,相当于一个无限的广义表 E=(a,(a,(a,…)))。

根据上述定义和例子可以知道广义表具有以下特性。

① 广义表是一种线性结构,其长度为最外层包含的元素个数。

② 广义表中的元素可以是子表,而子表的元素还可以是子表,因此,广义表是一种多层次结构。

③ 一个广义表可以为其他广义表所共享。例如,在 D=(A,B,C)中,A,B,C 就是 D 的子表。

④ 广义表可以是递归的。

有一点应该注意,上面的例子中 A=( )是一个无任何元素的空表,但是,F=(A)=(( ))

则不是空表,它有一个元素,只不过这个元素是个空表而已,因此,A 的长度为 0;而 F 的长度为 1。

所谓广义表的深度,是指广义表中所包含括号的重数,它是广义表的一种重要量度。前面的例子中,B 的深度为 1,C 的深度为 2,D 的深度为 3,等等。注意,空表的深度为 1。

与前面讨论过的线性表类似,广义表的主要操作有求表的长度、查找表中满足条件的元素、在表中指定位置进行插入或删除等。另外,求广义表的深度,取广义表的表头元素或者表尾元素也都是广义表重要的基本操作。由于广义表比线性表复杂,因此,广义表的有关操作的实现不如线性表简单。

5.2　广义表的存储结构

由于广义表中的元素可以是原子元素,也可以是表元素,因此,很难为每个广义表分配一片固定大小的存储空间,也就是说,难以采用顺序存储结构来表示广义表。常用的方法是模仿线性表的链式存储结构来存储一个广义表,即广义表中的每个元素都用一个链结点表示。为了区分某个链结点存储的是原子元素还是表元素,每个链结点中应该含有一个标志。因此,链结点由 3 个部分组成,其构造如图 5.1 所示。

flag	data/pointer	link

图 5.1　广义表的链结点构造

其中,flag 为标志位,令

$$\text{flag} = \begin{cases} 1 & \text{本链结点为表元素结点} \\ 0 & \text{本链结点为原子结点} \end{cases}$$

第 2 个域中存放的信息有两类,因此,用了两个域名(data 和 pointer)。当 flag 为 0 时,data 域存放相应原子元素的数据信息(当数据信息较多时,也可以存放该原子元素数据信息所存放的地址);当 flag 为 1 时,pointer 域存放相应子表第 1 个元素对应的链结点的地址。link 域存放与本元素同一层的下一个元素所在链结点的地址,当本元素为所在层的最后一个元素时,link 域中为 NULL。

对于 5.1 节中所列举的几个广义表例子,其存储结构的映像如图 5.2 所示。可以看到,这种存储方法的表头指针均指向一个表结点,表结点的 pointer 域指向广义表的第 1 个元素所在的链结点,而它的 link 域总是 NULL。

广义表的这种链表类型可以描述如下。

```
typedef struct node{
    int flag;                    /* 标志域 */
    union{
        datatype data;
        struct node * pointer;
    };                           /* 第 2 个域的定义 */
    struct node * link;
}BSNode, * BSLinkList;           /* 定义一个广义表链表类型 */
```

这种表示方法的一个特点是,同一层的元素通过 link 域链接。其主要不足是:当要删除表(或子表)中的某个元素时,需要遍历表中所有链结点以后才能进行;另外,有时设计递归算法也不方便。广义表的链式存储结构的形式很多,这里仅介绍了其中的一种,读者可以从其他有关资料中看到别的方法。

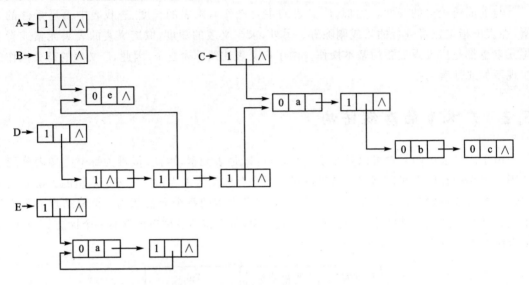

图 5.2 几个广义表的链表结构示例

下面给出几种最常见的有关广义表操作的算法。

1. 求广义表的长度

在广义表中,由于同一层元素所在的链结点通过 link 域链接为一个线性链表,因此,求广义表的长度实际上就是统计广义表中第 1 层元素对应的链结点的个数(不含头结点),这个过程与求一个线性链表长度的操作一样。为此,只要设置一个活动指针变量,并且让该变量首先指向头结点的下一个结点,然后沿着结点的 link 域遍历第 1 层的所有结点即可,在遍历过程中累计求得广义表的长度。算法如下。

```
int BSLISTLEN(BSLinkList list)
{
    BSLinkList p;
    int n = 0;
    p = list - >pointer;
    while(p! = NULL){
        n++ ;
        p = p - >link;              /* p指向下一个结点 */
    }
    return n;                       /* 返回广义表的长度 */
}
```

算法的空间复杂度为 O(1),时间复杂度为 O(n),n 为广义表的长度。

由于线性链表的结构是一种递归结构,即每个链结点的指针域均指向一个线性链表(可称之为该结点的后继链表),它所指向的结点为该后继链表的第 1 个结点,因此,求链表的长度也可以采用递归算法,即若链表非空,则其长度等于后继链表的长度加 1;若链表为空,则长度为 0。求广义表长度的递归算法如下。

```
int BSLISTLEN(BSLinkList list)
{
    if(list! = NULL)
        return BSLISTLEN(list->link)+1;    /* 若 list 指向的结点非空 */
    else
        return 0;                          /* 若 list 指向的结点为空 */
}
```

最初调用该算法时,先让 list 指向头结点的下一个结点,即指向头结点中 pointer 所指的结点。

2. 求广义表的深度

广义表中的元素可以是原子元素,也可以是表元素(子表),因此,对于具有 n 个元素的广义表 $(a_1, a_2, a_3, \cdots, a_n)$,求其深度的问题可以分解为 n 个子问题,每一个子问题为求 a_i 的深度:若 a_i 为原子元素,则其深度为 0;若 a_i 为表元素,则求解过程与上述过程一样,而整个广义表的深度为各个元素 $a_i (i=1, 2, \cdots, n)$ 的深度中的最大值加 1。空表的深度定义为 1。

求广义表深度的操作也是一个递归过程,可以比较容易地写出相应的递归算法。下面给出的是非递归算法,只是想再一次说明如何利用堆栈机制来设计这一类递归问题的非递归算法。

算法中的整型变量 depth 表示当前所求子表的深度;maxdep 记录着当前已求出的那些子表的最大深度值。另外,算法中设置了两个堆栈 STACK1[0..M−1] 与 STACK2[0..M−1],分别用来记录子表的起始位置和子表当前的深度值,两个堆栈共用一个栈顶指针 top,初始时 top=−1。这里,假设两个堆栈的空间足够大,这样做的目的只是想在算法中不考虑栈溢出问题。

算法如下。

```
#define M    1000                          /* 假设堆栈的大小为 1 000 */
int BSLISTDEPTH(BSLinkList list)
{
    /* list 存放广义表链表的首地址,算法返回广义表的深度 */
    BSLinkList STACK1[M],p;
    int STACK2[M],depth = 0,maxdep = 0,top = −1;
    p = list->pointer;                      /* p 指向广义表第 1 个元素所在的结点 */
    if(p! = NULL){
        do{
            while(p! = NULL){
                STACK1[++top] = p;
                STACK2[top] = depth;
                if(p->flag){
                    depth++;                /* 当前层次数加 1 */
```

```
                    p=p->pointer;              /* 移到下一层 */
                }
                else
                    p=NULL;
            }
            if(depth>maxdep)
                maxdep=depth;                  /* 记录当前已求得的最大层次数 */
            p=STACK1[top];
            depth=STACK2[top--];
            p=p->link;
        }while(p!=NULL || top!=-1);
    }
    return maxdep+1;                           /* 求得广义表的深度 */
}
```

上述算法的执行过程实质上是遍历一个广义表的过程。在遍历中逐步求得各子表深度的同时,记录当前已求得的最大深度,最后将最大深度加 1 便得到广义表的深度。

3. 复制广义表

该操作的目的是,对于已知的源广义表(由 lista 指出),产生一个与之完全等价的另外一个结果广义表。算法如下。

```
BSLinkList COPYBSLIST(BSLinkList lista)
{
    /* lista 存放源广义表链表的首地址,listb 为结果广义表链表的首地址 */
    BSLinkList listb=NULL;
    if(lista!=NULL){
        listb=(BSLinkList)malloc(sizeof(BSNode));
        listb->flag=lista->flag;
        if(lista->flag==0)
            listb->data=lista->data;
        else
            listb->pointer=COPYBSLIST(lista->pointer);
        listb->link=COPYBSLIST(lista->link);
    }
    return listb;
}
```

*5.3 多元多项式的表示

在第 2 章,作为线性表的应用举例曾经讨论过一元 n 阶多项式的线性链表表示方法,即一个一元 n 阶多项式可以用长度为 n 且每个数据元素有两个数据项(系数项和指数项)的线性表来表示。作为广义表的一个应用,本节讨论如何表示一个 m 元多项式。

一个 m 元多项式的每一项至多有 m 个变元。由于 m 元多项式每一项的变元数目不一定都相同,因此,用通常的线性表来表示 m 元多项式显然不合适。

例如,一个三元多项式

$$P(x,y,z) = x^{10}y^3z^2 + 2x^8y^3z^2 + 3x^8y^2z^2 + x^4y^4z + 6x^2y^4z + 2yz$$

其中,最后一项的变元数目少于前面几项的变元数目。

可以将上述多项式改变为以下等价的形式,即

$$P(x,y,z) = ((x^{10}+2x^8)y^3 + 3x^8y^2)z^2 + ((x^4+6x^2)y^4 + 2y)z$$

先来分析改变形式后的多项式 P(x,y,z)。这里,可以将 P 看成是一个关于变元 z 的一元多项式,即

$$P(z) = Az^2 + Bz$$

其中,系数 A 和 B 分别又是一个关于变元 x 和 y 的二元多项式,即

$$A(x,y) = (x^{10}+2x^8)y^3 + 3x^8y^2$$
$$B(x,y) = (x^4+6x^2)y^4 + 2y$$

然后再考察 A 与 B,又可以将它们分别看成是关于 y 的一元多项式,即

$$A(y) = Cy^3 + Dy^2$$
$$B(y) = Ey^4 + Fy$$

显然,系数 C,D,E 和 F 分别为关于 x 的一元多项式,即

$$C(x) = x^{10} + 2x^8$$
$$D(x) = 3x^8$$
$$E(x) = x^4 + 6x^2$$
$$F(x) = 2$$

于是,每一个多项式都可以看作是由一个变元加上若干系数指数偶对组成的。也就是说,任何一个 m 元多项式都可以按照上面的方法先分解出一个主变元(如上式中的 z),随后再分解出第 2 个变元(如上式中的 y)……这样,一个 m 元多项式可以看成是它的主变元的一元多项式,而其各项系数则又是关于第 2 个变元的一元多项式……,因此,采用广义表的存储方法存储一个 m 元多项式是比较合适的。每个链结点的构造如图 5.3 所示。

图 5.3 多元多项式的链结点构造

其中,coef 域表示 m 元多项式某一变元的系数。若该系数又是关于另一个变元的多项式,则 coef 用来指向表示另一个多项式的子表的第 1 个结点;否则,coef 域的内容就是一个具体的系数值。exp 域为指数域。link 域用来指向同层中下一个链结点。同时,为每一层设置一个头结点,头结点的构造同其他链结点,coef 域可以存放相应变元,而 exp 域可以什么信息也不存放。

为了表示出某结点的 coef 域中存放的是具体的系数值还是指针,特为每个结点设置了一个标志位 flag,并令

$$\text{flag} = \begin{cases} 0 & \text{coef 域为一具体系数值} \\ 1 & \text{coef 域为一指针} \end{cases}$$

对于上面给出的三元多项式 P(x,y,z),广义表的链表表示形式如图 5.4 所示(为了简洁,图中未标明标志位 flag)。

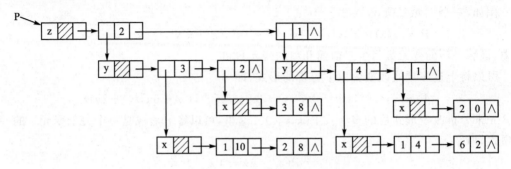

图 5.4　一个三元多项式的链表结构映像

习　题

5 - 1　单项选择题

1. 空的广义表是指广义表_____。

　　A. 不包含任何原子元素　　　　　　　　B. 不包含任何元素

　　C. 深度为 0　　　　　　　　　　　　　D. 尚未给元素赋值

2. 广义表中的元素分为_____。

　　A. 原子元素　　　　　　　　　　　　　B. 表元素

　　C. 原子元素和表元素　　　　　　　　　D. 任意元素

3. 广义表的长度是指_____。

　　A. 广义表中包含的元素的个数　　　　　B. 广义表中原子元素的个数

　　C. 广义表中表元素的个数　　　　　　　D. 广义表中括号嵌套的层数

4. 广义表的深度是指_____。

　　A. 广义表中包含的元素的个数　　　　　B. 广义表中包含的原子元素的个数

　　C. 广义表中包含的表元素的个数　　　　D. 广义表中括号嵌套的层数

5. 在一个长度为 n、包含 m 个原子元素的广义表中,_____。

　　A. m 和 n 相等　　　　　　　　　　　　B. m 不大于 n

　　C. m 与 n 无关　　　　　　　　　　　　D. m 不小于 n

6. 下列关于广义表的说法中,错误的是_____。

　　A. 广义表中元素可以是一个子表,因此,广义表可以是一个多层次结构

　　B. 广义表中的子表可以是自身,因此,广义表具有可递归性

　　C. 广义表的最大嵌套次数就是广义表的深度

　　D. 广义表的表头一定是一个广义表

7. 下列关于广义表的说法中,正确的是_____。

　　A. 广义表中的元素可以是原子元素,也可以是另外一个表(称为表元素)

　　B. 广义表中的深度就是广义表中包含的元素的个数

　　C. 广义表的的长度是广义表中表元素的个数

D. 广义表可以方便地采用顺序存储结构

8. 广义表(a，(b，c)，d，e)的表头是_____。

    A. a　　　　　　　　B. (a)　　　　　　　　C. a，(b，c)　　　　　　D. (a，(b，c))

9. 广义表 A＝(( )，(a)，(b，(c,d)))的长度为_____。

    A. 2　　　　　　　　B. 3　　　　　　　　C. 4　　　　　　　　D. 5

10. 广义表 A＝(( )，(a)，(b，(c,d)))的深度为_____。

    A. 2　　　　　　　　B. 3　　　　　　　　C. 4　　　　　　　　D. 5

5－2　简答题

1. 广义表是线性表吗？

2. 广义表中原子元素的深度、空表的深度以及非空表的深度是如何定义的？

3. 有人说，$m \times n$ 阶矩阵是一种广义表结构，你认为如何？ 请说明你的理由。

5－3　算法题

1. 试写出判断两个广义表是否具有相同结构的递归算法。

2. 编写一递归算法，计算一个给定的广义表中原子元素的个数。例如：广义表 LS＝(a，(b，(c,d))，(e,f))中原子元素的个数为 6。

3. 编写一递归算法，该算法将在广义表中查找数据信息为 item 的原子元素，若查找成功，则返回信息 1；否则，返回信息 0。

第6章 串

目前,计算机的大量应用主要是在解决非数值计算问题的领域,而这些问题所涉及的主要对象基本上是字符串数据。早期的程序设计语言中就已经引入了字符串的概念,只是在那个时候,字符串主要用做输入和输出的常量参数,以直接量的形式出现,并不参加运算。随着计算机技术的不断发展,字符串在文字编辑、词法扫描、符号处理等许多领域得到越来越广泛的应用,字符串已经作为一种数据类型出现在越来越多的程序设计语言中,字符串类型的变量如同整型、浮点类型的变量一样可以参加各种运算,并且建立了一组关于字符串操作的基本函数。

本章中,主要讨论字符串的基本概念以及字符串的存储结构,同时也讨论几种最基本的字符串处理的算法。字符串也称为符号串,或简称串。

6.1 串的基本概念

6.1.1 串的定义

串是由 n(n≥0)个字符组成的有限序列,通常记作

$$S = 'a_1 a_2 a_3 \cdots a_{n-1} a_n'$$

其中,S 为串名(也称串变量),一对单引号括起来的字符序列为串值;元素 $a_i (1 \leqslant i \leqslant n)$ 可以是字母、数字或者其他所允许的字符,串中字符的个数 n 称为串的长度,长度为 0 的串称为空串。

串的逻辑结构与线性表的逻辑结构相似,是一种特殊的线性表,其特殊性表现在串的数据对象为字符集合,并且每一个数据元素仅由一个字符组成。

下面是一些串的例子。

① ′123′

② ′FORTRAN_77′

③ ′x5′

④ ′DATA STRUCTURES′

⑤ ″

这几个字符串的长度分别为 3,10,2,15 和 0。为了直观,对于长度为 0 的空串,通常采用符号 Φ 表示。这里有两点还需要说明。

① 串值必须用一对单引号括起来(如同 C 语言中用一对双引号括起来一样),但单引号本身并不属于字符串(串值),只是为了避免串值与串名或者数的常量名相混淆而已。例如

$$X = '123'$$

它说明 X 为串名,其串值为 123。又例如

$$STRING = 'STRING'$$

等号左边的 STRING 为串名,而等号右边的 STRING 为串值。可以设想,对于等号右边的

STRING,如果不用一对单引号将其括起来,要把它区别于等号左边的 STRING 就比较麻烦。串名可以改变,但串值却不能随意改变。

② 要注意由一个或者多个空格字符组成的串与空串的区别。空串不包含任何字符,因而长度为 0;而前者是由空格(一个空格本身就是一个字符)组成的非空串(通常称之为空格串),长度是串中空格字符的个数。

6.1.2　串的几个概念

字符串中任意个位置连续的字符组成的子序列被称为该串的一个**子串**,称包含子串的串为**主串**。单个字符在字符串中的序号称为该字符在串中的**位置**,而子串在主串中的位置被定义为主串中第 1 次出现的该子串的第 1 个字符在主串中的位置。

例如,有如下两个字符串

$$S1 = 'BEIJING \& NANJING'$$
$$S2 = 'JING'$$

S2 是 S1 的一个子串,该子串在包含它的主串 S1 中的位置为 4。

所谓两个字符串相等的充分必要条件是参加比较的两个字符串的长度相等,并且对应位置上的字符都相同。S1 和 S2 是两个不相等的字符串。

6.2　串的基本操作

尽管字符串是一种特殊的线性表结构,对线性表的所有操作几乎也都适用于字符串;但是,串的操作与线性表的操作还是有较大的区别。在线性表的基本操作中,大多以"单个元素"作为操作对象,如在表中查找某个数据元素、在表中求某个数据元素的位置、在表中某个位置上插入或者删除一个数据元素等;而在串的操作中,通常以"串的整体"作为操作对象。因此,串的基本操作可以归纳如下。

1. 给串变量赋值 ASSIGN(S1,S2)

将由 S2 表示的串赋给串变量 S1。其中,S2 可以是另一个串变量,也可以是一个具体的串值,或者是经过适当操作以后得到的串值。

2. 测试一个串是否为空串 EMPTY(S)

若串 S 为空串,则返回真值;否则,返回一个假值。

3. 测试两个串是否相等 COMP(S1,S2)

若串 S1 与串 S2 相等,则返回真值;否则,返回一个假值。该操作类似于 C 语言的函数 strcmp(s1,s2),在 C 语言中,若 $s1 > s2$,则返回值大于 0;若 $s1 = s2$,则返回值等于 0;若 $s1 < s2$,则返回值小于 0。

4. 两串连接 CONCAT(S1,S2)

将串 S1 与串 S2 连接为一个新串,即把 S2 的值紧接着 S1 值的末尾组成一个新的字符串。该操作可以推广到多个串的连接。

例如,若

$$S1='BEIJING'$$
$$S2='\&SHANGHAI'$$

则 CONCAT(S1,S2)='BEIJING&SHANGHAI'。该操作等价于 C 语言的函数 strcat(s1,s2)。

5. 求串的长度 STRLEN(S)

统计出串中包含的字符个数,操作的结果返回一个大于等于 0 的整数值。该操作满足 STRLEN(CONCAT(S1,S2))=STRLEN(S1)+STRLEN(S2)。该操作等价于 C 语言的函数 strlen(s)。

6. 求子串 SUBSTR(S,i,k)

求串 S 中从第 i 个字符开始(包括第 i 个字符)的连续 k 个字符组成的子串。

7. 求子串在主串中的位置 INDEX(S1,S2)

若 S1 中出现与 S2 相等的子串,则返回结果是 S2 在 S1 中第 1 次出现的位置;否则返回信息 0。

例如,若

$$S1='BEIJING\_NANJING'$$
$$S2='JING'$$

则 INDEX(S1,S2)=4。该操作等价于 C 语言的函数 strstr(s1,s2)。

8. 串的替换 REPLACE(S,S1,S2)

用串 S2 替换串 S 中的子串 S1。

例如,若

$$S='BEIJING'$$
$$S1='BEI'$$
$$S2='NAN'$$

则 REPLACE(S,S1,S2)='NANJING'。

9. 串的复制 COPY(S1,S2)

已有字符串 S1,产生一个与 S1 完全相同的另一个字符串 S2。该操作等价于 C 语言的函数 strcpy(s2,s1)。

10. 串的插入 INSERT(S1,i,S2)

在字符串 S1 的第 i 个字符后面插入字符串 S2。

11. 串的删除 DELETE(S,i,k)

删除字符串 S 中从第 i 个字符开始(包括第 i 个字符)的、连续 k 个字符组成的子串。若要删除串中某一个字符,如要删除第 i 个字符,则只要令 k=1 即可。

在上述操作中,以下 5 种操作应该是串的最基本操作,这些操作不可能通过其他操作来实现,它们分别是串赋值操作 ASSIGN、串比较操作 COMP、求串长度操作 STRLEN、两串连接操作 CONCAT 和求子串操作 SUBSTR。不难想到,利用上述 11 种基本操作还可以组合成字符串的其他操作。

另外,在第 6 种和第 11 种操作中,显然应该满足条件 i+k−1≤STRLEN(S)才有意义,而第 10 种操作应满足条件 0≤i≤STRLEN(S)。

6.3 串的存储结构

在大多数非数值处理程序中,串是一种操作对象。与程序中出现的其他变量一样,可以给串一个变量名,操作时可以通过串变量名访问串值。为此,在一些程序设计语言中,通常将串定义为字符类型的数组,通过串名可以直接访问到串值。这种情况下,串值的存储分配是在编译阶段进行的,即所谓的静态存储分配。另一种情况就是串值的存储分配是在程序运行阶段才完成,通常建立一个串值与串名的对照表,称为串变量的存储映像,串值的访问通过串变量的存储映像进行。

线性表的顺序分配方式与链式分配方式对字符串也适用。但要注意的是,对串进行某种操作之前,要根据不同情况对字符串选择合适的存储结构。例如,对串进行插入和删除操作,采用顺序存储结构就不是很方便,而采用链式存储结构却比较合适;对于访问串中单个字符,采用链式存储结构不算很困难,但要访问一组连续的字符,采用顺序存储结构又要比采用链式存储结构更加方便。另外,串的存储结构与具体的计算机系统的编址方式也有着密切的关系。总之,在选择字符串的存储方式上需要综合考虑的因素比较多。下面简要介绍串的这两种存储结构。

6.3.1 串的顺序存储结构

与线性表的顺序存储结构相似,串的顺序存储结构就是用一组地址连续的存储单元依次存放串中的各个字符。不同的计算机系统对串的顺序存储结构可以具有不同的实现方式。

1. 紧缩方式

在计算机内部每个字符用 8 位二进制编码(如 ASCII 码)表示,正好占用存储器的一个字节;而 CPU 访问存储器时,通常以字为单位进行。一个字包含的字节数目称为字长,一个机器字包含多少个字节因机器而异。紧缩方式就是根据机器字的长度尽可能地将多个字符存放在一个字中。假设某机器一个字长为 4,那么,一个存储单元可以存放 4 个字符。例如,对于字符串

$$S='DATA\ STRUCTURE'$$

若采用紧缩方式,则存储映像如图 6.1(a)所示。

一般情况下,若一个字符存储单元可以存放 m 个字符,则长度为 n 的字符串占用 $\lceil n/m \rceil$ 个存储单元。如此例中,n=14,m=4,字符串 S 占用了 4 个存储单元。

2. 非紧缩方式

非紧缩方式是以存储单元为单位依次存放串中的各个字符,即使一个单元可以存放多个字符,这种方式也只存放一个字符。若采用这种方式,上述字符串 S 的存储映像如图 6.1(b)所示。

3. 单字节存储方式

紧缩方式与非紧缩方式是在机器采用字编址情况下采用的两种不同形式的分配方式。在以字节为编址单位的机器中,存储的单位是字节,而每个字符正好占用一个字节,这样自然形成了一个存储单元存放一个字符的分配方式,串中相邻的字符依次顺序地存放在相邻的两个字节中,如图 6.2 所示。

比较上述 3 种存储方式可知,紧缩方式节省存储空间,但诸如访问单个字符的操作不方

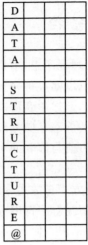

(a) 紧缩方式   (b) 非紧缩方式

图 6.1   串的顺序存储结构示例

D	A	T	A		S	T	R	U	C	T	U	R	E	@		

k   k+1 k+2   ⋯   k+14

图 6.2   串的单字节存储方式

便；相反，非紧缩方式访问单个字符或者一组连续的字符都比较方便，但存储空间开销较大；第 3 种方式综合了前两种方式的优点，因而比较适用。这 3 种方式的一个共同缺点是，插入一个字符或者删除一个字符的相应算法效率较低，因为都要移动其他字符的位置，这是顺序存储结构固有的一些缺陷所致。

上面的各种表示方式中，@（假设字符串中不会出现该字符）作为串的结束标志，与串值一起存放。类似于 C 语言中在每个字符串后面系统都自动使用 '\0' 作为串结束标志。因而 "@" 也不属于串值。

6.3.2 串的链式存储结构

串值的存储也可以采用链式存储结构，即采用一个不带头结点的线性链表来存储一个字符串。链结点的构造如图 6.3 所示。其中，data 域存放字符；link 域存放指向下一个链结点的指针。这样，一个字符串就可以利用一个线性链表来表示。在字符串的链表结构中常常涉及链结点的大小，即每个链结点的 data 域存放字符的个数。每个链结点可以仅存放一个字符，也可以存放多个

data	link

图 6.3   串的链结点构造

字符。通常情况下，链结点的大小为 4 或者 1。当链结点的大小为 4 时，由于串长不一定是 4 的倍数，因而字符串所占用的链结点中最后那个链结点的 data 域可能没有全部占满，这时，不足的位置上均补上不属于字符集中的特殊字符，如符号@。图 6.4 所示是结点大小为 4 和 1 时的两个链表。

串的链式存储结构类型可以描述如下。

```
#define MaxLen    256          /* 定义串的最大长度 */
typedef struct node{
      char ch[MaxLen];
      struct node * link;
} * StrLink;
```

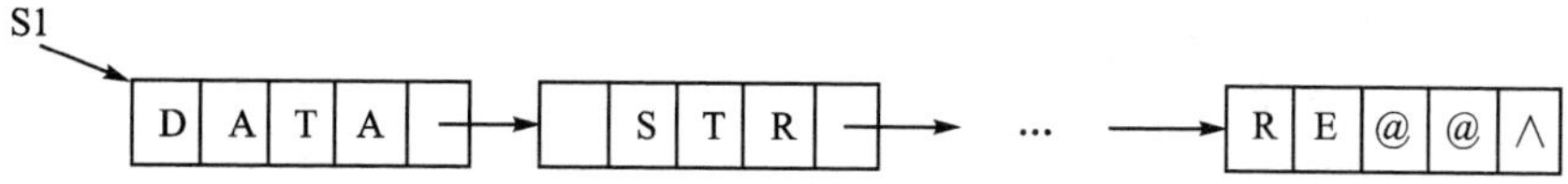

图 6.4 串的链式存储结构示例

(a) 结点大小为4

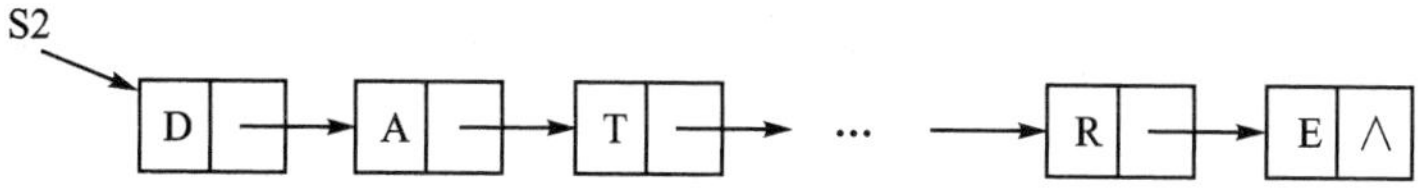

(b) 结点大小为1

对采用链式存储结构的字符串进行插入和删除以及字符串连接等操作比较方便,只要相应地修改链结点的指针域内容就可以实现。结点大小为 1 的链表,虽然存储空间开销稍大一些,但形式简单,更便于进行插入和删除操作。有时也可以在链表的最前面设置一个头结点,头结点的数据域中可以存放诸如字符串当前的长度等信息,甚至可以除了设置头结点外附设一个尾指针来展示链表的最后一个结点,这样可能会对串的操作带来更多的方便。

显然,字符串采用链式存储结构时,结点大小的选择十分重要,它直接影响到对串操作的效率。存储密度小(一个结点中包含的字符少),对串的操作比较方便,但占用的存储空间量大;存储密度大(一个结点中包含的字符多),存储空间占用量小,但可能带来操作不方便。例如,对于采用结点大小非 1 的链表作为存储结构的字符串,在进行串的插入或者删除操作时,可能会遇到需要分割结点的问题;在连接两个字符串的操作中,如果第一个串的最后那个结点没有填满,还需要添加其他字符。因此,在使用中,串的链式存储结构有时可能不如串的顺序存储结构灵活,不仅占用存储空间大,而且操作也相对复杂。有时候将串的链式存储结构和串的单字节存储方式结合起来使用可以获得比较好的效果。比如,在文本编辑系统中,可以把整个"正文"看成是一个字符串,把每一行看成一个子串,构成一个结点,即把同一行的串采用定长顺序结构(如 80 个字符),而行与行之间则通过指针链接。

6.4 串的几个操作

在串的应用中,由于需要的存储空间都比较大,多数情况下,串值的存储采用顺序存储结构。但是,作为线性链表的应用举例,这一节讨论的几个算法中多数采用了链式存储结构,并且假设链结点的大小均为1,这样做并非说明在进行有关字符串的操作时选择链式存储结构比选择顺序存储结构合适。下面介绍几个有关串的操作。

1. 串的比较

已知在字节编址方式的机器中,字符串 S1 与 S2 分别存放在字符型数组 S1[0..M1−1]

和 S2[0..M2－1]中(LEN(S1)≤M1,LEN(S2)≤M2),并且以"@"作为字符串的结束标志。下面是判断 S1 与 S2 是否相等的算法。若 S1 与 S2 相等,算法返回 1,否则返回 0。

```
int EQUAL(char S1[],char S2[])
{
    int i = 0;
    while(S1[i]! = '@' && S2[i]! = '@'){
        if(S1[i]! = S2[i])
            return 0;
        i++;
    }
    if(S1[i] == '@' && S2[i] == '@')
        return 1;
    return 0;
}
```

在上述算法中,"问题规模"为字符串 S1 的长度和字符串 S2 的长度中的较小值,即 min(STRLEN(S1),STRLEN(S2)),基本动作是字符"比较"操作。循环语句 while 的执行次数与 min(STRLEN(S1),STRLEN(S2))的值有关,因此,上述算法的时间复杂度为 O(min(STRLEN(S1),STRLEN(S2)))。

2. 串的插入

设字符串 S 与字符串 T 分别采用链结点大小为 1 的链式存储结构(不妨用 S 和 T 分别指向这两个链表)。算法的功能是在字符串 S 的第 i 个字符后面插入字符串 T,从而得到一个新的字符串 S。这里假定插入后得到的字符串所对应的链表仍然由变量 S 指出,并约定:当 i 为 0 时,将 T 插在 S 的最前面。

例如,对于图 6.5 所示的字符串 S 和 T,当在 S 的第 4 个字符后面插入 T 时,得到的新字符串如图 6.6 所示。

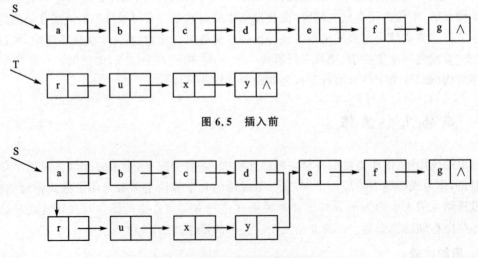

图 6.5　插入前

图 6.6　插入 T 后得到的新字符串

算法的核心思想是：设置一个活动指针 p，通过 p 设法找到 S 的第 i 个字符所在的链结点；然后在 S 的第 i 个链结点与第 i+1 个链结点处将 S 断开，把字符串 T 插入其中。若 i 为 0，则直接把 T 插在 S 的最前面。算法中，第 i 个链结点由 p 指出。若插入成功，则算法返回结果串 S；若插入失败，则算法返回 NULL。

具体算法如下。

```
StrLink INSERTS(StrLink S,StrLink T,int i)
{
    StrLink p,r;
    int j;
    if(T! = NULL){                    /* 若 T 为非空串 */
        if(S == NULL){
            S = T;
            return S;
        }
        p = S;
        for(j = 1;j<i;j++){            /* 寻找 S 的第 i 个链结点 */
            p = p->link;
            if(p == NULL)
                return NULL;          /* i 超过 S 的长度 */
        }
        r = T;
        while(r->link! = NULL)         /* 寻找 T 的最后那个链结点 */
            r = r->link;
        if(i == 0){                    /* 将 T 插在 S 的最前面 */
            r->link = S;
            S = T;
        }
        else{
            r->link = p->link;
            p->link = T;               /* 将 T 插在 S 的第 i 个链结点之后 */
        }
        return S;                      /* 返回结果字符串 */
    }
}
```

在上述算法中，"问题规模"为字符串 S 的长度和字符串 T 的长度之和，即 STRLEN(S)+STRLEN(T)，基本动作包括两个部分，其一是在 S 中确定插入点以及确定 T 的末尾字符的位置，另一部分是将串 T 插入 S 中。前者的时间复杂度为 O(STRLEN(S)+STRLEN(T))，后者的时间复杂度为 O(1)。因此，算法总的时间复杂度为 O(STRLEN(S)+STRLEN(T))。

3. 串的模式匹配

串的**模式匹配**也称子串定位。设 S 与 PAT 分别为两个字符串，串的模式匹配就是以 PAT 为模式，查看字符串 S 中有无 PAT 这样的子串。若 S 中存在这样的子串，则给出其在 S

中首次出现的位置;否则给出 0。

算法中设置两个活动指针 p 和 q,初始时,它们分别指向 S 与 PAT 的第 1 个字符所在的链结点。当 p≠NULL 并且 q≠NULL 时,反复移动 p 与 q 的位置指向,同时比较它们所指的字符是否相同。若不相同,则将 q 恢复为指向 PAT 的第 1 个字符,并且把 p 修改为指向 S 的下一个字符(一个新的比较起始点),然后重复上述过程。当 q=NULL 时,说明在 S 中已找到了与 PAT 匹配的子串。若 p=NULL,但 q≠NULL,说明 S 中不存在与 PAT 匹配的子串。

具体算法如下。

```
int INDEX1(StrLink S,StrLink PAT)
{
    StrLink p,q,save;
    int i=0;
    if(PAT == NULL||S == NULL)
        return 0;
    p=S;
    do{
        save=p->link;                    /* 保留 S 中下一次匹配的起始位置 */
        q=PAT;
        while(q! = NULL && p! = NULL && p->data == q->data){
            p=p->link;
            q=q->link;                   /* 将匹配位置移到下一个字符 */
        }
        i++;
        if(q == NULL)
            return i;                    /* 匹配成功 返回位置 i */
        p=save;
    }while(p! = NULL);
    return 0;                            /* 匹配失败 返回信息 0 */
}
```

这个算法浅显易懂,几乎是一种凭直觉设计出来的算法。但是,稍作思考就能够想到,这个方法的效率不会很高,可以举一个例子说明其中的原因。

例如,若有

$$S = '\underbrace{aaa\cdots aaa}_{m个a}', \quad PAT = '\underbrace{aaaa\cdots ab}_{(n-1)个a}'$$

其中,STRLEN(S)=m,STRLEN(PAT)=n,不妨设 m≪n。则上述算法先从 S 的第 1 个字符开始依次与 PAT 进行比较,比较了 $n-1$ 个 a 以后,在比较第 n 个字符时才发现不相同;然后又从 S 的第 2 个字符开始依次与 PAT 进行比较,又比较了 $n-1$ 次后,到第 n 个字符时才又发现不相同;如此下去,一共比较了 $m \times n - n(n-1)/2$ 次才得到结论,即 S 中没有与 PAT 匹配的子串。另外,在比较过程进行到稍后的阶段,即当 S 中剩下的尚未比较过的字符序列的长度已经小于 PAT 的长度时,算法依然要进行下去,直到指向 S 的活动指针 p=NULL 时才终止循环。显然,后面做的工作是多余的。

一个改进的方法是,先测试 PAT 最后那个字符与 S 中相对应位置的字符是否相同,若不相同,则比较 PAT 的末尾字符和 S 的下一个对应字符,直到相同;然后再从 PAT 的第 1 个字符开始与 S 中对应位置的字符比较。当 PAT 的每一个字符与 S 中一个连续的字符序列对应相同时,则匹配成功。

图 6.7 显示了这一比较过程(先比较指针 q 和指针 t 所指的字符,若它们相同,才逐个比较活动指针 p 和 r 所指的字符)。

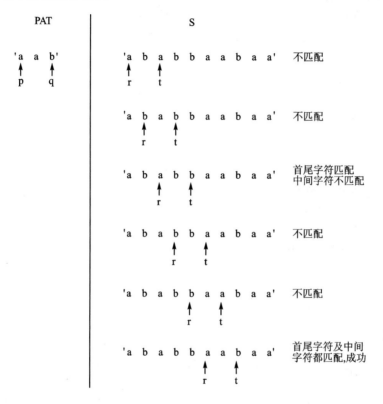

图 6.7　字符串的模式匹配过程(改进后的情况)

活动指针 p 及 q 初始时指向 PAT 的第 1 个字符,然后经过移动,把 q 移到 PAT 的最后那个字符处。指针 r 初始时指向 S 的第 1 个字符,然后根据 PAT 的长度(长度统计在变量 n 中)将指针 t 移到 S 的第 n 个字符处,接着进行上述的比较过程。

算法如下。

```
int INDEX2(StrLink S,StrLink PAT)
{
    StrLink p,q,r,t,save;
    int n,k,i = 0;
    if (PAT == NULL || S == NULL)
        return 0;
    q = PAT;
    n = 1;
    while(q - >link! = NULL){
```

```
        q = q - >link;
        n++;
    }                              /* 将 q 指向 PAT 的最后字符,并统计 PAT 的长度 */
    t = S;
    save = S;                      /* 保留下一次重新比较的起始位置 */
    for(k = 1;k< = n - 1;k++)
        t = t - >link;            /* 将 t 移到 S 的第 n 个字符处 */
    while(t! = NULL){
        p = PAT;
        r = save;
        i++;
        if(q - >data == t - >data){
            while(p! = q && p - >data == r - >data){
                p = p - >link;
                r = r - >link;
            }
            if(p == q && p - >data == r - >data)
                return i;          /* 匹配成功 返回位置 i */
        }
        save = save - >link;
        t = t - >link;
    }
    return 0;                      /* 匹配失败 返回信息 0 */
}
```

仔细分析上面的算法不难知道,该算法的时间复杂度为 O(m),其中,m = STRLEN(S),这要比前一个算法的 O(m×n)效率高多了。当然,最坏的情况下,算法 INDEX2 的时间复杂度仍然是 O(m×n)。

习　题

6 - 1　简答题

1. 字符串属于线性结构吗?

2. 空串与空格串的区别是什么?

3. 两个字符串相等的充分必要条件是什么?

4. 一个长度为 n(n>0)的字符串有多少个子串?

6 - 2　算法题

1. 已知长度为 n 的字符串 S[0..n−1],请写一算法,判断 S 是否是回文字符串。若是回文字符串,算法返回 1,否则,返回 0。所谓回文字符串是指从前向后读与从后向前读都一样的字符串。

2. 已知长度为 n 的字符串 S[0..n−1],请写一算法,统计该字符串中各个不同字符在串中出现的频度。

3. 已知字符串采用链结点大小为 1 链表作为存储结构,指针 S 指向第一个字符。请写出求该串长度的算法。

4. 已知字符串 S 与 T 分别采用链结点大小为 1 链表作为存储结构,指针 S 和 T 分别指向两个字符串的第 1 个字符。请写出判断两个字符串是否相等的算法。若相等,算法返回 1;否则,返回 0。

5. 已知字符串 S 与 T 分别采用链结点大小为 1 链表作为存储结构,指针 S 和 T 分别指向两个字符串的第 1 个字符。请写一算法,将字符串 T 连接在字符串的后面,形成一个新的字符串 S。

6. 设字符串 S 采用结点大小为 1 的链表作为存储结构,设第 1 个字符的指针为 S。请写出删除 S 中从第 i 个字符(包括第 i 个字符)开始的连续 k 个字符组成的子串的算法。

第7章　树与二叉树

前面几章讨论的几种数据结构都属于线性结构,而实际应用中的许多问题若采用非线性结构来描述会显得更加明确与方便。所谓非线性结构是指,在该类结构中至少存在一个数据元素可以有两个或者两个以上的直接前驱(或者直接后继)元素。树形结构就是其中一类十分重要的非线性结构,它可以用来描述客观世界中广泛存在的、呈现层次结构的关系。如人类社会的家族族谱以及各种社会组织机构的领导与被领导关系都可以用树形结构形象地表示。在一些领域,人们可以采用树形结构进行电路分析或表示数学公式的结构。在计算机领域,树形结构的例子更是举不胜举。操作系统中的文件管理以及网络系统中的域名管理都采用了树形结构。在编译技术中,任何一个在语法上正确的句子都可以根据语言的文法表示成一棵语法树,通过语法树,将句子分解为各个组成部分,并以此来描述句子的语法结构。在面向对象的技术中,类可以分为子类和父类,类与类之间可以形成树形结构。在数据库系统中,树形结构也是信息的重要组织形式之一。

直观地看,树形结构是以分支关系定义的一种层次结构。由于二叉树是最简单、最基本的树形结构,在这一章里,除了重点讨论树形结构的基本概念之外,将用较大的篇幅讨论二叉树的有关概念、存储结构以及在各种存储结构上对二叉树所实施的一些操作。

为了表达或者描述上的方便,通常称树形结构中的一个数据元素为一个**结点**,结点之间的关系为**分支**。树中一个结点包含了一个数据元素以及若干指向其子树的分支。

7.1　树的基本概念

7.1.1　树的定义

树(tree)是由 $n(n \geq 0)$ 个结点组成的有穷集合(不妨用符号 D 来表示这个集合)与在 D 上关系的集合 R 构成的结构,记为 T。当 $n=0$ 时,称 T 为空树。对于任何一棵非空树,有一个特殊结点 $t \in D$,称之为 T 的根结点;其余结点 $D-\{t\}$ 被分割成 $m(m>0)$ 个不相交的子集 D_1,D_2,…,D_m,其中每一个这样的子集 $D_i(i \leq m)$ 本身又构成一棵树,称之为根结点 t 的子树。

树的定义是一个递归定义,即在树的定义中又用到了树的概念,因为它的任何一棵子树也是树。

图 7.1 所示是一棵具有 14 个结点的树,其中,$D=\{A,B,C,X,E,F,G,H,I,J,K,L,M,N\}$,$R=\{\langle A,B\rangle,\langle A,C\rangle,\langle A,X\rangle,\langle B,E\rangle,\langle B,F\rangle,\langle B,G\rangle,\langle C,H\rangle,\langle C,I\rangle,\langle X,J\rangle,\langle E,K\rangle,\langle E,L\rangle,\langle I,M\rangle,\langle I,N\rangle\}$。在这棵树中,数据信息为 A 的结点是树 T 的根结点,其余结点 $D-\{A\}$ 被分割成 3 个不相交的子集 $D_1=\{B,E,F,G,K,L\}$,$D_2=\{C,H,I,M,N\}$,$D_3=\{X,J\}$。D_1,D_2,D_3 都是根结点 A 的子树上的结点。子树 D_1 的根结点为 B;其余的结点 $D_1-\{B\}$ 又被分割成 3 个不相交的子集 $D_{11}=\{E,K,L\}$,$D_{12}=\{F\}$,$D_{13}=\{G\}$,它们分别都是 B 的子树上的结点。D_{11} 的

根结点为 E,并且根结点 E 又有两棵子树;D_{12},D_{13}的根结点分别为 F 与 G,它们没有子树。 如此类推。

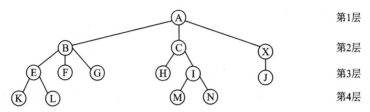

第1层
第2层
第3层
第4层

图 7.1 一棵树的示例

在一棵树中,一个结点被定义为其子树根结点的直接前驱结点,而其子树的根结点则是它的直接后继结点。 于是,从逻辑上看,树形结构具有以下特点。

① 任何非空树中有且仅有一个结点没有前驱结点,这个结点就是树的根结点。

② 除根结点之外,其余所有结点有且仅有一个直接前驱结点。

③ 包括根结点在内,每个结点可以有多个直接后继结点。

④ 树形结构是一种具有递归特征的数据结构。

因此,树形结构中的数据元素之间存在的关系通常是一对多,或者多对一的关系。

如前面所提到的,树形结构的例子广泛存在于现实生活中。 例如,可以把人类的家庭关系表示成一棵树,树中的结点可以为该家庭中成员的姓名以及相关信息,树中上下两层结点之间的关系称为父子关系,即父亲结点是其孩子结点的直接前驱结点,孩子结点则是其父亲结点的直接后继结点。 图 7.2(a)表示了一棵家庭树,可以看到,张二和有两个儿子张万胜和张万利,其中,张万胜又有 3 个儿子张建国、张建民和张建华。

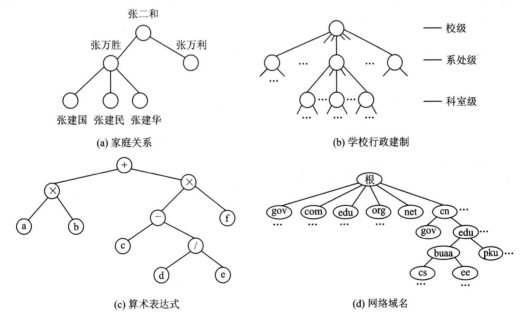

(a) 家庭关系

(b) 学校行政建制

(c) 算术表达式

(d) 网络域名

图 7.2 树的例子

又如,可以把一个企事业单位中的行政关系表示成一个树形结构,树中每个结点为该单位某一个部门的名称以及相关信息。 显然,结点之间的关系反映了各部门之间的领导与被领导的关系。图 7.2(b)表示了某个学校的行政建制。

另外,还可以把一个算术表达式表示成一棵树。以运算符作为根结点,参与运算的两个运算对象分别作为根结点的左子树与右子树。图 7.2(c)所示的树表示的算术表达式为 a×b+(c−d/e)×f。

在计算机领域,磁盘上信息组织的目录结构也是一种树形结构。例如,包括 UNIX 和 DOS 在内的许多常用操作系统中的目录结构都是一种树形结构,树中结点为文件名或者含有子目录名或文件名的目录名。在计算机网络系统中,域名管理也是按照树形结构进行的。从图 7.2(d)中可以看到域名之间所具有的层次关系。

7.1.2 树的逻辑表示方法

在不同的领域可以采用不同的方式表示树形结构。树的逻辑表示方法多种多样,但不管采用哪种表示方法,都应该能够正确表达出树中数据元素之间的层次关系,甚至还要反映子树之间的某种次序关系。下面介绍几种常见的逻辑表示方法。

1. 树形表示法

之所以称之为树形表示法,是因为它借助了自然界中一棵倒置的树(将根结点在上,树叶在下)的形状来表示数据元素之间的逻辑关系。具体地说,分别用一个圆圈表示一个结点,圆圈内的字母或者符号表示该结点的数据信息,结点之间的关系通过连线(直线)表示。尽管形式上每条连线不带有箭头(方向),但它仍然是有向的,隐含着自上而下的方向性,即连线上方的结点为连线下方结点的直接前驱结点,连线下方的结点为连线上方结点的直接后继结点。如图 7.1 所示的一棵树就采用了树形表示。这种表示方法目前使用最为普遍,因为它形象而且直观,本书中都采用这种方法表示树形结构。

2. 文氏图表示法

文氏图表示法也称集合图表示法。以图 7.1 所示的树为例,其文氏图表示如图 7.3(a)所示。

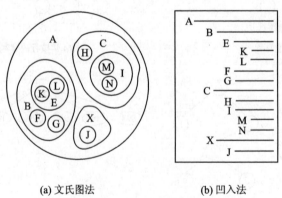

(a) 文氏图法　　　　(b) 凹入法

A(B(E,(K,L),F,G),C(H,I(M,N)),X(J))

(c) 嵌套括号法

图 7.3　树的几种逻辑表示方法

3. 凹入表示法

图 7.1 所示的树若采用凹入表示法,则如图 7.3(b)所示。

4. 嵌套括号表示法

嵌套括号表示法也称广义表表示法。广义表中的一个字母代表一个结点的数据信息,每个根结点作为由子树构成的表的名字放在广义表的前面,每个结点的子树与子树之间用逗号分开。如图 7.3(c)所示。

7.1.3　基本术语

为了叙述方便,在表达树形结构中结点之间关系的时候常常借助人类家庭关系中的称谓。例如,把某个结点子树的根结点称为该结点的孩子结点(child),而该结点就是其孩子结点的双亲结点(parent)。于是,具有同一双亲的各结点之间称之为兄弟结点(brother)。双亲结点在同一层的结点称为堂兄弟结点(brother-in-law)。以某结点为根结点的子树中的任一结点都被称为该结点的子孙结点,而某结点的祖先结点则被定义为从树的根结点到该结点的分支上经过的所有结点。因此,树的根结点没有祖先结点。在图 7.1 所示的树中,结点 B,C,X 是结点 A 的孩子;结点 E,F,G 是结点 B 的孩子;结点 A 是 B,C,X 的双亲;B,C,X 之间为兄弟结点关系;E,E,G,H,I,J 为堂兄弟结点;H,I,M,N 为结点 C 的子孙结点;结点 N 的祖先结点有 A,C,I。

1. 结点的度

结点拥有的子树数目称为该结点的度。例如,在图 7.1 所示的树中,结点 A 的度为 3,结点 C 的度为 2,结点 X 的度为 1。

2. 树的度

树中各结点度的最大值被定义为该树的度(不是指对结点的度求和)。图 7.1 所示树的度为 3,因为树中数据信息为 B 的结点的度为 3,不存在其他度超过 3 的结点。

3. 叶子结点

度为 0 的结点称为叶子结点或者终端结点,简称叶结点。图 7.1 所示的树中,结点 K,L,F,G,H,M,N,J 分别都是叶子结点。叶结点没有子孙结点。

4. 分支结点

度不为 0 的结点称为分支结点或者非终端结点。在图 7.1 所示的树中,除叶结点外的结点都是分支结点。有的书上把除根结点之外的分支结点称为内部结点。

5. 结点的层次

从根结点所在层开始,根结点为第 1 层,根结点的孩子结点为第 2 层……,若某结点在第 i 层,则其孩子结点(若存在的话)在第 i+1 层。如图 7.1 所示。

6. 树的深度

树中结点的最大层次数被定义为该树的深度或者高度。图 7.1 所示的是一棵深度为 4 的树,因为它最多具有 4 层。

7. 有序树

若树中结点子树的相对次序不能随意变换,或者说改变前后的树表示的不是同一个对象,则称该树为有序树。例如,从左至右,根结点最左边的那棵子树为第 1 棵子树,其次为第 2 棵子树,第 3 棵子树……否则,该树为无序树。例如,图 7.4 中所给出的两棵树 T_1 和 T_2,根据无序树的概念,它们是同一棵树,而按照有序树的概念,它们表示两棵不同的树。由于任何无序树都可以当作任一次序的有序树来处理,在后面的内容中,将着重讨论有序树,极少关心无序树,无序树总可能转化为有序树加以研究。

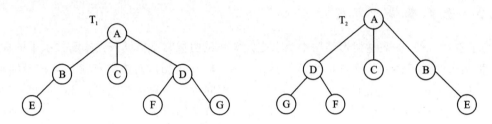

图 7.4 有序树与无序树的例子

8. 森 林

m(m≥0)棵不相交的树的集合被称为森林或树林。对树中每个分支结点来说,其子树的集合就是一个森林。

因此,也可以采用森林和树相互递归的定义方式来描述树。

就逻辑结构而言,任何一棵树都可以表示为一个二元组 Tree=(t, F),其中,t 是数据元素,称之为树的根结点;F 是 m(m≥0)棵组成的树的森林,F=(T_1, T_2, …, T_m),其中,T_i=(r_i, F_i)称为根 t 的第 i 棵子树;当 m≠0 时,在树根和它的子树森林之间存在如下关系

$$RF = \{<t, r_i> \mid i=1, 2, …, m, m>0\}$$

后面将会看到,这个定义将有助于得到森林和树与二叉树之间转换的递归定义。

7.1.4 树的性质

性质一 非空树的结点总数等于树中所有结点的度之和加 1。

证明:

根据树的定义,在一棵树中,除根结点以外,每个结点有且仅有一个双亲结点,即每个结点与指向它的一个分支结点一一对应,因而除了树的根结点之外的结点数就等于树中所有结点的分支数(度数),由此可知树中的结点总数应为所有结点的度之和加 1。

性质二 度为 k 的非空树的第 i 层最多有 k^{i-1} 个结点(i≥1)。

用数学归纳法证明:

当 i=1 时,结论显然正确,因为树中的第 1 层只能有一个结点,即树的根结点。

假设对于第 i−1 层(i>1)命题也成立,即度为 k 的树的第 i−1 层最多有 k^{i-2} 个结点。由树的度的定义可知,度为 k 的树中每个结点最多有 k 个孩子结点,因此,第 i 层上结点总数最多为第 i−1 层上结点数的 k 倍,即最多有 $k \times k^{i-2} = k^{i-1}$ 个结点,与命题相符合,故性质二成立。

性质三 深度为 h 的 k 叉树最多有 $\dfrac{k^h-1}{k-1}$ 个结点。

证明：

显然，只有当深度为 h 的 k 叉树的每一层都达到该层最大结点总数时，该树的结点总数才达到最大，因此，有

$$\sum_{i=1}^{h} k^{i-1} = k^0 + k^1 + k^2 + \cdots + k^{h-1} = \frac{k^h - 1}{k - 1}$$

结论正确。

一棵 k 叉树的结点总数为 $(k^h-1)/(k-1)$ 时，称该树为满 k 叉树。例如，一棵深度为 5 的满二叉树的结点总数为 $2^5-1=31$；而一棵深度为 5 的满三叉树的结点总数为 $(3^5-1)/2=121$。

性质四　具有 n 个结点的 k 叉树的最小深度为 $\lceil \log_k(n(k-1)+1) \rceil$。

证明：

设具有 n 个结点的 k 叉树的深度为 h，若该树的前 h-1 层都是满的，即每一层的结点数都为 k^{i-1} 个 $(1 \leqslant i \leqslant h-1)$，第 h 层（最后一层）的结点数可能满，也可能不满，则该树具有最小的深度，其深度 h 可计算如下。

根据性质三可得

$$\frac{k^{h-1} - 1}{k - 1} < n \leqslant \frac{k^h - 1}{k - 1}$$

经变换，得到

$$k^{h-1} < n(k-1)+1 \leqslant k^h$$

取以 k 为底的对数后得

$$h-1 < \log_k(n(k-1)+1) \leqslant h$$

即得

$$\log_k(n(k-1)+1) \leqslant h < \log_k(n(k-1)+1)+1$$

由于 h 只可能是整数，于是有

$$h = \lceil \log_k(n(k-1)+1) \rceil$$

结论证毕。例如，对于二叉树，最小深度为 $\lceil \log_2(n+1) \rceil$，若 n=20，则最小深度为 5；对于三叉树，最小深度为 $\lceil \log_3(2n+1) \rceil$，当 n=20 时，有 h=4。

7.1.5　树的基本操作

树的应用十分广泛，有关树的基本操作可以归纳如下。

① SETNULL(T)　建立一棵空树 T。

② ROOT(x)或 ROOT(T)　求结点 x 所在树的根结点，或者求树 T 的根结点。

③ PARENT(T,x)　求树 T 中结点 x 的双亲结点。

④ CHILD(T,x,i)　求树 T 中结点 x 的第 i 个孩子结点。

⑤ RIGHTSIBLING(T,x)　求树 T 中结点 x 右边的兄弟结点。

⑥ INSERT(T,x,i,S)　把以 S 为根的树插入到树 T 中作为结点 x 的第 i 棵子树。

⑦ DELETE(T,x,i)　删除树 T 中结点 x 的第 i 棵子树。

⑧ TRAVERSE(T)　对一棵树进行遍历，即按照某个次序依次访问树中所有结点，每个结点仅被访问一次，得到一个由所有结点组成的序列。

*7.2 树的存储结构

树在计算机中可以采用顺序存储方式,也可以采用链式存储方式,后者居多,这主要取决于要对树形结构进行何种操作。不论采用哪种存储结构,除了存储结点本身的数据信息之外,还必须做到把树中各个结点之间存在的关系反映在存储结构中,只有这样,才能如实地表现一棵树。下面介绍两类常用的链式存储结构。

7.2.1 多重链表表示法

在这种多重链表中,每个链结点由一个数据域和若干个指针域组成,其中,每一个指针域指向该结点的一个孩子结点。由于在一棵树中,不同的结点,其度数不同,每个结点设置的指针域的数目就有不同的考虑。通常可以有下面两种方法。

1. 定长链结点的多重链表表示

这种存储方法取树的度数作为每个链结点的指针域数目。由于树中多数结点的度数可能小于树的度数,因而这种方法将会导致许多链结点的指针域为空,造成存储空间的浪费。图 7.5(a) 所示树对应的这种方式的存储状态如图 7.5(b) 所示。

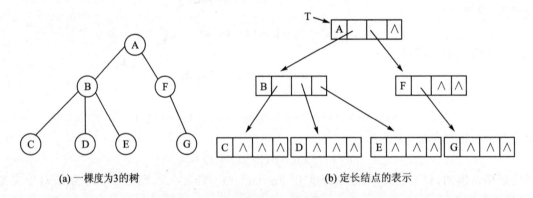

(a) 一棵度为3的树　　　　　　　　　　(b) 定长结点的表示

图 7.5　用定长链结点的多重链表表示一棵树

定长结点的多重链表的链结点类型可描述如下。

```
#define MaxTreeD    100                /* 定义树的度的最大可能值 */
typedef struct node{
    datatype data;
    struct node * child[MaxTreeD];
}DTREE;
```

2. 不定长链结点的多重链表表示

这种存储方法是每个链结点都取自己的度数作为指针域的数目。于是,对于叶结点不必设指针域。另外,考虑到实际操作的需要,每个链结点中除了数据域与指针域之外,还应该设置一个存放结点度数的域,用来指明该结点的度数,即指明该链结点中指针域的个数。链结点构造如图 7.6(a) 所示,对于图 7.5(a) 所示的树采用不定长链结点表示法的存储状态如图 7.6(b) 所示。这种方法较前一种存储开销小,但会给某些操作带来不方便。

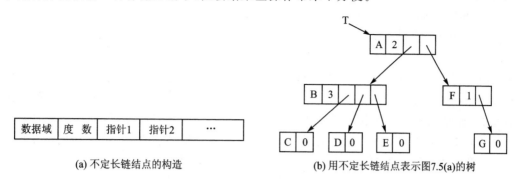

(a) 不定长链结点的构造　　　　　(b) 用不定长链结点表示图7.5(a)的树

图 7.6　用不定长链结点的多重链表表示一棵树

不定长链结点的多重链表的链结点类型可描述如下。

```
#define MaxNodeD    100              /* 定义结点的度的最大可能值 */
typedef struct node{
    datatype data;
    int degree;
    struct node * child[MaxNodeD];
}NTREE;
```

7.2.2　三重链表表示法

从定长链结点与不定长链结点的多重链表的链结点类型定义可以看到,这两种方法可能存在许多指针域存放着 NULL,或者要存放诸如各结点的度这样的附加信息,因此,对于树来说,比较合适的存储方法是三重链表存储方法。

这种存储方法是对树中每个结点除了数据域外都设置 3 个指针域,其中第 1 个指针域给出该结点的第 1 个孩子结点(最左边那棵子树的根结点)所在链结点的地址,第 2 个指针域给出该结点的双亲结点所在链结点的地址,第 3 个指针域给出该结点右边第 1 个兄弟结点所在链结点的地址。如果不存在孩子结点或者双亲结点或者兄弟结点,则相应的指针域存放NULL。图 7.5(a)所示树的三重链表如图 7.7 所示。

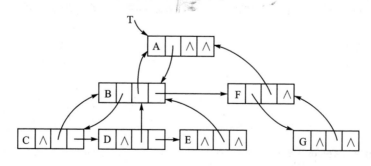

图 7.7　树的三重链表表示

对于三重链表,链结点的类型可以定义如下。

```
typedef struct node{
    datatype data;
    struct node * child, * parent, * brother;
}TTREE;
```

与线性链表必须给出链表中某个指定链结点的存储地址类似,对于树而言,则要给出根结点所在链结点的存储地址。如上面讨论的几种链表表示中,就用一个名为 T 的变量给出根结点的地址,通常称 T 为入口指针。上面介绍的几种表示方法各具特点,但都有不足之处。若树中每个分支结点都只有两棵以下的子树,那么,采用定长链结点的链表表示法比较方便。在后面的几节中将会讨论如何把一般的树转化为这种形式的树。

7.3　二叉树

在树形结构中,有一类简单而又重要的树,它的特点之一是每一个结点最多只有两棵子树,通常称这种树为二叉树。在二叉树中严格区分结点的左、右孩子,其次序不能随意颠倒;否则,就变成另一棵二叉树。因此,二叉树是有序树。

7.3.1　二叉树的定义

二叉树是 n(n≥0)个结点的有穷集合 D 与 D 上关系集合 R 构成的结构。当 n＝0 时,称该二叉树为空二叉树;否则,它便是包含了一个根结点以及两棵不相交的、分别称为左子树与右子树的二叉树。

二叉树的定义是递归的,因为在定义二叉树时又用到了二叉树的概念。

显然,二叉树与度不超过 2 的树不同,与度不超过 2 的有序树也不同,因为在有序树中,虽然一个结点的子树之间可以有左、右之分,但若该结点只有一棵子树时,就难以区分其左右次序;而在二叉树中,即使结点只有一棵子树,也有严格的左、右之分。这就是说,在二叉树中,左子树与右子树是两棵不相交的二叉树。二叉树上除了根结点之外的任何结点,不可能同时出现在两棵子树中,它或者在左子树中,或者在右子树中。

根据二叉树的定义,二叉树有 5 种基本形态,如图 7.8 所示,其中,图(a)为空二叉树(用符号 Φ 表示),图(b)为只有一个根结点而无子树的二叉树,图(c)为只有左子树而无右子树的二叉树,图(d)为只有右子树而无左子树的二叉树,图(e)为左、右子树均非空的二叉树。

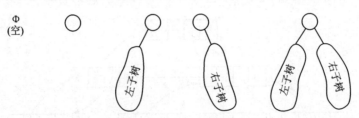

(a)空二叉树　(b)只有根　(c)根结点只　　(d)根结点只　(e)根结点有左、右子树
　　　　　　　结点　　　　有左子树　　　有右子树

图 7.8　二叉树的基本形态

一般把二叉树某分支结点的左子树的根结点称作该分支结点的左孩子,而把分支结点的右子树的根结点称作该分支结点的右孩子。7.1.3 小节引入的有关树的名词术语对于二叉树都适用。

7.3.2　二叉树的基本操作

与 7.1.5 小节讨论过的树的基本操作相类似,二叉树可以有如下一些基本操作(这里,设 BT 代表一棵二叉树)。

① INITIAL(BT)　置 BT 为空二叉树。

② ROOT(BT)或 ROOT(x)　求二叉树 BT 的根结点或者求结点 x 所在二叉树的根结点。若 BT 是空二叉树或者 x 不在二叉树上,则该操作返回"空"。

③ PARENT(BT,x)　求二叉树 BT 中结点 x 的双亲结点。若 x 结点是二叉树 BT 的根结点或者二叉树 BT 中不存在 x 结点,则该操作返回"空"。

④ LCHILD(BT,x)和 RCHILD(BT,x)　分别求二叉树 BT 中结点 x 的左孩子和右孩子结点。若结点 x 为叶结点或者二叉树中不存在结点 x,则该操作返回"空"。

⑤ LSIBLING(BT,x)和 RSIBLING(BT,x)　分别求二叉树 BT 中结点 x 的左兄弟和右兄弟结点。若结点 x 为二叉树的根结点,或者二叉树中不存在结点 x,或者结点 x 是其双亲结点的左孩子(右孩子),则该操作返回"空"。

⑥ CREATEBT(x,LBT,RBT)　生成一棵以结点 x 为根,分别以二叉树 LBT 和 RBT 为左子树和右子树的二叉树。

⑦ LINSERT(BT,x,y)和 RINSERT(BT,x,y)　将以结点 y 为根结点且右子树为空的二叉树分别置为二叉树 BT 中结点 x 的左子树和右子树。若结点 x 有左子树(右子树),则插入后作为结点 y 的右子树。

⑧ LDELETE(BT,x)和 RDELETE(BT,x)　分别删除二叉树 BT 中以结点 x 为根结点的左子树和右子树。若结点 x 无左子树或右子树,则该操作为空操作。

⑨ TRAVERSE(BT)　按某种次序依次访问二叉树 BT 中的各个结点,并且每个结点只被访问一次,得到一个由该二叉树的所有结点组成的序列。

⑩ DESTROYBT(BT)　销毁一棵二叉树。该操作删除二叉树 BT 中的所有结点,并释放它们的存储空间,使 BT 成为一棵空二叉树。

⑪ LAYER(BT,x)　求二叉树中结点 x 所处的层次。

⑫ DEPTH(BT)　求二叉树 BT 的深度。若二叉树为空,则其深度为 0;否则,其深度等于左子树与右子树中的最大深度加 1。

7.3.3　两种特殊形态的二叉树

1. 满二叉树

如果一棵二叉树中的任意一个结点,或者是叶结点,或者有两棵非空子树,而且叶结点都集中在二叉树的最下面一层,这样的二叉树称为**满二叉树**。或者说,一棵深度为 h 且有 2^h-1 个结点的二叉树就是满二叉树。图 7.9(a)所示的就是一棵满二叉树。

2. 完全二叉树

简单地说,若二叉树中最多只有最下面两层结点的度可以小于 2,并且最下面一层的结点(叶结点)都依次排列在该层最左边的位置上,具有这样特点的二叉树称为**完全二叉树**。也可以利用对满二叉树的结点进行连续编号的方式定义完全二叉树。即从根结点编号为 1 开始,按照层次从上至下,每一层从左至右进行编号。对于深度为 i 且有 n 个结点的二叉树,当且仅当其每一个结点都与深度为 h 的满二叉树中编号从 1 至 n 的结点一一对应,这样的二叉树就是完全二叉树。显然,完全二叉树的特点是:① 叶结点只可能在二叉树的最下面两层上出现;② 对于任意结点,若其右分支下的子孙结点的最大层次数为 s,则其左分支下的子孙结点最大层次数一定为 s+1。图 7.9(b)所示的二叉树就是一棵完全二叉树。

不难看出,满二叉树是完全二叉树的一种特例,即满二叉树一定是完全二叉树,但完全二叉树不一定是满二叉树。在一棵二叉树中,若除了最下面一层外,其余各层都是满的,这样的二叉树称为理想平衡树。理想平衡二叉树包括满二叉树和完全二叉树。图 7.9(c)所示为一棵非理想平衡二叉树。

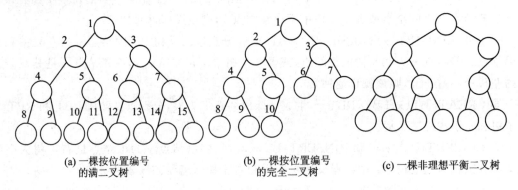

(a) 一棵按位置编号的满二叉树 　　(b) 一棵按位置编号的完全二叉树 　　(c) 一棵非理想平衡二叉树

图 7.9　满二叉树、完全二叉树和非理想平衡二叉树示例

7.3.4　二叉树的性质

二叉树具有一些特殊的性质,简单归纳如下。

性质一　具有 n 个结点的非空二叉树有且仅有 n−1 个分支。

证明:

对于具有 n 个结点的非空二叉树,除了根结点外,每个结点有且仅有一个双亲结点,即每个结点与其双亲结点之间仅有一个分支存在,因此,结论正确。

证毕。

性质二　非空二叉树的第 i 层最多有 2^{i-1} 个结点。

证明:

由 7.1.4 中树的性质二可知,度为 k 的树的第 i 层最多有 k^{i-1} 个结点,对于二叉树,树的度最大为 2,将 k=2 代入 k^{i-1},可得 2^{i-1}。

性质二得证。

性质三　深度为 h 的非空二叉树最多有 2^h-1 个结点。

证明:

显然,深度为 h 的二叉树只有是满二叉树时才能达到最大结点数,即每层的结点数目都达到该层的最大结点数 2^{i-1},这时,二叉树的结点数目为

$$\sum_{i=1}^{h}(\text{第 i 层上结点的最大数目}) = \sum_{i=1}^{h}2^{i-1} = 2^h - 1$$

性质三得证。

由性质三可知,深度为 h 且有 2^h-1 个结点的二叉树就是满二叉树。

性质四　在任意非空二叉树中,若叶结点的数目为 n_0,度为 2 的结点数目为 n_2,则有关系 $n_0 = n_2 + 1$ 成立。

证明:

设度为 1 的结点数目为 n_1,二叉树的结点总数为 n,则有

$$n = n_0 + n_1 + n_2 \tag{7-1}$$

由性质一可知,具有 n 个结点的二叉树的分支总数为 n−1。若设 B 表示分支数,则有

$$B = n - 1 \tag{7-2}$$

而所有这些分支不是来自于度为 1 的结点就是来自于度为 2 的结点,即每一个度为 1 的结点发出一个分支,每一个度为 2 的结点发出两个分支。于是有

$$B = n_1 + 2n_2 \tag{7-3}$$

联立式(7-1)、式(7-2)与式(7-3)可以得到

$$n_0 = n_2 + 1$$

证毕。

性质五　具有 $n(n>0)$ 个结点的完全二叉树的深度 $h = \lfloor \log_2 n \rfloor + 1$。

证明:

根据完全二叉树的定义以及二叉树的性质三,有

$$2^{h-1} - 1 < n \le 2^h - 1$$

或者

$$2^{h-1} \le n < 2^h$$

则

$$h - 1 \le \log_2 n < h$$

由于 h 为正整数,因此

$$h = \lfloor \log_2 n \rfloor + 1$$

证毕。

由此得出结论:具有 n 个结点的二叉树的最小深度为 $\lfloor \log_2 n \rfloor + 1$,最大深度为 n。

性质六　若对具有 n 个结点的完全二叉树的所有结点从 1 开始按照层次从上到下,每一层从左至右的规则对结点进行编号,则编号为 i 的结点具有以下性质。

① 若 $i>1$,则编号为 i 的结点的双亲结点的编号为 $\lfloor i/2 \rfloor$;当 $i=1$ 时,编号为 i 的结点为二叉树的根结点,没有双亲结点。

② 若 $2i \le n$,则编号为 i 的结点的左孩子结点的编号为 $2i$;若 $2i>n$,则编号为 i 的结点无左孩子(在完全二叉树中,无左孩子的结点是什么结点?)。

③ 若 $2i+1 \le n$,则编号为 i 的结点的右孩子结点的编号为 $2i+1$;若 $2i+1>n$,则编号为 i 的结点无右孩子。

证明：

只需证明②，从②和③可以推出①。这里，可以通过对编号 i 采用归纳法来证明②。

对于 i=1，显然编号为 i 的结点的左孩子的编号为 2，除非 2>n，那样，则编号为 i 的结点没有左孩子(该二叉树只有一个结点)。

假设对所有的 j，1≤j≤i，编号为 j 的结点的左孩子的编号应为 2i。

由于编号为 j+1 的结点的左孩子之前的两个结点分别是编号为 i 的结点的右孩子与左孩子，而且编号为 i 的结点的左孩子的编号为 2i，因此，编号为 j+1 的结点的左孩子的编号为 2i+2=2(i+1)；除非 2(i+1)>n，在这种情况下，编号为 j+1 的结点没有左孩子。

*7.3.5　二叉树与树、树林之间的转换

对于一般的树来说，树中结点的左、右次序无关紧要，只要其双亲结点与孩子结点的关系不发生错误就可以了。但在二叉树中，左、右孩子的次序不能随意颠倒。因此，下面讨论的二叉树与一般树之间的转换都是约定按照树在图形上的结点次序进行的，即把一般树作为有序树来处理，这样不至于引起混乱。

1. 树与二叉树的转换

将一般树转换为二叉树可以按以下步骤进行。

① 在所有相邻兄弟结点之间分别加一条连线。

② 对每个分支结点，除了其最左孩子外，删去该结点与其他孩子结点的连线。

③ 以根结点为轴心，顺时针旋转 45°。

这样，原来的那棵一般树就转换为一棵二叉树。这棵二叉树的根结点的右孩子始终为空，原因是树的根结点不存在兄弟结点。图 7.10 给出的例子显示了这一转换过程。

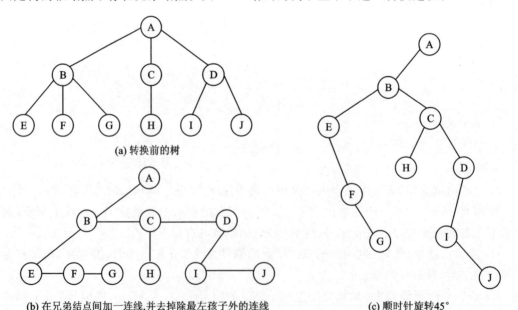

(a) 转换前的树

(b) 在兄弟结点间加一连线，并去掉除最左孩子外的连线

(c) 顺时针旋转45°

图 7.10　一般树与二叉树的转换

2. 树林与二叉树的转换

将一棵树林转换为二叉树的过程可以归纳为如下几个步骤。

① 分别将树林中的每棵树转换为二叉树。

② 从最后那棵二叉树开始,依次把后一棵二叉树的根结点作为前一棵二叉树的根结点的右孩子,直到所有二叉树全部连接,这样得到的二叉树的根结点就是树林中第 1 棵树的根结点。

因此,可以得到如下定义。

设 F＝{T₁,T₂,…,Tₙ}为树林,则此树林所对应的二叉树 B(F)可以递归定义如下。

① 若 n＝0,则 B(F)为空二叉树。

② 若 n＞0,则 B(F)的根结点为 T_1 的根结点,其左子树是 B(T_{11},T_{12},…,T_{1m}),其中,T_{11},T_{12},…,T_{1m}是 T_1 的子树,即左子树是从 T_1 中根结点的子树林 F_1＝{T_{11},T_{12},…,T_{1m}}转换而成的二叉树;B(F)的右子树为 B(T_2,T_3,…,T_n),即从树林 F'＝{T_2,T_3,…,T_m}转换而成的二叉树。

图 7.11 所示的例子显示了这一转换过程。

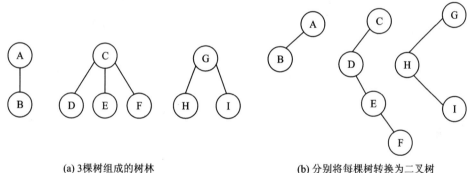

(a) 3棵树组成的树林　　　　　　　(b) 分别将每棵树转换为二叉树

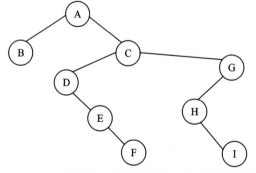

(c) 依次将后一棵二叉树与前一棵二叉树连结起来

图 7.11　树林与二叉树的转换过程

3. 二叉树还原为一般树

将一棵由一般树转换成的二叉树(见图 7.12(a))还原为树可以按下列步骤进行(见图 7.12)。

① 若某结点是其双亲结点的左孩子,则将该结点的右孩子以及当且仅当连续地沿着此右

孩子的右子树方向不断地搜索到的所有右孩子,都分别与该结点的双亲结点用虚线连接起来,如图 7.12(b)所示。

② 删去原二叉树中所有双亲结点与其右孩子的连线,如图 7.12(c)所示。

③ 将图形规整化,使各结点按层次排列,并且将虚线改成实线,如图 7.12(d)所示。

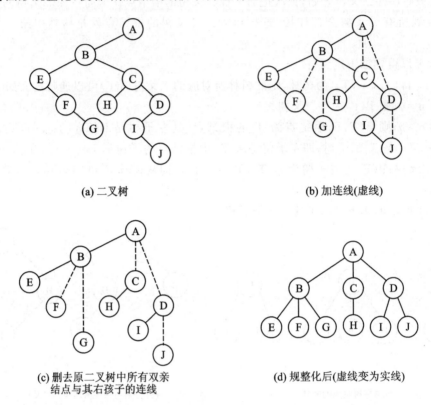

(a) 二叉树　　　　　　　　　　　　　　　(b) 加连线(虚线)

(c) 删去原二叉树中所有双亲
结点与其右孩子的连线　　　　　　(d) 规整化后(虚线变为实线)

图 7.12　二叉树还原为一般树的过程

7.4　二叉树的存储结构

在 7.2 节中曾经看到,树形结构大多采用链式存储结构,而对二叉树来说,有的时候采用顺序存储结构也比较方便。

7.4.1　二叉树的顺序存储结构

根据顺序存储结构的定义,用一组地址连续的存储单元依次存放二叉树的数据元素。又根据二叉树的性质六,完全二叉树中结点编号之间的关系可以正确反映出结点之间的逻辑关系。于是,若将一棵具有 n 个结点的完全二叉树上所有结点的数据信息,按照该编号顺序地存放在一个一维数组 BT[0..MaxSize-1]中(把编号为 i 的结点的数据信息存放在数组下标为 i-1 的数组元素中),则数组中每个元素的下标与该元素在完全二叉树中相应结点的编号相对应,这样,数组元素下标之间的关系同样可以反映出二叉树中结点之间的逻辑关系,并称数组 BT 为该完全二叉树的顺序存储结构。这样既不浪费存储空间,又可以方便地利用地址计算公式确定结点的位置。图 7.13 给出了一棵有 10 个结点且深度为 4 的完全二叉树的顺序存储结构的状态。

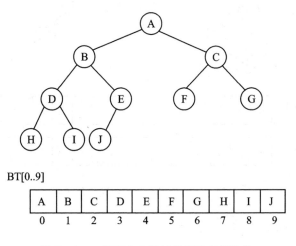

图 7.13　一棵完全二叉树的顺序存储结构

一棵深度为 h 的一般二叉树若采用顺序存储方式,需要首先在二叉树中设想出一些实际上二叉树中并不存在的"虚结点",以便在形式上把二叉树改造为一棵完全二叉树,然后再按照上述完全二叉树顺序存储结构的构造方法,将所有结点的数据信息(包括那些设想的"虚结点",只是这些结点的数据信息设想为空)依次存放于一维数组 BT[0..MaxSize-1]中,这样就得到了这棵一般二叉树的顺序存储结构。

图 7.14 显示了一棵深度为 4 且有 8 个结点的二叉树的顺序存储结构的状态。

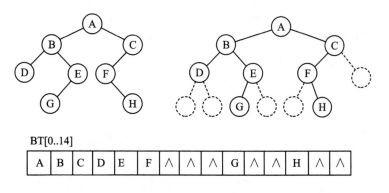

图 7.14　二叉树的顺序存储结构

可以看出,对于完全二叉树(尤其是满二叉树)采用顺序存储结构比较合适,它能够充分利用存储空间;而对于一般二叉树,如果需要虚设很多"虚结点"才能使它成为一棵形式上的完全二叉树,则采用顺序存储结构就会使得许多存储空间存放的是空值。图 7.15 给出的两棵二叉树(通常称之为"退化二叉树")分别都只有 4 个结点,深度也都为 4,若采用顺序存储结构,空间浪费是明显的。另外,由于顺序存储结构固有的一些缺陷,会使得二叉树的插入、删除等操作不方便,且效率也比较低。因此,对于二叉树来说,当树的形态与大小经常发生动态变化时更合适的方法是采用链式存储结构。

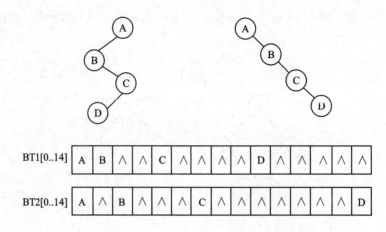

图 7.15 一些特殊二叉树的顺序存储结构

7.4.2 二叉树的链式存储结构

所谓二叉树的链式存储结构是指采用链表形式来存储一棵二叉树,二叉树中的每一个结点用链表中的一个链结点来存储。通常有下面两种形式。

1. 二叉链表结构

由二叉树的定义可知,二叉树中每个结点由一个数据元素和分别指向其左、右子树的两个分支构成,因此,链表中每一个链结点由 3 个域组成,除数据域外,设置两个指针域,分别用来给出该结点的左孩子与右孩子所在链结点的存储地址。链结点的构造如图 7.16 所示。其中,data 域存放结点的数据

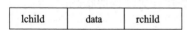

图 7.16 二叉链表的链结点构造

信息;1child 与 rchild 分别存放指向该结点的左孩子与右孩子的指针,当左孩子或者右孩子不存在时,相应指针域值为空(用符号 ∧ 或者 NULL 表示)。

图 7.17 示出了一棵二叉树的二叉链表表示。

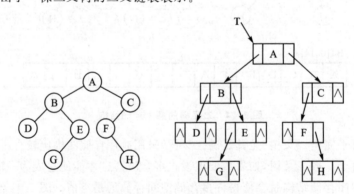

图 7.17 一棵二叉树的二叉链表结构

2. 三叉链表结构

有的时候,为了便于找到结点的双亲结点,还可以在链结点中增加一个指针域,三叉链表就是在二叉链表的基础上增加了一个指向双亲结点的指针域。在这种链表结构中,每一个链

结点由 4 个域组成,具体构造如图 7.18 所示。其中,data,lchild 以及 rchild 3 个域的意义同二叉链表链结点的结构,parent 域为指向该结点双亲结点的指针。这种存储结构既便于查找孩子结点,也便于查找双亲结点;但是,相对二叉链表存储结构而言,它增加了空间开销,但在某些应用中,例

data	parent
lchild	rchild

图 7.18　三叉链表的链结点构造

如,寻找某结点的双亲结点以及本章后面将要提到的在后序线索二叉树中确定某结点的直接后继结点时,采用三叉链表要比二叉链表方便一些。图 7.19 给出了一棵二叉树的三叉链表结构。

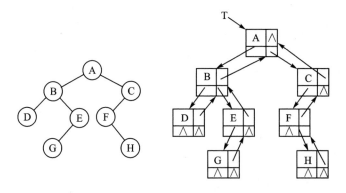

图 7.19　一棵二叉树的三叉链表表示

在不同的存储结构中,实现二叉树的操作方法也不同。例如,要查找某个结点的双亲结点,在三叉链表结构中很容易实现;而在采用二叉链表的情况下,则需要从二叉树的根结点出发,遍历整个二叉树。可见,在具体应用中二叉树采用什么存储结构,除了要考虑二叉树的基本形态之外还应考虑对二叉树进行的操作。

读者将会看到,本章大多数对二叉树的应用算法都是在二叉链表上实现的。

与前面讨论过的线性链表一样,对于二叉树,无论采用哪种形式的链式存储结构,都要给出根结点所在链结点的存储地址(如图 7.17 和图 7.19 中用 T 来给出根结点的地址),否则,有关操作将无法进行。

二叉链表结构具有灵活、方便的特点,结点的最大数目只受系统最大可用存储空间的限制。一般情况下,二叉链表结构不仅比顺序存储结构节省空间(用于存储指针的空间开销只是二叉树中结点数的线性函数),而且对二叉树实施有关操作也很方便,因此,二叉链表的使用面更加广泛。

在 C 语言中,可以按如下方法来描述二叉链表结构中链结点的类型。

```
typedef struct node{
    datatype data;                 /* 数据域 */
    struct node * lchild, * rchild;   /* 指向左、右子树的指针域 */
}BTNode, * BTREE;
```

最后就围绕二叉树的存储结构来讨论几个算法。

例 7.1　已知非空二叉树采用广义表形式作为输入,请写一算法,建立该二叉树的二叉链表存储结构。

关于采用广义表形式表示二叉树的说明与约定如下。

① 广义表中的一个字母代表一个结点的数据信息。

② 每个根结点作为由子树构成的表的名字放在广义表的前面。

③ 每个结点的左子树与右子树之间用逗号分开。若结点只有右子树而无左子树,则该逗号不能省略。

④ 在整个广义表的末尾加一个特殊符号(如"@")作为结束标志。

例如,对于图 7.17 所示的二叉树,其广义表形式为

$$A(B(D,E(G)),C(F(,H)))@$$

下面的问题是如何由这种广义表形式建立相应的二叉链表结构(如图 7.17 所示)。算法中设置一个标志变量 flag,用来标记某结点是其双亲结点的左孩子还是右孩子,这里约定:若该结点为其双亲结点的左孩子,则标志 flag 为 1,否则为 2。另外,算法中还设置了一个假设空间足够且采用顺序存储结构的堆栈 STACK[0..MaxSize-1],用以保存结点的双亲结点的地址。

下面先用自然语言描述算法如下。

依次从广义表中取得一个元素,并对取得的元素做如下相应的处理。

① 若当前取得的元素为字母,则按如下规则建立一个新的(链)结点。

　a) 若该结点为二叉树的根结点,则将该结点的地址送 T。

　b) 若该结点不是二叉树的根结点,则将该结点作为左孩子(若标志 flag 为 1)或者右孩子(若标志 flag 为 2)链接到其双亲结点上(此时双亲结点的地址在栈顶位置)。

② 若当前取得的元素为左括号"(",则表明一个子表开始,将标志 flag 置为 1,同时将前面那个结点的地址进栈。

③ 若当前取得的元素为右括号")",则表明一个子表结束,做退栈操作。

④ 若当前取得的元素为逗号,则表明以左孩子为根的子树处理完毕,接着应该处理以右孩子为根的子树,将标志 flag 置为 2。

如此处理广义表中的每一个元素,直到取得广义表的结束符号"@"为止。算法如下。

```
#define MaxSize   100
BTREE CREATEBT()
{
    BTREE STACK[MaxSize],p,T=NULL;
    char ch;
    int flag,top=-1;
    while(1){
        scanf("%c",&ch);                    /* 取广义表中一个元素 */
        switch(ch){
        case '@': return(T);                /* 取到结束符号'@' */
        case '(': STACK[++top]=p;            /* 取到左括号,进栈 */
                  flag=1;                    /* 置标志 1 */
                  break;
        case ')': top--;                     /* 取到右括号,退栈 */
                  break;
        case ',': flag=2;                    /* 取到逗号,置标志 2 */
```

```
                break；
    default ： p=（BTREE）malloc（sizeof（BTNode））；    /＊取到字母＊/
              p－＞data＝ch；
              p－＞lchild＝NULL；
              p－＞rchild＝NULL；                    /＊建立一个新结点＊/
              if（T＝＝NULL）                        /＊p所指结点为根结点＊/
                  T＝p；
              else if（flag＝＝1）
                  STACK［top］－＞lchild＝p；          /＊p所指结点为根的左孩子＊/
              else
                  STACK［top］－＞rchild＝p；          /＊p所指结点为根的右孩子＊/
        }
    }
}
```

例 7.2　已知非空二叉树采用顺序存储结构，结点的数据信息依次存放于数组 BT［0..MaxN－1］中（若元素值为 0，表示该元素对应的结点在二叉树中不存在）。写出生成该二叉树的二叉链表结构的算法。

算法核心思想比较简单。算法中设置了一个一维数组 PTR［0..MaxN－1］用于存放结点所在链结点的地址。首先建立二叉树的根结点（数据信息取自 BT［0］），并将根结点的地址 T 保存在数组元素 PTR［0］中，然后从数组 BT 的第 2 个元素开始，依次取结点的数据信息建立二叉树的二叉链表结构。每取得一个数据信息 BT［i］（1≤i≤MaxN－1），如果该元素不为 0（说明该元素对应的结点在二叉树中存在），则依次做如下操作：

① 建立一个新结点（结点的数据信息为 BT［i］），并将新结点的地址保存在数组元素 PTR［i］中；

② 计算出新结点的双亲结点的位置（和地址）（位置为 $j=(i-1)/2$，地址在 PTR［j］中）；

③ 根据下列条件，确定新结点是其双亲结点的左孩子或者右孩子，即

　　a）若 $i-2j-1=0$，则新结点是其双亲结点的左孩子；

　　b）若 $i-2j-1\neq0$，则新结点是其双亲结点的右孩子；

④ 将新结点作为其双亲结点的左孩子或者右孩子链接到二叉链表中。

按照这个思想，算法如下。

```
#define MaxN    100
BTREE BUILDBTREE（datatype BT［ ］）
{
    BTREE T,PTR［MaxN］；
    int i,j；
    PTR［0］＝（BTREE）malloc（sizeof（BTNode））；      /＊申请根结点的空间＊/
    PTR［0］－＞data＝BT［0］；
    PTR［0］－＞lchild＝NULL；
    PTR［0］－＞rchild＝NULL；
    T＝PTR［0］；                                    /＊以上几条语句建立根结点＊/
```

```
for(i=1;i<MaxN;i++)
    if(BT[i]!=0){                                    /* 对应结点在二叉树中存在 */
        PTR[i]=(BTREE)malloc(sizeof(BTNode));        /* 申请一个新结点空间 */
        PTR[i]->data=BT[i];                          /* 将当前取到的信息送新结点数据域中 */
        PTR[i]->lchild=NULL;
        PTR[i]->rchild=NULL;                         /* 新结点的左、右指针域置空 */
        j=(i-1)/2;                                   /* 计算新结点的双亲结点的位置 j */
        if(i-2*j-1==0)                               /* 新结点是其双亲的左孩子 */
            PTR[j]->lchild=PTR[i];                   /* 将新结点作为双亲结点的左孩子插入 */
        else                                         /* 新结点是其双亲的右孩子 */
            PTR[j]->rchild=PTR[i];                   /* 将新结点作为双亲结点的右孩子插入 */
    }
    return T;
}
```

例 7.3 已知二叉树采用二叉链表存储结构,根结点所在链结点的地址为 T,写一递归算法,求该二叉树中叶结点的数目。

```
int COUNTLEAF(BTREE T)
{
    if(T==NULL)
        return 0;
    if(T->lchild==NULL && T->rchild==NULL)
        return 1;
    return(COUNTLEAF(T->lchild)+COUNTLEAF(T->rchild));
}
```

例 7.4 已知二叉树采用二叉链表存储结构,根结点所在链结点的地址为 T,写一递归算法,求该二叉树的深度。

二叉树的深度定义采用自然语言形式可以描述为:若二叉树为空,则其深度为 0;否则,深度等于左子树与右子树的最大深度值加 1。

```
int BTDEPTH(BTREE T)
{
    int leftdep,rightdep;                  /* leftdep 与 rightdep 分别记录左、右子树的深度 */
    if(T==NULL)
        return 0;
    else{
        leftdep=BTDEPTH(T->lchild);        /* 计算左子树的深度 */
        rightdep=BTDEPTH(T->rchild);       /* 计算右子树的深度 */
        if(leftdep>rightdep)
            return leftdep+1;
        else
            return rightdep+1;
    }
}
```

7.5　二叉树与树的遍历

在一些实际应用问题中,经常需要按一定顺序对树中每个结点逐个进行访问一次,用以查找具有某一特点的结点或者全部结点,然后对这些满足条件的结点进行处理,这种操作就是**树的遍历**。遍历是二叉树各种操作的基础,有关二叉树的许多操作几乎都是建立在二叉树的遍历之上的。这里所说的对一个结点的"访问"就是指对该结点进行某种操作,在不同场合和不同问题中这种操作可以有不同的解释,例如,依次输出结点的数据信息,统计满足某条件的结点总数,释放树中所有结点的存储空间等。这里,假设通过调用算法 VISIT(p) 来表示对 p 所指的结点进行访问。

通过一次完整的遍历,可以把树中结点的数据信息人为地转变成一个线性序列。也就是说,树的遍历就是指按照一定的规则将树中所有结点的数据信息排列成一个线性序列的过程,并称这一序列为遍历序列。

遍历操作对于线性表来说是一个很容易解决的问题,只要按照结构原有的线性关系,从表的第一个数据元素开始从前往后依次访问各个数据元素即可。然而,由于二叉树是一种非线性结构,每个结点都可能有两棵子树,在二叉树中一般不存在这样的自然顺序,因此,需要寻找一种规律,使得二叉树中的结点能够排列在一个线性序列中,使得二叉树的遍历变得方便和容易。

7.5.1　二叉树的遍历

由二叉树的定义可知,任何一棵非空二叉树都是由根结点、根结点的左子树和根结点的右子树 3 个部分组成。因此,只要依次遍历这 3 个部分,就意味着遍历了整个二叉树。若以符号 D,L,R 分别表示访问根结点、遍历根结点的左子树与遍历根结点的右子树 3 个过程,则二叉树的遍历方式可以有 6 种,它们分别是 DLR,LDR,LRD,DRL,RDL 和 RLD。如果限定先左后右,则通常采用前 3 种遍历方式,即 DLR,LDR 和 LRD,分别称之为前序遍历、中序遍历和后序遍历,得到的遍历序列分别称之为前序序列、中序序列和后序序列。另外三种遍历是它们的镜像。

1. 前序遍历

前序遍历的原则是:若被遍历的二叉树非空,则按如下顺序进行遍历。
① 访问根结点。
② 以前序遍历方式遍历根结点的左子树。
③ 以前序遍历方式遍历根结点的右子树。

从这个原则可以看出,遍历过程是个递归过程,主要表现在遍历任何一棵子树时仍然是先访问子树的根结点,然后遍历子树根结点的左子树,最后遍历子树根结点的右子树。也就是说,在前序遍历过程中,对结点的处理是在它的孩子结点被处理之前进行的。对于图 7.17 所示的二叉树,若按照前序遍历原则访问结点的次序可以得到的前序遍历序列为 A,B,D,E,G,C,F,H。

若二叉树采用二叉链表作为存储结构,则比较容易写出递归算法如下。

```
void PREORDER(BTREE T)
{
    /* T 为二叉树根结点所在链结点的地址 */
    if(T! = NULL){
        VISIT(T);                    /* 访问 T 所指结点 */
        PREORDER(T->lchild);         /* 遍历 T 所指结点的左子树 */
        PREORDER(T->rchild);         /* 遍历 T 所指结点的右子树 */
    }
}
```

2. 中序遍历

中序遍历的原则是:若被遍历的二叉树非空,则按如下顺序进行遍历。

① 以中序遍历方式遍历根结点的左子树。

② 访问根结点。

③ 以中序遍历方式遍历根结点的右子树。

显然,中序遍历过程也是一个递归过程,其递归算法如下。

```
void INORDER(BTREE T)
{
    /* T 为二叉树根结点所在链结点的地址 */
    if(T! = NULL){
        INORDER(T->lchild);          /* 遍历 T 所指结点的左子树 */
        VISIT(T);                    /* 访问 T 所指结点 */
        INORDER(T->rchild);          /* 遍历 T 所指结点的右子树 */
    }
}
```

对于图 7.17 所示的二叉树,按中序遍历方式得到的中序遍历序列为 D,B,G,E,A,F,H,C。

3. 后序遍历

后序遍历的原则是:若被遍历的二叉树非空,则按如下顺序进行遍历。

① 以后序遍历方式遍历根结点的左子树。

② 以后序遍历方式遍历根结点的右子树。

③ 访问根结点。

同样,后序遍历过程也是一个递归过程。在后序遍历过程中,对一个结点的处理是在它的孩子结点被处理之后进行的。相应的递归算法如下。

```
void POSTORDER(BTREE T)
{
    /* T 为二叉树根结点所在链结点的地址 */
    if(T! = NULL){
        POSTORDER(T->lchild);          /* 遍历 T 所指结点的左子树 */
        POSTORDER(T->rchild);          /* 遍历 T 所指结点的右子树 */
```

```
        VISIT(T);                              /* 访问 T 所指结点 */
    }
}
```

对于图 7.17 所示的二叉树,若按照后序遍历方式对其进行遍历,可以得到的后序遍历序列为 D,G,E,B,H,F,C,A。

以上给出的 3 种遍历算法都是递归算法,非常简洁、明了。然而,并非所有程序设计语言都允许递归,如 Fortran 语言就没有提供递归的功能。另外,递归程序虽然简洁,但可读性一般并不好。因此,就存在如何为递归问题设计一个非递归算法的问题。除了某些情况下可以通过程序设计语言的循环语句来解决之外,一般情况下解决这类问题的关键通常是利用一个堆栈结构。下面以中序遍历与后序遍历为例,分别讨论中序遍历与后序遍历的非递归算法的设计过程。至于前序遍历的非递归算法,因为它与中序遍历的非递归算法十分相似,将留给读者自己考虑。

先讨论中序遍历的非递归算法。算法中设置了一个假设空间足够(这样做的目的主要是可以不必考虑堆栈是否满的情况)、采用顺序存储结构的堆栈 STACK[0..M-1]来保存遍历过程中链结点的地址,并设栈顶指针为 top,初始时 top 的值为-1;同时,算法中还设置了一个活动指针变量 p,用来指向当前要访问的那个结点,初始时它指向二叉树的根结点。

算法的核心思想是:当 p 所指的结点不为空时,则将该结点所在链结点的地址进栈,然后再将 p 指向该结点的左孩子结点;当 p 所指的结点为空时,则从堆栈中退出栈顶元素(某个结点的地址)送 p,并访问该结点,然后再将 p 指向该结点的右孩子结点。重复上述过程,直到 p 为 NULL,并且堆栈也为空,遍历结束。

下面是相应的算法。

```
#define M    50
void INORDER(BTREE T)
{
    /* T 为二叉树根结点所在链结点的地址 */
    BTREE STACK[M],p=T;
    int top=-1;
    if(T!=NULL)
        do{
            while(p!=NULL){
                STACK[++top]=p;              /* 当前 p 所指结点的地址进栈 */
                p=p->lchild;                 /* 将 p 移到其左孩子结点 */
            }
            p=STACK[top--];                  /* 退栈 */
            VISIT(p);                        /* 访问当前 p 所指的结点 */
            p=p->rchild;                     /* 将 p 移到其右孩子结点 */
        }while(!(p==NULL && top==-1));
}
```

对于图 7.17 所示的二叉树,表 7.1 给出了整个算法的执行情况。

表 7.1 中序遍历二叉树的非递归算法的执行情况

步　骤	访问结点	栈中内容 （结点的地址）	指针 p 的指向
初始		空	A
1		&A	B
2		&A&B	D
3		&A&B&D	空（D 的左孩子）
4	D	&A&B	空（D 的右孩子）
5	B	&A	E
6		&A&E	G
7		&A&E&G	空（G 的左孩子）
8	G	&A&E	空（G 的右孩子）
9		&A	E
10	E	&A	空（E 的右孩子）
11	A	空	C
12		&C	F
13		&C&F	空（F 的左孩子）
14	F	&C	H
15		&C&H	空（H 的左孩子）
16	H	&C	空（H 的右孩子）
17	C	空	空（C 的右孩子）

注：符号 &A 表示数据信息为 A 的结点的地址

若二叉树有 n 个结点，则算法对每一个结点的地址都要分别进栈和出栈一次。因此，进栈与出栈的次数分别都是 n 次，对结点的访问也就需要 n 次。从算法中可以看到，只有当指针 p 为空时，才对当前处于栈顶的结点进行访问。

若用 n_0，n_1 和 n_2 分别表示度为 0、度为 1 和度为 2 的结点数目，则二叉链表中空的指针域的个数为 $2n_0+n_1$。由二叉树的性质四可知

$$2n_0+n_1=n_0+n_1+n_2+1=n+1$$

所以，中序遍历算法的时间复杂度为 O(n)。

另外，算法所需要的附加空间的数量就是堆栈的容量，而堆栈的容量与二叉树的深度有关。若假设每个结点需要一个存储单位，则遍历深度为 h 的二叉树，堆栈需要 h 个存储单位，即算法的空间复杂度为 O(h)。

下面再讨论后序遍历的非递归算法。

在对二叉树进行后序遍历的过程中，当指针 p 指向某一个结点时，不能马上对它进行访问，而要先遍历它的左子树，因而要将此结点的地址进栈；当其左子树遍历完毕之后，再次搜索到该结点时（该结点的地址通过退栈得到），还不能对它进行访问，还需要遍历它的右子树，所以，再一次将此结点的地址进栈。只有当该结点的右子树被遍历后回到该结点，才访问该结

点。为了标明某结点是否可以被访问,引入一个标志变量 flag,并有

$$flag = \begin{cases} 0 & 表示该结点暂不访问 \\ 1 & 表示该结点可以访问 \end{cases}$$

标志 flag 的值随同进栈结点的地址一起进栈和出栈。因此,算法中设置了两个空间足够的堆栈,其中,STACK1[0..M−1]存放进栈结点的地址,STACK2[0..M−1]存放相应的标志 flag 的值,两个堆栈使用同一栈顶指针 top,top 的初值为−1。

具体算法如下。

```
#define   M   50                           /* 定义二叉树中结点的最大数目 */
void POSTORDER(BTREE T)
{
    /* T 为二叉树根结点所在链结点的地址 */
    BTREE STACK1[M],p=T;
    int STACK2[M],flag,top=−1;
    if(T!=NULL){
        do{
            while(p!=NULL){
                STACK1[++top]=p;            /* 当前 p 所指结点的地址进栈 */
                STACK2[top]=0;              /* 标志 0 进栈 */
                p=p−>lchild;                /* 将 p 移到其左孩子结点 */
            }
            p=STACK1[top];
            flag=STACK2[top−−];             /* 退栈 */
            if(flag==0){
                STACK1[++top]=p;            /* 当前 p 所指结点的地址再次进栈 */
                STACK2[top]=1;              /* 标志 1 进栈 */
                p=p−>rchild;                /* 将 p 移到其右孩子结点 */
            }
            else{
                VISIT(p);                   /* 访问当前 p 所指的结点 */
                p=NULL;
            }
        }while(!(p==NULL&&top==−1));
    }
}
```

对于图 7.17 所示的二叉树,表 7.2 给出了整个算法的执行情况。

与中序遍历非递归算法的分析类似,若二叉树具有 n 个结点,算法中对每个结点都要进栈和出栈两次,进栈和出栈的次数分别都是 2n,因此,进栈和出栈的时间复杂度为 O(n)。另外,每当指针 p 为空时,就要进行退栈,然后根据退出的标志位 flag 的值是否为 0 来决定是访问刚刚退栈的结点,还是将新的结点地址进栈。由于重新进栈的时间已经计算在进栈和出栈的时间之内,为此,访问结点的时间复杂度为 O(n)。因此,后序遍历算法的总时间复杂度为 O(n)＋

O(n),根据大 O 表示法的加法规则,即得 O(n)。

算法所需的存储空间的开销要比中序遍历的非递归算法大一些,主要表现在标志位 flag 的空间开销。由于在实际程序设计过程中,flag 可以用一位二进制表示,因此,对于深度为 h 的二叉树,算法的空间复杂度仍为 O(h)。后序遍历算法的执行情况,读者也可以通过具体实例加以验证,这里不再赘述。

表 7.2 后序遍历二叉树的非递归算法的执行情况

步　　骤	访问结点	栈 1 中内容 (结点的地址)	栈 2 中内容 (标志值)	标志 flag	指针 p 的指向
初始		空	空		A
1		&A	0		B
2		&A&B	00		D
3		&A&B&D	000		空(D 的左孩子)
4		&A&B	00	0	D
		&A&B&D	001		空(D 的右孩子)
5		&A&B	00	1	D
	D	&A&B	00		空
6		&A	0	0	B
		&A&B	01		E
7		&A&B&E	010		G
8		&A&B&E&G	0100		空(G 的左孩子)
9		&A&B&E	010	0	G
		&A&B&E&G	0101		空(G 的右孩子)
10		&A&B&E	010	1	G
	G	&A&B&E	010		空
11		&A&B	01	0	E
		&A&B&E	011		空
12		&A&B	01	1	E
	E	&A&B	01		空
13		&A	0	1	B
	B	&A	0		空
14		空	空	0	A
		&A	1		C
15		&A&C	10		F
16		&A&C&F	100		空(F 的左孩子)
17		&A&C	10	0	F
		&A&C&F	101		H

步　骤	访问结点	栈 1 中内容 （结点的地址）	栈 2 中内容 （标志值）	标志 flag	指针 p 的指向
18		&A&C&F&H	1010		空（H 的左孩子）
19		&A&C&F	101	0	H
		&A&C&F&H	1011		空（H 的右孩子）
20		&A&C&F	101	1	H
	H	&A&C&F	101		空
21		&A&C	10	1	F
	F	&A&C	10		空
22		&A	1	0	C
		&A&C	11		空（C 的右孩子）
23		&A	1	1	C
	C	&A	1		空
24		空	空	1	A
	A	空	空		空

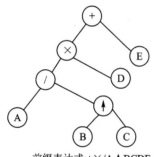

前缀表达式:+×/A↑BCDE
中缀表达式:A/B↑C×D+E
后缀表达式:ABC↑/D×E+

图 7.20　一棵表达式二叉树

二叉树遍历的非递归算法是堆栈应用的一个极好的例子,它充分展现了堆栈的威力。

由于二叉树有两个分支,遍历的先后次序不同,得到的遍历结果自然也不会相同。若某二叉树表示一个算术表达式,其中,叶结点表示操作数,分支结点表示操作符,那么,对该二叉树分别进行前序遍历、中序遍历和后序遍历,得到的结果分别是该表达式的前缀形式、中缀形式和后缀形式。如图 7.20 所示。

4. 按层次遍历

二叉树的前序遍历、中序遍历与后序遍历是最常用的 3 种遍历方式,除此之外,有时也采用按层次的遍历方式(或者称广度优先遍历方式)。这种遍历方式的原则比较简单:若被遍历的二叉树非空,则先依次访问二叉树第 1 层的结点,然后再依次访问第 2 层的结点……依此下去,最后依次访问最下面一层的结点。对每一层结点的访问按照从左至右的先后顺序进行。

对于图 7.17 所示的二叉树,按层次遍历得到的结点序列为 A,B,C,D,E,F,G,H。

下面给出二叉树采用二叉链表存储结构时这种遍历方式的非递归算法。算法中使用了一个顺序存储结构队列 QUEUE[0..M−1](不妨假设队列的空间足够大),front 与 rear 分别为队头指针和队尾指针。遍历进行之前先把二叉树根结点的存储地址进队,然后依次从队列中退出一个元素(结点的存储地址);每退出一个元素,先访问该元素所指的结点,然后依次把该结点的左孩子结点(若存在的话)与右孩子结点(若存在的话)的地址依次进队。如此重复下去,直到队列为空。此时,访问结点的次序就是按层次遍历该二叉树的次序。

算法如下。

```
#define M  50                              /* 定义二叉树中结点的最大数目 */
void LAYERORDER(BTREE T)
{
        /* T为二叉树根结点所在链结点的地址 */
        BTREE QUEUE[M],p;
        int front,rear;
        if(T! = NULL){
            QUEUE[0] = T;
            front = -1;                    /* 队头指针赋初值 */
            rear = 0;                       /* 队尾指针赋初值 */
            while(front<rear){              /* 若队列不空 */
                p = QUEUE[++ front];        /* 退出队头元素(结点地址)送 p */
                VISIT(p);                   /* 访问当前 p 所指的结点 */
                if(p->lchild! = NULL)
                    QUEUE[++ rear] = p->lchild;  /* p 所指结点的左孩子的地址进队 */
                if(p->rchild! = NULL)
                    QUEUE[++ rear] = p->rchild;  /* p 所指结点的右孩子的地址进队 */
            }
        }
}
```

对于图 7.17 所示的二叉树,表 7.3 给出了整个算法的执行情况。

表 7.3　按层次遍历二叉树的非递归算法的执行情况

步 骤	访问结点	队中内容(结点的地址)	指针 p 的指向
初始		&A	A
1	A	&B&C	A
2	B	&C&D&E	B
3	C	&D&E&F	C
4	D	&E&F	D
5	E	&F&G	E
6	F	&G&H	F
7	G	&H	G
8	H	空	H

7.5.2　由遍历序列恢复二叉树

从二叉树的遍历操作可以知道,给定一棵非空二叉树,分别对它进行前序遍历和中序遍历,得到的前序序列和中序序列都是唯一的。反过来,若已知结点的前序序列和中序序列,能否确定这棵二叉树呢?这样确定的二叉树是否也是唯一的呢?答案是肯定的。

根据定义,二叉树的前序遍历是先访问根结点,其次再按照前序遍历方式递归地遍历根结点的左子树,最后按照前序遍历方式遍历根结点的右子树。显然,在得到的前序序列中,第 1

个结点一定是二叉树的根结点。另一方面,中序遍历是先遍历根结点的左子树,然后访问根结点,最后才遍历根结点的右子树。这样,根结点在得到的中序序列中必然将中序序列分割成前后两个子序列,前一个子序列是根结点的左子树的中序序列(由根结点左子树上的结点组成),而后一个子序列是根结点的右子树的中序序列(由根结点右子树上的结点组成)。根据这两个子序列,可以在前序序列中找到对应的左子序列和右子序列。在前序序列中,左子序列的第 1 个结点是左子树的根结点,右子序列的第 1 个结点是右子树的根结点。这样,就确定了二叉树的 3 个结点。同时,左子树和右子树的根结点又可以分别把左子序列和右子序列划分成两个子序列。如此递归下去,当取尽前序序列中的所有结点时,便得到了一棵二叉树。

例如,已知一棵二叉树的前序序列与中序序列分别为

A B C D E F G H I　(前序序列)

B C A E D G H F I　(中序序列)

按照上述分解原则求得整棵二叉树的过程如图 7.21 所示。

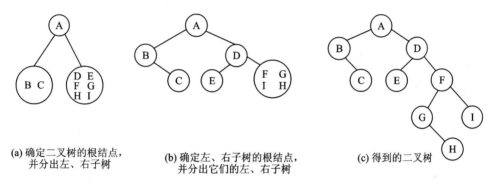

(a) 确定二叉树的根结点,　　(b) 确定左、右子树的根结点,　　(c) 得到的二叉树
并分出左、右子树　　　　并分出它们的左、右子树

图 7.21　一棵二叉树的恢复过程

首先,由前序序列可知,结点 A 是二叉树的根结点。其次,根据中序序列,在 A 之前的所有结点是根结点 A 的左子树上的结点,在 A 之后的所有结点是根结点 A 的右子树上的结点,由此得到图 7.21(a)所示的状态。然后,再对左子树进行类似的分解,得知 B 是左子树的根结点,又从左子树的中序序列知道,B 的左子树为空,B 的右子树只有一个结点 C。到此,根结点 A 的整个左子树全部确定。接着对 A 的右子树进行类似的分解,从 A 的右子树的前序序列得知 A 的右子树的根结点为 D;而结点 D 在 A 的右子树的中序序列中把其余结点分成两部分,即左子树为 E,右子树为 F,G,H,I(见图 7.21(b))。接下去的工作就是按上述原则对 D 的右子树继续分解,最后得到整棵二叉树。如果将这个过程归纳为一句话,那就是“在前序序列中确定根结点,到中序序列中分出左、右子树”。

上述过程说明:已知一棵二叉树的前序序列和中序序列,可以唯一地确定这棵二叉树。它的唯一性可以利用归纳法加以证明。有兴趣的读者可以自己证明或者参看有关的资料。

同理,已知二叉树的中序序列和后序序列也可以唯一地构造出这棵二叉树,方法同已知前序序列与中序序列构造一棵二叉树类似,只是二叉树的根结点是根据后序序列的最后一个元素确定。

类似地,已知二叉树的中序遍历序列和按层次遍历序列也可以唯一地确定一棵二叉树。其基本思想是先在按层次遍历序列中找到根结点(最前面那个结点就是根结点),然后根据该根结点在中序遍历序列中的位置分出它的左、右子树(在遍历序列中,根结点的前面那些结点

组成根结点的左子树,根结点的后面那些结点组成根结点的右子树)。按照这个思想分别恢复二叉树的各棵子树即可。

到此,已经重点讨论了对二叉树的各种遍历方法。读者已经看到,对二叉树的遍历无论采用的是递归算法还是非递归算法,这其中都要用到堆栈(递归算法隐式地使用了堆栈)。在结束这个问题的讨论之前,再考虑最后一个问题,那就是,能否不使用堆栈实现对二叉树的遍历?一个简单的方法之一是二叉树采用三叉链表结构。这时,在遍历过程中可以沿着走过的路径退回到任意一棵子树的根结点并再次向下遍历。另外一个解决的办法就是 7.6 节将要讨论的线索二叉树。

7.5.3 二叉树的等价性

现在来讨论关于二叉树的两个重要概念,以及它与遍历操作的联系。一个是关于二叉树的相似问题,另一个是等价性问题。

如果说二叉树 T1 与二叉树 T2 是相似的,则是指它们具有相同的拓扑结构。也就是说,要么它们都是空二叉树,要么它们都不空,并且它们的左、右子树都分别相似。

如果说二叉树 T1 与二叉树 T2 是等价的,则是指它们不仅具有相同的拓扑结构,而且在它们的对应结点中包含相同的数据信息。

作为这些定义的例子,对于图 7.22 所示的 4 棵二叉树,第 1 棵与第 2 棵是不相似的,第 2 棵、第 3 棵与第 4 棵是相似的,第 2 棵与第 4 棵是等价的。

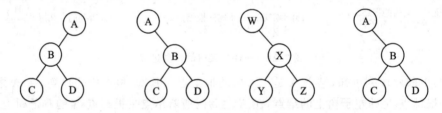

图 7.22 二叉树相似与等价的例子

在许多涉及树形结构的应用中,都要求有能够判定两棵已知二叉树是否相似或者等价的算法。下面给出的是判定两棵二叉树是否相似的算法。若相似,算法返回 1,否则返回 0。实际上,该算法是利用了二叉树的前序遍历操作对两棵二叉树进行测试的。

```
int SIMILAR(BTREE T1,BTREE T2)
{
    if(!T1 && !T2)                            /* 两棵二叉树均为空 */
        return 1;
    if(T1 && T2
        && SIMILAR(T1->lchild,T2->lchild)      /* 左子树相似 */
        && SIMILAR(T1->rchild,T2->rchild))     /* 右子树相似 */
        return 1;
    return 0;
}
```

*7.5.4　树和树林的遍历

1. 树的遍历

树由根结点和根结点的子树构成,因此,树有前序遍历与后序遍历两种遍历方式。

(1) 前序遍历方式

若被遍历的树非空,则

① 访问根结点。

② 依次按照前序遍历方式递归地遍历根结点的每一棵子树。

对于图 7.10(a)的树,采用前序遍历得到的结点序列为 A,B,E,F,G,C,H,D,I,J。

(2) 后序遍历方式

若被遍历的树非空,则

① 依次按照后序遍历方式递归地遍历根结点的每一棵子树。

② 访问根结点。

对于图 7.10(a)的树,采用后序遍历得到的结点序列为 E,F,G,B,H,C,I,J,D,A。

2. 树林的遍历

树林的遍历方式有以下两种。

(1) 前序遍历

若被遍历的树林非空,则

① 访问第 1 棵树的根结点。

② 按照前序遍历方式遍历第 1 棵树上根结点的子树林。

③ 按照前序遍历方式遍历除去第 1 棵树以后的子树林。

在遍历任何一个子树林的过程中,仍然是递归地先访问子树林中第 1 棵树的根结点,然后遍历子树林中第 1 棵树的子树林,最后遍历子树林中去掉第 1 棵树后的子树林。

对于图 7.11(a)中的树林,采用前序遍历得到的结点序列为 A,B,C,D,E,F,G,H,I。

(2) 中序遍历

若被遍历的树林非空,则

① 按照中序遍历方式遍历第 1 棵树上根结点的子树林。

② 访问第 1 棵树的根结点。

③ 按照中序遍历方式遍历除去第 1 棵树以后的子树林。

遍历任何子树林时,仍然是递归地先遍历子树林中第 1 棵树上根结点的子树林,然后访问子树林的第 1 棵树的根结点,最后遍历子树林中去掉第 1 棵树之后的子树林。

对图 7.11(a)所示的树林,采用中序遍历得到的结点序列为 B,A,D,E,F,C,H,I,G。与树、树林转化成的二叉树对照后可以看到,树的前序遍历和后序遍历的顺序与相应的二叉树的前序遍历和中序遍历的顺序相同;而树林的前序遍历和中序遍历分别与相应的二叉树的前序遍历和中序遍历的顺序相同。因此,树和树林的遍历算法可以分别借用二叉树的相应遍历算法来实现,这里不予讨论。

7.5.5　基于二叉树遍历操作的算法举例

二叉树的遍历是二叉树众多操作的基础,许多关于二叉树的操作都建立在遍历操作基础之上。下面以几个算法来结束本小节的讨论,因为它们都涉及了二叉树的遍历。在这些算法中,假设二叉树都采用二叉链表作为存储结构,并约定,指向根结点的指针用 T 表示。

1. 二叉树的建立

在 7.4 节已经讨论过建立二叉树的二叉链表结构的算法,那个算法与二叉树的遍历操作没有直接联系。

为了简化问题,用单个字符表示二叉树中一个结点的数据。这里采用前序遍历算法。建立二叉树的过程如下。

① 输入一个根结点。

② 若输入的是" "(空格字符),则表明二叉树为空,置 T 为 NULL。

③ 若输入的不是" "(空格字符),则将该字符赋给 T−>data,然后依次递归地建立它的左子树 T−>lchild 和右子树 T−>rchild。算法如下。

```
void BUILDBT(BTREE &T)
{
    char ch;
    scanf("%c",&ch);                        /* 输入一个元素 */
    if(ch==' ')
        T=NULL;                             /* 建立空二叉树 */
    else{
        T=(BTREE)malloc(sizeof(BTNode));    /* 生成一个新的链结点 */
        T->data=ch;
        BUILDBT(T->lchild);                 /* 递归地建立左子树 */
        BUILDBT(T->rchild);                 /* 递归地建立右子树 */
    }
}
```

若输入的字符顺序为 ABCΦΦDEΦΦFΦΦGΦΦΦ(Φ 表示空格字符),则建立的二叉树如图 7.23(a)所示,相应的二叉链表结构如图 7.23(b)所示。

2. 二叉树的销毁

销毁一棵二叉树是指将二叉树中的所有结点从二叉树中删除,并释放各结点占用的存储空间,然后将根结点指针置为 NULL,使之成为一棵空二叉树。实现该操作可以通过二叉树的遍历,其中最合适的是后序遍历。在遍历过程中访问一个结点即释放该结点的空间。

删除并释放二叉树中所有结点空间的算法如下。

```
void DESTROYBT(BTREE T)
{
    /* T 为二叉树根结点所在链结点的地址 */
    if(T!=NULL){
```

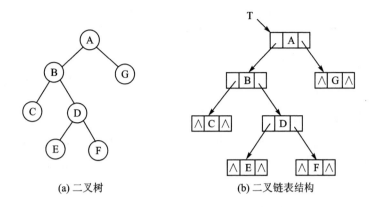

(a) 二叉树　　　　　　　　(b) 二叉链表结构

图 7.23　建立二叉树的二叉链表结构

```
        DESTROYBT(T->lchild);          /* 删除 T 所指结点的左子树 */
        DESTROYBT(T->rchild);          /* 删除 T 所指结点的右子树 */
        free(T);                       /* 释放 T 所指结点的空间 */
    }
}
```

销毁二叉树的算法如下。

```
void CLEARBT(BTREE &T)
{
    DESTROYBT(T);
    T = NULL;            /* 删除并释放二叉树中所有结点,使之成为一棵空二叉树 */
}
```

3. 二叉树的复制

算法的基本思路比较简单,可以利用二叉树的前序遍历算法达到目的(利用其他遍历算法也可以)。这里,假设经过复制以后产生的二叉树的根结点指针由 T2 表示。

二叉树复制的操作过程可以描述如下。

① 若二叉树为空,则返回空指针。

② 若二叉树非空,则复制根结点,并将根结点指针赋予 T2;然后复制根结点的左子树,并将左子树的根结点指针赋予 T2->lchild;接着再复制根结点的右子树,并将右子树的根结点指针赋予 T2->rchild;最后返回经复制得到的二叉树的根结点指针。

复制的算法如下。

```
BTREE COPYBT(BTREE T1)
{
    BTREE T2;
    if(T1 == NULL)
        return NULL;
    else{
        T2 = (BTREE)malloc(sizeof(BTNode));    /* 申请一个新的链结点空间 */
        T2->data = T1->data;
```

```
            T2->lchild = COPYBT(T1->lchild);        /* 递归复制左子树 */
            T2->rchild = COPYBT(T1->rchild);        /* 递归复制右子树 */
        }
        return T2;
    }
```

4. 测试二叉树是否等价

7.5.3 节中已经提到，所谓两棵二叉树 T1 与二叉树 T2 是等价的，是指它们不仅具有相同的拓扑结构，而且对应结点中还包含相同的数据信息。在如下算法中，若它们等价，算法返回 1，否则返回 0。

```
int EQUALBT(BTREE T1,BTREE T2)
{
    if(T1 == NULL && T2 == NULL)                    /* 两者都为空二叉树 */
        return 1;
    if(T1! = NULL && T2! = NULL && T1->data == T2->data
        && EQUALBT(T1->lchild,T2->lchild)
        && EQUALBT(T1->rchild,T2->rchild))
        return 1;                                  /* 左子树与右子树分别都等价 */
    return 0;                                      /* 二叉树不等价 */
}
```

5. 求二叉树的深度

在 7.4 节中已经就解决此问题设计过一个递归算法，这里，将考虑设计一个非递归算法，作为二叉树的遍历操作在解决具体问题中的一个应用实例。

遍历过程中依次记录各个结点所处的层次数以及当前已经访问过的结点所处的最大层次数。每当访问到某个叶结点，将该叶结点所处的层次数与当前已获得的最大层次数进行比较，若前者大于后者，修改最大层次数为当前叶结点的层次数，否则最大层次数不做修改。遍历结束时，所记录的最大层次数即为该二叉树的深度。

下面利用中序遍历方法（其他遍历方法也可以）求二叉树的深度。设二叉树的深度由变量 maxdepth 给出，当前访问的结点所处的层次数由变量 curdepth 记录。算法中定义了两个顺序存储结构的堆栈 STACK1[0..M−1] 与 STACK2[0..M−1]（这里，仍然假设它们的存储空间足够，目的是在进栈时不判断上溢），它们共用一个栈顶指针 top；栈中每个元素分别记录当前访问结点的存储地址以及该结点所处的层次数。

```
#define M    50
int DEPTHBT(BTREE T)
{
    BTREE STACK1[M],p= T;
    int STACK2[M];
    int curdepth,maxdepth = 0,top= −1;
    if(T! = NULL){
        curdepth = 1;
```

```
    do{
        while(p! = NULL){
            STACK1[++ top] = p;                          /* 当前 p 所指结点的地址进栈 */
            STACK2[top] = curdepth;                      /* 当前深度值进栈 */
            p = p->lchild;                               /* 将 p 移到其左孩子结点 */
            curdepth ++ ;                                /* 层次数加 1 */
        }
        p = STACK1[top];
        curdepth = STACK2[top--];                        /* 退栈 */
        if(p->lchild == NULL && p->rchild == NULL)       /* 若 p 所指结点为叶结点 */
            if(curdepth>maxdepth)
                maxdepth = curdepth;
        p = p->rchild;                                   /* 将 p 移到其右孩子结点 */
        curdepth ++ ;                                    /* 层次数加 1 */
    }while(!(p == NULL && top == -1));
    }
    return(maxdepth);                                    /* 求得二叉树的深度 */
}
```

6. 求结点所在的层次

这里,用 item 表示待求结点的数据信息,并假设二叉树中存在这样的结点,并且不多于一个。求结点在二叉树中所处层次的问题比较合适的方法是利用二叉树的后序遍历算法,特别是非递归算法。遍历过程中访问到一个结点就判断该结点是否为满足条件的结点,若是满足条件的结点,则此时堆栈中保留的元素个数加 1 即为该结点的层次数。

```
#define   M   50                                        /* 定义二叉树中结点的最大数目 */
int LAYERBT(BTREE T, datatype item)
{
    BTREE STACK1[M],p = T;
    int STACK2[M],flag,top = -1;
    do{
        while(p! = NULL){
            STACK1[++ top] = p;                          /* 当前 p 所指结点的地址进栈 */
            STACK2[top] = 0;                             /* 标志 0 进栈 */
            p = p->lchild;                               /* 将 p 移到其左孩子结点 */
        }
        p = STACK1[top];
        flag = STACK2[top--];                            /* 退栈 */
        if(flag == 0){
            STACK1[++ top] = p;                          /* 当前 p 所指结点的地址再次进栈 */
            STACK2[top] = 1;                             /* 标志 1 进栈 */
            p = p->rchild;                               /* 将 p 移到其右孩子结点 */
        }
```

```
        else{
            if(p->data==item)              /* 若当前结点满足条件 */
                return(top+2);             /* 求得结点的层次数 */
            p=NULL;
        }
    }while(!(p==NULL&&top==-1));
}
```

7. 二叉树的删除

这里所说的二叉树的删除是指删除并释放该二叉树中数据域内容为 item 的那个结点和以该结点为根结点的子树。

问题的解决分为两步。

第 1 步：先找到满足条件的结点(若存在的话)。做到这一点并不困难,只要对该二叉树进行遍历(遍历过程中,访问某个结点的具体动作就是判断这个结点是否为满足条件的结点)。

第 2 步：若找到满足条件的结点,先将该结点(二叉树的根结点除外)的双亲结点的相应指针域置为 NULL,然后释放以该结点为根结点的子树的所有结点的存储空间。

不难想到,这两步都离不开对二叉树的遍历操作。对于第 1 步,采用何种遍历方法无关紧要,但对于第 2 步,则采用后序遍历比较合适,遍历中访问一个结点的动作就是释放结点的存储空间。

下面给出的算法中,先利用前序遍历的非递归算法寻找满足条件的结点,然后利用算法 DESTROYBT(p)释放所有被删除结点的存储空间。

```
#define   M   50                          /* 定义二叉树中结点的最大数目 */
BTREE DELETEBT(BTREE &T,datatype item)
{
    BTREE STACK[M],q,p=T;
    int top=-1;
    if(T->data==item){                     /* 如果根结点满足条件 */
        DESTROYBT(T);                      /* 删除整棵二叉树 */
        return NULL;
    }
    else
        do{
            while(p!=NULL){
                if(p->data==item){         /* 若 p 所指结点满足条件 */
                    if(q->lchild==p)
                        q->lchild=NULL;     /* p 的双亲结点的左指针域置空 */
                    else
                        q->rchild=NULL;     /* p 的双亲结点的右指针域置空 */
                    DESTROYBT(p);          /* 删除并释放以 p 所指结点为根的子树 */
                    return T;
                }
```

```
            STACK[++top]=p;              /* 当前 p 所指结点的地址进栈 */
            q=p;                          /* 保存当前 p 所指结点的地址 */
            p=p->lchild;                 /* 将 p 移到其左孩子结点 */
        }
        p=STACK[top--];                  /* 退栈 */
        q=p;                              /* 保存当前 p 所指结点的地址 */
        p=p->rchild;                     /* 将 p 移到其右孩子结点 */
    }while(!(p==NULL && top==-1));
}
```

8. 交换所有结点左、右子树的位置

该操作采用按层次遍历方法比较合适。遍历过程中访问一个结点时,就将该结点的左、右子树的位置进行交换。

算法中需要用到一个队列 QUEUE[0..M−1],队头指针与队尾指针分别用 front 与 rear 表示。这里,不妨假设该队列采用顺序存储结构,并且空间足够大。

```
#define  M  50                           /* 定义二叉树中结点的最大数目 */
void EXCHANGEBT(BTREE T)
{
    BTREE QUEUE[M],temp,p=T;
    int front,rear;
    if(T!=NULL){
        QUEUE[0]=T;
        front=-1;                        /* 队头指针赋初值 */
        rear=0;                          /* 队尾指针赋初值 */
        while(front<rear){               /* 若队列不空 */
            p=QUEUE[++front];           /* 退出队头元素(结点地址)送 p */
            temp=p->lchild;
            p->lchild=p->rchild;
            p->rchild=temp;             /* 交换 p 所指结点的左、右子树的位置 */
            if(p->lchild!=NULL)
                QUEUE[++rear]=p->lchild; /* p 所指结点的左孩子的地址进队 */
            if(p->rchild!=NULL)
                QUEUE[++rear]=p->rchild; /* p 所指结点的右孩子的地址进队 */
        }
    }
}
```

7.6 线索二叉树

由 7.5 节的讨论可知,如果按照某种遍历方式对二叉树进行遍历,就可以把二叉树中所有结点排列为一个线性序列。在该序列中,除第 1 个结点,每个结点有且仅有一个直接前驱结点;

除最后那个结点，每个结点有且仅有一个直接后继结点。但是，二叉树中每个结点在这个序列中的直接前驱结点和直接后继结点是什么，二叉树的存储结构中并没有反映，只能在对二叉树遍历的动态过程中得到这些信息。为了保留结点在某种遍历序列中的直接前驱和直接后继结点的位置信息，可以利用二叉树的二叉链表存储结构中的那些空的指针域。这些指向直接前驱结点和直接后继结点的指针被称为**线索**（thread），加了线索的二叉树被称为**线索二叉树**。

在线索二叉树中，常用的操作有：确定线索二叉树中某一结点的前驱或者后继结点，将一个新的结点插入到线索二叉树中使之成为某结点的前驱或者后继结点。线索二叉树为二叉树的遍历操作提供了更多的方便，而且不需要设置堆栈。

7.6.1 线索二叉树的构造

一个具有 n 个结点的二叉树若采用二叉链表存储结构，在 2n 个指针域中只有 n−1 个指针域是用来指向结点的孩子，而另外 n+1 个指针域存放的都是空值（NULL）。为此，可以利用某结点空的左指针域（lchild）指出该结点在某种遍历序列中的直接前驱结点的位置，利用结点空的右指针域（rchild）指出该结点在某种遍历序列中的直接后继结点的位置，对于那些非空的指针域，则仍然存放指向该结点左、右孩子的指针。这样，就得到了一棵线索二叉树。

由于遍历序列可由不同的遍历方法得到，因此，线索树可以有前序线索二叉树、中序线索二叉树和后序线索二叉树之分。把二叉树改造成为线索二叉树的过程称为线索化。

图 7.14 所示的二叉树经过线索化后得到的前序线索二叉树、中序线索二叉树与后序线索二叉树分别如图 7.24(a)、(b)、(c)所示。图中以实线表示指针（指向孩子结点），虚线表示线索（指向前驱或者后继结点）。

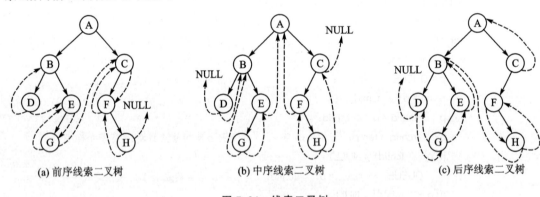

(a) 前序线索二叉树　　　　(b) 中序线索二叉树　　　　(c) 后序线索二叉树

图 7.24　线索二叉树

在设计有关线索二叉树的算法中，如何区别某个结点的指针域内究竟存放的是指针还是线索（因为线索也是一个地址）呢？通常可以采用下面两种方法处理。

① 每个链结点增设两个标志位域 lbit 和 rbit，则有

$$p\text{—}> lbit = \begin{cases} 0 & \text{表示 } p\text{—}> lchild \text{ 为指向前驱的线索} \\ 1 & \text{表示 } p\text{—}> lchild \text{ 为指向左孩子的指针} \end{cases}$$

$$p\text{—}> rbit = \begin{cases} 0 & \text{表示 } p\text{—}> rchild \text{ 为指向后继的线索} \\ 1 & \text{表示 } p\text{—}> rchild \text{ 为指向右孩子的指针} \end{cases}$$

当链结点中增加了两个标志域以后，链结点的构造如图 7.25 所示。

lbit	lchild	data	rchild	rbit

图 7.25　线索二叉树的链结点构造

② 不改变链结点的构造,仅在作为线索的地址前面加一个负号,即负的地址表示线索,正的地址表示指针。

这两种区别线索与指针的方法各有利弊。前者与后者相比,增加了存储空间的开销,但在对线索二叉树的操作过程中,对地址的处理要简单。

从图 7.24 可以看到,还有少数几个结点的线索仍然悬空,为此,解决的方法是设置一个头结点,其存储地址记为 HEAD,数据域可以不存放信息,只是令其左指针域指向二叉树的根结点,右指针域指向自己。这样,二叉树中所有尚无"去处"的线索都指向头结点。经过如此处理,可以使在后面讨论的算法(在线索二叉树中查找某结点的直接前驱结点和直接后继结点的算法)中不必再判断线索是否为空的情况。以图 7.24(b)所示的中序线索二叉树为例,其二叉链表如图 7.26 所示。这里,是采用第①种方法来区别指针与线索的。

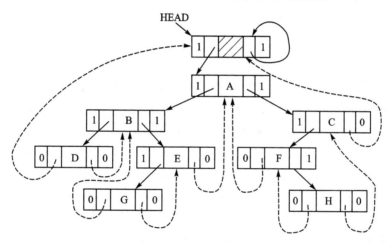

图 7.26　一颗完整的中序线索二叉树

在 C 语言中,可以按如下方法来定义线索二叉树的二叉链表结构的类型(采用第①种方法区分指针与线索)。

```
typedef struct node{
    datatype data;                        /* 数据域 */
    struct node * lchild, * rchild;       /* 指向左、右子树的指针(或线索)域 */
    int lbit, rbit;                       /* 左、右标志域 */
}TBTNode, * TBTREE;
```

7.6.2　线索二叉树的利用

建立了线索二叉树以后,可以方便地找到指定结点在某种遍历序列中的直接前驱结点或直接后继结点,而不必再对二叉树重新进行遍历。另外,在线索二叉树上进行某种遍历要比在一般二叉树上进行这种遍历要简单得多,无论是递归算法还是非递归算法,都不会涉及堆栈。

1. 在中序线索二叉树中确定地址为 x 结点的直接前驱结点

确定过程具有如下规律。

① 当 x->lbit＝0(或 x->lchild 为负值)时,x->lchild 所指的结点就是 x 的直接前驱结点。

② 当 x->lbit＝1(或 x->lchild 为正值)时,说明 x 结点有左子树,它的直接前驱结点应该是 x 结点的左子树中的最右边那个结点,即顺着 x 结点左于树的根的右指针链往下寻找,直到某结点的 rchild 域是线索为止。此时,该结点就是 x 所指结点的直接前驱结点。

根据上述规律,很容易给出在中序线索二叉树中确定 x 所指结点的直接前驱结点的算法。在下面的算法中,当算法结束时,指针变量 s 指向 x 所指结点的直接前驱结点。

```
TBTREE INPRIOR(TBTREE x)
{
    TBTREE s;
    s=x->lchild;
    if(x->lbit==1)
        while(s->rbit==1)
            s=s->rchild;
    return(s);
}
```

2. 在中序线索二叉树中确定 x 所指结点的直接后继结点

如何在线索二叉树中确定结点的后继结点呢? 从图 7.26 所示的中序线索二叉树中可以看到,若结点的右指针域为线索,则右指针域中的地址直接指出了该结点的直接后继结点,如结点 G 的直接后继结点为结点 E。若二叉树中分支结点的右指针域为指针,则无法由此得到直接后继结点的信息。然而,根据中序遍历的规律,某个结点的直接后继结点应该是遍历其右子树时访问的第 1 个结点,即右子树中最左下的那个结点。例如,在找结点 B 的直接后继结点时,首先沿着右指针找到其右子树的根结点 E,然后再顺其左指针往下寻找直至其左标志位为 0 的结点,该结点即为 B 的直接后继结点,在图 7.26 中就是结点 G。于是,在中序线索二叉树中确定存储地址为 x 结点的直接后继结点的规律可以描述如下。

① 当 x->rbit＝0(或 x->rchild 为负值)时,x->rchild 指出的结点就是 x 的直接后继结点。

② 当 x->rbit＝1(或 x->rchild 为正值)时,沿着 x 结点右子树的根的左指针链往下找,直到某结点的 lchild 域为线索。此时,该结点就是 x 结点的直接后继结点。

下面是相应算法。算法结束时,指针变量 s 指向 x 结点的直接后继结点。

```
TBTREE INSUCC(TBTREE x)
{
    TBTREE s;
    s=x->rchild;
    if(x->rbit==1)
        while(s->lbit==1)
            s=s->lchild;
    return(s);
}
```

以上仅给出了确定中序线索二叉树中某个结点的直接前驱和直接后继结点的算法。至于在前序线索二叉树中确定结点的直接后继以及在后序线索二叉树中确定结点的直接前驱结点,请读者自己从中找出规律,并设计算法,这些都不很困难。

在前序线索二叉树中不能找到某些结点的直接前驱结点。例如,当 x 结点的直接前驱结点正好是 x 结点的双亲结点,而 x 结点的 lchild 域又不是线索时,从 x 结点出发是不可能到达其直接前驱兼双亲结点的。在图 7.24(a)中,数据为 B 的结点的前驱结点就是其双亲结点(数据为 A 的结点),即属于利用线索二叉树不能找到直接前驱结点的情况。类似地,在后序线索二叉树中确定某些结点的直接后继也比较复杂,要分下面几种情况加以讨论。

① 若结点 x 是二叉树的根结点,则其直接后继结点为空。

② 若结点 x 是其双亲结点的右孩子,或者是其双亲结点的左孩子且其双亲结点没有右子树,则其直接后继结点为双亲结点。

③ 若结点 x 是其双亲结点的左孩子,并且其双亲结点有右子树,则其直接后继结点为双亲结点的右子树的后序序列的第 1 个结点。

例如,在图 7.24(c)所示的后序线索二叉树中,结点 G 的直接后继结点为结点 E,结点 E 的直接后继结点为结点 B,结点 F 的直接后继结点为结点 H,而结点 B 的直接后继结点为结点 H。可见,在后序线索二叉树中确定某结点的直接后继结点需要知道该结点的双亲结点。为此,采用带有标志域的三叉链表作为后序线索二叉树的存储结构比较合适。

3. 利用线索二叉树遍历二叉树

由 7.5 节的讨论可知,遍历二叉树时必须设置堆栈(即使是递归算法,也得由系统设计运行栈来处理)。但是,利用线索二叉树进行遍历则可以不设置堆栈,而且算法十分简洁,只要首先找到序列中的第 1 个结点,然后依次找到结点的直接后继结点,直至某结点的直接后继结点为空为止。

下面给出对中序线索二叉树进行中序遍历的算法。算法中指针 HEAD 指向线索二叉树的头结点。

```
void TINORDER(TBTREE HEAD)
{
    TBTREE p = HEAD;
    while(1){
        p = INSUCC(p);          /* 求 p 所指结点的直接后继结点 */
        if(p == HEAD)
            break;              /* 遍历结束 */
        VISIT(p);               /* 访问 p 所指的结点 */
    }
}
```

*7.6.3 二叉树的线索化

对二叉树的线索化,就是把二叉树的二叉链表存储结构中结点的所有空指针域改造成指向某结点在某种遍历序列中的直接前驱结点或直接后继结点的过程,因此,二叉树的线索化过程只能在对二叉树的遍历过程中进行。

下面给出二叉树的中序线索化的递归算法。算法中设有指针 prior,用来指向中序遍历过程中当前访问结点的直接前驱结点,prior 的初值为头结点的指针;HEAD 初始时指向头结点,但在算法执行过程中,HEAD 总是指向当前访问的结点。

```
void INTHREAD(TBTREE & HEAD)
{
    TBTREE prior;
    if(HEAD! = NULL){
        INTHREAD(HEAD->lchild);
        if(HEAD->rchild == NULL)
            HEAD->rbit = 0;
        if(HEAD->lchild == NULL){
            HEAD->lchild = prior;
            HEAD->lbit = 0;
        }
        if(prior->rbit == 0)
            prior->rchild = HEAD;
        prior = HEAD;
        INTHREAD(HEAD->rchild);
    }
}
```

*7.6.4 线索二叉树的更新

所谓线索二叉树的更新是指在线索二叉树中插入一个结点或者删除一个结点。一般情况下,这些操作有可能破坏原来已有的线索关系,因此,在修改指针的时候,还需要对线索进行相应的修改。一般来说,这个过程花费的代价几乎与重新进行线索化相同。这里仅讨论一种比较简单的情况,即在中序线索二叉树中插入一个结点 p,使它成为结点 s 的右孩子。

下面分两种情况来分析。

① 若 s 的右子树为空,如图 7.27(a)所示,则插入结点 p 之后如图 7.27(b)所示。在这种情况中,s 的直接后继结点将成为 p 的中序直接后继结点,s 成为 p 的中序直接前驱结点,而 p 成为 s 的右孩子。在下面给出的算法中,前几行用来实现这 3 步修改,其他部分的指针和线索不发生变化。

② 若 s 的右子树非空,如图 7.28(a)所示,插入结点 p 之后如图 7.28(b)所示。s 原来的右子树变成了 p 的右子树,s 成为 p 的中序直接前驱结点(因为 p 没有左子树),p 成为 s 的右孩子,s 原来的直接后继结点成为 p 的直接后继结点(s 原来的后继结点的左线索本来指向 s,插入 p 以后应该指向 p)。下面给出的算法依次实现这 4 步的修改,二叉树中其他结点的直接前驱结点和直接后继结点不发生变化。

```
void INSERT_RIGHT(TBTREE s,TBTREE p)
{
        /* 在中序线索二叉树中插入结点 p,使其成为结点 s 的右孩子 */
        TBTREE w;
        p->rchild=s->rchild;
        p->rbit=s->rbit;
        /* 若 s 原来的右子树为空,则 s 的中序直接后继结点成为 p 的中序直接后继结点;若 s 原
           来的右子树不空,则 s 的右子树成为 p 的右子树 */
        p->lchild=s;
        p->lbit=0;                          /* s 成为 p 的中序直接前驱 */
        s->rchild=p;                        /* p 成为 s 的右孩子 */
        s->rbit=1;
        if(p->rbit==1){
        /* 当 s 原来的右子树非空时,找到 s 的直接后继 w,将 w 改为 p 的直接后继结点,p
           改为 w 的直接前驱结点 */
            w=INSUCC(p);                    /* 找到 p 的直接后继结点 */
            w->lchild=p;
        }
}
```

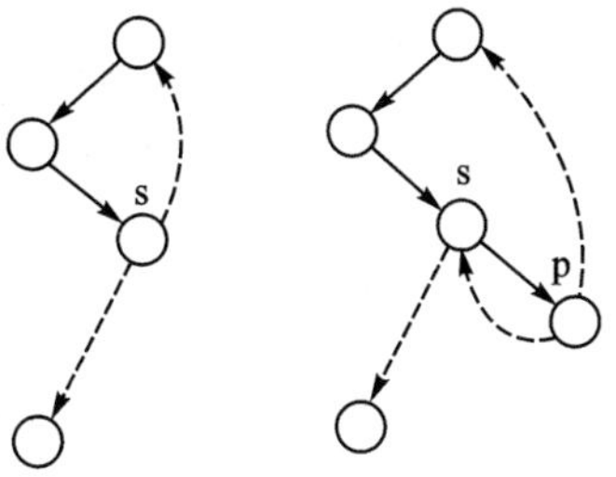

(a) 插入p之前　　(b) 插入p之后

图 7.27　线索二叉树的更新(右子树为空)

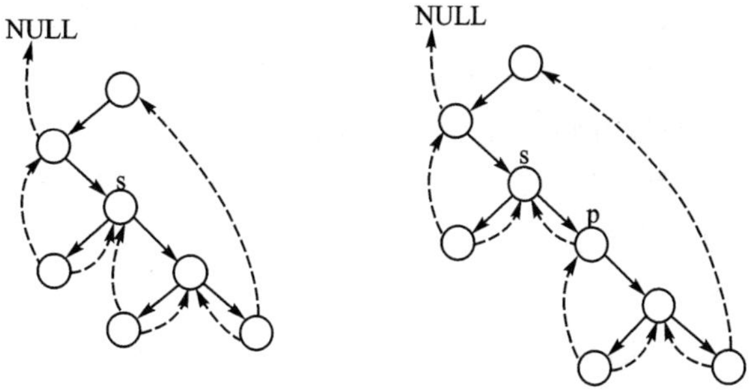

(a) 插入p之前　　(b) 插入p之后

图 7.28　线索二叉树的更新(右子树非空)

7.7　二叉排序树

　　前面已经提到,二叉树结构被广泛用来解决计算机领域中的各类实际问题。例如,在排序、检索、数据库管理系统以及人工智能等许多方面,二叉树都提供了强而有效的支持。有人说,当需要完成的功能是插入、删除和检索时,二叉排序树具有比迄今为止研究过的任何数据结构都更好的性能。本节作为二叉树的应用之一,讨论二叉排序树。

　　顾名思义,二叉排序树可以用于排序,也可以用于查找(或者称检索)。利用二叉排序树可以大大提高查找的时间效率,因此,二叉排序树也称为二叉查找树。

7.7.1　二叉排序树的定义

　　二叉排序树(binary sort tree)是一棵二叉树,若根结点的左子树不空,则左子树中所有结

点的值均小于根结点的值;若根结点的右子树不空,则右子树中所有结点的值均大于或者等于根结点的值。每一棵子树也同样具有上述特性,即二叉排序树中的任何一棵子树也是一棵二叉排序树。

图7.29给出了一棵二叉排序树。这里,只是为了讨论问题的方便,假设了二叉树中每一个结点的值分别为一个无符号十进制整常数。

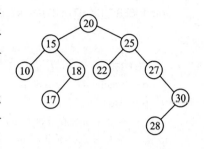

图 7.29　一棵二叉排序树

7.7.2　二叉排序树的建立(插入)

下面讨论如何根据二叉排序树的定义,将一个给定的数据元素序列构造为相应的二叉排序树。通常采用逐点插入结点的方法来构造二叉排序树。现将逐点插入法表述如下。

设 $K=(k_1,k_2,k_3,\cdots,k_n)$ 为数据元素序列。从 k_1 开始依次取序列中的元素,每取出一个数据元素 k_i,按下列原则建立二叉排序树的一个结点。

① 若二叉排序树为空,则 k_i 就是该二叉排序树的根结点。

② 若二叉排序树非空,则将 k_i 与该二叉排序树的根结点的值进行比较。若 k_i 小于根结点的值,则将 k_i 插入到根结点的左子树中;否则,将 k_i 插入到根结点的右子树中。

这是一个递归过程,因为将一个数据元素插入到根结点的左子树或者插入到根结点的右子树,同样需要按照这个原则递归进行。

可以看到,每次将一个新的元素插入到二叉排序树中,该元素对应的结点都是插在叶结点位置,换一句话说,新结点插在某个叶结点的下面,成为一个新的叶结点;插入过程没有移动二叉树中其他结点,仅改变某个结点的指针由空变为非空(若二叉排序树采用二叉链表作为存储结构)。

例如,已知 $K=(5,10,5,20,17,12,19,2)$,按照上述原则构造一棵二叉排序树的过程如图7.30所示。

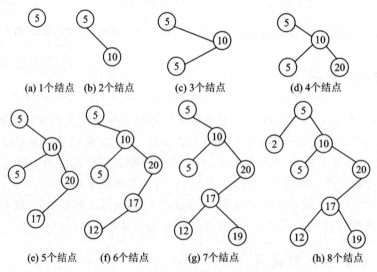

图 7.30　一棵二叉排序树的构造过程

很容易想到,对于给定的一个数据元素序列,若元素插入到二叉树的次序不同,则所建立的二叉排序树的形式也就不同。

根据建立二叉排序树的原则很容易写出相应的算法。下面给出建立二叉排序树的非递归算法(设二叉排序树采用二叉链表存储结构)。

```
BTREE SORTTREE(datatype K[],int n)
{
    BTREE T = NULL;
    int i;
    if(n>0)
        for(i=0;i<n;i++)                       /* 依次取序列中元素,并将其插入二叉树 */
            INSERTBST(T,K[i]);
    return T;
}


void INSERTBST(BTREE &T,datatype item)
{
    BTREE p,q;
    p=(BTREE)malloc(sizeof(BTNode));           /* 申请一个新的链结点空间 */
    p->data = item;
    p->lchild = NULL;
    p->rchild = NULL;                          /* 到此,完成一个新结点的建立 */
    if(T == NULL)                              /* 若二叉树为空 */
        T = p;
    else{                                      /* 若二叉树非空 */
        q = T;
        while(1)
            if(item<q->data)
                if(q->lchild! = NULL)          /* 将新结点插入左子树中 */
                    q = q->lchild;
                else{
                    q->lchild = p;
                    break;
                }
            else                               /* 将新结点插入右子树中 */
                if(q->rchild! = NULL)
                    q = q->rchild;
                else{
                    q->rchild = p;
                    break;
                }
    }
}
```

非递归算法在形式上有时候会给人一种烦琐的感觉。因此，对于二叉排序树的插入操作，也可以设计为如下形式的递归算法。

```
void INSERTBST(BTREE &T,datatype item)
{
    if(T == NULL){
        T = (BTREE)malloc(sizeof(BTNode));      /* 申请一个新的链结点空间 */
        T->data = item;
        T->lchild = NULL;
        T->rchild = NULL;                        /* 完成一个新结点的建立 */
    }
    else if(item<T->data)
            INSERTBST(T->lchild,item);           /* 将新结点插入左子树 */
        else
            INSERTBST(T->rchild,item);           /* 将新结点插入右子树 */
}
```

按照二叉排序树的定义，在上述插入算法中，值相同的数据元素插入到结点的右子树中。可以设想，如果这样的数据元素越多，二叉树的深度会变得越大，在后面的讨论中可以看到，这将会降低查找操作的效率。一个解决的方法是适当增加二叉树的存储空间开销，即在链结点中增加一个域以指示相同元素发生的频率。当然，如果数据元素集合只是一个更大结构的一部分，则该方法也有问题。此时可以把相同数据元素保留在一个辅助数据结构中，例如一个表或者另一棵二叉排序树中。

有趣的是，数据元素序列 K 一般不一定是一个按值排序的序列，但将其构造为一棵二叉排序树以后，对该二叉排序树进行中序遍历，得到的中序遍历序列却是一个按值排序的序列。这就是说，一个元素序列可以通过构造二叉排序树，然后对二叉排序树进行中序遍历而转化为一个有序序列。例如，对图 7.30(h)所示的二叉排序树进行中序遍历，可以得到如下一个按值排序的序列。

$$(2,5,5,10,12,17,19,20)$$

*7.7.3   在二叉排序树中删除结点

对于一般的二叉树来说，删去树中一个结点没有意义，因为它将使得以被删结点为根的子树成为森林，破坏了整棵树的结构。因此，在二叉排序树中删除一个结点是指仅删除指定结点，而不是把以该结点为根结点的子树删掉。显然，删除指定结点以后的二叉树仍然要保持二叉排序树的性质。

若要删除的结点由变量 p 指出，其双亲结点由变量 q 指出，则删除 p 所指的结点应该从下面 4 种情况分别考虑。

① 若被删除结点为叶结点，则删除比较简单，可以直接进行删除（还要将其双亲结点相应的指针域置 NULL）。

② 若被删除结点没有左子树（右子树存在），则可以用其右子树的根结点取代被删除结点的位置（见图 7.31(a)）。

③ 若被删除结点没有右子树(左子树存在),则可以用其左子树的根结点取代被删除结点的位置(见图 7.31(b))。

④ 若被删除结点的左、右子树均存在,则要找到被删除结点右子树中值最小的结点(不妨假设由 r 指出该结点的位置),并用该结点取代被删除结点的位置。因为由 r 指出的结点一定没有左子树(为什么?),所以用其右孩子来取代 r 所指结点的位置(见图 7.31(c))。

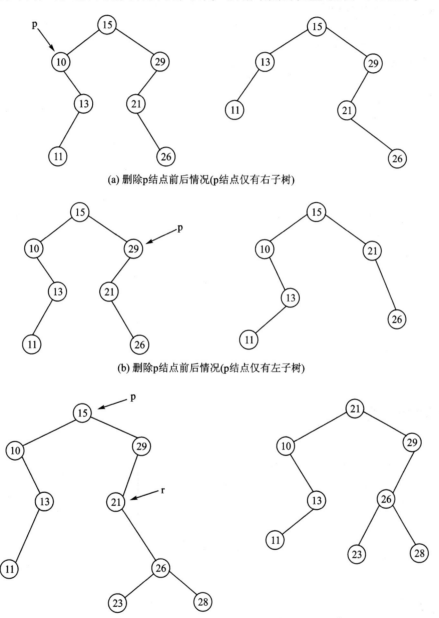

(a) 删除p结点前后情况(p结点仅有右子树)

(b) 删除p结点前后情况(p结点仅有左子树)

(c) 删除p结点前后情况(p结点左、右子树都存在)

图 7.31　二叉排序树的结点删除

根据上述情况,在二叉排序树中删除由 p 所指结点的算法可以描述如下。

```
void DELELEBST(BTREE &T,BTREE p,BTREE q)
{
    /* T 为根结点所在链结点的地址 */
    BTREE r,s;
    int flag = 0;
    if(p->lchild == NULL)        /* p 所指结点无左孩子 */
        if(p == T)               /* 若 p 所指结点为根结点,则将 p 结点的右孩子改为根结点 */
            T = p->rchild;
        else{
            r = p->rchild;
            flag = 1;
        }
    else if(p->rchild == NULL)   /* p 所指结点无右孩子 */
        if(p == T)
            T = p->lchild;       /* 若 p 所指结点为根结点,则将 p 结点的右孩子改为根结点 */
        else{
            r = p->lchild;
            flag = 1;
        }
    else{
        s = p;
        r = s->rchild;
        while(r->lchild! = NULL){
            s = r;
            r = r->lchild;
        }
        r->lchild = p->lchild;
        if(s! = p){
            s->lchild = r->rchild;
            r->rchild = p->rchild;
        }
        if(p == T)
            T = r;
        else
            flag = 1;
    }
    if(flag == 1)
        if(p == q->lchild)
            q->lchild = r;
        else
            q->rchild = r;
    free(p);
}
```

在删除结点的算法中,当 p 所指结点的左、右子树都存在时,也可以用 p 结点的左子树中值最大的结点来取代 p 结点,因此,删除结点的算法不是唯一的,并且需要对建立二叉排序树的原则进行相应的修改。

7.7.4　二叉排序树的查找

从二叉排序树的定义与构造方法不难看到,将一个数据元素序列构造为一棵二叉排序树以后,要在树中查找序列中某个数据元素存在与否的效率,比直接在序列中采用顺序比较的效率要高得多。其查找过程是:若二叉排序树为空,则查找失败,结束查找,返回信息 NULL;否则,将要查找的值与二叉排序树根结点的值进行比较,若相等,则查找成功,结束查找,返回被查到结点的地址,若不等,则根据要查找的值与根结点值的大小关系决定是到根结点的左子树还是右子树中继续查找(查找过程同上),直到查找成功或者查找失败为止。

查找过程是一个递归过程。

1. 查找算法

下面给出的非递归算法中,设二叉排序树采用二叉链表存储结构,根结点存储地址为 T;item 表示要查找的数据元素;p 为活动指针。当查找成功时,算法返回数据域值与 item 相匹配的结点的地址 p,否则,返回一个信息 NULL,以示查找失败。

```
BTREE SREACHBST1(BTREE T,datatype item)
{
    BTREE p=T;
    while(p!=NULL){
        if(p->data==item)
            return p;                    /* 查找成功,返回被查到结点的位置 */
        if(item<p->data)
            p=p->lchild;                 /* 到左子树中查找 */
        else
            p=p->rchild;                 /* 到右子树中查找 */
    }
    return NULL;                         /* 查找失败,返回信息 NULL */
}
```

以图 7.29 所示的非空二叉排序树为例,在该二叉排序树中查找结点数据域值为 18(item=18)的结点是否存在的过程如下。

① 将 p 指向二叉排序树的根结点。将 item 与根结点的数据域值比较(p->data=20),有关系 item<20,这说明,如果二叉排序树中存在数据域值为 item 的结点,则它一定在 p 所指结点的左子树中,于是,将 p 移到它的左孩子结点(数据值为 15 的结点)。

② 将 item 与当前 p 所指结点的数据域值比较(p->data=15),有关系 item>15,这说明,如果在以 p 所指结点为根结点的子树中存在数据域值为 item 的结点,则它一定在 p 所指结点的右子树中,于是,将 p 移到它的右孩子结点。

③ 将 item 与当前 p 所指结点的数据域值比较(p->data=18),有关系 item=p->data,查找成功,返回当前 p 所指结点的地址。

这是一个查找成功的例子。读者可以设计一个查找失败的例子对上述算法进行验证。下面是递归算法。

```
BTREE SREACHBST2(BTREE T,datatype item)
{
    if(T == NULL)
        return NULL;                              /* 查找失败 */
    if(T->data == item)
        return T;                                 /* 查找成功 */
    if(item<T->data)
        return SEARCHBST2(T->lchild,item);        /* 到左子树中查找 */
    else
        return SEARCHBST2(T->rchild,item);        /* 到右子树中查找 */
}
```

2. 查找长度

由前面的讨论看到,在二叉排序树中查找数据信息与给定值相匹配的结点的过程正好走了一条从根结点到该结点的路径,与给定值所进行的比较次数等于该结点所在的层次数。

对于查找算法的优劣性,通常采用**平均查找长度**的概念来衡量。

同一个数据元素集合,若对应的数据元素序列不同,得到的二叉排序树自然不同;换一句话说,采用"逐点插入方法"建立二叉排序树时,若从序列中取得数据元素的次序不同,得到的二叉排序树一定不同。也就是说,具有 n 个结点的二叉排序树不是唯一的。因而,在不同的二叉排序树中进行查找的平均查找长度与二叉排序树的形态有关。为便于分析,先定义一些术语。

平均查找长度(Average Search Length,ASL) 确定一个元素在树中位置所需要进行的比较次数的期望值。

二叉树的**内路径长度**(Internal Path Length,IPL) 从二叉树根结点到某结点所经过的分支数目定义为该结点的路径长度。二叉树中所有结点的路径长度之和定义为该二叉树的内路径长度。图 7.30(h)给出的二叉排序树的内路径长度为

$$IPL=1\times2+2\times2+3\times1+4\times2=17$$

二叉树的**外路径长度**(External Path Length,EPL) 为了分析查找失败时的查找长度,在二叉树中出现空子树时,增加新的空叶结点来代表这些空子树,从而得到一棵扩充后的二叉树。为了与扩充前的二叉树相区别,这些新增添的空的叶结点用小方块代表,称之为外部结点,树中原有的结点称为内部结点。

图 7.32 给出了一棵扩充后的二叉树,其外路径长度是二叉树中所有外部结点的路径长度之和,即

$$EPL=2\times2+3\times1+4\times4+5\times3+6\times2=50$$

根据二叉树的性质,扩充后的二叉树中若具有 n 个内部结点,则必然有 n+1 个外部结点(为什么?)。用归纳法不难证明 EPL=IPL+2n。

现在分析二叉排序树的查找长度。在 n 个结点的二叉排序树中,若对每个数据的查找概率相等,则对每个结点查找成功所需的比较次数就是该结点所在的层次数,即等于该结点的路

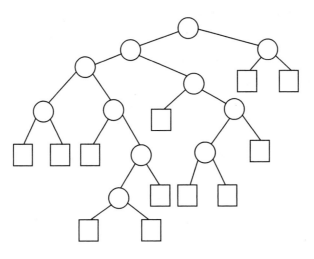

图 7.32　一棵扩充后的二叉树

径长度加 1。查找成功的平均查找长度为

$$ASL=(IPL+n)/n$$

对于不成功的查找,比较次数等于表示该数据元素所在范围的外部结点的路径长度。因此,查找失败时的平均查找长度为

$$ASL = \frac{EPL}{n} = \frac{IPL + 2n}{n}$$

考虑到在二叉排序树中查找成功与不成功的全部可能性,设对扩充后的二叉树的每个结点(包括内部结点和外部结点)进行查找的概率相等,则平均查找长度为

$$ASL = \frac{IPL + n + EPL}{n + n + 1} = \frac{2IPL + 3n}{2n + 1}$$

由此可见,要使得二叉排序树具有最小的平均查找长度,应该使内路径长度达到最小。具有最短内路径长度的二叉排序树被称为最佳二叉排序树。可以证明,最佳二叉排序树的平均查找长度为 $O(\log_2 n)$。

因此,具有 n 个结点的二叉排序树的平均查找长度与树的形态有关。最坏的情况下,二叉排序树退化为一棵单枝的二叉树,其平均查找长度为 $(n+1)/2$,是 $O(n)$ 量级,与顺序查找相同。

*7.8　平衡二叉树

在 7.7 节讨论二叉排序树的插入、删除和查找操作的过程中,读者也许已经看到了二叉排序树有一个缺陷,即树的形态事先无法预料,随意性很大,它与二叉树中结点的值以及结点的插入次序有关,得到的往往是一棵很不"平衡"的二叉树。二叉排序树与理想平衡树相差越远,树的深度差就越大,其运算时间也就越长。最坏的情况就是对单链表(对应的二叉排序树为单枝二叉树,即退化二叉树)进行运算的时间,从而部分或者全部地丧失了利用二叉排序树组织数据带来的好处。为了克服二叉排序树的这个缺陷,需要在插入和删除结点的同时对二叉树的形态(结构)进行必要的调整,使得二叉排序树始终处于一种平衡状态,始终成为一种平衡二叉树,简称平衡树。当然,它还不是理想平衡树,因为那将使得调整操作更为复杂,使调整带来的好处得不偿失。

平衡二叉树(balanced binary tree 或 height - balanced tree)又称 AVL 树。它是具有下列性质的二叉树:二叉树中每个结点左、右子树的深度之差的绝对值不超过 1。把二叉树中每个结点的左子树深度与右子树深度之差定义为该结点的平衡因子,因此,平衡二叉树中每个结点的平衡因子只能是 1,0 或 −1。图 7.33(a)所示是一棵平衡二叉树,而图 7.33(b)和(c)所示的二叉树都不是平衡二叉树。这里,每个结点上方所标数字表示该结点的平衡因子。

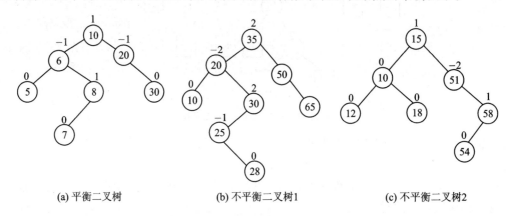

(a) 平衡二叉树   (b) 不平衡二叉树1   (c) 不平衡二叉树2

图 7.33　带平衡因子的二叉树

虽然平衡树的平衡性比理想平衡树的要差一些,但理论上已经证明,具有 n 个结点的平衡树的深度在任何情况下都不会比具有相同结点数目的理想平衡树的深度高出 45% 以上。因此,在平衡树上进行查找操作虽比理想平衡树要慢一些,但通常比在任意生成的二叉排序树中进行查找要快得多,但其时间复杂度的数量级仍为 $O(\log_2 n)$。

当在一棵平衡二叉树中插入一个新结点时,若插入以后某些结点的左、右子树的深度不变,则不会影响这些结点的平衡因子,因而也不会因为这些结点导致不平衡;若插入以后某些结点的左子树的深度增加 1(右子树的深度增加 1 的情况与之类似),就会影响这些结点的平衡因子,具体又分为以下 3 种情况。

① 若插入前一部分结点的左子树深度(hL)与右子树深度(hR)相等,即平衡因子为 0,则插入后将使平衡因子变为 1,仍符合平衡的条件,因此不必对它们进行任何调整。

② 若插入前一部分结点的 hL 小于 hR,即平衡因子为 −1,则插入后将使平衡因子变成 0,平衡性更加改善,故也不必对它们进行任何调整。

③ 若插入前一部分结点的 hL 大于 hR,即平衡因子为 1,则插入结点后将使平衡因子变为 2,破坏了平衡树的限制条件,因此需要对它们加以调整,使得整棵二叉排序树恢复为平衡树。

若插入以后某些结点的右子树深度增加 1,也要分成相应的 3 种情况讨论。对于第①种情况,平衡因子由 0 变为 −1,不必进行调整;对于第②种情况,平衡因子由 1 为变 0,也不必进行调整;只是对于第③种情况,由于平衡因子由 −1 变成 −2,必须对其进行相应的调整。

如果在平衡二叉树中插入一个结点以后破坏了其平衡性(出现上述第③种情况),则首先要找出最小不平衡子树,然后再调整该子树中的有关结点之间的链接关系,使之成为新的平衡子树。当然,调整以后该子树的二叉排序树性质不能改变,即调整前后得到的该二叉排序树的中序序列要完全相同。后面将会看到,最小不平衡子树被调整为平衡子树后,原有的其他不平衡子树无须调整,整个二叉排序树就又成为一棵平衡树。

所谓最小不平衡树是指,以离插入结点最近,并且平衡因子绝对值大于 1 的结点为根的子树。如图 7.33(b)中,以数据元素 30 的结点为根结点的子树是该二叉树的最小不平衡子树;在图 7.33(c)中,以数据元素 51 的结点为根结点的子树是该二叉树的最小不平衡子树,而且它也是唯一的不平衡子树。为了讨论问题方便,用 A 来表示最小不平衡子树的根结点。于是,调整该子树的操作可以归纳为以下 4 种情况。

1. LL 型调整

LL 型调整是对由于在结点 A 的左(L)孩子(用 B 表示)的左(L)子树上插入结点,使得结点 A 的平衡因子由 1 变为 2 而引起的不平衡所进行的调整操作。调整过程如图 7.34 所示。图中用长方框表示子树,长方框的高度表示子树的深度,带阴影的小方框表示插入的结点。图 7.34(a)为插入前的子树,α,β 和 γ 的子树深度均为 h(这里,h≥0;若 h=0,则它们都为空树);结点 A 和结点 B 的平衡因子分别为 1 和 0。图 7.34(b)为在结点 B 的左子树 α 上插入一个新结点,使得以结点 A 为根的子树成为最小不平衡子树的情况。图 7.34(c)为调整后成为新的平衡子树的情况。

调整的原则是:将结点 A 的左孩子 B 向右上旋转,替代结点 A 成为根结点;将结点 A 向右下旋转,成为结点 B 的右子树的根结点,而结点 B 的原右子树 β 则作为结点 A 的左子树。此调整过程需要修改 3 个指针(如图 7.34(c)中的箭头所示):将原指向结点 A 的指针修改为指向结点 B,将结点 B 的右指针修改为指向结点 A,将结点 A 的左指针修改为指向结点 B 的原右子树的根结点。另外,还需要修改结点 A 和结点 B 的平衡因子。

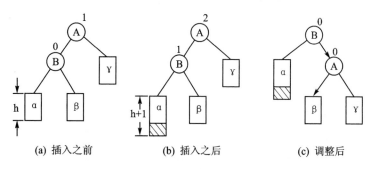

(a) 插入之前　　　　　　(b) 插入之后　　　　　　(c) 调整后

图 7.34　LL 型调整操作示意图

从图 7.34 可以看出,调整前后对应的中序序列相同,均为 αBβAγ,即经过调整后仍然保持了二叉排序树的性质不变。

图 7.35 是 LL 型调整的两个例子。其中,图(a),(b),(c)组成一例,此处结点 A 为 9,结点 B 为 6,α,β,γ 均为空树;图(d),(e),(f)组成另外一例,此处的结点 A 为 50,结点 B 为 45,α,β,γ 分别只含有一个结点的子树,这些子树根结点的数据分别为 30,48 和 60。

2. RR 型调整

RR 型调整是对由于在结点 A 的右(R)孩子(用 B 表示)的右(R)子树上插入结点,使得结点 A 的平衡因子由 −1 变为 −2 而引起的不平衡所进行的调整操作。调整过程如图 7.36 所示。图 7.36(a)为插入前的平衡树,α,β,γ 子树的深度相同,均为 h(h≥0);结点 A 和结点 B 的

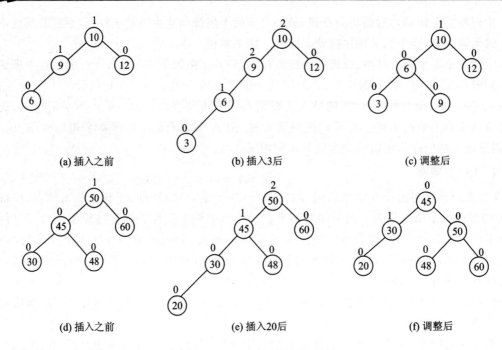

(a) 插入之前　　　　　　　(b) 插入3后　　　　　　　(c) 调整后

(d) 插入之前　　　　　　　(e) 插入20后　　　　　　　(f) 调整后

图 7.35　LL 型调整操作实例

平衡因子分别为−1 和 0。图 7.36(b)为在结点 B 的右子树 γ 上插入一个新结点,使得以结点 A 为根结点的子树成为最小不平衡子树的情况。图 7.36(c)为调整后重新恢复平衡的情况。调整的原则是:将结点 A 的右孩子 B 向左上旋转,替代结点 A 成为根结点;将结点 A 向左下旋转,成为结点 B 的左子树的根结点,而结点 B 原左子树 β 则作为结点 A 的右子树。此调整过程同 LL 型调整对称,要修改的 3 个指针如图 7.36(c)中的箭头所示。

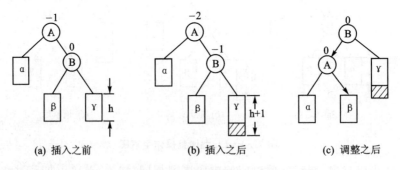

(a) 插入之前　　　　　　　(b) 插入之后　　　　　　　(c) 调整之后

图 7.36　RR 型调整操作示意图

3. LR 型调整

这种调整是对由于在结点 A 的左(L)孩子(用 B 表示)的右(R)子树上插入结点,使得结点 A 的平衡因子由 1 变为 2 而引起的不平衡所进行的操作。调整过程如图 7.37 所示。图 7.37(a)为插入前的平衡子树,α 和 δ 子树的深度均为 h(h≥0),β 和 γ 子树的深度均为 h−1;若 h=0,则 α,β,γ,δ 均为空树,并且结点 C 也不存在,或者说结点 C 是将要被插入的新结点。插入前结点 A 和结点 B 的平衡因子分别为 1 和 0;若结点 C 存在,则平衡因子为 0。图 7.37(b)为在结点 B 的右子树上插入一个新结点(当 h=0 时,为 C 结点;否则,为 C 结点的左子树或右子树上带阴影的结点。图中给出了在左子树 β 上插入的情况。若在右子树 γ 上插入,情况完全类似),使得以结点 A 为根的子树成为最小不平衡子树的情况。此处结点 A 和结点 B 的平衡因子是按相反方向变化的,而不像前两种调整操作那样,都是按同一方向变化。图 7.37(c)为调整后的情况。调整的原则是:将结点 A 的左孩子的右子树的根结点 C 提升到结点 A 的位置;将结点 B 作为结点 C 的左子树的根结点,而结点 C 原来的左子树 β 作为结点 B 的右子树;将结点 A 作为结点 C 的右子树的根结点,而结点 C 原来的右子树作为结点 A 的左子树。此调整过程要比前两种调整复杂,需要修改 5 个指针,如图 7.37(c)中箭头所示。

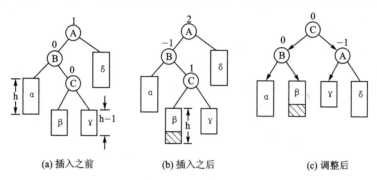

图 7.37　LR 型调整操作示意图

从图 7.37 可以看出,调整前后对应的中序序列相同,为 αBβCγAδ,只是链接次序不同罢了,并没有影响其二叉排序树的性质。

图 7.38 是 LR 型调整操作的两个实例。其中,图(a)、(b)、(c)组成一例,此处结点 A 是数据为 9 的结点,结点 B 是数据为 3 的结点,结点 C 的数据为 6,它是新插入的结点,α、β、γ、δ 均为空树;图(d)、(e)、(f)组成另一例,此处结点 A 是数据为 85 的结点,结点 B 是数据为 74 的结点,结点 C 的数据为 80,α 和 δ 子树分别只含有一个数据为 65 和数据为 92 的结点,β 和 γ 均为空。

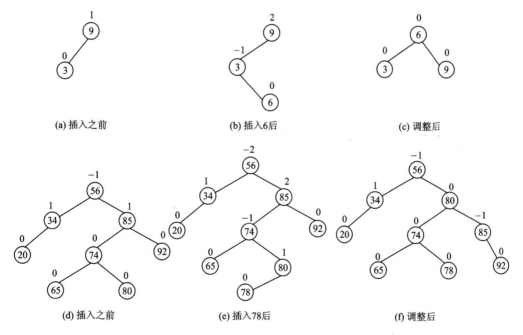

图 7.38　LR 型调整操作实例

4. RL 型调整

这种调整是对由于在结点 A 的右(R)孩子的左(L)子树上插入结点,使得结点 A 的平衡因子由 −1 变为 −2 而引起的不平衡所进行的调整操作。调整过程如图 7.39 所示,它同 LR 型调整过程对称,请读者自己分析。

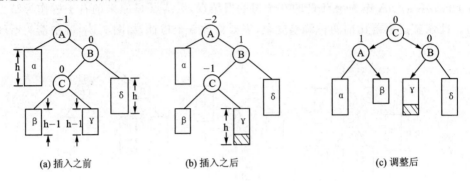

(a) 插入之前　　　　　　(b) 插入之后　　　　　　(c) 调整后

图 7.39　RL 型调整操作示意图

在上述每一种调整操作中,以结点 A 为根的最小不平衡子树的深度在插入结点之前和调整之后相同,为 h+2。对除此之外的其他所有结点的平衡性不会产生影响,即原有的平衡因子不变。因此,按照上述方法将最小不平衡子树调整为平衡子树后,整个二叉排序树就成为了一棵新的平衡二叉树。

对于序列(46,15,20,35,28,58,18,50,54),生成一棵平衡二叉树的过程如图 7.40 所示。

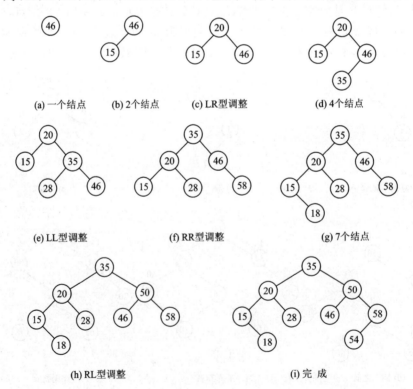

(a) 一个结点　(b) 2个结点　(c) LR型调整　　　　　(d) 4个结点

(e) LL型调整　　　　　(f) RR型调整　　　　　(g) 7个结点

(h) RL型调整　　　　　　　　(i) 完 成

图 7.40　建立一棵平衡二叉排序树

在二叉排序树的插入和删除操作中采用平衡树的优点是使二叉排序树的结构较好,从而提高了查找操作的时间效率;缺点是使得插入和删除操作复杂化,从而降低了运算速度。这是由于在每次运算中,不仅要进行插入或删除结点,而且要检查是否存在有最小不平衡子树(实验表明,平均每两次插入或者 5 次删除操作都要出现一次不平衡);若存在,则需要对最小不平衡子树中的有关指针进行修改。因此,平衡树适合于二叉排序树一经建立就很少进行插入和删除操作,而主要是用于查找的应用场合。

7.9 哈夫曼树及其应用

7.9.1 哈夫曼树(Huffman)的概念

在第 7.7.4 节中定义过二叉树的路径长度,在这一节里进一步定义带权的路径长度(WPL)的概念。

若设二叉树有 m 个叶结点,每个叶结点分别赋予一个权值,则二叉树的带权路径长度为

$$WPL = \sum_{i=1}^{m} w_i l_i$$

其中,w_i 为第 i 个叶结点被赋予的权值;l_i 为第 i 个叶结点的路径长度。

例如,给定一组权值 W = {7,5,2,4},可以构造出不同带权二叉树,如图 7.41 所示,这 3 棵带权二叉树(对应图 7.41(a)、(b)、(c))的带权路径长度各不相同,它们分别是

① WPL=2×2+4×2+5×2+7×2=36(对应图 7.41(a))。
② WPL=4×2+7×3+5×3+2×1=46(对应图 7.41(b))。
③ WPL=7×1+5×2+4×3+2×3=35(对应图 7.41(c))。

其中,图 7.41(c)表示的二叉树的 WPL 最小,它就是哈夫曼树。由此可见,带权路径长度最小的二叉树并非满二叉树,也非完全二叉树。

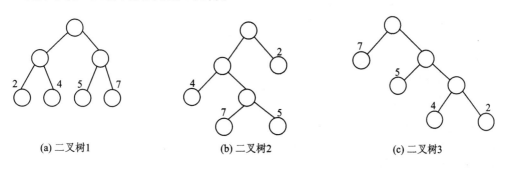

(a) 二叉树1　　　　　(b) 二叉树2　　　　　(c) 二叉树3

图 7.41 几棵带权的二叉树

给定一组权值,构造出的具有最小带权路径长度的二叉树称为**哈夫曼树**,又称为**最优二叉树**。观察图 7.41 可知,权值越大的叶结点离根结点越近,权值越小的叶结点离根结点越远,这样的二叉树的 WPL 最小,哈夫曼树就满足这一特性。另外,给定一组权值,构造出的哈夫曼树的形态可能不唯一,但它们的 WPL 都一样。从形态上可以看到,哈夫曼树中不存在度为 1 的结点。

构造具有最小 WPL 的带权二叉树的算法是哈夫曼给出的,因此又称为哈夫曼算法。其

基本思想如下。

① 将给定的权值按照从小到大排列成$(w_1, w_2, \cdots, w_m)$,并且构造出树林 $F = (T_1, T_2, \cdots, T_m)$。此时,其中的每棵树 $T_i(1 \leqslant i \leqslant m)$ 都为左、右子树均为空的二叉树,二叉树的根结点的权值为 w_i。

② 把 F 中树根结点的权值最小的两棵二叉树 T_1 和 T_2 合并为一棵新的二叉树 $T(T$ 的左子树为 T_1,右子树为 $T_2)$,并令 T 的根结点的权值为 T_1 和 T_2 根结点的权值之和,然后将 T 按其根结点的权值大小依次加入到树林 F 中。同时,从 F 中删去 T_1 和 T_2 这两棵二叉树。

③ 重复步骤②,直到构造成一棵哈夫曼树。

以 $W = (7, 5, 2, 4)$ 为例说明这个算法思想。图 7.42 给出了根据这个权值集合逐步构造出一棵哈夫曼树的过程。图 7.42(a)为初始树林,其中有 4 棵二叉树,每棵二叉树都只有一个根结点,且根结点按权值的大小从小到大排列;图 7.42(b)、(c)、(d)分别是每一次合并两棵根结点权值最小的二叉树所得到的一棵新的二叉树,以及重新按权值大小顺序排列的树林。

构造哈夫曼树算法的形式化描述将在后面讨论哈夫曼编码的算法中可以见到。

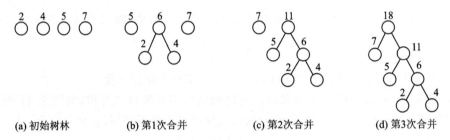

(a) 初始树林　　　(b) 第1次合并　　　(c) 第2次合并　　　(d) 第3次合并

图 7.42　构造哈夫曼树的过程

*7.9.2　哈夫曼编码

哈夫曼树的应用十分广泛。尤其在数据压缩与信息编码领域更是这样。在不同的应用中,赋予叶结点的权值可以有不同的解释:当哈夫曼树应用到信息编码中时,权值可以看成是某个符号出现的频率;当应用到判定过程中时,权值可以看成是某一类数据出现的频率;当应用到排序问题时,可以看成是已排好次序而待合并的序列的长度。

应用哈夫曼树较多的是通讯及数据传送中的二进制编码,即**哈夫曼编码**。目前,用电报传送的字符常常被转换成二进制代码传送。如何使得传送的电文编码总长度最短? 利用哈夫曼编码将能达到这一目的。

设 $D = (d_1, d_2, d_3, \cdots, d_m)$ 为需要进行编码的字符集合,$W = (w_1, w_2, w_3, \cdots, w_m)$ 为每个字符在传送电文中出现次数的集合。

以 w_i 为权值构造出一棵哈夫曼树,以 d_i 为该树中被赋予权值 w_i 的叶结点的名。在所构造出来的哈夫曼树中,规定从根结点到叶结点 d_i 的路径上每经过一条左树枝取一个二进制 0,每经过一条右树枝则取一个二进制 1。于是,从根结点到 d_i 的路径上所得到的由 0 和 1 组成的二进制位序列定义为 d_i 的哈夫曼编码。

例如,对"time tries truth"进行编码,则由
$$D = (t, i, m, e, r, s, u, h), \quad W = (4, 2, 1, 2, 2, 1, 1, 1)$$
构成的哈夫曼树如图 7.43 所示。每个字符得到的哈夫曼编码分别为

$$t=01 \quad u=000 \quad h=001 \quad i=100$$
$$e=101 \quad r=110 \quad m=1110 \quad s=1111$$

由此可得到"time tries truth"的哈夫曼编码为

01 100 1110 101 01 110 100 101 1111 01 110 000 01 001

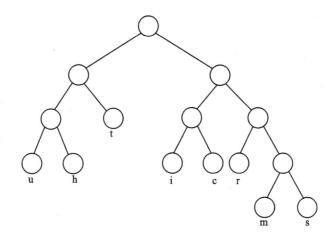

图 7.43 一棵哈夫曼编码树

这个编码不是唯一的,因为对应于 W 构造出来的哈夫曼树不是唯一的。

从实例可以看到,电文中出现次数越多的字符编码越短,这样就保证了整个电文的编码长度达到最短。另外,在对不等长编码(哈夫曼编码属于不等长编码)的字符进行识别时,必须保证任意一个字符的编码不可能是另一字符编码的前缀,哈夫曼编码正好具有这一特点,因为在哈夫曼树中,代表每个字符的结点都是叶结点,它不可能在从根结点到另一字符的路径上,当然它的编码也不可能是另外一个字符编码的前缀。两个字符之间本来不需要分隔符,但为了译码的方便,在两个字符之间仍需要留有空白。读者不难想到,由于哈夫曼编码是不等长编码,对它进行译码的工作比较困难,这是它的一个缺点。

下面给出进行哈夫曼编码的算法。

设该算法对 m 个字符进行编码,这 m 个字符用序号(1,2,3,…,m)代表,对应的权值集合为 $W=(w_1,w_2,w_3,\cdots,w_m)$。根据二叉树的性质可知,具有 m 个叶结点的哈夫曼树共有 $n=2m-1$ 个结点(读者自己可以证明该结论)。因此,算法中设置一个数组 weight[0..n−1]分别存放 n 个结点的权值;数组 parent[0..n−1]分别存放结点的双亲结点的位置;lchild[0..n−1]分别存放结点的左孩子位置;rchild[0..n−1]分别存放结点的右孩子位置(实际上,哈夫曼树采用的是一种静态的三叉链表结构);二维数组code[0..m−1][0..m−1]用来存放 m 个字符的哈夫曼编码,其中每个数组元素为一个二进制位,第 i 行中给出的是第 i 个字符的哈夫曼编码。

算法分成两个部分。

1. 构造出哈夫曼树

构造步骤如下。

① 初始时,输入 weight[0]至 weight[m−1]的值,而所有 parent,lchild 与 rchild 域均置成 0。于是,构成 m 棵树的树林。

② 利用子算法 SELECT(i−1,s1,s2)在树林中选择两棵根的权值最小的子树,其根结点分

别由 s1 与 s2 指出，把 s1 与 s2 合并为以 i 为根的二叉树，s1 和 s2 的 parent 指向 i 而不再是 0。

③ 重复步骤②，直到构成具有 m 个叶结点的哈夫曼树。

2. 在哈夫曼树上完成对每个叶结点的编码

对于每个叶结点，都是从叶结点开始到根结点为止来判断路径上每一条树枝是左树枝还是右树枝，从而在二维数组 code 的第 i 行中从第 m 列开始往左逐位填入相应的二进制位元素。算法中设置一个数组 start[0..m-1]，其中，start[i] 用来指示填入的位置。当第 i 个叶结点编码完成时，start[i] 的终值填入数组 start 中。第 i 个字符的编码为数组 code 中第 i 行从 start[i]+1 列开始到第 m 列为止的二进制位序列。请读者结合下面的算法与后面的实例进行观察分析。

```
#define   M   100
void HUFF_CODE(w,weight,parent,lchild,rchild,start,code,n,m)
int w[M],weight[],parent[],lchild[],rchild[],start[],code[][M],n,m;
{
    int i,f,s1,s2,c;
    for(i=0;i<n;i++){
        parent[i]=0;
        lchild[i]=0;
        rchild[i]=0;
    }
    for(i=0;i<m;i++)
        weight[i]=w[i];
    for(i=m;i<n;i++){
        SELECT(i-1,s1,s2);
        /* 选择两棵 parent 为 0 且权值最小的子树,根结点分别为 s1 和 s2 */
        parent[s1]=i;
        parent[s2]=i;
        lchild[i]=s1;
        rchild[i]=s2;
        weight[i]=weight[s1]+weight[s2];
    }                               /* 至此,完成哈夫曼树的构造 */
    for(i=0;i<m;i++){               /* 以下生成哈夫曼编码 */
        start[i]=m;
        f=parent[i];
        c=i;
        while(f!=0){
            if(lchild[f]==c)
                code[i][start[i]]=0;
            else
                code[i][start[i]]=1;
            start[i]--;
            c=f;
```

```
        f = parent[f];
      }
    }
  }
```

仍以"time tries truth"为例,有 D=(t,i,m,e,r,s,u,h),并以(1,2,3,4,5,6,7,8)来代表,则相应的权值集合为 W=(4,2,1,2,2,1,1,1)。根据上述算法得到的哈夫曼树的初始状态如图 7.44所示,结果状态如图 7.45 所示,各字符的哈夫曼编码如图 7.46 所示。

	weight	parent	lchild	rchild
0	4	0	0	0
1	2	0	0	0
2	1	0	0	0
3	2	0	0	0
4	2	0	0	0
5	1	0	0	0
6	1	0	0	0
7	1	0	0	0
8		0	0	0
9		0	0	0
10		0	0	0
11		0	0	0
12		0	0	0
13		0	0	0
14		0	0	0

图 7.44　哈夫曼树的初始状态

	weight	parent	lchild	rchild
0	4	13	0	0
1	2	11	0	0
2	1	9	0	0
3	2	11	0	0
4	2	12	0	0
5	1	9	0	0
6	1	10	0	0
7	1	10	0	0
8	2	12	3	6
9	2	13	7	8
10	4	14	2	4
11	4	14	5	9
12	6	15	10	1
13	8	15	11	12
14	14	0	13	14

图 7.45　哈夫曼树的结果状态

code[0..7][0..7]

						0	1
					1	0	0
				1	1	1	0
					1	0	1
					1	1	0
				1	1	1	1
					0	0	0
					0	0	1

start[0..7]

6
5
4
5
5
4
5
5

图 7.46　哈夫曼编码

习　题

7-1　单项选择题

1. 树形结构最适合用来描述_____。

A. 数据元素之间具有层次关系的数据　　B. 数据元素之间没有关系的数据

C. 有序的数据元素　　　　　　　　　　D. 无序的数据元素

2. 对于一棵具有 n 个结点、度为 4 的树而言，_____。

　A. 树的深度最多是 n−4　　　　　　　B. 树的深度最多是 n−3

　C. 第 i 层上最多有 4×(i−1) 个结点　　D. 至少在某一层上正好有 4 个结点

3. 仅从形态上看，具有 n 个结点且深度也为 n 的二叉树一共有 _____。

　A. 2n 种　　　　　B. 2^n 种　　　　　C. 2^{n-1} 种　　　　　D. 2^n-1 种

4. 若一棵度为 7 的树有 8 个度为 1 的结点，有 7 个度为 2 的结点，有 6 个度为 3 的结点，有 5 个度为 4 的结点，有 4 个度为 5 的结点，有 3 个度为 6 的结点，有 2 个度为 7 的结点，则该树的叶结点总数为 _____。

　A. 35　　　　　B. 28　　　　　C. 77　　　　　D. 78

5. 下列关于二叉树的叙述中，正确的是 _____。

　A. 二叉树就是度为 2 的树　　　　　　B. 度为 2 的树就是二叉树

　C. 二叉树中不存在度大于 2 的结点　　D. 二叉树中每个结点的度都为 2

6. "二叉树为空"意味着二叉树 _____。

　A. 由一些未赋值的空结点组成　　　　B. 没有任何结点

　C. 不存在　　　　　　　　　　　　　D. 根结点无子树

7. 一棵具有 2 011 个结点的树中叶结点的个数是 116，该树经过转换后对应的二叉树中无右子树的结点个数是 _____。

　A. 115　　　　　B. 116　　　　　C. 1 895　　　　　D. 1 896

8. 下列 4 棵二叉树中，不是完全二叉树的是 _____。

A.　　　　　　B.　　　　　　C.　　　　　　D.

9. 深度为 h 的完全二叉树的第 i 层的结点数为 _____。(i<h)

　A. 2^{i-1}　　　　　B. 2^i-1　　　　　C. 2^h-1　　　　　D. 2^{h-1}

10. 具有 n 个结点的非空完全二叉树的深度为 _____。

　A. $\lfloor \log_2 n \rfloor$　　　B. $\lfloor \log_2 n \rfloor +1$　　　C. n−1　　　　　D. n

11. 具有 2 000 个结点的非空二叉树的最小深度为 _____。

　A. 9　　　　　B. 10　　　　　C. 11　　　　　D. 12

12. 若某完全二叉树的深度为 h，则该完全二叉树中至少有 _____。

　A. 2^h 个结点　　　B. 2^h-1 个结点　　　C. 2^h+1 个结点　　　D. 2^{h-1} 个结点

13. 若某二叉树有 40 个叶结点，则该二叉树的结点总数至少是 _____。

　A. 78　　　　　B. 79　　　　　C. 80　　　　　D. 81

14. 若一棵二叉树有 10 个度为 2 的结点，则该二叉树的叶结点的个数是 _____。

　A. 9　　　　　B. 11　　　　　C. 12　　　　　D. 不确定

15. 若一棵满二叉树有 2 047 个结点，则该二叉树中叶结点的个数为 _____。

　A. 512　　　　　B. 1 024　　　　　C. 2 048　　　　　D. 4 096

16. 已知将二叉树的结点信息按层次从上至下、每一层从左至右的顺序依次存放在数组元素 BT[1]～BT[n] 中，若结点 BT[i] 右孩子存在，则该右孩子是 _____。

  A. BT[⌊i/2⌋] B. BT[2×i]   C. BT[2×i+1]   D. BT[2×i−1]

17. 若二叉树的前序序列与后序序列的次序正好相反,则该二叉树一定是_____。

  A. 空或仅有一个结点的二叉树   B. 其分支结点无左子树的二叉树

  C. 其分支结点无右子树的二叉树   D. 其分支结点的度都为 1 的二叉树

18. 任何一棵非空二叉树中的叶结点在前序遍历、中序遍历与后序遍历中的相对位置_____。

  A. 都会发生改变   B. 不会发生改变

  C. 有可能会发生改变   D. 部分会发生改变

19. 在非空二叉树的中序遍历序列中,根结点右边的结点是_____。

  A. 右子树上的所有结点   B. 右子树上的部分结点

  C. 左子树上的所有结点   D. 左子树上的部分结点

20. 对于二叉树的结点 a 和 b,如果 a 是 b 的祖先结点,则要找到从 a 到 b 的路径,下列 4 中遍历操作中,应该选择_____。

  A. 前序遍历 B. 中序遍历   C. 后序遍历   D. 按层次遍历

21. 对于一个数据元素序列,按照逐点插入方法建立一棵二叉排序树,该二叉排序树的形状取决于_____。

  A. 数据元素的输入次序   B. 使用的计算机的软、硬件条件

  C. 该序列的存储结构   D. 序列中数据元素的取值范围

22. 若某二叉排序树的后序遍历序列为 10,20,40,60,50,30,则其前序遍历序列为_____。

  A. 30,20,50,10,40,60   B. 30,50,60,40,20,10

  C. 10,20,30,40,50,60   D. 30,20,10,50,40,60

23. 要得到一棵二叉排序树所有结点按值从小到大排列的序列,应该对二叉排序树进行_____。

  A. 前序遍历   B. 中序遍历   C. 后序遍历   D. 按层次遍历

24. 除了前序遍历(DLR)、中序遍历(LDR)与后序遍历(LRD)外,二叉树的遍历方法还可以有 DRL,RDL 和 RLD 3 种。对于一棵二叉排序树,采用其中某种遍历方法可以得到该二叉排序树的所有结点按值从大到小排列的序列,这种遍历方法是_____。

  A. LDR   B. LRD   C. RLD   D. RDL

25. 具有 n 个结点的线索二叉树中,线索的数目是_____。

  A. n−1   B. n+1   C. 2n−1   D. 2n

26. 下列名词术语中,与数据的存储结构有关系的是_____。

  A. 完全二叉树 B. 满二叉树   C. 线索二叉树   D. 二叉排序树

27. 在二叉排序树中进行查找的效率与_____。

  A. 二叉排序树的深度有关   B. 二叉排序树的结点个数有关

  C. 被查找结点的度有关   D. 二叉排序树的存储结构有关

28. 随机情况下,在具有 n 个结点的二叉排序树中查找一个结点的时间复杂度为_____。

  A. O(1)   B. O(n)   C. O(n²)   D. O($\log_2 n$)

29. 平衡二叉树中任意结点的平衡因子只能是_____之一。

A. 0,1,2   B. 0,1   C. −1,+1   D. 0,−1,+1

30. 用 n 个权值构造出来的哈夫曼树共有 _____。

A. n+1 棵   B. 2n−1 棵   C. 2n 棵   D. 2n+1 棵

7−2 填空题

1. 按照二叉树的定义，具有 3 个结点的二义树有 _____ 种形态（不考虑数据信息的组合）。

2. 若一棵度为 4 的树中，度为 1、2、3 和 4 的结点个数分别为 4、3、2 和 1，则该树中叶结点的个数为 _____。

3. 如果一棵二叉树有 1 024 个结点，其中 465 个是叶结点，那么，该二叉树中度为 1 的结点的个数是 _____。

4. 将一棵结点总数为 n 且具有 m 个叶结点的树转换为一棵二叉树以后，该二叉树中右子树为空的结点有 _____ 个。

5. 若某非空二叉树采用顺序存储结构，结点的数据信息依次存放于一个一维数组中（设数组的第 1 个元素的下标为 1），下标分别为 i 和 j 的两个结点处在树中同一层的条件是 _____。（$i \neq j \neq 1$）

6. 已知二叉树的前序遍历序列为 A，B，D，C，E，F，G，中序遍历序列为 D，B，C，A，F，E，G，其后序遍历序列为 _____。

7. 若二叉树的中序遍历序列为 B，A，F，D，G，C，E，按层次遍历序列为 A，B，C，D，E，F，G，则该二叉树的后序遍历序列为 _____。

8. 除了按层次遍历外，利用 _____ 对二叉树进行遍历也可以不用堆栈。

9. 采用逐点插入法建立序列(54,28,16,34,73,62,95,60,26,43)的二叉排序树后，查找数据元素 62 需要进行 _____ 次元素间的比较。

10. 分别用 6,3,8,12,5,7 对应叶结点的权值构造的哈夫曼树的深度为 _____。

7−3 简答题

1. 若一棵树有 n_1 个度为 1 的结点，n_2 个度为 2 的结点，……，n_m 个度为 m 的结点，试问：该树一共有多少个叶结点（度为 0 的结点个数 n_0）？请写出推导过程。

2. 一棵深度为 h 的满 m 叉树具有如下性质：第 h 层上的结点都是叶结点，其余各层上每个结点都有 m 棵非空子树。问

① 第 k 层有多少个结点？（$1 \leqslant k \leqslant h$）

② 整棵树有多少个结点？

③ 若按层次从上到下，每层从左到右的顺序从 1 开始对全部结点编号，编号为 i 的结点的双亲结点的编号是什么？编号为 i 的结点的第 j 个孩子结点（若存在的话）的编号是什么？

3. 已知一棵满二叉树的结点总数是 20～40 之间的素数，此二叉树有多少个叶结点？

4. 某完全二叉树的第 7 层有 10 个叶结点，那么，整棵二叉树最多有多少个结点？

5. 由完全二叉树的中序遍历序列是否可以唯一地确定该完全二叉树？

6. 建立线索二叉树的主要目的是什么？

7. 下面关于二叉排序树的说法正确吗？若不正确，请分别举一例说明。

① 任意一个分支结点的值都大于其左孩子（若存在）的值，并且小于或等于其右孩子（若存在）的值，这样的二叉树为二叉排序树。

② 采用逐点插入法将 1 个结点插入二叉排序树,该结点总是插在某个叶结点下面。

8. 从二叉排序树中删除一个结点后再将其插入该二叉排序树,所得到的新的二叉排序树是否与原来那棵二叉排序树相同?

9. 二叉排序树的深度决定了二叉排序树的查找效率,那么,如何估计二叉排序树的深度?

10. 在构造哈夫曼树的过程中,每次从森林中选择根的关键码最小和次小的两棵树合并。在合并时是选择最小的作为左子树还是次小的作为左子树? 如果合并后新构造出的二叉树的根结点的关键码与另一棵二叉树根结点的关键码相同,下一次选择根的最小和次小关键码时,应该选择哪一个?

7 - 4 应用题

1. 证明:具有 n 个结点的非空满二叉树,其叶结点的数目为 $(n+1)/2$。

2. 一棵深度为 h 的满 m 叉树具有如下性质:第 h 层上的结点都是叶结点,其余各层上每个结点都有 m 棵非空子树。设叶结点数目为 n_0,分支结点数目为 n_m,请写出下列结论的推导过程。

$$n_0 = (m-1) \times n_m + 1$$

3. 已知二叉树采用顺序存储结构,结点信息依次存放如下(其中空白处表示对应的结点不存在):

1	2	3	4	5	6	7	8	9	10	11	12	13	14	15
A	B	C			D	E							F	

请画出该二叉树,并且分别给出该二叉树的中序遍历序列和后序遍历序列。

4. 某二叉树有 3 个结点,结点的数据信息分别为 a,b,c。请分别画出对该二叉树进行中序遍历以后得到的中序序列为 a,b,c 的所有二叉树。

5. 已知某算术表达式的中缀形式为 $A+B\times C-D/E$,后缀形式为 $ABC\times +DE/-$,请写出其前缀形式(利用二叉树的遍历序列)。

6. 已知某二叉树的中序遍历序列为 C,B,G,E,A,F, H,D,后序遍历序列为 C,G,E,B,H,F,D,A,请画出该二叉树的前序线索二叉树的二叉链表结构的表示。

7. 请按照算法 SORTTREE 画出对应于序列(15,20, 15,7,9,18,6)的二叉排序树。

8. 已知某二叉排序树的形状如图 7.47 所示,其结点的值分别为 1,2,3,4,5,6,7,8,请在该二叉排序树中标出各结点的值。

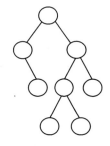

图 7.47 习题 7 - 4 的第 8 题

9. 已知二叉排序树的前序遍历序列或者后序遍历序列可以确定该二叉排序树。请简要说明确定过程。

10. 证明具有 n_0 个叶结点的哈夫曼树的分支总数为 $2(n_0-1)$。

7 - 5 算法题

1. 已知非空二叉树采用顺序存储结构,结点的数据信息依次存放于数组 BT[0..M]中(假设结点的数据信息为整型数,若数组元素为 0,则表示该元素对应的结点在二叉树中不存在)。请写出二叉树前序遍历的非递归算法。

2. 已知两棵二叉树都采用二叉链表存储结构,根结点的地址分别为 T1 和 T2。请写一算法,判断两棵二叉树是否相似(具有相同的形态),并给出相应信息。

3. 已知两棵二叉树都采用二叉链表存储结构,根结点的地址分别为 T1 和 T2。请写一递归算法,判断两棵二叉树是否等价,并给出相应信息。

4. 已知二叉树采用二叉链表存储结构,根结点的地址为 T。请写一递归算法,释放该二叉树中所有结点占用的空间。

5. 已知二叉树采用二叉链表存储结构,根结点的地址为 T。请写一非递归算法,统计出该二叉树中度为 1 的结点的数目。要求:算法中用到的堆栈采用链式存储结构。

6. 已知非空二叉树采用二叉链表存储结构,根结点地址为 T。请写出非递归算法,该算法打印数据信息为 item 的结点的所有祖先结点。假设数据信息为 item 的结点不多于一个。

7. 已知某具有 n 个结点的二叉树的前序序列与中序序列分别为 PREOD$[0..n-1]$ 与 INOD$[0..n-1]$,并且各结点的数据值均不相同。请写一非递归算法生成该二叉树的二叉链表结构。

8. 已知二叉树采用二叉链表存储结构,根结点地址为 T。请写一算法,判断该二叉树是否为完全二叉树,并给出相应信息。

9. 已知二叉树采用二叉链表存储结构,根结点的地址为 T。请写出求 p 所指结点所在层次的递归算法。

10. 已知二叉树采用二叉链表存储结构,根结点的地址为 T。请写一算法,求以数据信息为 item 的结点为根的子树的深度。

11. 已知二叉树采用二叉链表存储结构,根结点的地址为 T。请写一算法,按层次从上到下,每层从右到左的顺序依次列出二叉树所有结点的数据信息。

12. 已知二叉树采用二叉链表存储结构,根结点的地址为 T。请写一算法,打印该二叉树所有左子树的根结点的数据信息。

13. 已知非空二叉树采用二叉链表结构,根点指针为 T。请写出求 p 所指结点的双亲结点的递归算法。

14. 已知非空二叉树采用二叉链表结构,根点指针为 T。请利用二叉树遍历的非递归算法写出求二叉树中由指针 q 所指结点(设 q 所指结点不是二叉树的根结点)的兄弟结点的算法。若二叉树中存在该兄弟结点,算法给出该兄弟结点的位置,否则,算法给出 NULL。

15. 已知非空二叉树采用二叉链表结构,请写出生成该二叉树的中序线索二叉树的非递归算法。

16. 已知二叉树采用二叉链表存储结构,根结点的地址为 T。请写出判断二叉树是否为二叉排序树的非递归算法。若是二叉排序树,算法返回 1,否则,返回 0。(假设各结点的数据互不相同)

17. 结点的祖先定义为从根结点到该结点的所有分支上经过的结点。已知非空二叉排序树采用二叉链表存储结构,根结点指针为 T。请写一非递归算法,依次打印数据信息为 item 的结点的祖先结点。设结点的数据信息分别为整数,并且假设该结点的祖先结点存在。

18. 已知某哈夫曼树采用二叉链表存储,根结点指针为 T,各叶结点的 data 域中已经存放了对应的权值。请写一**非递归算法**,该算法的功能是计算该哈夫曼树的带权路径长度(WPL)。

第8章 图

到目前为止,已经讨论了线性表和树两种不同的数据结构,前者为线性结构,后者为非线性结构(具体地说,树是一种层次结构)。本章讨论非线性结构中另一种比线性表和树更为复杂的数据结构,这就是图结构。

在线性结构中,数据元素之间仅存在着线性关系,即除了表中第 1 个数据元素与最后一个数据元素,其他每一个数据元素有且仅有一个直接前驱元素和一个直接后继元素,数据元素之间的先后次序是"一对一"的关系。在树形结构中,一般情况下数据元素之间虽然不存在线性关系,但存在着明显的层次关系。每一层上的数据元素可能和下一层中多个数据元素(孩子结点)相关,但只能和上一层的一个数据元素(双亲结点)相关,数据元素之间的逻辑关系是"一对多"和"多对一"的关系。图结构则打破了这些限制,使得数据元素之间的关系可以是"多对多"的,也就是说,图中任意两个数据元素之间都可能存在关系。显然,图作为一种数据结构,可以表达数据元素之间广泛存在着的更为复杂的关系,把这种关系称为图结构或网状结构。

关于图的研究和应用已经越来越受到人们的关注。目前,它已经广泛应用于众多的科技领域,如电子线路分析、工程计划分析、寻找最短路径、遗传学、社会科学等等。在计算机科学与技术领域中,也常常需要表示不同事物之间的关系,图是描述这类关系的一个十分自然的模型。例如在开关理论、逻辑设计、人工智能、形式语言、操作系统、编译技术以及信息检索等许多领域,图的知识都起着十分重要的作用。即使在日常生活中,关于图的例子也随处可见,如城市的各种交通图、线路图、结构图、流程图,等等,不胜枚举。最近有一个令人感兴趣的应用是估计因特网的直径,即估计顺着两个网页之间的最短路径会经过的最大链接(link)数。有关图论的内容是离散数学的主要内容之一,本章不打算专门讨论它,仅仅应用它的知识来讨论图的逻辑表示以及在计算机中的存储方法。另外,也介绍一些有关图的算法及应用,以求解决一些实际问题。

为了表达与描述上的方便,一般称图中的一个数据元素为一个顶点(vertex),两个顶点之间的关系称为边(edge)或弧(arc),通常用顶点的偶对(v_i,v_j)或者$\langle v_i,v_j \rangle$来表示。

8.1 图的基本概念

8.1.1 图的定义和基本术语

1. 图的定义

图(graph)是由顶点的非空有限集合 V(由 n>0 个顶点组成)与边的集合 E(顶点之间的关系)构成的。其形式化定义为

$$G=(V,E)$$

若图 G 中的每一条边都是没有方向的,则称 G 为无向图。无向图中的边表示图中顶点的无序偶对。因此,在无向图中,顶点偶对(v_i,v_j)和顶点偶对(v_j,v_i)表示同一条边。

若图 G 中的每一条边都具有方向,则称 G 为有向图。在有向图中,一条有向边是顶点的

有序偶对。例如,顶点偶对$\langle v_i, v_j \rangle$表示从顶点 v_i 指向顶点 v_j 的一条有向边,其中,顶点 v_i 称为有向边$\langle v_i, v_j \rangle$的始点,顶点 v_j 称为该有向边的终点。有向边也称为弧,称始点 v_i 为弧尾,称终点 v_j 为弧头。读者也许已经注意到了,为了区别于无向图(仅此而已),这里使用了一对尖括号来括住顶点的偶对,而未用一对圆括号括住顶点偶对。

在下面的讨论中,不考虑顶点到其自身的边,即若(v_i, v_j)(或$\langle v_i, v_j \rangle$)或者(v_j, v_i)(或$\langle v_j, v_i \rangle$)是图 G 的一条边,则要求 $v_i \neq v_j$。此外,也不讨论一条边在图中重复出现的情况。也就是说,本章仅讨论简单的图。

图 8.1(a)中的 G_1 是一个无向图,有

$$G_1 = (V_1, E_1)$$

其中,

$$V_1 = \{v_1, v_2, v_3, v_4\}$$
$$E_1 = \{(v_1, v_2), (v_1, v_3), (v_1, v_4), (v_2, v_3), (v_2, v_4), (v_3, v_4)\}$$

图 8.1(b)中的 G_2 是一个有向图,有

$$G_2 = (V_2, E_2)$$

其中,

$$V_2 = \{v_1, v_2, v_3\}$$
$$E_2 = \{\langle v_1, v_2 \rangle, \langle v_2, v_1 \rangle, \langle v_2, v_3 \rangle\}$$

(a) 无向图G_1 (b) 有向图G_2

图 8.1 图的示例

若(v_i, v_j)是一条无向边,则称顶点 v_i 和顶点 v_j 是互为邻接点,或称 v_i 和 v_j 相邻接,并称边(v_i, v_j)依附于顶点 v_i 和顶点 v_j。若$\langle v_i, v_j \rangle$是一条有向边,则称顶点 v_i 是顶点 v_j 的邻接点,并称边$\langle v_i, v_j \rangle$依附于顶点 v_i 和顶点 v_j。

与边有关的数据信息被称为**权**。在具体应用中,权值可以具有某种实际意义。例如,在一个反映城市交通线路的图中,边上的权值可以表示该条线路的长度或者等级;对于一个电子线路图,边上的权值可以表示两个端点之间的电阻、电流或者电压值;对于一个零件装配图,边上的权值可以表示一个端点需要装配另一个端点的零件的数量;对于反映工程进度的图而言,边上的权值可以表示从前一个工程到后一个工程所需要的时间等等。

每条边上都带权的图称为**网络**,简称网。

2. 基本术语

(1) 度

顶点的**度**是指依附于某顶点 v 的边数,通常记为 TD(v)。

对于有向图,要区别顶点的入度与出度的概念。有向图中的顶点 v 的**入度**是指以顶点 v 为终点的弧的数目,记为 ID(v);顶点 v 的**出度**是指以顶点 v 为始点的弧的数目,记为 OD(v)。出度与入度之和为顶点 v 的度,即 TD(v)=ID(v)+OD(v)。

例如,在 G_1 中, v_1 , v_2 , v_3 ,与 v_4 的度分别为 3;而在 G_2 中,有

$$ID(v_1)=1 \qquad OD(v_1)=1 \qquad TD(v_1)=2$$
$$ID(v_2)=1 \qquad OD(v_2)=2 \qquad TD(v_2)=3$$
$$ID(v_3)=1 \qquad OD(v_3)=0 \qquad TD(v_3)=1$$

如果用 n 表示图中顶点的数目,用 e 表示边或弧的数目,用 $TD(v_i)$ 表示顶点 v_i 的度,则可以证明三者之间满足如下关系

$$2e = \sum_{i=1}^{n} TD(v_i)$$

从这个关系不难得知,具有 n 个顶点的无向图最多有 n(n−1)/2 条边,称这样的图为**完全图**。具有 n 个顶点的有向图最多有 n(n−1) 条边(弧),称这样的有向图为**有向完全图**。若一个图接近于完全图,称为**稠密图**;称边或弧的数目很少的图为**稀疏图**。

(2)路   径

在无向图 G 中,若存在顶点序列 v_1 , v_2 ,…, v_m ,使得顶点偶对 $(v_i,v_{i+1}) \in E(i=1,2,…,m−1)$,则称该顶点序列为顶点 v_1 和顶点 v_m 之间的一条路径,其中 v_1 被称为该路径的始点, v_m 称为该路径的终点。这条路径上所包含的边的数目 m−1 被称为该路径的长度。若 G 为有向图,则路径也是有向的,其中,每一条边 $(v_i,v_{i+1}) \in E(i=1,2,…,m−1)$ 均为有向边。

对于带权图,路径长度是指路径上所有边上的权值之和。

在图 8.2 所示的无向图中,顶点 v_1 到顶点 v_5 的路径有两条,分别为 v_1 , v_2 , v_3 , v_5 与 v_1 , v_4 , v_5 ,其路径长度分别为 3 和 2。

另外,称 $v_1 = v_m$ 的路径为**回路**或者**环**(cycle)。序列中顶点不重复出现的路径称为**简单路径**。图 8.2 所示的 v_1 到 v_5 的两条路径都为**简单路径**。除第 1 个顶点与最后一个顶点之外,其他顶点不重复出现的回路称为**简单回路**,或者简单环。

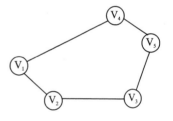

图 8.2 一个无向图

在一个有向图中,若存在一个顶点 v,从该顶点出发有路径可以到达图中其他所有顶点,则称此有向图为有根图,v 被称为该有向图的根。

(3)子   图

对于图 G=(V,E) 与图 G′=(V′,E′),若存在 V′⊆V 与 E′⊆E,则称图 G′ 是图 G 的一个**子图**。图 8.3 给出了 G_3 及其一个子图 G′。

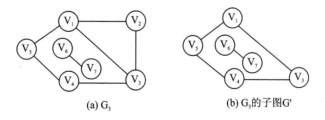

(a) G_3 (b) G_3 的子图G′

图 8.3 图和子图

(4)图的连通

对于无向图,若从顶点 v_i 到顶点 $v_j(i \neq j)$ 有路径,则称 v_i 和 v_j 之间是连通的。如果无向图中任意两个顶点 v_i 和 $v_j(i \neq j)$ 之间都是连通的,则称该无向图为**连通图**,否则,称该无向图为**非连通图**。无向图中的极大连通子图称为该图的**连通分量**。显然,连通图的连通分量只有一个,

即连通图本身,而非连通图的连通分量不是唯一的。图 8.3 中的 G_3 有两个连通分量,如图 8.4 所示。对于有向图来说,若图中一对顶点 v_i 和 $v_j(i \neq j)$ 均有从 v_i 到 v_j 以及从 v_j 到 v_i 的有向路径,则称 v_i 和 v_j 之间是连通的。若有向图中任意两个顶点 v_i 和 $v_j(i \neq j)$ 之间都是连通的,则称该有向图是**强连通图**。有向图中的极大强连通子图称为该有向图的**强连通分量**。图 8.1 中的 G_2 不是强连通的,但它有一个强连通分量,如图 8.5(a)所示。

(5) 生成树

若图 G 为包含 n 个顶点的连通图,则所谓 G 的**生成树**是 G 的一个极小连通子图,它包含其全部 n 个顶点的一个极小连通子图,并且该子图一定包含且仅仅包含 G 的 n−1 条边。图 8.5(b)给出了图 8.1(a)中 G_1 的一棵生成树。生成树中不含有回路,在生成树中添加任意一条属于 G 中的边必然会产生回路,因为新添加的边使其所依附的两个顶点之间有了第 2 条路径。若在生成树中减少任意一条边,则一定会使它成为非连通的。

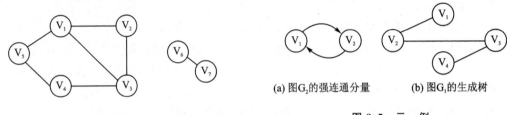

图 8.4 图 G_3 的连通分量　　　　(a) 图 G_2 的强连通分量　　(b) 图 G_1 的生成树

图 8.5 示 例

一棵具有 n 个顶点的生成树有且仅有 n−1 条边。可以肯定地说,如果一个图有 n 个顶点和少于 n−1 条边,则该图一定是非连通图。如果边数多于 n−1 条,则图中一定存在回路。需要说明的是,具有 n−1 条边的子图不一定是生成树。一般情况下,连通图的生成树不是唯一的。

(6) 生成森林

若一个有向图恰好有一个顶点的入度为 0,其余顶点的入度均为 1,则是一棵有向树。一个有向图的**生成森林**由若干棵有向树组成,包含图中全部顶点,但只有足以构成若干棵不相交的有向树的弧。如图 8.6 所示。

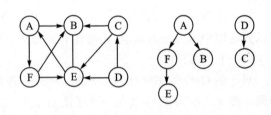

图 8.6 一个有向图及其生成森林

图是对现实世界中对象或者问题的一种抽象表示。将一个实际问题转化为一个图的问题是解决问题的第 1 步。例如,古老的七桥问题是这样说的:在一个河流分叉处有一个河中岛,4 块陆地 A,B,C,D 由 7 座桥相连,如图 8.7(a)所示。以某一块陆地为出发点,经过每一座桥一次且仅经过一次后再回到出发点,是否能够如愿以偿呢? 早在 1736 年瑞士数学家欧拉(Euler)解决这个问题时,就使用了图的概念来简化和描述问题,如图 8.7(b)所示。

在今天的现实生活中,能够用图进行模拟的例子之一是航空系统。设想每个机场为一个顶点,在由两个顶点表示的机场之间若存在一条直达航线,则用一条边连接这两个顶点。边可以带有权值,表示时间、距离或者飞行的成本费用。有理由说,这样的图是一个有向图,因为在不同方向上飞行可能所用的时间或成本开销会不同,或许人们更愿意航空系统是强连通的,这

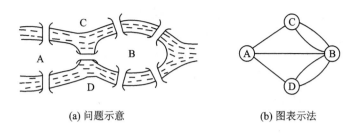

(a) 问题示意　　　　　　　　(b) 图表示法

图 8.7　古老的七桥问题

样就总能够从任意一个机场飞到另外的任意一个机场。人们也可能希望尽快确定任意两个机场之间的最佳航线。这里,所谓"最佳"可以指边的数量达到最少的路径。

总之,问题所属的领域不同,顶点和边或弧的实际意义也就不同。在研究交通和通信问题时,一个顶点可以表示一个城市,边或弧可以分别表示城市之间的道路或者通信线路,边或弧上的权值可以表示道路的距离或者线路的造价;在研究计划管理和工程进度时,顶点可以表示时刻,弧表示一项工作以及该工作所需花费的时间;在研究如何安排教学计划时,顶点可以表示课程,弧表示课程之间的选修关系;在研究地图着色问题时(不同地区着以不同颜色),一个顶点表示一个地区,边表示两个地区的分界线……因此,灵活运用图的概念来描述问题是十分重要的。

8.1.2　图的基本操作

在图中,顶点之间并没有确定的次序关系,但为了实际操作方便,通常需要将图中的顶点按照一个任意的顺序进行排列。为此,所谓"顶点在图中的位置"指的是该顶点在这个人为排列的顺序中的位置。例如某个顶点在这个序列中的位置为 i,那么,就称该顶点为顶点 i(有时也用 v_i 表示),该顶点的所有邻接点也按这个顺序依次被称为该顶点的第 1 个邻接点,第 2 个邻接点……

下面是图常见的几种基本操作。

① LOCVERTEX(G,v)　确定顶点 v 在图 G 中的位置。

② GETVERTEX(G,i)　求图 G 中第 i 个顶点。

③ FIRSTADJ(G,v)　求图 G 中顶点 v 的第 1 个邻接点。

④ NEXTADJ(G,v)　求图 G 中顶点 v 的邻接点之后的下一个邻接点。

⑤ ADDVERTEX(G,u)　在图 G 中增加一个顶点 u。

⑥ ADDEDGE(G,v,w)　在图 G 中增加一条从顶点 v 到顶点 w 的边。

⑦ DELVERTEX(G,v)　删除图 G 中顶点 v 以及依附于 v 的所有边。

⑧ DELEDGE(G,u,v)　删除图 G 中顶点 u 与顶点 v 之间的边。

⑨ TRAVERSE(G,v)　从顶点 v 出发,按照某种遍历原则对图 G 进行遍历。

8.2　图的存储方法

从逻辑结构来看,图是一种网状结构,图中顶点之间的逻辑关系不是线性关系。但是,如8.1 节提到的那样,为了操作与存储的需要,常常人为地把顶点按照一个任意的顺序进行排列。8.1.2 小节提到的顶点的位置,就是按照某种存储方法将图的顶点排列之后顶点的排列位置 i,并且常用 i 来代表某个顶点,甚至就简称顶点 i 或者第 i 个顶点。

图的存储方法比较多,但无论采用什么存储方法,目标总是相同的,即不仅要存储图中各个顶点本身的数据信息,同时还需要存储顶点与顶点之间的所有关系(边或弧)的信息,如果图是带权的,还要考虑权值的存储。存储方法的选择,通常取决于具体的应用和所定义操作的需要。

8.2.1 邻接矩阵存储方法

邻接矩阵(adjacency matrix)存储方法也称数组存储方法,是因为这种方法的核心思想就是利用两个数组来存储一个图,其构造原理比较简单。

对于具有 n 个顶点的图 G=(V,E),定义一个具有 n 个元素的一维数组 VERTEX[0..n−1],将图中顶点的数据信息分别存入该数组的一个数组元素中(若图中顶点的数据信息仅为序号,则该一维数组可以省去)。另外,定义一个二维数组 A[0..n−1][0..n−1],该二维数组通常被称为**邻接矩阵**。若以顶点在 VERTEX 数组中的下标来代表一个顶点,则邻接矩阵中元素 A[i][j]存放顶点 i 到顶点 j 之间的关系信息,有

$$A[i][j] = \begin{cases} 1 & \text{顶点 i 与顶点 j 之间有边} \\ 0 & \text{顶点 i 与顶点 j 之间无边} \end{cases}$$

对于网络,有

$$A[i][j] = \begin{cases} w_{ij} & \text{顶点 i 与顶点 j 之间有边,且边上的权值为 } w_{ij} \\ \infty & \text{顶点 i 与顶点 j 之间无边} \end{cases}$$

图 8.1 给出的图 G_1 与图 G_2 所对应的邻接矩阵分别表示为

$$VERTEX1 = (v_1, v_2, v_3, v_4) \qquad VERTEX2 = (v_1, v_2, v_3)$$

$$A1 = \begin{bmatrix} 0 & 1 & 1 & 1 \\ 1 & 0 & 1 & 1 \\ 1 & 1 & 0 & 1 \\ 1 & 1 & 1 & 0 \end{bmatrix} \qquad A2 = \begin{bmatrix} 0 & 1 & 0 \\ 1 & 0 & 1 \\ 0 & 0 & 0 \end{bmatrix}$$

对于图 8.8 所示网络,其邻接矩阵表示如下(略去了存放顶点信息的一维数组)。

$$A3 = \begin{bmatrix} \infty & \infty & 9 & 3 & \infty \\ \infty & \infty & \infty & \infty & 4 \\ 9 & \infty & \infty & 6 & \infty \\ 3 & \infty & 6 & \infty & 2 \\ \infty & 4 & \infty & 2 & \infty \end{bmatrix}$$

图 8.8　一个网络示例

不难看出,采用邻接矩阵的存储方法具有以下特点。

① 无向图的邻接矩阵一定是一个对称矩阵。因此,按照压缩存储的思想,在具体存放邻接矩阵时只需存放上(或者下)三角形矩阵的元素即可。

② 不带权的有向图的邻接矩阵一般来说是一个稀疏矩阵(特别是对于稀疏图)。因此可以采用三元组表或十字链表的方法存储邻接矩阵。

③ 对于无向图,邻接矩阵的第 i 行(或者第 i 列)非零元素(或者非∞元素)的个数正好是第 i 个顶点的度 $TD(v_i)$。

④ 对于有向图,邻接矩阵的第 i 行(或者第 i 列)非零元素(或者非∞元素)的个数正好是第 i 个顶点的出度 $OD(v_i)$(或者入度 $ID(v_i)$)。

⑤ 采用邻接矩阵方法存储一个图,很容易确定图中任意两个顶点之间是否存在边(或弧)相连。但是,要确定图中具体有多少条边,则必须按行、按列对每个元素进行检测,所花费的时间代价较大,这是采用邻接矩阵存储图的局限性。

⑥ 对于具有 n 个顶点的图采用邻接矩阵方法,邻接矩阵占用 n×n 个存储位置,因而其空间复杂度为 $O(n^2)$。这种方法比较适合于稠密图的存储,而对于稀疏图,则势必造成存储空间的浪费。

例 8.1 分别依次输入带权无向图的 n 个顶点(假设以序号 i 表示第 i 个顶点)和 e 个表示边的顶点偶对,写一算法,建立其邻接矩阵结构。

```
#define  MaxValue  Int_Max              /* 定义最大值(∞) */
#define  MaxVNum   100                  /* 定义最大顶点个数 */
void ADJMATRIX(int A[][MaxVNum],int n,int e)
{
    int i,j,k,weight;
    for(i=0;i<n;i++)
        for(j=0;j<n;j++)
            A[i][j]=MaxValue;           /* 邻接矩阵赋初值 */
    for(k=0;k<e;k++){
        scanf("i=%d,j=%d,weight=%d",&i,&j,&weight);  /* 输入一个顶点偶对与权值 */
        A[i][j]=weight;
        A[j][i]=weight;
    }
}
```

上述算法的时间复杂度为 $O(n^2+e)$,其中 $O(n^2)$ 的时间耗费在对邻接矩阵的每个分量置初值的操作上。

8.2.2 邻接表存储方法

8.2.1 小节提到,邻接矩阵存储方法不适合稀疏图,因为存储空间代价太大,而实际经常遇到的大多数问题又不是稠密图。一个较好的解决方法是采用邻接表存储方法。

图的**邻接表**(adjacency list)存储方法是一种顺序分配与链式分配相结合的存储方法。它包括两个组成部分,其中一个部分是链表,用来存放边的信息,另一部分是一个数组,主要用来存放顶点的数据信息。

在这种存储方法中,对于图中的每一个顶点分别建立一个线性链表,这样,对具有 n 个顶点的图而言,其邻接表结构由 n 个线性链表组成。每个链表前面设置一个头结点,称之为**顶点结点**。每个顶点结点由两个域组成,如图 8.9 所示。其中,顶点域(vertex)用来存放某个顶点的数据信息;指针域(link)指出依附于该顶点的第 1 条边所对应的链结点的地址。为了方便随机访问任意一个顶点的链表,通常情况下,n 个顶点结点以顺序存储结构的形式存储,构成一个数组结构,并用该数组的下标代表顶点在图中的位置。

邻接表的第 i 个链表中的每一个链结点称之为**边结点**(也称表结点),它表示依附于第 i 个顶点的一边条(对有向图而言,是以顶点 i 为始点(弧尾)的一条边),其链结点构造如图 8.10 所示。其中,adjvex 域存放该边的另一端顶点在顶点数组中的位置(序号),对于有向图,存放的是该边的终点(弧头)在顶点数组中的位置;weight 域存放一条边的权值,若图不是网络,则边结点中无此域;next 域为指针域,指出与顶点 i 邻接的下一条边所对应的边结点的位置,即通过 next 域将第 i 个链表中的所有边结点链接成一个线性链表,最后那个边结点的指针域存放 NULL。

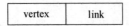

vertex	link

adjvex	weight	next

图 8.9　邻接表的顶点结点构造　　　图 8.10　邻接表的边结点构造

例如,对于图 8.1 所示的无向图 G_1 和有向图 G_2 以及图 8.8 所示的网络,其邻接表表示分别如图 8.11(a),(b),(c)所示。

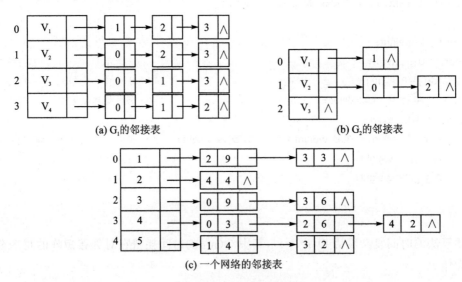

(a) G_1 的邻接表　　　　　　　　　　(b) G_2 的邻接表

(c) 一个网络的邻接表

图 8.11　邻接表的示例

邻接表结构中的边结点与顶点结点的类型可以分别描述如下。

```
typedef struct edge{
    int adjvex;              /* 该边的终止顶点在顶点结点中的位置 */
    int weight;              /* 该边的权值 */
    struct edge * next;      /* 指向下一个边结点 */
}ELink;
typedef struct ver{
    vertype vertex;          /* 顶点的数据信息 */
    ELink * link;            /* 指向第 1 条边所对应的边结点 */
}VLink;
```

如果无向图有 n 个顶点、e 条边,则其邻接表需要 n 个顶点结点和 2e 个边结点。在总的边数小于 n(n−1)/4 的情况下,采用邻接表结构比采用邻接矩阵结构要节省空间。另外,在无向图的邻接表中,第 i 个链表中的边结点数目正好是第 i 个顶点的度;在有向图的邻接表中求顶点的出度比较方便,因为第 i 个链表的边结点数目正好是第 i 个顶点的出度。但求顶点的入度则相对比较麻烦,而在一些实际应用中,有时的确需要知道顶点的入度,解决的办法之一是扫描邻接表,统计 adjvex 域中值为 i 的边结点数目,得到顶点 i 的入度,这是很费时的。更有效的方法是建立一个称之为**逆邻接表**的结构。也就是说,按照建立邻接表的基本思想,对于有向图中每一个顶点,建立以该顶点为终点(弧头)的一个链表,即把所有以该顶点为终止顶点的边结点链接为一个线性链表。图 8.12 给出了图 G_2 的逆邻接表。

当然,对于有向图而言,是选用邻接表还是逆邻接表作为它的存储结构,要看对图实施的具体操作而定。

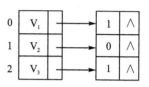

图 8.12 G_2 的逆邻接表

邻接表存储方法与邻接矩阵存储方法一样,不仅适用于无向图,也适用于有向图,并且图带权与否都不受限制。从上面的讨论中不难看到,无向图的邻接表中边结点的数目一定为偶数;而邻接表中边结点的数目为奇数的图一定为有向图。

在邻接表结构中,要找到任意一个顶点的邻接点比较容易,但要确定任意两个顶点(如顶点 v_i 和顶点 v_j)之间是否存在边或者弧,则需要遍历第 i 个或者第 j 个链表,这一点不如邻接矩阵方便。

需要注意的是,给定一个图,其对应的邻接表(或逆邻接表)结构不一定是唯一的,因为图中所有顶点的数据信息可以按照任意次序存放于顶点结点中;另外,在每一个顶点对应的链表中,边结点的链接次序也可以是任意的,链接次序与边的输入次序以及相关算法有关。

例 8.2 依次输入带权有向图的 n 个顶点(假设以序号 i 表示第 i 个顶点)和 e 个表示边的顶点偶对,写一算法,建立其邻接表结构。

```
void ADJLIST(VLink G[],int n,int e)
{
    int k,vi,vj,weight;
    ELink * p, * q;
    for(k=0;k<n;k++){
        G[k].vertex = k+1;
        G[k].link = NULL;                    /* 建立 n 个顶点结点 */
    }
    for(k=0;k<e;k++){
        scanf("%d %d %d",&vi,&vj,&weight);   /* 输入一个顶点偶对与权值 */
        p=(Elink * )malloc(sizeof(ELink));   /* 申请一个边结点 */
        p->adjvex = vj-1;
        p->weight = weight;
        p->next = NULL;
        if(!G[vi-1].link)
            G[vi-1].link = p;                /* 若第 vi 个链表只有头结点 */
        else{
```

```
        q = G[vi－1].link;
        while(q－>next)
            q = q－>next;                    /* 找到第 vi 个链表的表尾结点 */
        q－>next = p;                        /* 将新结点插入到第 vi 个链表表尾 */
        }
    }
}
```

　　在建立邻接表或者逆邻接表时,如果输入的顶点信息为顶点的编号,则建立邻接表的时间复杂度为 O(n＋e);否则,需要通过查找才能得到顶点在图中的位置信息,算法的时间复杂度为 O(n×e)。

　　例 8.3　已知一个具有 n 个顶点的图 G 采用邻接表存储方法,试设计一个算法,删除图中数据信息为 item 的那个顶点。

　　该算法的思想比较简单。首先在顶点结点中采用顺序查找的方法找到满足条件的顶点(这里假设满足条件的顶点不超过 1 个),然后从顶点结点中删除该顶点以及与之相关的边(相应链表中的所有边结点),并修改相关边结点的 adjvex 域的值。具体算法如下。

```
void DELVER(VLink G[],int n,vertype item)
{
    int i,k =－1;
    ELink * p, * q, * r;
    for(i = 0;i<n;i++)                        /* 寻找满足条件的顶点,并记录其位置 */
        if(G[i].vertex == item){
            k = i;                            /* 记录满足条件的顶点的位置 */
            break;
        }
    if(k! =－1){                              /* 若找到满足条件的顶点 */
        p = G[k].link;
        for(i = k＋1;i<n;i++){
            G[i－1].vertex = G[i].vertex;
            G[i－1].link = G[i].link;
        }                                     /* 从顶点结点中删除一个顶点 */
        n－－;                                 /* 图中的顶点数目减 1 */
        while(p! = NULL){
            r = p;
            p = p－>next;
            free(r);
        }                                     /* 删除并释放第 k 个链表的所有边结点 */
        for(i = 0;i<n;i++){
            p = G[i].link;
            while(p! = NULL)
                if(p－>adjvex == k){          /* 若 p 所指边结点的 adjvex 域为 k */
```

```
        if(G[i].link==p)
            G[i].link=p->next;          /* 删除 p 所指的边结点 */
        else
            q->next=p->next;            /* 删除 p 所指的边结点 */
        r=p;
        p=p->next;
        free(r);
    }
    else{
        if(p->adjvex>k)                 /* 若 p 所指边结点的 adjvex 域大于 k */
            p->adjvex--;                /* p 所指边结点的 adjvex 域减 1 */
        q=p;
        p=p->next;                      /* p 移到下一个边结点 */
    }
}
}
```

*8.2.3　有向图的十字链表存储方法

与前面两种方法不同,十字链表(orthogonal list)存储方法仅适合于有向图,不适用于无向图。实际上它是邻接表与逆邻接表的结合,即把每一条边的边结点分别链接到以弧尾顶点为头结点的链表和以弧头顶点为头结点的链表中。顶点结点与边结点的构造分别如图 8.13 (a),(b)所示。其中,边结点中的 tail 域存放该边的弧尾顶点在顶点结点中的位置;head 域存放该边的弧头顶点在顶点结点中的位置;weight 域存放一条边的权值(当有向图不带权时,省去此域);hlink 域为指针,指出以同一顶点为弧头的下一条弧的边结点的存储地址;tlink 域也为指针,指出以同一顶点为弧尾的下一条弧的边结点的存储地址。

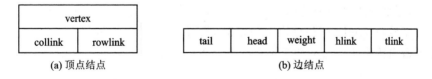

(a) 顶点结点　　　　　　　　　　　　(b) 边结点

图 8.13　十字链表的顶点结点和边结点构造

图 8.14 所示的有向图 G_4 的十字链表表示如图 8.15 所示。

在有向图的邻接表中求顶点的出度比较方便,而在它的逆邻接表中求顶点的入度比较方便。显然,在有向图的十字链表中求顶点的出度与入度变得都很容易了。例如,求强连通分量时需要正反两个方向进行判断,求关键路径时也需要正反两个方向求事件的最早发生时间和最迟发生时间。

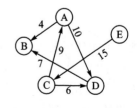

图 8.14　一个带权的有向图 G_4

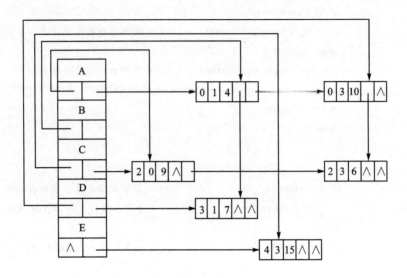

图 8.15 有向图 G_4 的十字链表表示

*8.2.4 无向图的多重邻接表存储方法

与有向图的十字链表存储方法相反,多重邻接表(adjacency multilist)方法仅适用于无向图,不适用于有向图。

在无向图的邻接表中,每条边的两个边结点分别在以该边所依附的两个顶点为头结点的链表中,这会给图的某些操作带来不便。例如,对已访问过的边要做标记,或者要删除图中某一条边,必须同时找到表示该边的两个顶点。而在下面要介绍的多重邻接表存储方法中,图中每条边只用一个边结点表示,并且使这个边结点同时链接在两个链表之中。这两个链表分别以该边所依附的两个顶点的顶点结点作为链表的头结点。

多重邻接表的顶点结点的构造与 8.2.2 小节介绍过的邻接表的顶点结点的构造完全相同,而边结点的构造如图 8.16 所示。其中,mark 为标志域,如在对图的遍历操作过程中该标志可以用来标记该条边是否被访问过;ivertex 与 jvertex 分别存放该边的两个顶点在顶点结点中的位置(序号);weight 存放该边上的权值(若图不带权,该域可以省去);ilink 与 jlink 为指针域,分别指出依附于该边的两个顶点的下一条边的存储位置。

mark	ivertex	jvertex	weight	ilink	jlink

图 8.16 多重邻接表的边结点构造

图 8.8 中所示的无向图的多重邻接表如图 8.17 所示。

从这个例子可以看到,无向图的多重邻接表与邻接表的差别仅仅在于:在邻接表中,同一条边用两个边结点表示,而在多重邻接表中只用一个边结点表示。除了标志域外,多重邻接表所表达出的信息与邻接表相同,基本操作的实现也与邻接表相似。

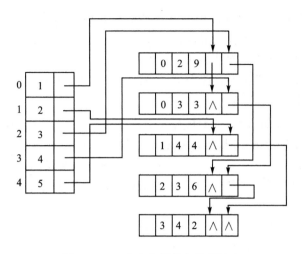

图 8.17　一个无向图的多重邻接表

8.3　图的遍历

　　与树形结构类似,在图的操作中,图的遍历也是一种最基本、最常见的操作,常常成为其他许多操作的基础,例如输出图中所有顶点的数据信息,求图的某个连通分量或者生成树,判断图中从某个顶点到另一个顶点是否存在路径以及拓扑排序和求关键路径等,都会涉及图的遍历操作。

　　从给定图中任意指定的顶点出发,按照某个原则系统地访问图中的其他顶点,每个顶点仅仅被访问一次,得到由该图中顶点组成的一个序列,这个过程称为**图的遍历**。由于图的结构本身比树结构复杂,因而图的遍历也比树和二叉树的遍历要复杂得多。在图中,任意一个顶点都可能与图中多个顶点相邻接,并且存在回路(可能还不止一条回路)。因此,在图中访问了某个顶点之后,在随后的访问过程中又可能再次回到这个顶点,在图的遍历操作中,为了避免重复访问那些已经访问过的顶点,需要对每个已经被访问过的顶点做记录(标记),例如采用设置一个标记数组的方法。

　　对某一个顶点的访问在不同的问题中可以具有不同的含义。例如判断某顶点是否是满足条件的顶点,输入某顶点的数据信息等。

　　图的遍历通常采用两种方式,它们分别是**深度优先搜索**与**广度优先搜索**。下面分别介绍这两种遍历方法。在下面的讨论中,假设被遍历的图采用邻接表存储方法。需要提醒的是,由于图 G＝(V,E)中顶点集合 V 与边的集合 E 中元素的排列是任意的,在采用邻接表存储以后,如果存放顶点结点的先后顺序不同,或者边结点的链接次序不同,在按照某种方式遍历图时,将会影响到顶点被访问的先后顺序,即经过遍历得到的遍历序列有可能不同。即使存储结构确定,如果指定的出发顶点不同,遍历得到的结果也会有差别。当然,对于某种已经确定的存储结构与指定的出发顶点,按照某种遍历方法得到的遍历结果则是唯一的。

8.3.1　深度优先搜索

　　遍历原则:从图中某一指定顶点 v 出发,先访问 v,然后从该顶点的未被访问过的邻接顶点 w 出发进行深度优先搜索,直到图中与 v 相通的所有顶点都被访问(此时完成了对图中一个连通分量的遍历)。若图中还存在未被访问过的顶点,则从另一个未被访问过的顶点出发重复上述过程,直到图中所有顶点都被访问。

显然,这个遍历过程是递归的。读者可以通过一个堆栈结构设计出相应的非递归算法,这里,仅给出深度优先搜索的递归算法。

为了标记已被访问过的顶点,对于具有 n 个顶点的图 G=(V,E),设置一个具有 n 个数组元素的一维数组 visited[0..n−1],其数组元素的初值均为 0。在遍历过程中,约定

$$visited[i] = \begin{cases} 0 & \text{表示对应顶点未被访问过} \\ 1 & \text{表示对应顶点已被访问过} \end{cases}$$

其中,i=0,1,2,…,n−1。

在某一时刻,是否访问顶点 i,取决于 visited[i−1] 的当前标记值是 1 还是 0。一旦访问了某个未被访问过的顶点后,及时将该数组中的对应元素值由 0 改为 1,以避免随后的遍历重复访问图中同一个顶点。深度优先搜索的递归算法如下。

```
void DFS(VLink G[],int v)
{
    int w;
    VISIT(v);                    /* 访问顶点 v */
    visited[v] = 1;              /* 将顶点 v 对应的访问标记置为 1 */
    w = FIRSTADJ(G,v);           /* 求 v 的第 1 个邻接点,若无邻接点,则返回 −1 */
    while(w! = −1){
        if(visited[w] == 0)
            DFS(G,w);
        w = NEXTADJ(G,v);        /* 求 v 的下一个邻接点,若无邻接点,则返回 −1 */
    }
}
```

对图 G=(V,E)进行深度优先搜索的主算法如下。

```
void TRAVEL_DFS(VLink G[],int visited[],int n)
{
    int i;
    for(i=0;i<n;i++)
        visited[i] = 0;                      /* 标记数组赋初值(清零) */
    for(i=0;i<n;i++)
        if(visited[i] == 0)
            DFS(G,i);
}
```

从上面的讨论可以看到,调用算法 DFS(G,v)一次只能完成图的一个连通分量的遍历(因此,可以利用图的遍历操作求图的连通分量)。若一个无向图是连通的,或者从有向图中某顶点 v 到图中其他各顶点都有路径,只需调用一次 DFS(G,v)算法就能遍历整个图,否则需要多次调用 DFS(G,v)算法。

根据这个算法,对于图 8.18 所示的图以及相应的邻接表结构,分析从顶点 v_1 出发进行深度优先搜索的过程如下。

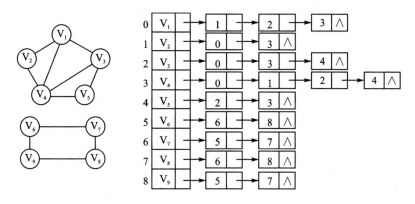

图 8.18 一个图及其邻接表结构

① 访问顶点 v_1,并将 visited[0]置为 1,表示顶点 v_1 已被访问过;接着从 v_1 的一个未被访问过的邻接点 v_2(因为 v_1 的 3 个邻接点 v_2,v_3 和 v_4 此时都尚未访问过,根据 v_1 所在链表中边结点的链接次序,从左向右首先扫描到的未被访问过的邻接点是 v_2)出发进行深度优先遍历。

② 访问顶点 v_2,并将 visited[1]置为 1,表明顶点 v_2 此时已被访问;接着从 v_2 的一个未被访问过的邻接点 v_4(v_2 的另一个邻接点 v_1 此时已经被访问过,因 visited[0]为 1)出发继续进行深度优先遍历。

③ 访问顶点 v_4,并将 visited[3]置为 1,表明顶点 v_4 已被访问;接着从 v_4 的两个未被访问过的邻接点 v_3 和 v_5 中的顶点 v_3 出发进行深度优先遍历(选择 v_3 的原因同上)。

④ 访问顶点 v_3,将 visited[2]置为 1,表明顶点 v_3 已被访问;然后从 v_3 的未被访问过的邻接点 v_5 出发继续进行深度优先遍历。

⑤ 访问顶点 v_5,并置 visited[4]为 1。由于此时顶点 v_5 的所有邻接点都已经被访问过,因而退回到进入 v_5 之前的 v_3;而顶点 v_3 的所有邻接点此时也均被访问过,继续退回到进入 v_3 之前的顶点 v_4;同理,继续退回到顶点 v_2,再退回到顶点 v_1。由于顶点 v_1 是最初的出发点,而此时 v_1 的所有邻接点也均被访问过,这表明图中与顶点 v_1 相通的顶点此时都已被访问(若被遍历的图是一个连通图,该图的遍历到此时结束;若被遍历的图是一个非连通图,此时仅仅遍历了包含出发点在内的一个连通分量,图 8.18 就是如此)。此时,图中还存在未被访问过的顶点,需要从这些未被访问过的顶点中再指定一个新的出发顶点,继续进行深度优先遍历。根据算法 TRAVEL_DFS,将选择顶点 v_6 作为新的出发点开始对另一个连通分量进行深度优先遍历。按此规律下去,直到图中所有顶点都被访问。由此得到的遍历序列为

$$v_1,v_2,v_4,v_3,v_5,v_6,v_7,v_8,v_9$$

由于图中每个顶点的序号确定以后,图的邻接矩阵表示是唯一的,因而,从某一指定顶点出发进行深度优先搜索时,访问各顶点的次序也是唯一的;但图的邻接表表示却不是唯一的,它与边的输入次序和边结点的链接次序等因素有关。所以,对于同一个图的不同邻接表,从某一指定的顶点出发进行深度优先搜索时,访问各顶点的次序也就有可能不同,得到的遍历序列自然也就不同。另外,即使对于同一个邻接矩阵或者同一个邻接表,若指定的出发点不同,则遍历后得到的遍历序列也不相同。这一结论对于后面将要讨论的广度优先搜索也适用。

下面简单分析算法的时间复杂性。

在一个具有 n 个顶点和 e 条边的图上进行深度优先遍历时,为标志数组 visited 赋初值需用 O(n)时间,调用 DFS 的时间为 O(e)。事实上,只要一调用 DFS(G,v),算法就在第 5 行置 visited[v]为 1,所以对于每个顶点 v,DFS(G,v)只能被调用一次,n 个顶点共调用了 n 次 DFS 算法,但对每个顶点都要检查其所有的邻接点。若图采用邻接矩阵存储方法,则确定一个顶点的邻接点要进行 n 次测试,因此,此时算法的时间复杂度为 O(n²);若图采用邻接表存储方法,它的 e 条边所对应的边结点的总个数为 2e,调用 DFS 的时间为 O(e)。此时,算法的时间复杂度为 O(n+e)。当 n≤e 时,若不计置 visited 的时间,则整个深度优先搜索所需要的时间为 O(e)。

8.3.2 广度优先搜索

遍历原则:从图中指定顶点 v 出发,访问 v 以后再依次访问 v 的各个未被访问过的邻接点;然后从这些邻接点出发,按照同样原则依次访问它们的未被访问过的邻接点……,直到图中所有访问过的顶点的邻接点都被访问。若此时图中还存在未被访问过的顶点,则从另一个未被访问过的顶点出发继续进行上述过程,直到图中所有顶点都被访问。

广度优先搜索与深度优先搜索不同,它首先访问指定出发顶点,然后依次访问该顶点的所有未被访问过的邻接点,再接下来访问邻接点的未被访问过的邻接点,依次类推。显然,实现这个过程需要设置一个队列结构。

下面给出广度优先搜索算法。

```
void BFS(VLink G[],int v)
{
    int w;
    VISIT(v);                        /* 访问顶点 v */
    visited[v] = 1;                  /* 顶点 v 对应的访问标记置为 1 */
    ADDQ(Q,v);
    while(!EMPTYQ(Q)){
        v = DELQ(Q);                 /* 退出队头元素送 v */
        w = FIRSTADJ(G,v);           /* 求 v 的第 1 个邻接点。无邻接点,返回 -1 */
        while(w! = -1){
            if(visited[w] == 0){
                VISIT(w);            /* 访问顶点 w */
                ADDQ(Q,w);           /* 当前被访问的顶点 w 进队 */
                visited[w] = 1;      /* 顶点 w 对应的访问标记置为 1 */
            }
            w = NEXTADJ(G,v);        /* 求 v 的下一个邻接点。无邻接点,返回 -1 */
        }
    }
}
```

对图 G=(V,E)进行广度优先搜索的主算法如下。

```
void TRAVEL_BFS(VLink G[],int visited[],int n)
{
    int i;
    for(i=0;i<n;i++)
        visited[i]=0;                    /* 标记数组赋初值(清零) */
    for(i=0;i<n;i++)
        if(visited[i]==0)
            BFS(G,i);
}
```

根据这个算法,对于图 8.18 所示的图及其相应的邻接表,分析从顶点 v_1 出发进行广度优先搜索的过程如下。

① 访问顶点 v_1,同时置 visited[0] 为 1,并且将 v_1 进队。

② 此时队列不空,从队列中退出队头元素 v_1,求出 v_1 的第 1 个邻接顶点 v_2 送 w。由于此时 v_2 未被访问,则访问 v_2,同时将 v_2 进队,并置 visited[1] 为 1,然后求出 v_1 的下一个未被访问过的邻接点 v_3;访问 v_3,置 visited[2] 为 1,并将 v_3 进队,接着再求出 v_1 的下一个未被访问过的邻接点 v_4;访问 v_4,置 visited[3] 为 1,并将 v_4 进队。

③ 此时队列不空,从队列中退出队头元素 v_2。由于 v_2 的邻接点 v_1 和 v_4 当前都已经被访问过(visited[0]=1,visited[3]=1),本次没有访问与进队动作。

④ 此时队列不空,从队列中退出队头元素 v_3。此时 v_3 只有一个邻接点 v_5 未被访问,访问 v_5,并且置 visited[4] 为 1,同时将 v_5 进队。

⑤ 此时队列不空,从队列中退出队头元素 v_4,此时 v_4 的所有邻接点都已经被访问,本次没有访问与进队动作。

⑥ 此时队列不空,从队列中退出队头元素 v_5,此时 v_5 的所有邻接点都已经被访问,本次没有访问与进队动作。

由于当前队列已空,表明与顶点 v_1 相通的所有顶点都已被访问(若被遍历的图是一个连通图,该图的遍历到此结束;若被遍历的图是一个非连通图,到此仅仅遍历了包含出发点在内的一个连通分量)。此时,图中还存在未被访问过的顶点,需要从未被访问过的顶点中再选择一个新的顶点继续进行广度优先遍历。根据算法 TRAVEL_BFS,将从顶点 v_6 开始对另一个连通分量进行广度优先遍历。

按照这个规则对图 8.17 所示的图进行广度优先搜索得到的遍历序列应为

$$v_1,v_2,v_3,v_4,v_5,v_6,v_7,v_9,v_8$$

与图的深度优先搜索类似,从图的某个顶点出发进行广度优先搜索时,对于采用邻接矩阵作为存储结构的图来说,访问各顶点的次序是唯一的,但如果采用邻接表作为存储结构,访问各顶点的次序可能会因邻接表的不同而不同。

从算法中可知,每个顶点最多进队列一次,n 个顶点一共有 n 次进队操作。由于遍历的过程实质上是通过边或弧寻找邻接点的过程,因此,广度优先搜索算法的时间复杂度与深度优先搜索算法的时间复杂度相同。两者的空间复杂度均为 O(n)。

8.3.3 连通分量

如果 G 为一个无向图,则简单地调用算法 DFS 或者 BFS,然后再判断图中是否还有尚未被访问过的顶点,就可以断定该图是否连通。通过反复调用 DFS(v)或者 BFS(v)就可以得到图中各连通分量,其中 v 是到目前为止尚未被访问过的一个顶点。下面的算法实现了上述思想,它确定一个图的连通分量。算法使用了 DFS(也可以使用 BFS 代替 DFS,因为这样做,能达到同样的目的,且并不影响算法的时间效率)。另外,假设算法中用到另外一个子算法 OUTCOMPONET(),它输出在最近一次调用 DFS 的过程中访问过的全部顶点以及所有依附于这些顶点的边。

```
void COMPONENT(VLink G[],int n)
{
    int i;
    for(i=0;i<n;i++)
        visited[i]=0;                /* 标记数组赋初值(清零) */
    for(i=0;i<n;i++)
        if(!visited[i]){
            DFS(G,i);
            OUTCOMPONET();
        }
}
```

对于上述算法,若图 G 有 n 个顶点、e 条边,且采用邻接表存储方法,则 DFS 占用的总时间为 O(e)。若 DFS 保存所有新近访问过的顶点,则可以用时间 O(e)完成输出操作。由于 for 循环要占用 O(n)时间,因此,生成全部连通分量需要的总时间为 O(n+e)。

若图 G 采用邻接矩阵存储方法,则需要的时间为 O(n^2)。

8.4 最小生成树

对于连通的无向图和强连通的有向图 G=(V,E),从任意一个指定顶点出发进行遍历,必然会将图中边的集合 E(G)分为两个子集 T(G)和 B(G),其中,T(G)为遍历时经过的边的集合,B(G)为遍历时未经过的边的集合。T(G)和 G 中顶点的集合 V(G)构成了图 G 的一个极小连通子图,也就是说 G′=(V,T)是 G 的一个子图,并称 G′为 G 的一棵生成树。

连通图的生成树可能不是唯一的,从不同的顶点出发进行遍历,或者虽然从相同的顶点出发,但由于采用不同的存储结构,都可以得到不同的生成树。对于具有 n 个顶点的连通图的生成树,它包含了该连通图的全部 n 个顶点,但仅包含其 n−1 条边。生成树中不具有回路。在生成树 G′=(V,T)中任意增加一条属于 B(G)的边,必然会产生回路。

如果连通图是一个网络(边上带权的图),则其生成树中的边也带权,且称该网络的所有带权生成树中权值总和最小的生成树为**最小生成树**(也称**最小代价生成树**)。

对于一个带权连通图,如何找出一棵生成树,使得各边上的权值总和达到最小,是一个具有实际意义的问题。例如,要求铺设沟通 n 个城市的有线通信网络,那么,需要建造 n−1 条通信线路。可以把 n 个城市分别看作图的 n 个顶点,各个城市之间的通信线路看作边,相应的建设花费作为边的权值,这样就构成了一个带权的图。如果在每两个城市之间都设置一条线路,则在 n 个城市之间,可行线路最多有 n(n−1)/2 条,那么,如何选择其中的 n−1 条线路(边),

使得在 n 个城市之间建成都能相互通讯的网络,并且使总的建设花费为最小,这就归结为求该网络的最小生成树问题。

由生成树的定义可知,具有 n 个顶点的连通图的生成树是该图的一个极小连通子图,它包含了连通图的全部 n 个顶点,仅包含其 n−1 条边,并且生成树中没有回路。因此,构造最小生成树的基本原则应该是:

① 只能使用该连通图的边来构造最小生成树;

② 只能使用并且仅能使用 n−1 条边来连接该连通图的 n 个顶点;

③ 不能使用产生回路的边。

构造最小生成树的方法有多种,其中比较典型的方法是普里姆(Prim)算法和克鲁斯卡尔(Kruskal)算法。

8.4.1　普里姆算法

构造最小生成树的方法可以有多种算法,其中常用的方法有**普里姆**算法和**克鲁斯卡尔**算法,这两个算法都利用了下列称为 MST 的性质。

MST 性质:设 $G=(V,E)$ 是一个连通网络,$T=(U,TE)$ 是正在构造的最小生成树。若边(u,v)的顶点 $u \in U,v \in V-U$,即(u,v)为一端在 U 中、另一端在 V−U 中且边的权值最小的边,则必然存在一棵包含边(u,v)的最小生成树。

用反证法证明该性质。设网络 G 的任何一棵最小生成树 T 都不包含(u,v)。当把(u,v)加入 T 中时,根据生成树的定义和性质,T 中必然存在一条包含(u,v)的回路(见图 8.19),并且 T 中必然已有另一条边(u′,v′),其中 $u' \in U,v' \in V-U$,且 u 和 u′、v 和 v′ 之间均有路径相通。若在 T 中保留(u,v),去掉(u′,v′)而得到另一棵生成树 T′,由于(u,v)的权值小于(u′,v′)的权值,故得到的包含(u′,v′)的生成树 T′ 的总权值小于 T 的总权值,这与假设矛盾。

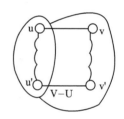

图 8.19　图中存在回路

MST 性质得证。

下面用自然语言描述构造最小生成树的普里姆算法思想。

设 $G=(V,GE)$ 为一个具有 n 个顶点的连通网络,$T=(U,TE)$ 为构造的生成树。初始时,$U=\{v_1\},v_1 \in V,TE=$ 空。重复下述操作 n−1 次,直到 U=V 为止:在所有 $v \in V-U$ 和 $u \in U$ 的边 $(v,u) \in E$ 中选择一条权值最小的边(k,i)加入 TE,同时将 k 加入 U。这时产生的 TE 中具有 n−1 条边,$T=(U,TE)$ 就是所要求的最小生成树。

上述算法结束时,T 中包含了 G 的 n−1 条边。利用最小生成树的性质和数学归纳法容易证明,存在 G 的一棵最小生成树 T′ 包含这 n−1 条边。由于 G 的顶点数为 n,不可能包含多于 n−1 条边,所以,T′=T。

为了实现该算法,需要设置两个辅助数组,其中,数组 lowcost[0..n−1]用来保存 V−U 中各顶点到 U 中各顶点的权值,数组 teend[0..n−1]用来记录该边在 U 中的那个顶点。例如,数组元素 lowcost[k]是顶点 k 到 U 中顶点的权值最小的边的权值,若元素 teend[k]=i,则表示该边为(k,i),即 teend[k]给出了顶点 k 到 U 中权值最小的边的另一端顶点。

算法利用数组 lowcost[0..n−1]不断从图中选取一条权值最小的边 (v_k,v_i),并把 v_k 加入到 U 中;同时把元素 lowcost[k]置为 0,以标记顶点 v_k 已经加入到 U 中;再根据新加入 U 的顶点 v_k 更新数组 lowcost 的各分量值以及数组 teend 的各分量值,重复 n−1 次。初始时,令元素 lowcost[0]=0,表示顶点 v_1 首先加入到 U 中;令元素 lowcost[k]=GE[1][k](2≤k≤n),以表示 U−V 中各顶点到 U 中各顶点的最小权值的边的权(此时 U 中只有顶点 v_1)。若 G 采用邻接矩阵存储结构,则 GE[0..n−1][0..n−1]表示邻接矩阵。算法如下。

```
#define MaxVNum 100
void MINSPANT_PRIM(int GE[][MaxVNum],int n)
{
    int lowcost[n],teend[MaxVNum],i,j,k,mincost;
    lowcost[0]=0;
    teend[0]=0;
    for(j=1;j<n;j++){
        teend[j]=0;
        lowcost[j]=GE[0][j];
    }                                    /* 对辅助数组进行初始化 */
    for(i=1;i<n;i++){
        mincost=MaxValue;
        j=1;
        while(j<n){
            if(lowcost[j]>0 && mincost>lowcost[j]){
                mincost=lowcost[j];
                k=j;
            }
            j++;
        } /* 选择一条一端在 U、另一端在 V−U 上的所有边中权最小的边(k,teend[k]) */
        printf("(%d,%d)",teend[k],k);     /* 输出最小生成树的一条边 */
        lowcost[k]=0;                      /* 顶点 k 加入到 U 中 */
        for(j=0;j<n;j++)                   /* 更新 lowcost[j] */
            if(GE[k][j]<lowcost[j]){
                lowcost[j]=GE[k][j];
                tend[j]=k;
            }
    }
}
```

下面结合一个例子看看算法中辅助数组的变化情况。已知某带权连通图以及邻接矩阵如图 8.20 所示,辅助数组的变化情况如图 8.21(a)~(f)所示。

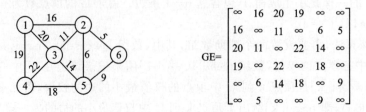

图 8.20　一个网络及其邻接矩阵

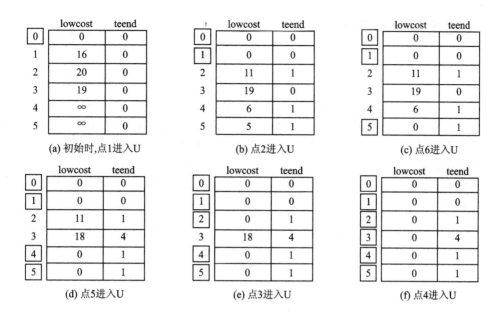

图 8.21 辅助数组的变化情况

对于 8.20 给出的网络,按照 MINSPANT_PRIM 算法产生的最小生成树的过程如图 8.22(a)~(f)所示。方块中的顶点表示已经加入到集合 U 中。

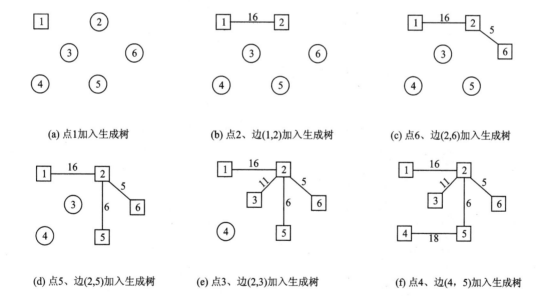

图 8.22 利用普里姆方法构造最小生成树的过程

上述算法中,第 10~28 行的 for 循环语句要执行 n-1 次,每执行一次时,第 13~19 行的 while 循环语句和第 22~27 行的 for 循环语句的时间分别都是 O(n)。由此得知 MINSPANT_PRIM 算法的时间复杂度为 O(n²),与网中的边数无关,因此,MINSPANT_PRIM 算法适合于求边数较多的网的最小生成树。

8.4.2 克鲁斯卡尔算法

求给定带权连通图的最小生成树的另一种方法就是克鲁斯卡尔算法。

设 G=(V,GE)为一个具有 n 个顶点的带权连通图,T=(U,TE)为 G 的最小生成树,初始时,有 U=V,即 U 中包含了 G 的全部 n 个顶点,但 TE=空。算法的基本思想是:从 G 中选择一条当前未选择过的且边上的权值最小的边加入 TE,若加入 TE 后使得 T 未产生回路,则本次选择有效;如使得 T 产生回路,则本次选择无效,放弃本次选择的边。重复上述选择过程直到 TE 中包含了 n−1 条边,此时的 T 为 G 的最小生成树。

如何判断将要加入 T 的一条边是否与生成树中已经保留的边形成回路是实现克鲁斯卡尔方法的关键。

对于图 8.20 所示的图,图 8.23 显示了产生其最小生成树的过程。初始时,生成树的状态如图 8.23(a)所示。此时"生成树"中只有 G 中的 6 个顶点,无任何边。最小生成树的产生过程描述如下。

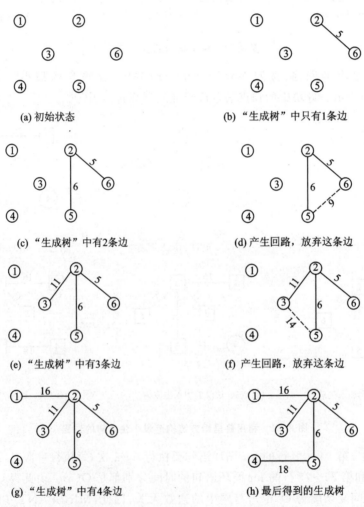

(a) 初始状态

(b) "生成树"中只有1条边

(c) "生成树"中有2条边

(d) 产生回路,放弃这条边

(e) "生成树"中有3条边

(f) 产生回路,放弃这条边

(g) "生成树"中有4条边

(h) 最后得到的生成树

图 8.23 利用克鲁斯卡尔方法构造图 8.19 所示图的最小生成树的过程

① 当前未选择过的边中权值最小的边为(2,6),将其加入"生成树"中未产生回路,选择有效,如图 8.23(b)所示。

② 当前未选择过的边中权值最小的边为(2,5),将其加入"生成树"中未产生回路,选择有效,如图 8.23(c)所示。

③ 当前未选择过的边中权值最小的边为(5,6),将其加入"生成树"中产生了回路,选择无效,放弃选择的边(此时"生成树"中仍然只有 2 条边),如图 8.23(d)所示。

④ 当前未选择过的边中权值最小的边为(2,3),将其加入"生成树"中未产生回路,选择有效,如图 8.23(e)所示(此时"生成树"中有 3 条边)。

⑤ 当前未选择过的边中权值最小的边为(3,5),将其加入"生成树"中产生了回路,选择无效,放弃选择的边(此时"生成树"中仍然只有 3 条边),如图 8.23(f)所示。

⑥ 当前未选择过的边中权值最小的边为(1,2),将其加入"生成树"中未产生回路,选择有效(此时"生成树"中有 4 条边),如图 8.23(g)所示。

⑦ 当前未选择过的边中权值最小的边为(4,5),将其加入"生成树"中未产生回路,选择有效,如图 8.23(h)所示。

经过上述 7 个回合的选择,选择了 5 条有效边,使得 U=V。此时 T 为 G 的最小生成树。

从上面的讨论可知,求连通图的最小生成树的方法有普里姆方法与克鲁斯卡尔方法两种。在采用不同方法求最小生成树的过程中,产生边的先后次序可能不同,但求得的最小生成树的权值之和一定相同。

8.5 最短路径

在图中,若从一个顶点到另一个顶点之间存在着一条路径,则该路径的路径长度为该路径上所经过的边的数目,它等于该路径上经过的顶点数目减 1。从一个顶点到另一个顶点之间可能存在着多条路径,而每条路径经过的边的数目可能不同,若不仅考虑路径上经过的边的数目,而且考虑路径上各边上的权值,则对于带权图,路径长度是指路径经过的所有边上权值之和,并把所有带权路径中路径长度最短的那一条路径称为最短路径,其路径长度称为最短路径长度或者最短距离。

图的另一个应用是**最短路径问题**。最短路径问题来自于实际。例如,有某一地区的一个公路网,给定了该网中的 n 个城市和这些城市之间相通的公路以及它们的距离,能否找到城市 A 到城市 B 之间一条距离最近的通路呢? 这个问题可以归结为求网中某一个指定城市到另一个城市之间的最短路径问题。下面仅讨论从该公路网中某一指定的城市到网中其他所有城市之间的最短路径问题,即单源最短路径问题。

显然,可以利用一个带权的连通图来表示这个公路网。设 n 个城市分别用图中 n 个顶点表示,城市之间的公路用顶点之间的边表示,边上的权值表示两个城市之间公路的距离。这样,就构成了一个网络。

本节将着重讨论从源点 v(出发点)到图中其他 n−1 个顶点(目的地)之间的最短路径问题。迪杰斯特拉(Dijkstra)提出了按路径长度递增的次序产生最短路径的算法。

下面先给出算法中需要用到的一些数据结构。

① 采用邻接矩阵存储方法存储该带权图。设邻接矩阵为 cost[0..n−1][0..n−1],则有

$$cost[i][j] = \begin{cases} w_{ij} & \text{顶点 i 到顶点 j 有边,且边上的权值为 } w_{ij} \\ \infty & \text{顶点 i 到顶点 j 无边} \\ 0 & i = j \end{cases}$$

② 设置一个具有 n 个元素的一维数组 s[0..n-1](可称之为标记数组,也可以认为是一个集合),用以标记那些已经找到最短路径的顶点,则有

$$s[i] = \begin{cases} 1 & \text{已经找到源点 v 到顶点 i 的最短路径} \\ 0 & \text{尚未找到源点 v 到顶点 i 的最短路径} \end{cases}$$

初始时,元素 s[v]=1,表示源点 v 已在集合 s 中,其余元素 s[i]=0(0≤i≤n-1,但 i≠v)。每当找到源点 v 到顶点 i 的最短路径时,及时将元素 s[i]置为 1。

③ 算法中设置一个具有 n 个元素的一维数组 dist[0..n-1],用来记录源点 v 到各顶点之间的最短路径的路径长度。初始时,数组 dist 各元素的值分别为邻接矩阵 cost 中第 v 行各元素的值。

④ 设置一个二维数组 path[0..n-1][0..n-1],数组的每一行均为顶点的集合,其中,第 i 行的元素记录了源点 v 到顶点 i 的最短路径上经过的所有顶点(序列)。初始时,令所有元素 path[i][0]={v}(i=0,1,2,…,n-1),表明此时源点 v 到各顶点的路径上顶点的集合中只有源点 v。

下面先用自然语言的方式来描述算法的基本思想。

算法中反复利用数组 dist 与标记数组 s 在所有尚未找到最短路径的顶点 w 中选择一个顶点 u,使得

$$dist[u] = \min_{s[w]=0} \{dist[w]\}$$

其中,u 是当前求得的那条最短路径的一个终点,并置 s[u]为 1,以表示源点 v 到顶点 u 的最短路径此时已经找到;然后令 path[u]=path[u]+{u},即把顶点 u 加入到数组 path[u]中;然后根据所加入 s 的顶点 u 修改源点 v 到所有尚未找到最短路径的顶点的距离,即若满足关系

$$dist[u]+cost[u][w] < dist[w]$$

则修改 dist[w],使得

$$dist[w] = dist[u]+cost[u][w]$$

并把由源点 v 到顶点 w 的路径换成由源点经过顶点 u 到顶点 w 的路径,即用 path[u][]替换 path[w][]。如果上述关系不满足,则不做替换。

重复上述操作过程 n-1 次,即可按路径长度递增的顺序求得源点 v 到网中其他各顶点之间的最短路径。

迪杰斯特拉算法如下。

```
#define MaxVNum 100
void SHORTEST_PATH(int cost[][MaxVNum],int v,int n,int dist[],int path[][MaxVNum])
{
    int i,w,u,count,pos[n],s[MaxVNum];
    for(i=0;i<n;i++){
        s[i]=0;                    /* 标记数组置 0 */
        dist[i]=cost[v][i];        /* 将邻接矩阵第 v 行元素依次送 dist 数组 */
        path[i][0]=v;              /* 源点 v 到各顶点的路径置初值 */
```

```
        pos[i] = 0;                    /* 第 i 条路径的位置计数器置初值 */
    }                                  /* 对辅助数组进行初始化 */
    s[v] = 1;
    count = 1;                         /* 计数器赋初值 1 */
    while(count<n){                    /* 以下过程执行 n-1 次 */
        u = MINDIST(s,dist);
        /* 利用 s 和 dist 在尚未找到最短路径的顶点中确定一个与 v 最近的顶点 u */
        s[u] = 1;                      /* 置 u 的标记为 1 */
        path[u][++pos[u]] = u;         /* 将 u 添加到从 v 到 u 的最短路径中 */
        count++;                       /* 计数器累加 1 */
        while(1){    /* 根据 u 更新从 v 到所有尚未确定最短路径的顶点的路径长度 */
            if((w = SEARCH_VER(s,dist,u)) == -1)
            /* 找到通过 u 可以直接到达且尚未确定最短路径的一个顶点 */
                break;                 /* 未找到,路径长度更新过程结束 */
            else{
                if(dist[u] + cost[u][w]<dist[w]){
                    dist[w] = dist[u] + cost[u][w];    /* 更新路径长度 */
                    for(i=0;i<pos[u];i++)
                        path[w][i] = path[u][i];
                        /* 用从源点 v 到顶点 u 的路径替换从源点 v 到顶点 w 的路径 */
                }
            }
        }
    }
}
```

上述算法中的子算法 SEARCH_VER() 的功能是利用标记数组 s 和数组 dist 找到一个通过 u 可以直接到达且尚未确定从源点到该顶点最短路径的一个顶点。若找到该顶点,算法返回该顶点,否则,返回信息-1。具体实现细节此处略。

可以证明:如果按路径长度递增的规则依次产生从源点到各顶点的最短路径,并把已经求得的最短路径的顶点加入集合 s(利用标记数组可以表明已经求得最短路径的那些顶点),则下一条最短路径(设其终点为顶点 u)或者为(v,u),或者为中间只经过 s 中的顶点而到达 u 的路径。

用反证法证明:假设下一条最短路径有一个顶点不在集合 s 中,则说明必然有一条终点不在 s 中而路径长度比这条路径还短的路径,这与按路径长度递增次序产生最短路径且已求得最短路径的顶点均已加入集合 s 的原则相矛盾,故算法正确。

SHORTEST_PATH 算法正是遵循这个命题设计的。

算法复杂性分析:算法中包含两个循环,第 1 个循环运行 n 次,时间复杂度为 $O(n)$,第 2 个循环运行 n-1 次,每次执行的时间也为 $O(n)$,即每次在 dist 数组的 n 个分量中选择一条最短路径,因而算法总的时间复杂度为 $O(n^2)$。

下面结合一个具体例子,看看算法执行过程中各个辅助数组的变化情况以及从源点 v 到各个顶点最短路径产生的过程。图 8.24(a),(b) 给出一个要求最短路径的网及其相应的邻接矩阵,图 8.24(c)~(i)给出了最短路径的产生过程。在图示中,方形顶点表示当前已求得最短路径的顶点;实线表示已求得的最短路径经过的边(此例中设顶点 1 为源点,即 v=1)。

不难想到,找到从源点到图中某一特定终点间的最短路径的过程与求从源点到其他所有顶点的最短路径的过程一样复杂,其时间复杂度也是 $O(n^2)$。

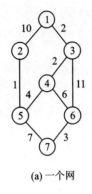

(a) 一个网

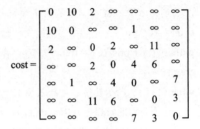

(b) 网的邻接矩阵

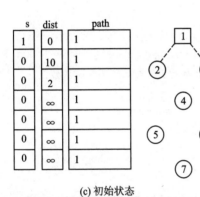

(c) 初始状态

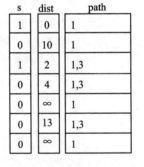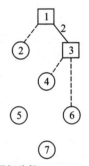

(d) 确定源点到顶点3的最短路径

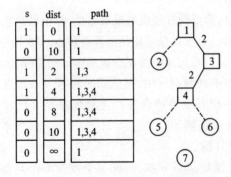

(e) 确定源点到顶点4的最短路径

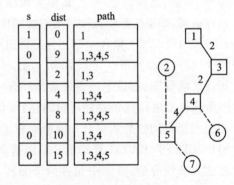

(f) 确定源点到顶点5的最短路径

图 8.24   一个求最短路径的示例

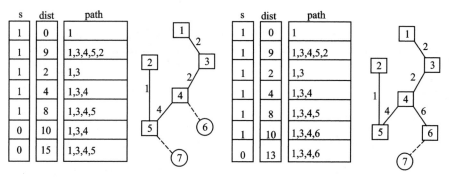

(g) 确定源点到顶点2的最短路径   (h) 确定源点到顶点6的最短路径

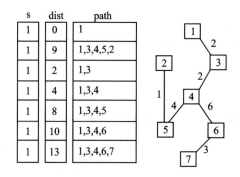

(i) 确定源点到顶点7的最短路径

图 8.24 一个求最短路径的示例(续)

8.6 AOV 网与拓扑排序

8.6.1 AOV 网

除了最简单的工程之外,所有工程都可以再划分为若干个小的工程或者阶段,称这些小的子工程或者阶段为活动(activity)。如果成功地完成了这些子工程,整个工程也就完成了。若以图中的顶点来表示活动,以有向边表示活动之间的优先关系,则这样的有向图称为 **AOV 网**。在 AOV 网中,若从顶点 i 到顶点 j 之间存在一条有向路径,则称顶点 i 是顶点 j 的前驱,称顶点 j 是顶点 i 的后继。若⟨i,j⟩是图中的一条弧,则称顶点 i 是顶点 j 的直接前驱,顶点 j 是顶点 i 的直接后继。

AOV 网中的弧表示了活动之间先后次序存在的制约关系。例如,计算机专业的学生必须完成一系列规定的基础课程和专业基础以及专业课程的学习才能毕业,学习这些课程的过程就可以被看成是一个工程,而该工程中的一个活动就是学习一门课程。假设这些课程的名称与相应代号以及课程之间的优先关系如表 8.1 所列。

表中,C_1,C_{13} 是独立于其他课程的基础课,而有的课程却需要有前提(例如学完解析几何课程才能学微积分),前提条件规定了课程之间的优先关系,这种优先关系可以用图 8.25 所示的有向图来表示。在该有向图中,顶点表示课程,有向边表示前提条件。若课程 i 为课程 j 的前提,则必然存在有向边〈i,j〉。

表 8.1 计算机专业的课程设置及其优先关系

课程代号	课程名	前提课程代号	课程代号	课程名	前提课程代号
C_1	计算机导论	无	C_9	算法分析	C_3
C_2	数值分析	C_1, C_{14}	C_{10}	高级语言	C_1
C_3	数据结构	C_1, C_{10}	C_{11}	编译原理	C_{10}
C_4	汇编语言	C_1, C_{13}	C_{12}	操作系统	C_3, C_8
C_5	自动机理论	C_{15}	C_{13}	解析几何	无
C_6	人工智能	C_3	C_{14}	微积分	C_{13}
C_7	计算机图形学	C_3, C_4, C_{10}	C_{15}	线性代数	C_{14}
C_8	计算机组成原理	C_4			

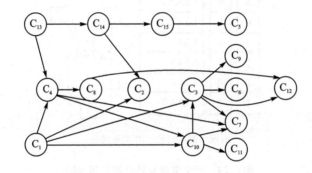

图 8.25 一个 AOV 网实例

显然,程序设计过程中的任何一个可执行程序也可以划分为若干个程序段(或若干语句),由这些程序段组成的流程图也是一个 AOV 网。

8.6.2 拓扑排序

首先复习一下偏序的概念。在离散数学中是这样来定义偏序集合与全序集合的。

若 R 是集合 A 上的一个偏序关系,如果对每个 a,b∈A 必有 aRb 或 bRa,则 R 是 A 上的全序关系。集合 A 与关系 R 一起称为一个全序集合。

偏序关系经常出现在人们的日常生活中。例如,若把 A 看成是一项大的工程中必须完成的一批活动,则 aRb 意味着活动 a 必须在活动 b 之前完成。又比如,对于前面提到的计算机专业学生必修的课程,由于课程之间存在着先后依赖关系,某些课程必须在其他课程以前讲授,这里的 aRb 就意味着课程 a 必须在课程 b 之前学完。

AOV 网代表的一项工程中活动的集合是一个偏序集合。为了保证该项工程得以顺序完成,必须保证 AOV 网中不出现回路;否则,意味着某项活动应该以自身作为能否开展的先决条件,这是荒谬的。

测试 AOV 网是否具有回路的方法,就是在 AOV 网的偏序集合下构造一个线性序列,该线性序列具有以下性质:在 AOV 网中,若顶点 i 优先于顶点 j,则在线性序列中顶点 i 仍然优先于顶点 j;对于网中原来没有优先关系的顶点 i 与顶点 j(如图 8.24 中的 C_1 与 C_{13}),在线性序列中也建立一个先后关系,或者顶点 i 优先于顶点 j,或者顶点 j 优先于顶点 i。这种序列称为拓扑有序序列,简称拓扑序列。构造拓扑序列的过程称为**拓扑排序**(topological sort)。

检测一个 AOV 网所代表的工程是否可以正常地进行下去,是通过对该 AOV 网构造其顶点的拓扑序列来实现,若网中所有顶点都在它的拓扑序列中,则该 AOV 网中一定不会存在回路。这时的拓扑序列集合是 AOV 网中所有活动的一个全序集合;反之,若不能构造出这样的拓扑序列,则说明网中一定存在回路,网所代表的工程将无法正常地进行下去。因此,对于任何一项工程中的各个活动的安排,必须按照拓扑序列中的顺序进行才能说明该工程是可行的。

以图 8.25 所示的 AOV 网为例,可以得到不止一个拓扑序列,C_1,C_{13},C_4,C_8,C_{14},C_{15},C_5,C_2,C_3,C_{10},C_7,C_{11},C_{12},C_5,C_9 只是其中之一。它说明:若某学生每一个学期只学习一门课程的话,则他必须按照拓扑序列给出的顺序来安排学习计划。

拓扑排序是有向图的一种重要的操作。

8.6.3　拓扑排序算法

对 AOV 网进行拓扑排序的步骤如下。

① 从 AOV 网中选择一个没有前驱的顶点(该顶点的入度为 0),并且输出它。

② 从 AOV 网中删去该顶点以及以它为弧尾的所有有向边。

③ 重复上述两个步骤,直到剩余的网中不再存在没有前驱的顶点。

这样操作的结果有两种情况:一种情况是 AOV 网中的全部顶点都被输出,这说明 AOV 网中不存在回路;另一种情况就是 AOV 网中顶点未被全部输出,而剩余的顶点均有前驱顶点,这说明 AOV 网中存在回路。

图 8.26 是在一个 AOV 网上实施上述步骤的例子。这是一个网中无回路的例子。具体过程如下。

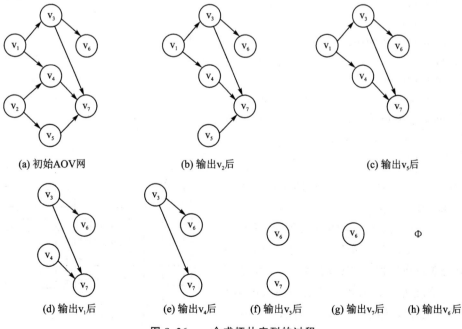

图 8.26　一个求拓扑序列的过程

① 从网中选择一个入度为 0 的顶点 v_2(选择 v_1 也可以),然后从网中删除 v_2 以及从 v_2 发出的两条弧 $\langle v_2, v_4 \rangle$、$\langle v_2, v_5 \rangle$,此时网的状态如图 8.26(b)所示。

② 从网中选择一个入度为 0 的顶点 v_5(选择 v_1 也可以),然后从网中删除 v_5 以及从 v_5 发出的弧 $\langle v_5, v_7 \rangle$,此时网的状态如图 8.26(c)所示。

③ 从网中选择一个入度为 0 的顶点 v_1,然后从网中删除 v_1 以及从 v_1 发出的两条弧 $\langle v_1, v_3 \rangle$ 和 $\langle v_1, v_4 \rangle$,此时网的状态如图 8.26(d)所示。

④ 从网中选择一个入度为 0 的顶点 v_4(选择 v_3 也可以),然后从网中删除 v_4 以及从 v_4 发出的弧 $\langle v_4, v_7 \rangle$,此时网的状态如图 8.26(e)所示。

⑤ 从网中选择一个入度为 0 的顶点 v_3,然后从网中删除 v_3 以及从 v_3 发出的两条弧 $\langle v_3, v_6 \rangle$ 和 $\langle v_3, v_7 \rangle$,此时网的状态如图 8.26(f)所示。

⑥ 从网中选择一个入度为 0 的顶点 v_7,然后从网中删除 v_7。此时网的状态如图 8.26(g)所示。

⑦ 从网中选择一个入度为 0 的顶点 v_6,然后从网中删除 v_6。此时网为空,如图 8.26(h)所示。

这样,整个拓扑排序过程如图 8.26(a)~(h)所示。最终得到一个拓扑序列为 $v_2, v_5, v_1, v_4, v_3, v_7, v_6$。

为了在计算机中实现上述算法,通常采用邻接表作为 AOV 网的存储结构,并且在邻接表的顶点结点中增加一个记录顶点入度的域,如图 8.27 所示。其中,vertex,link 域的含义如 8.2.2 小节所述;indegree 域存放顶点入度。边结点的构造同 8.2.2 小节所述。

indegree	vertex	link

图 8.27   AOV 网邻接表的顶点结点构造

这样,邻接表结构的类型描述如下。

```
typedef struct edge{
    int adjvex;              /* 该边的终止顶点在顶点结点中的位置 */
    int weight;             /* 该边的权值 */
    struct edge * next;     /* 指向下一个边结点 */
}ELink;                     /* 边结点类型的定义 */
typedef struct ver{
    int indegree;           /* 顶点的入度 */
    vertype vertex;         /* 顶点的信息 */
    ELink * link;           /* 指向第 1 个边结点 */
}TOPOVLink;                 /* 顶点结点类型的定义 */
```

根据上述定义,与图 8.26 给出的 AOV 网对应的邻接表如图 8.28 所示。

为了避免重复检测入度为 0 的顶点,算法中将 indegree 域设置为一个链式结构的堆栈(说明:栈中元素是通过顶点结点的(数组)下标进行链接的,可称之为静态链表),凡是网中入度为 0 的顶点通过该堆栈链接在一起。为此,拓扑排序的算法思想可以描述如下。

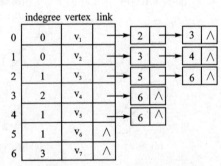

图 8.28   一个 AOV 网的邻接表

① 将所有入度为 0 的顶点(indegree 域内为 0)压入链接栈。

② 若堆栈不空,从栈中退出栈顶元素输出,并把从该顶点引出的所有有向边删去,同时分别把该顶点直接指向的各个邻接顶点的入度减 1。

③ 将新的入度为 0 的顶点压入堆栈。

④ 重复步骤②和③,直到输出全部顶点或者图中剩余的顶点里不再有入度为 0 的顶点为止。

拓扑排序算法如下。

```
void TOPO_SORT(TOPOVLink G[],int n,vertype V[])
{
    ELink * p;
    int i,j,k,top= -1;
    for(i=0;i<n;i++)                          /* 堆栈初始化 */
        if(G[i]. indegree == 0){
            G[i]. indegree = top;
            top = i;
        }                                      /* 依次将入度为 0 的顶点压入堆栈 */
    for(i=0;i<n;i++){                          /* 进行拓扑排序 */
        if(top == -1){
            printf("\n 网中存在回路!");
            break;
        }
        else{
            j = top;
            top = G[top]. indegree;            /* 退出栈顶元素 */
            V[i] = G[j]. vertex;               /* 输出一个顶点 */
            p = G[j]. link;
            while(p! = NULL){
                k = p->adjvex;                 /* "删除"一条由 j 发出的边 */
                G[k]. indegree -- ;            /* 当前输出点的邻接点的入度减 1 */
                if(G[k]. indegree == 0){       /* 新的入度为 0 的顶点进栈 */
                    G[k]. indegree = top;
                    top = k;
                }
                p = p->next;                   /* 找到下一个邻接点(边结点) */
            }
        }
    }
}
```

若图中无回路,经过拓扑排序得到的拓扑序列依次存放于一维数组 V[0..n−1]中。

对一个具有 n 个顶点、e 条边的 AOV 网来说,第 5~9 行语句的循环时间为 O(n);第 10 行开始的 for 循环语句在整个算法执行期间需要的时间为 O(n);其中,while 循环对每个顶点需要的时间为 O(d_i)(其中,d_i 为顶点 i 的出度),但每输出一个顶点,只发生一次这种循环,因而这一部分算法所需的时间复杂度为 O($\sum_{i=1}^{n} d_i + n$) = O(e+n),从而得知整个算法的时间复杂度为 O(e+n)。

下面结合图 8.26 给出的 AOV 网以及图 8.28 所示的邻接表,观察算法的执行情况。图 8.29 给出了邻接表的顶点结点的变化情况。其中,图 8.29(a)给出了堆栈的初始状态;图 8.29(b)~(h)分别给出每输出一个顶点之后堆栈的状态。

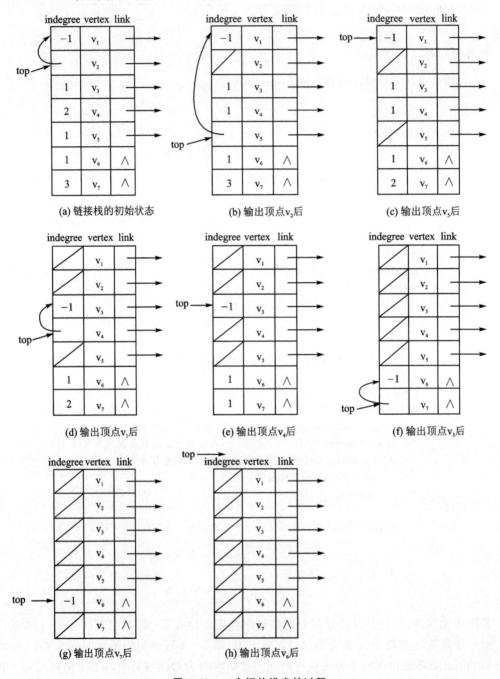

图 8.29 一个拓扑排序的过程

综上讨论可知,拓扑排序是对有向无环图顶点的一种排序,它使得若存在一条从 v_i 到 v_j 的路径,则在排序中 v_j 出现在 v_i 的后面。因此,如果图中含有环,那么,得到拓扑序列是不可能的。通过拓扑排序得到的拓扑序列不必唯一,任何合理的拓扑排序都可以。

下面以一个例子结束本小节的讨论。

例 8.4　已知一具有 n 个顶点的有向图 G＝(V,E)采用邻接表存储方法,请写一算法,检查任意给定序列 $v_1, v_2, \cdots, v_n (v_i \in V, 1 \leqslant i \leqslant n)$ 是否为该有向图的一个拓扑序列,若是,算法返回信息 1,否则,返回信息 0。

算法思想是:依次从序列中取一个元素(顶点),首先在邻接表的顶点结点中找到该顶点,然后判断该顶点的入度是否为 0,若入度不为 0,则说明给定序列不是 G 的拓扑序列,算法结束;若入度为 0,则说明当前所取得的顶点是拓扑序列中的一个顶点(若存在这样的拓扑序列的话),同时依次将以该顶点为始点发出的边所对应的所有终点的入度减 1;然后取序列的下一个顶点,重复上述过程,直到序列中所有元素都已处理。

这里,假设给定的顶点序列存放于一维数组 V[0..n−1]中。

```
int TOPO_TEST(TOPOVLink G[],vertype V[],int n)
{
    Elink * p;
    int i,k;
    for(i=0;i<n;i++){
        for(k=0;k<n;k++){
            if(G[k].vertex==V[i]){          /* 若顶点 V[i]是 G 中的顶点 */
                if(G[k].indegree!=0)         /* 若顶点 V[i]的入度不为 0 */
                    return 0;                /* 序列不是 G 的拓扑序列 */
                p=G[k].link;                 /* 若顶点 V[i]的入度为 0 */
                while(p!=NULL){
                    G[p->adjvex].indegree--; /* 相关顶点的入度减 1 */
                    p=p->next;               /* p 指向下一个边结点 */
                }
                break;                       /* 测试序列的下一个顶点 */
            }
        }
    }
    return 1;                                /* 序列为 G 的拓扑序列 */
}
```

8.7　AOE 网与关键路径

由 8.6 节的讨论知道,通过对有向图进行拓扑排序操作可以判断工程能否顺利进行,本节则通过求解关键路径的操作来估算整个工程完成所必需的最短时间。

8.7.1　AOE 网

若在带权的有向无环图中,以顶点表示事件(event),以有向边表示活动,边上的权值表示活动的开销(如该活动持续的时间),则此带权的有向图称为 **AOE 网**(Activity On Edge,AOE)。

若用 AOE 网来表示一项工程,那么,仅仅考虑各个子工程之间的优先关系还不够,更多的可能是关心整个工程完成的最短时间是多少?哪些活动的延期将会影响整个工程的进度?而加速这些活动又能够导致提高整个工程的效率。因此,通常在 AOE 网中列出完成预定工程计划所需要进行的活动、每个活动计划完成的时间、要发生哪些事件以及这些事件与活动之间的关系,从而可以确定该项工程是否可以顺利进行,同时估算工程完成的时间以及确定哪些活动是影响工程进度的关键活动。

AOE 网具有以下几个性质。

① 只有在某顶点所代表的事件发生之后,从该顶点出发的各有向边所代表的活动才能够开始。

② 只有在进入某一顶点的各有向边所代表的活动都已经完成,该顶点所代表的事件才能够发生。

图 8.30 给出了一个具有 10 个活动、7 个事件的假想工程的 AOE 网。$v_1, v_2, \cdots, v_7$ 分别表示一个事件;$\langle v_1, v_2 \rangle, \langle v_1, v_3 \rangle, \cdots, \langle v_6, v_7 \rangle$ 分别表示一个活动,并用 $a_1, a_2, \cdots, a_{10}$ 代表这些活动。其中,v_1 称为源点,表示整个工程的开始点,其入度为 0;v_7 表示工程的终点,即整个工程的结束点,其出度为 0;与每个活动相关的数据表示执行该活动所需要的时间。例如,活动 a_1 需要 3 天,a_2 需要 2 天等。

有时为了反映某些活动之间在时序上的制约关系,可以在 AOE 网中增加时间花费为 0 的虚活动。例如,在图 8.30 所示的 AOE 网代表的工程中,若想使活动 a_5, a_6 在事件 v_2, v_3 都发生之后才开始,可以增加一个虚活动 $\langle v_2, v_3 \rangle$(为了区别于实际活动,这样的有向边 $\langle v_2, v_3 \rangle$ 可以用虚线表示,图 8.30 中未标出)。

对于 AOE 网,这里不妨采用与 AOV 网一样的邻接表存储结构,其中,邻接表中边结点的 dur 域表示该边的权值(weight 域),它指出该有向边所代表活动的持续时间。图 8.31 给出了图 8.30 所示的 AOE 网的邻接表结构。

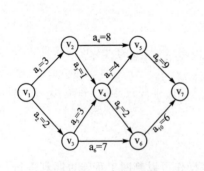

图 8.30　一个 AOE 网

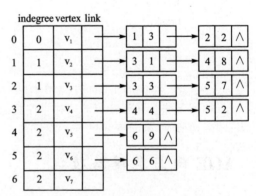

图 8.31　一个 AOE 网的邻接表

8.7.2　关键路径

由于 AOE 网中的某些活动能够平行地进行,因此完成整个工程所必须花费的时间应该为从源点到终点的最大路径长度(这里的路径长度是指该路径上各个活动所需时间之和)。具有最大路径长度的路径称为**关键路径**(critical path),关键路径上的活动称为**关键活动**,关键路径的长度是完成整个工程所需的最短工期。这就是说,要缩短整个工期,只有加快关键活动的进度。

利用 AOE 网进行工程管理的技术称为 PERT(Program Evalution and Review Technique)。这种技术要解决的主要问题是:

① 计算完成整个工程的最短工期。

② 确定工程的关键路径,以找出影响工程进度的关键活动。

8.7.3 关键路径的确定

为了在 AOE 网中找出关键路径,首先定义几个概念,如事件发生的最早时间与事件发生的最迟时间、活动的最早开始时间与活动的最晚开始时间等,然后在此基础上建立求解关键路径的计算方法。

求关键路径的思路比较简单:首先分别求出所有事件的最早发生时间与最迟发生时间,然后根据它们再分别求出所有活动的最早开始时间与最晚开始时间,最后利用活动的最早开始时间与最晚开始时间的时间差是否为 0 来确定关键活动。因为活动的最早开始时间与最晚开始时间的时间差意味着完成该活动的时间余量,时间余量为 0 的活动为关键活动。

1. 事件可能发生的最早时间 ee[k]

ee[k]是指从源点到顶点(事件)v_k的最大路径长度所代表的时间。显然这个时间决定了所有从 v_k 发出的有向边所代表的活动能够开始的最早时间。根据 AOE 网的性质,只有进入 v_k 的所有活动$\langle v_j, v_k \rangle$都结束时,v_k 所代表的事件才能发生;而活动$\langle v_j, v_k \rangle$的最早结束时间为 $ee[j]+dur(\langle v_j, v_k \rangle)$。所以,计算 v_k 发生的最早时间的方法为

$$ee[0]=0$$
$$ee[k]=\max_{\langle v_j, v_k \rangle \in P[k]}\{ee[j]+dur(\langle v_j, v_k \rangle)\}$$

其中,P[k]表示所有到达 v_k 的有向边的集合($k=1,2,\cdots,n-1$);$dur(\langle v_j, v_k \rangle)$为有向边$\langle v_j, v_k \rangle$的权值。

不难看出,上述计算公式是一个从源点开始的递推公式。ee[k]的计算必须在顶点 v_k 的所有前驱顶点的最早发生时间全部计算出来以后才有结果。因此,若 AOE 网中具有 n 个事件(顶点),采用的方法是在 8.6 节的拓扑排序算法中,定义一个具有 n 个数组元素的一维数组 ee[0..n-1]。初始时,令元素 ee[j]=0(0≤j≤n-1);在拓扑排序过程中,每输出一个顶点 v_j 之后,利用 ee[j]对 v_j 的每一个后继顶点 v_k 修正数组元素 ee[k]的值,也就是说,只要在拓扑排序算法的合适位置增加一条赋值语句

ee[k]=(ee[k]>(ee[j]+p->dur)? ee[k]:ee[j]+p->dur);

就可以了。对于图 8.30 给出的 AOE 网,算法运行的结果如图 8.32 所示。

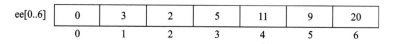

ee[0..6]	0	3	2	5	11	9	20
	0	1	2	3	4	5	6

图 8.32 AOE 网(见图 8.30)中事件发生的最早时间

其中，ee[k]为 v_k 所代表事件的最早发生时间($k=0,1,2,\cdots,6$)。

2. 事件发生的最迟时间 le[k]

le[k]是指在不推迟整个工期的前提下，事件 v_k 允许的最晚发生时间。设有向边 $\langle v_k,v_j\rangle$ 代表从 v_k 出发的活动，为了不拖延整个工期，v_k 发生的最迟时间必须保证不推迟从事件 v_k 出发的所有活动 $\langle v_k,v_j\rangle$ 的终点 v_j 的最迟发生时间 le[j]。le[k]的计算方法为

$$le[n-1]=ee[n-1]$$
$$le[k]=\min_{\langle v_k,v_j\rangle\in S[k]}\{le[j]-dur(\langle v_k,v_j\rangle)\}$$

其中，S[k]为所有从 v_k 发出的有向边的集合($k=n-2,\cdots,1,0$)。

显然，le[k]的计算必须在 v_k 的所有后继事件的最迟发生时间都计算出来以后才会有结果。因此，在具体计算时，可以在前述计算 ee 的基础上增设一个一维数组 le[0..n-1]。初始时，令元素 le[j]=le[n-1]=ee[n-1]($0\leqslant j\leqslant n-1$)；在得到一个拓扑序列后，按这个序列的逆序方向依次输出每个顶点 v_j，每输出一个 v_j，就对所有以该顶点为弧头的有向边的另一端点 v_k 修正元素 le[k]的值。为此，需要在 8.6 节所述的拓扑排序算法中的适当位置增加如下一条赋值语句。

le[k]=(le[k]<(le[j]-p->dur))? le[k]:le[j]-p->dur;

算法要求建立 AOE 网的逆邻接表。对于图 8.30 所示的 AOE 网，算法运行的结果如图 8.33 所示。其中，le[k]为 v_k 所代表的事件的最迟发生时间($k=0,1,2,\cdots,6$)。

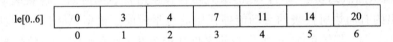

图 8.33 AOE 网(见图 8.30)中事件发生的最迟时间

3. 活动 a_i 的最早开始时间 e[i]

若活动 a_i 由弧 $\langle v_k,v_j\rangle$ 表示，则根据 AOE 网的性质，只有事件 v_k 发生了，活动 a_i 才能开始。也就是说，活动 a_i 的最早开始时间应该等于事件 v_k 的最早发生时间。因此，有

$$e[i]=ee[k]$$

如果 AOE 网中有 m 条有向边，则在拓扑排序算法中再增设一个一维数组 e[0..m-1]。对于 AOE 网中每一条边 $\langle v_k,v_j\rangle$ 赋以序号 $i(0\leqslant i\leqslant m-1)$，算法在计算出 ee[n]之后，对于每一个事件 v_k 执行动作

$$e[i]\underset{a_i\in OD[k]}{=}ee[k]$$

其中，OD[k]表示从 v_k 发出的有向边的集合。算法利用邻接表及指针 p 找出 v_k 发出的每一条边，并根据该边的序号 i 为数组元素 e[i]赋值。

对于图 8.30 所示的 AOE 网，算法运行的结果如图 8.34 所示。

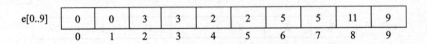

图 8.34 AOE 网(见图 8.30)中活动的最早开始时间

4. 活动 a_i 的最晚开始时间 $l[i]$

所谓活动 a_i 的最晚开始时间是指在不推迟整个工程完成日期的前提下，a_i 必须开始的最晚时间。若 a_i 由弧 $\langle v_k, v_j \rangle$ 表示，则 a_i 的最晚开始时间要保证事件 v_j 的最迟发生时间不至于拖后。因此，有

$$l[i] \underset{a_i \in ID[j]}{=} le[j] - dur(\langle v_k, v_j \rangle) \quad (0 \leqslant i \leqslant m-1)$$

其中，$ID[j]$ 表示进入 v_j 的有向边的集合。它的具体算法是在计算 $le[0..n-1]$ 时增设一个一维数组 $l[0..m-1]$，当计算出 $le[0..n-1]$ 之后，对每一个事件 v_j 执行赋值语句

l[i]=le[j]−p−>dur;

算法中利用逆邻接表以及指针 p 找出进入 v_j 的每一条有向边及其序号 i，并为数组元素 $l[i]$ 赋值。

对于图 8.30 所示的 AOE 网，算法运行的结果如图 8.35 所示。其中，元素 $l[i]$ 为活动 a_i 的最晚开始时间（$0 \leqslant i \leqslant 9$）。

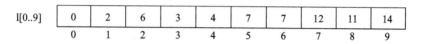

l[0..9]	0	2	6	3	4	7	7	12	11	14
	0	1	2	3	4	5	6	7	8	9

图 8.35　AOE 网（见图 8.30）中活动的最晚开始时间

5. 活动 a_i 的松弛时间 $diff[i]$

把活动 a_i 的最晚开始时间 $l[i]$ 与最早开始时间 $e[i]$ 之差定义为活动 a_i 的松弛时间，即时间余量，用 $diff[i]$（$0 \leqslant i \leqslant m-1$）表示，它表示在不影响整个工程工期的前提下，活动 a_i 开始时间允许的变化范围。如果有 $e[i]=l[i]$ 存在，则表明活动 a_i 最早可以开始的时间与整个工程计划允许该活动最迟的开始时间相等，施工时间一点儿也不能拖延。若活动 a_i 不能按计划如期完成，则可能导致整个工程就要延期；反之，若 a_i 提前完成，则很有可能使得整个工程也提前完成。这就说明 a_i 是一个至关重要的活动，称之为关键活动。于是，对于活动 a_i，若有 $l[i]-e[i]=0$（$diff[i]$ 为 0），则表明活动 a_i 为关键活动，由关键活动组成的路径就是关键路径。

为此，求出每个活动的松弛时间就能确定 AOE 网的关键路径。对于图 8.30 所示的 AOE 网，各活动的松弛时间如图 8.36 所示。

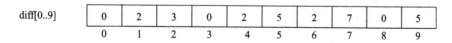

diff[0..9]	0	2	3	0	2	5	2	7	0	5
	0	1	2	3	4	5	6	7	8	9

图 8.36　AOE 网（见图 8.30）中活动的松弛时间

从结果可以看到，a_1, a_4, a_9 为关键活动；所构成的关键路径如图 8.37 所示，完成工程的最短工期为 20 个时间单位。

从上述讨论可以想到，对于给定的 AOE 网若存在关键路径，则其关键路径有可能不是唯一的。下面给出一种求 AOE 网中关键路径的算法。

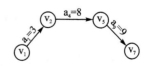

图 8.37　求得一条关键路径

```
#define MaxArc 100
void CRITICAL_PATH(VLink G[], int n)
```

```
{
    int i,j,k;
    int ee[n],le[n],e[MaxArc],l[MaxArc];
    Elink * p;
    for(i=0;i<n;i++)
        ee[i]=0;                                /* 数组 ee[0..n-1]赋初值 */
    for(i=0;i<n-1;i++){
        p=G[i].link;
        while(p!=NULL){
            j=p->adjvex;
            if(ee[j]<ee[i]+p->weight)
                ee[j]=ee[i]+p->weight;
            p=p->next;
        }
    }                                           /* 计算 ee[0..n-1]各元素的值 */
    for(i=0;i<n;i++)
        le[i]=0;                                /* 数组 le[0..n-1]赋初值 */
    for(i=n-2;i>0;i--){
        p=G[i].link;
        while(p!=NULL){
            j=p->adjvex;
            if(le[i]>le[j]-p->weight)
                le[i]=le[j]-p->weight;
            p=p->next;
        }
    }                                           /* 计算 le[0..n-1]各元素的值 */
    k=0;
    for(i=0;i<n-1;i++){
        p=G[i].link;
        while(p!=NULL){
            j=p->adjvex;
            e[++k]=e[i];
            l[k]=le[j]-p->weight;
            if(l[k]==e[k])                      /* 输出一个关键活动 */
                printf("(%d,%d)%d",G[i].vertex,G[j].vertex,p->weight);
            p=p->next;
        }
    }                                           /* 求出所有关键活动 */
}
```

对于上述算法有一点需要说明,那就是,若给定的 AOE 网采用邻接表存储方法,邻接表中每一个边结点表示了网中一条边,即网中一个活动,那么,网中各活动的编号次序与链表的先后次序以及链表中各边结点的先后次序有关。例如,假若第 1 个链表中有两个边结点,则第

1 个链表中的第 1 个边结点表示活动 a_1,第 2 个边结点表示活动 a_2;而下一个链表(第 2 个链表)的第 1 个边结点表示活动 a_3,第 2 个边结点表示活动 a_4……依此次序给网中所有活动编号。

习　题

8－1　单项选择题

1. 下列关于图的叙述中,正确的是_____。

    A. 图与树的区别在于图的边数大于或等于图的顶点数

    B. 对于图 $G=(V,E)$,若顶点集合 $V'\subseteq V$,$E'\subseteq E$,则 V' 和 E' 构成 G 的子图

    C. 无向图的连通分量是指无向图中的极大连通子图

    D. 图的遍历是从图中某一顶点出发访遍图中其余顶点

2. 下列关于图的叙述中,错误的是_____。

    A. 强连通图的任意顶点到图中其他所有顶点都有边(弧)

    B. 图中任意顶点的入度与出度不一定相同

    C. 有向图的边集的子集和顶点集的子集不可以构成原有向图

    D. 有向完全图不一定是强连通图

3. 下列关于图的叙述中,正确的是_____。

    A. 在图结构中,一个顶点可以没有任何前驱和后继

    B. 具有 n 个顶点的无向图最多有 $n(n-1)$ 条边,最少有 $n-1$ 条边

    C. 在无向图中,边的数目是所有顶点的度数之和

    D. 在有向图中,各顶点的入度之和等于各顶点的出度之和

4. 在带权图中,两个顶点之间的路径长度是指_____。

    A. 路径上的顶点数目　　　　　　　　B. 路径上的边的数目

    C. 路径上顶点和边的数目　　　　　　D. 路径上所有边的权值之和

5. 一个具有 n 个顶点的无向图最多有_____条边。

    A. $n(n-1)/2$　　　　B. $n(n-1)$　　　　　　C. $n(n+1)/2$　　　　D. n^2

6. 一个具有 n 个顶点的有向图最多有_____条边。

    A. $n(n-1)/2$　　　　B. $n(n-1)$　　　　　　C. $n(n+1)/2$　　　　D. n^2

7. 具有 n 个顶点的连通图的生成树一定有_____条边。

    A. $n-1$　　　　　　　B. n　　　　　　　　　C. $n+1$　　　　　　　D. 2n

8. 下列关于图的存储方法的叙述中,正确的是_____。

    A. 一个图的邻接矩阵表示是唯一的,但邻接表表示不是唯一的

    B. 一个图的邻接矩阵表示不是唯一的,但邻接表表示是唯一的

    C. 一个图的邻接矩阵表示和邻接表表示都是唯一的

    D. 一个图的邻接矩阵表示和邻接表表示都不是唯一的

9. 若具有 n 个顶点的无向图采用邻接矩阵存储方法,该邻接矩阵一定为一个_____。

    A. 一般矩阵　　　B. 对称矩阵　　　　　C. 对角矩阵　　　　　　D. 稀疏矩阵

10. 若图的邻接矩阵中主对角线上的元素均为 0,其余元素全为 1,则可以断定该图一定_____。

A. 是无向图　　　B. 是有向图　　　C. 是完全图　　　D. 不是带权图

11. 有向图的邻接表的第 i 个链表中的边结点数目是第 i 个顶点的_____。

A. 度数　　　　B. 出度　　　　C. 入度　　　　D. 边数

12. 若某图的邻接表中的边结点数目为奇数,则该图_____。

A. 一定有奇数个顶点　　　　　　　B. 一定有偶数个顶点

C. 可能是无向图　　　　　　　　　D. 一定是有向图

13. 若某图的邻接表中的边结点数目为偶数,则该图_____。

A. 一定是无向图　　　　　　　　　B. 可能是有向图

C. 可能是无向图,也可能是有向图　D. 一定有偶数个顶点

14. 若具有 n 个顶点的无向连通图采用邻接矩阵表示,则邻接矩阵中非零元素的个数至少是_____。

A. $2(n-1)$　　B. $n/2$　　　C. $n-1$　　　D. $n+1$

15. 采用邻接表存储一个图所占用的空间大小_____。

A. 只与图中顶点的数目有关　　　　B. 只与图中边的数目有关

C. 与图中的顶点数目和边的数目都有关　D. 与图中边的数目的平方有关

16. 对于一个不带权的无向图的邻接矩阵而言,_____。

A. 矩阵中非零元素的数目等于图中边的数目

B. 矩阵中非全零的行的数目等于图中顶点的数目

C. 第 i 行的非零元素的数目与第 i 列的非零元素的数目相等

D. 第 i 行与第 i 列的非零元素的总数等于第 i 个顶点的度数

17. 设有向图 $G=(V,E)$,其中,顶点集合 $V=\{v_0,v_1,v_2,v_3\}$,边的集合 $E=\{<v_0,v_1>,<v_0,v_2>,<v_0,v_3>,<v_1,v_3>\}$。若从顶点 v_0 出发开始对图进行深度优先遍历,则得到的不同遍历序列的个数是_____。

A. 2　　　　　B. 3　　　　　C. 4　　　　　D. 5

18. 若从无向图的任意一个顶点出发进行一次深度优先搜索便可以访问该图的所有顶点,则该图一定是一个_____。

A. 非连通图　　B. 连通图　　　C. 强连通图　　D. 完全图

19. 对具有 n 个顶点、e 条边且采用邻接表存储的图进行深度优先搜索时,算法的时间复杂度为_____。

A. $O(n)$　　　B. $O(n^2)$　　C. $O(e)$　　　D. $O(n+e)$

20. 对具有 n 个顶点、e 条边且采用邻接矩阵存储的图进行广度优先搜索时,算法的时间复杂度为_____。

A. $O(n)$　　　B. $O(n^2)$　　C. $O(e)$　　　D. $O(n+e)$

21. 一个连通图的生成树是包含该连通图全部顶点的_____。

A. 极小连通子图　B. 极小子图　　C. 极大连通子图　　D. 极大子图

22. 下列关于连通图的生成树的叙述中,错误的是_____。

A. 生成树是遍历的产物　　　　　　B. 不同遍历方法所得到的生成树不同

C. 生成树中没有回路　　　　　　　D. 从同一顶点出发所得到的生成树相同

23. 下列关于带权连通图的最小生成树的叙述中,正确的是_____。

　　A. 最小生成树的代价不一定比该图其他任何一棵生成树的代价小

　　B. 若图中出现权值相同的边时,则该图的最小生成树不是唯一的

　　C. 若图中边上的权值各不相同,则该图的最小生成树是唯一的

　　D. 该图的最小生成树的权值之和不一定是唯一的

24. 已知某有向图 G=(V,E),其中,V={v_1,v_2,v_3,v_4,v_5,v_6},E={$<v_1,v_2>$,$<v_1,v_4>$,$<v_2,v_6>$,$<v_3,v_1>$,$<v_3,v_4>$,$<v_4,v_5>$,$<v_5,v_2>$,$<v_5,v_6>$},G 的拓扑序列是_____。

　　A. v_3,v_1,v_4,v_5,v_2,v_6　　　　　　B. v_3,v_4,v_1,v_5,v_2,v_6

　　C. v_1,v_3,v_4,v_5,v_2,v_6　　　　　　D. v_1,v_4,v_3,v_5,v_2,v_6

25. 已知某无回路的有向图 G 的邻接表如图 8.38 所示。下列 4 个顶点序列中,不属于 G 的拓扑序列的是_____。

　　A. v_1,v_2,v_3,v_5,v_4　　　　　　B. v_1,v_2,v_3,v_4,v_5

　　C. v_2,v_1,v_3,v_5,v_4　　　　　　D. v_2,v_1,v_5,v_3,v_4

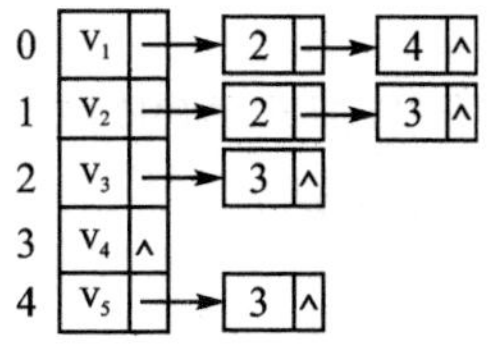

图 8.38 习题 8-1 的第 25 题

26. 若一个存在拓扑序列的有向图采用邻接矩阵表示,则该邻接矩阵一定是_____。

　　A. 对称矩阵　　　B. 稀疏矩阵　　　C. 对角矩阵　　　D. 一般矩阵

27. 若有向图采用邻接矩阵存储,且邻接矩阵中主对角线以下的元素均为 0,则关于该有向图的拓扑序列的结论是_____。

　　A. 拓扑序列存在,并且唯一　　　B. 拓扑序列存在,但不唯一

　　C. 拓扑序列存在,可能不唯一　　　D. 无法确定拓扑序列是否存在

28. 除了进行拓扑排序外,检测一个有向图是否存在回路的方法还有_____。

　　A. 求关键路径　　B. 求最短路径　　C. 广度优先遍历　　D. 深度优先遍历

29. 下面涉及 AOE 网的叙述中,正确的是_____。

　　A. AOE 网是一个带权的无环连通图　　B. AOE 网是一个带权的无环有向图

　　C. AOE 网是一个带权的连通无向图　　D. AOE 网是一个带权的连通有向图

30. 下面关于 AOE 网的叙述中,错误的是_____。

　　A. 若所有关键活动都提前完成,则整个工程一定能够提前完成

　　B. 即使所有非关键活动都未按时完成,整个工程仍有可能按时完成

　　C. 任何一个关键活动的延期完成,都会导致整个工程的延期完成

　　D. 任何一个关键活动的提前完成,都会导致整个工程的提前完成

8-2 简答题

1. 在无向图中,顶点的度与边之间有何关系? 在有向图中,顶点的出度、入度与边(弧)之间有何关系?

2. 具有 n 个顶点的强连通图至少有多少条边？这样的图的形状有何特点？

3. 若某无向图一共有 16 条边，并且有 3 个度为 4 的顶点，4 个度为 3 的顶点，其余顶点的度均小于 3，则该无向图至少有多少个顶点？（请写出结论的求解过程）

4. 对于具有 n 个顶点且采用邻接矩阵作为存储结构的无向图（假设该无向图不带权），如何判断图中边的数目？如何判断顶点 i 和顶点 j 之间是否有边？任意一个顶点的度是多少？

5. 对于具有 n 个顶点、e 条边的稀疏图和稠密图，就存储空间的性能而言，采用邻接矩阵存储方法和邻接表存储方法哪一种更合适？为什么？

6. 对一个图进行遍历可以得到不同的遍历序列，导致遍历序列不唯一的主要因素有哪些？

7. 对于一个带权连通图，具有最小权值的边是否一定在最小生成树中？具有次小权值的和第三小权值的边的情况又如何？

8. 从源点到图中其他各顶点的所有最短路径构成一棵生成树，该生成树是否一定为该图的最小生成树？为什么？

9. 在拓扑排序算法中使用了一个堆栈来保存入度为 0 的顶点，请问，能否不用堆栈而改用队列来保存入度为 0 的顶点？

10. 在求 AOE 网的关键路径问题中，某些 AOE 网中各个事件的最早开始时间与最晚开始时间都相等，是否所有的活动都是关键活动？

8-3 应用题

1. 证明：若无向图 G 中每个顶点的度至少为 2，则 G 必然存在回路。

2. 证明：具有 n 个顶点的无向图的边数所能达到的最大值为 n(n-1)/2。

3. 证明：如果一个非连通的无向图最多有 28 条边，则该无向图至少有 9 个顶点。

4. 已知带权有向图如图 8.39 所示，请分别给出其邻接表表示以及各个顶点的度。

5. 已知无向图采用邻接表存储，邻接表如图 8.40 所示。请分别写出从顶点 A 开始进行深度优先遍历与广度优先遍历后得到的遍历序列。

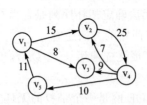
图 8.39 习题 8-3 第 4 题

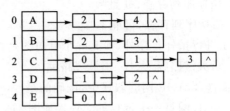
图 8.40 习题 8-3 第 5 题

6. 已知某带权连通图采用邻接矩阵存储方法，邻接矩阵以三元组表形式给出，不包括主对角线元素在内的下三角形部分的元素所对应的各三元组分别为(2,1,7),(3,1,6),(3,2,8),(4,1,9),(4,2,4),(4,3,6),(5,1,∞),(5,2,4),(5,3,∞),(5,4,2)。请分别给出该连通图所有可能的最小生成树。

7. 对于一个带权连通图，采用 Prim 算法构造出的从某个顶点 v 出发的最小生成树不一定包含从顶点 v 到其他所有顶点的最短路径。请举一简单例子说明。

8. 某航空公司在 6 个城市设有分公司 v_1,v_2,v_3,v_4,v_5,v_6，矩阵 A 为

$$A = \begin{bmatrix} 0 & 50 & \infty & 40 & 25 & 10 \\ 50 & 0 & 15 & 20 & \infty & 25 \\ \infty & 15 & 0 & 10 & 20 & \infty \\ 40 & 20 & 10 & 0 & 10 & 25 \\ 25 & \infty & 20 & 10 & 0 & 25 \\ 10 & 25 & \infty & 25 & 25 & 0 \end{bmatrix}$$

其中,元素 A[i][j] 表示从 v_i 到 v_j 的飞机票价(A[i][j] $=\infty$ 表示 v_i 与 v_j 之间不直接通航)。请为该航空公司制作一张由 v_1 到各分公司去的最便宜的通航线路图。

9. 下面给出的方法貌似可以求出带权图中某指定顶点(源点)到另外一个顶点(终点)之间的最短路径,其实不然,请举一例说明。

方法:
① 设初始时最短路径中仅包含源点 v(假设源点为 v);
② 选择距 v 最近且当前尚未在最短路径中的一个顶点 u,将 u 加入最短路径,并且修改当前顶点 v＝u;
③ 重复步骤②,直至 v 是终点。

10. 已知某具有 6 个顶点(依次用 A、B、C、D、E、F 表示)且不带权的有向图采用邻接矩阵存储,其邻接矩阵为上三角形矩阵。若按照行序为主序方式(行优先)将除对角线元素外的上三角中的所有元素依次保存在一个一维数组中(见图 8.41),请分别写出该有向图所有可能的拓扑序列。

图 8.41 习题 8－3 第 9 题

11. 对给定 AOE 网(见图 8.42),请完成
① 分别求出各活动 $a_i(i=1,2,\cdots,14)$ 的最早开始时间与最晚开始时间;
② 求出所有关键路径。

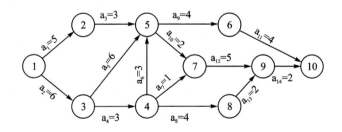

图 8.42 习题 8－3 第 10 题

8－4 算法题

1. 请编写构造具有 n 个顶点、e 条边的无向图邻接表结构的算法。设无向图 G＝(V,E) 以 $V=\{v_1,v_2,\cdots,v_n\}$ 与 $E=\{(v_i,v_j)|v_i,v_j \in V, i \leqslant n, j \leqslant n\}$ 作为输入。

2. 已知一具有 n 个顶点的图 G＝(V,E) 采用邻接矩阵 A[0..n－1][0..n－1] 存储。请设计一个算法,将该图的邻接矩阵存储形式转换为邻接表存储形式。

3. 已知一具有 n 个顶点的带权图 G＝(V,E)采用邻接表存储。请设计一个算法,将该图的邻接表存储形式转换为邻接矩阵存储形式。

4. 已知具有 n 个顶点、e 条边且不带权的有向图采用邻接矩阵存储,邻接矩阵以三元组表 A[0..e][0..2]形式给出。请设计一算法,分别求图中各顶点的度。

5. 已知具有 n 个顶点的有向图采用邻接表存储。请设计一算法,分别求图中各顶点的度。

6. 已知一个具有 n 个顶点的有向图采用邻接表存储。请设计一个算法,删除图中一条边 ＜u,v＞(假设图中存在这条边)。

7. 已知一个具有 n 个顶点的带权有向图采用邻接表存储。请设计一算法,在该图中插入一条边 ＜u,v＞$_{weight}$(假设图中存在顶点 u 和顶点 v)。

第9章　文件及查找

文件是大量性质相同的记录组成的集合。在不同的范畴内对文件有着不同的解释。根据记录的类型不同可以将文件分成操作系统文件与数据库文件两大类。操作系统文件仅是一维的连续的字符序列,没有结构,也没有解释,记录是一个字符组;而数据库文件是带有结构的记录的集合,每个记录可由若干个数据项组成。本章所讨论的文件是指后者。通常把数据库文件简称为数据文件。

9.1　文件概述

9.1.1　文件的基本概念

1. 物理记录

物理记录是计算机通过一条I/O命令进行读写的基本数据单位。

2. 属　性

属性是用来反映某个客体在某一方面特征的数据信息,也称为数据项或者字段。

这里所说的客体是指客观存在,并且可以相互区分的事或者物。客体可以指人,也可以指物;可以是实际的对象,也可以是某个概念;可以指事物本身,也可以指事物与事物之间的相互联系。如:教师、学生、选课、一个部门、一个零件等。

对文件而言,属性(数据项)是最基本的、不可分的数据单位,也是文件中可使用的数据的最小单位。

3. 逻辑记录

逻辑记录是反映某个客体数据信息的集合,是该客体的属性值的集合。它由一个或者多个属性或者数据项组成。记录是文件中存取数据的基本单位。本章下面所提到的记录如不加专门说明则都是指逻辑记录。

物理记录和逻辑记录之间可能存在以下3种关系。

① 一个物理记录存放一个逻辑记录。

② 一个物理记录包含多个逻辑记录。

③ 多个物理记录表示一个逻辑记录。

对于确定的硬件设备和操作系统,物理记录的大小是不变的,而逻辑记录的大小则由用户根据客体信息的逻辑概念来定义。

4. 文　件

文件是命名的同类客体的记录值的集合。同类客体是指具有相同属性定义的客体。例如,学生是同类客体,他们都具有学号、姓名、年龄、成绩等相同的属性定义。学生张三的各属性值的集合构成张三的记录值,学生李四的各属性值的集合构成李四的记录值。全体学生的记录值的集合组成了名为"学生"的数据文件。

若文件中每个记录包含的信息长度相等,称这类记录为定长记录,这类记录组成的文件称为**定长记录文件**;若文件中含有信息长度不等的不定长记录,则称这样的文件为**不定长记录文件**。

通常文件包含的数据量很大,数据一般都被放置在外部存储器(简称外存)上。

5. 关键字

关键字(key)是文件的属性或属性组,它用以标识(区分)文件的不同记录。能够唯一标识不同记录的关键字称为**主关键字**(对不同的记录,其关键字均不相同);反之,用以标识若干记录的关键字称为**次关键字**。

当记录中只有一个属性时,其关键字即为该记录的值。

6. 文件的逻辑结构

文件的**逻辑结构**是指文件中的逻辑记录之间的逻辑关系,即逻辑记录按某种排列次序呈现在用户面前而形成的一种线性结构。这种排列次序可以是按照某个属性值的大小次序排列,也可以是按照记录进入文件的先后次序排列。在文件的逻辑结构中,第 1 个记录没有前驱记录,只有一个直接后继记录;最后一个记录只有一个直接前驱记录,没有后继记录;其他每一个记录有且仅有一个直接前驱记录和一个直接后继记录。

7. 文件的物理结构

文件的物理(存储)结构是指文件的逻辑记录在存储介质上的组织方式。基本的组织方式有连续组织方式、链接组织方式及随机组织方式。

图 9.1 给出了一个反映某个班级 30 个学生各方面情况的数据文件。在该文件中,一个记录反映了一个学生的基本情况。其中,学号、姓名、性别、年龄等分别是一个属性(数据项)。显然,学号唯一地区分了这 30 个记录,因此,"学号"可以作为该文件的关键字,而且可以是主关键字。如果该班没有重名的学生,则"姓名"也可以作为主关键字;如果出现重名,则"姓名"只能作为次关键字。如果重名的同学分别不超过两个,且性别不同,则可以将"姓名"和"性别"两个属性(数据项)组成一个属性组,该属性组也可以唯一地区分这 30 个记录。

学 号	姓 名	性 别	年 龄	其 他
106011	刘 强	男	18	…
106012	王 可	女	20	…
106013	李大伟	男	21	…
106014	周 彬	男	17	…
106015	张国强	男	18	…
⋮	⋮	⋮	⋮	⋮
106030	孙小红	女	19	…

图 9.1　一个学生情况的文件

该文件的逻辑结构为一个线性结构。除了第 1 个记录没有前驱记录、最后那个记录没有后继记录以外,其他每一个记录有且仅有一个直接前驱记录和一个直接后继记录。在存储介质上可以对该文件采用不同的物理结构。

9.1.2　文件的存储介质

存储介质是指存储信息的载体,如磁带、磁盘以及光盘等都是存储介质。文件的信息量大,而计算机内存空间有限,一般情况下文件都存放在外存设备上。为了更好地了解文件的结构,先简单介绍一下主要的外存设备及其存取特性。

1. 磁　带

计算机的 I/O 磁带在原理上与录音机磁带类似,是一条涂有一层磁性材料的窄带。数据录制在宽约 12 mm(约合 1/2 in)的磁带上;而磁带绕在一个卷盘之上。一条磁带通常约为 731 m(约合 2 400 ft)长;整条磁带上均载有磁道,沿带面宽度一般有 9 位或者 7 位二进制信息。以 9 道带为例,每一排可代表一个字符(8 位为一字符,另一位为奇偶校验位)。

磁带机不是连续运转设备,而是启停设备,启停时间约为 5 ms。在磁带停止后再行启动,要经过一个加速过程才能达到正常读写速度;反之,在读出或者写完一个字符组以后,要经过一个减速过程才能完全停止。所以,在字符组之间要留有一定间隙,这个间隙通常约为 6 mm(1/4 in)至 19 mm(3/4 in)。为了有效地利用磁带,通常不是按用户给出的字符组记入磁带,而是将若干个字符组合并成块以后再一次写入磁带。因而在字符之间不再有间隔,而是在块间才有间隔 IGB(Inter Block Gap)。

成块之后,一次 I/O 操作可以把整个物理块读入内存缓冲区,然后再从缓冲区取得所需要的信息(一个字符组)。这样可以减少耗时的 I/O 操作。块也不能取得太大,因为一次读写的内容过长,出错的概率也就大,而且使得内存缓冲区也过分增大。

磁带机是一种顺序存取设备。存取时间取决于读写头的当前位置与所读信息的位置之间的距离。距离愈大,所需时间愈长。这是顺序存取设备的主要缺点,给检索和修改信息带来不便。因此,磁带机一般用于处理变化少且进行顺序存取的大量数据。

磁带运动示意如图 9.2 所示。磁带上存放信息的示意如图 9.3 所示。

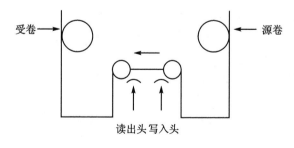

图 9.2　磁带运动示意

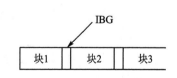

图 9.3　磁带存放信息示意

2. 磁　盘

磁盘是一种应用最广泛的外部存储器,是一种直接存取存储设备。容量大,速度快,可以直接存取任何字符组。磁盘是一片涂有磁性材料的扁平圆盘,盘面上有许多同心圆,称之为磁道。若干个盘片组成一个盘组。如果盘组有 6 片,除了最顶上和最底下的两个盘面不存信息外,有 10 个盘面用来存储信息。

盘片装在磁盘驱动器的主轴上,可绕主轴高速旋转。当磁道在读写头下通过时,即可读出或者写入信息。

磁盘可分为固定头盘和活动头盘两种。对固定头盘而言,每一个磁道上有一个独立的磁头,负责读写该磁道的信息。活动头盘的每一个面上有一个磁头,可以沿径向移动。不同面上的磁头装在一个动臂上同时移动,处于同一个柱面上,各个面上半径相同的磁道组成一个柱面。圆柱面的个数就是盘片面上的磁道数,一般每个盘面有 300 至 400 个磁道。磁盘上通常以磁道或者柱面为存储单位。一个盘组包含若干个柱面,一个柱面含有若干个磁道,而每个磁道又可以分为若干个区段,称之为扇区。因此,在磁盘上标明一个具体信息的存储位置要用到 3 个地址,它们分别是柱面号、盘面号(磁道号)和扇区号。磁盘的示意如图 9.4 所示。

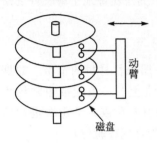

图 9.4　磁盘

为了访问某个信息,首先要找到相应柱面,对活动头盘要使动臂沿径向移动到所需的柱面上,这个过程称之为**定位**或**寻查**,然后等到所要访问的信息转到磁头之下,才能读写信息。故存取信息的时间如下。

① 寻查时间　磁头定位的时间。

② 等待时间　等待磁道上所需信息转到磁头下的时间。

由于磁盘的转速可以高达 2 400～3 600 r/min,因而存取时间主要花在查找上。可见,在进行软件开发设计的时候应该尽量减少磁头来回移动的次数。

9.1.3　文件的基本操作

1. 文件的查找

根据用户的要求在文件中确定相应记录的操作过程称为**查找**,也称**检索**。

根据查找条件的不同,通常有以下 3 种查找方式。

① 查找下一个记录　查找当前已经找到的记录的下一个记录。

② 查找第 i 个记录　给出记录的逻辑顺序号 i,根据该顺序号查找相应记录。

③ 按关键字值查找　给出指定关键字的确定值,找出与该关键字值相匹配的记录。匹配分以下几种情况。

(a) 简单条件匹配:查找关键字值等于给定值的记录。例如,给定一个学号,查出具有该学号的学生的相关记录。

(b) 区域匹配:查找某关键字值属于某个范围内的记录。例如,查找年龄在 20 岁以上学生的相关记录。

(c) 函数匹配:给定某关键字的某个函数,查找符合条件的记录。例如,查找年龄等于平均年龄的学生的记录。查找时,要调用计算平均数值的函数以求得平均年龄,然后才能找到符合条件的记录。

(d) 组合条件匹配:给出多个条件,用布尔运算(与、或、非运算)组合起来进行查找。例如,查找年龄在 20 岁以下的全部男同学的相关记录。其实,对于以上(a)、(b)和(c) 3 种查找也可以通过布尔运算进行组合形成更复杂的组合查找方式。

查找操作的结论通常有"查找成功"和"查找失败"两种。若文件中存在被查找的记录,则得到的结论是前者,此时给出被查到记录在文件中的位置或者整个记录的数据信息;若文件中不存在要查找的记录,则得到的结论是后者,此时反馈一个表示该记录在文件中不存在的信息,不进行其他任何操作。因此,查找操作不会改变文件。

通常,对于不同的文件可以采用不同的查找方法。但无论采用哪一种查找方法,其查找过程都是"将待查找的给定值 k 与记录的关键字值按照一定的次序进行比较"的过程。查找过程的时间花费主要体现在关键字值的比较操作上。比较的次数越多,时间的消耗就越多。因此,为了对查找算法的时间效率进行评价,以确定查找算法的时间复杂度,这里依然采用 7.7.4 节提出的平均查找长度 ASL 的概念,以它作为衡量一个查找算法优劣的重要指标。

平均查找长度的计算公式为

$$ASL = \sum_{i=1}^{n} p_i c_i$$

其中,n 为存储结构中的对象总数;p_i 为查找第 i 个记录的概率;c_i 为查找第 i 个记录时所进行过的关键字值的比较次数,它取决于被查找记录在文件中的位置。显然,ASL 是 n 的函数。

所谓"查找第 i 个记录的概率"可以理解为:在多次查找中,找第 i 个记录的次数占总次数的比例。

对于具有 n 个记录的文件,若查找每个记录的概率均等,即 $p_1 = p_2 = \cdots = p_n = 1/n$,则平均查找长度的计算可简化为

$$ASL = \frac{1}{n} \sum_{i=1}^{n} c_i$$

查找作为一种操作,在人们的日常生活中几乎每天都要进行。例如,在电话号码簿上查找某一个人或者某一个单位的电话号码,在词典中查找某一个单词的读音或者含义,从图书馆中查阅图书资料,从课程的成绩表中查找分数等,都是查找操作。

在计算机的各种系统软件和应用软件中,查找也是最常见的基本操作之一。例如,汇编程序和编译程序都要用到符号表,在符号表中与每个名字相结合的是一个属性或者属性集合(说明:此处的"属性"非本节前面提到的关于文件中"属性"的概念,只是重名),或者是与名字相关的其他信息。通过名字可以在符号表中查到与该名字所对应的解释程序或者编译程序的执行程序的入口,从而转去解释或者执行该名字所要表示的动作。另外,在诸如信息管理系统的应用软件中,查找操作更是作为用户的界面直接提供给用户使用。

2. 记录的插入

记录的插入是指在文件中指定位置增加一个新的记录。

3. 记录的删除

删除文件中指定的记录或者满足条件的记录。删除记录通常可以有以下两种情况。
① 删除第 i 个记录。
② 删除符合给定条件的记录。

4. 记录的修改

记录的修改是指对符合给定条件的记录的某些属性值进行修改。

不难想到,在文件中插入一个新记录之前,首先要找到插入的位置;同理,在删除记录,或者更新记录属性值的时候,都需要首先查出目标记录的位置才能进行删除或者修改,而确定目标记录的位置主要又是通过查找操作来实现的。可见,查找操作是数据文件最基本的操作之一。

5. 文件的排序

按关键字值的大小递增或者递减顺序对文件的记录进行重新排列的过程称为排序。

在有的资料中,将上述有关文件基本操作的第 2,3 和 4 种称为文件的维护操作。除了这 3 种之外,维护操作还包括以提高操作效率而对文件进行的再组织、文件被破坏后的恢复以及对文件中数据信息的安全保护等操作。

9.2 顺序文件

当文件所包含的记录在物理结构中的排列顺序与在逻辑结构中的排列顺序一致时,称该文件为**顺序文件**(sequential file),也就是说,记录按照它们在文件中的逻辑顺序依次进入存储介质而建立的文件称为顺序文件。

根据记录是否按照关键字值的大小有序排列,又将顺序文件分为**排序顺序文件**与**一般顺序文件**。后者是以记录进入文件的先后次序作为记录的逻辑顺序的文件,前者则是按照关键字值排过序的文件。根据文件在物理结构中记录的顺序和逻辑顺序的映射方式又可以将顺序文件分为**连续顺序文件**与**链接顺序文件**,即在存储介质上用一片地址连续的空间存放的顺序文件称为连续顺序文件;用一组地址任意的存储空间存放文件,记录之间的先后次序通过指针映射,这样的顺序文件称为链接顺序文件。这种将顺序文件分为排序顺序文件与一般顺序文件是基于逻辑上的划分,而将顺序文件分为连续顺序文件与链接顺序文件则是基于物理上的划分。

若一个排序顺序文件在物理结构中采用连续组织方式,则称此顺序文件为**排序连续顺序文件**。

9.2.1 连续顺序文件及其查找

1. 连续顺序文件的顺序查找(sequential search)

对于具有 n 个记录的连续顺序文件,**顺序查找**方法是在文件的关键字集合 key[1..n]中查找其值与给定关键字值 k 相等的记录。即从文件的第 1 个记录开始,逐个将记录的关键字值与给定值 k 进行比较,若某个记录的关键字值与给定值 k 相等,则查找成功,并给出被查到记录在文件中的位置(序号);反之,若所有记录的关键字值都已比较,仍未找到与 k 相等的记录,则给出信息 0,以表示查找失败。算法如下。

```
int SEQ_SEARCH(keytype key[],int n,keytype k)
{
    int i;
    for(i=1;i<=n;i++)
        if(key[i]==k)
            return i;              /* 查找成功 */
    return 0;                      /* 查找失败 */
}
```

对于具有 n 个记录的连续顺序文件,采用顺序查找时,有比较次数 $c_i = i$,假设每个记录的查找概率相等,即 $p_i = 1/n$,则有

$$\mathrm{ASL}_{ss} = \sum_{i=1}^{n} p_i c_i = \frac{1}{n} \sum_{i=1}^{n} i = \frac{n+1}{2}$$

若查找失败,则比较次数为 n。因此,顺序查找算法的时间复杂度为 O(n)。

顺序查找方法的优点是原理简单,易于理解和掌握,适应面广,对于被查找对象中的元素的排列次序几乎没有限制,既适用于顺序文件,也适用于顺序表,甚至还适用于链表的查找。这些优点将给在查找对象中插入新的元素带来方便,因为不必为新的元素寻找插入位置,也不需要移动其他元素的位置,只要将它插入到表尾(对顺序表)或者表头(对链表)即可。顺序查找方法的缺点也是显而易见的,主要表现在一般情况下,在查找过程中所进行的元素(对文件而言是关键字值)之间的比较次数较多,也就是说,平均查找长度较大,因而查找的时间效率低,尤其当 n 很大,或者查找失败的时候更是这样。

2. 排序连续顺序文件的折半查找(binary search)

折半查找又称二分查找。对于文件而言,折半查找方法仅适用于排序连续顺序文件,不适合于其他文件。这里,假设被查找的排序连续顺序文件中的 n 个记录按关键字 key 的值的大小从小到大排列。

折半查找的思想比较简单。首先确定待查找的记录所在的查找范围,然后逐渐缩小查找范围直至得到查找结果。其查找过程是:将要查找的记录的关键字值 k 与当前查找范围内位置居中的那个记录的关键字值进行比较,若匹配,则查找成功,返回被查到记录在文件中的位置,算法结束;若要查找记录的关键字值 k 小于当前查找范围内位置居中的那个记录的关键字值,则到当前查找范围的前半部分重复上述查找过程,否则,到当前查找范围的后半部分重复上述过程,直到查找成功或者失败。若查找失败,则给出信息 0。

查找过程中需要涉及几个位置变量,其中,用变量 low 给出当前查找范围内的第 1 个记录的位置,初值有 low=1;变量 high 给出当前查找范围内的最后那个记录的位置,初值有 high=n;变量 mid 给出当前查找范围内位置居中的记录的位置,有 $mid = \lfloor (low+high)/2 \rfloor$。

折半查找算法如下。

```
int BIN_SEARCH(keytype key[],int n,keytype k)
{
    int low = 1,high = n,mid;
    while(low< = high){
        mid = (low + high)/2;
        if(key[mid] == k)
            return mid;                  /* 查找成功 */
        if(k>key[mid])
            low = mid + 1;               /* 查找范围缩小到后半部分 */
        else
            high = mid − 1;              /* 查找范围缩小到前半部分 */
    }
    return 0;                            /* 查找失败 */
}
```

例 9.1　设某排序连续顺序文件有 n＝11 个记录,对应的关键字序列为
$$2,5,8,11,15,16,22,24,27,35,50$$
请采用折半查找法查找关键字值 k＝22 的记录。

查找的过程如图 9.5 所示。

经过 3 次元素之间的比较,查找成功,给出被查到记录在文件中的位置 mid(位置 7)。

图 9.6 给出了在该文件中采用折半查找法查找 k＝10 的记录的过程,这是一个查找失败的例子,请读者注意查找过程是如何适可而止的。

```
2, 5, 8, 11, 15, 16, 22, 24, 27, 35, 50
low              mid              high


2, 5, 8, 11, 15, 16, 22, 24, 27, 35, 50
low              mid              high

2, 5, 8, 11, 15, 16, 22, 24, 27, 35, 50
                 low   mid   high

2, 5, 8, 11, 15, 16, 22, 24, 27, 35, 50
                 low high
                 mid
```

```
2, 5, 8, 11, 15, 16, 22, 24, 27, 35, 50
low              mid              high

2, 5, 8, 11, 15, 16, 22, 24, 27, 35, 50
low  mid  high

2, 5, 8, 11, 15, 16, 22, 24, 27, 35, 50
     low high
     mid

2, 5, 8, 11, 15, 16, 22, 24, 27, 35, 50
    high low
```

图 9.5　折半查找法查找 k＝22 的记录的过程　　**图 9.6　折半查找法查找 k＝10 的记录的过程**

从查找过程中可以看到,在未查到之前到查到为止,始终有关系 low≤high,也就是说,只要出现这个关系不成立,即可以说明查找失败。因此,在这个例子中,经过 3 次比较以后,出现 low＞high,说明在该文件中不存在 k＝10 的记录,查找失败。

可以想象得到,假若文件中有 19 个记录,要找到第 10 个记录仅需要进行 1 次关键字值的比较即可;而找到第 5 个记录或者第 15 个记录分别需要比较 2 次;找到第 2 个、第 7 个、第 12 个或者第 17 个记录分别需要比较 3 次;找到第 1,3,6,8,11,13,16 和 18 个记录分别需要比较 4 次;找到第 4,9,14 和 19 个记录分别需要比较 5 次。

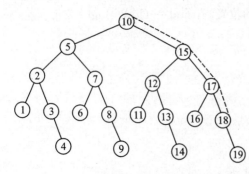

图 9.7　一棵描述折半查找过程的判定树

因此,折半查找过程可以借助于一棵二叉树来描述。例如,第 1 次取 mid＝$\lfloor(1+19)/2\rfloor$＝10,下一次将取 mid＝$\lfloor(1+9)/2\rfloor$＝5 或者 mid＝$\lfloor(11+19)/2\rfloor$＝15……若把当前查找范围内位置居中的记录的位置(序号)作为二叉树的根结点,前半部分与后半部分的记录的位置分别构成二叉树的左子树与右子树,则由此可以得到一棵称之为"判定树"的平衡二叉树,利用该二叉树描述折半查找过程如图 9.7 所示(当然,判定树不一定都是二叉树;但是,折半查找过程所对应的判定树一定是二叉树)。例如找到位置为 18 的记录的过程恰似经过了从根结点 10 到结点 18 的路径(图 9.7 中虚线),所进行的关键字值的比较次数就是结点所在的层次数 4。这就是说,查找任意一个记录的过程就是经过了一条从根结点到与该记录对应的结点的路径,与关键字值进行比较的次数正好是该结点在判定树中所处的层次数。因此,折半查找方法在查找成功时所进行的关键字值的比较次数最多不超过判定树的深度。也就是说,判定树的深度是查找算

法的最大比较次数。查找失败也对应着判定树中一条路径,该路径是从根结点到相应结点的空子树。在当前查找范围为空,也就是在 low>high 时,比较过程就达到了这棵空子树。由此可知,折半查找失败时,查找过程中所进行的关键字值的比较次数也不会超过判定树的深度。由于具有 n 个结点的判定树的深度和具有 n 个结点的完全二叉树的深度相同,根据 7.3.4 小节讨论可知,判定树的深度为 $\lfloor \log_2 n \rfloor + 1$。

为了简化讨论,则把判定树近似地看成为一棵满二叉树,根据二叉树的性质,它有最大结点数 $n = 2^h - 1$,深度 $h = \log_2(n+1)$。二叉树中第 j 层的结点数为 2^{j-1},若假定每个元素的查找概率相等,有 $p_i = 1/n$,则折半查找的平均查找长度为

$$\text{ASL}_{SS} = \sum_{i=1}^{n} p_i c_i = \frac{1}{n} \sum_{i=1}^{h} j \times 2^{j-1} = \frac{n+1}{n} \log_2(n+1) - 1$$

当 n 较大时,$\text{ASL} = \log_2(n+1) - 1$。

从上面的分析可以看到,一般情况下,折半查找方法的效率比顺序查找方法的效率要高得多。例如,当 n=1 000 时,顺序查找方法的 ASL=500,而折半查找方法的 ASL≈9。

对于文件而言,折半查找方法只适用于排序连续顺序文件。其实,对线性表也可以采用折半查找方法查找某个数据元素,不过,此时线性表中的数据元素必须按值的大小有序排列,并且采用顺序存储结构(折半查找方法不适用于链式存储结构)。折半查找方法的优点是查找过程中所进行的元素(对文件而言是关键字值)之间的比较次数少,因而查找的时间效率高,速度快。缺点之一是查找之前要为建立顺序表(按值有序)付出一定的代价,而对顺序表进行的插入与删除操作都需要比较和移动表中平均一半的元素,时间效率较低,因此,折半查找方法比较适合于数据元素集合相对比较稳定的情况。

从前面的讨论不难看出,折半查找过程是一个递归过程,因而比较容易写出如下相应的递归算法。

```
int RECUR_BIN_SEARCH(keytype key[],int low,int high,keytype k)
{
    int mid;
    if(low>high)
        return 0;
    else{
        mid=(low+high)/2;
        if(key[mid]==k)
            return mid;                        /* 查找成功 */
        if(k>key[mid])
            return RECUR_BIN_SEARCH(key,mid+1,high,k);
                                    /* 查找范围缩小到后半部分 */
        else
            return RECUR_BIN_SEARCH(key,low,mid-1,k);
                                    /* 查找范围缩小到前半部分 */
    }
}
```

第 1 次调用该算法时可以采用语句

pos = RECUR_BIN_SEARCH(key,1,n,k);

若查找成功,返回值 pos 为被查找记录在文件中的位置;否则,返回值 pos 为 0。

9.2.2 链接顺序文件及其查找

链接顺序文件采用链表结构存放记录,一个记录对应链表中的一个链结点,记录之间的逻辑关系通过指针映射。

在这种文件中查找记录存在与否只能采用顺序查找,查找的方法与在一个线性链表中查找一个满足某条件的链结点的操作几乎一样,读者可以参看第 2 章的有关内容。

9.3 索引文件

如果所讨论的数据集合包含数量庞大的记录,并需要存储在磁盘上,那么利用额外空间来提高数据集合的访问速度的思想就显得尤其重要。组织这种数据集合的主要技术之一就是建立索引。

索引以及索引查找的概念在日常生活中有着非常广泛的应用。例如,一本正规出版的书籍都包括两个部分,其中一部分是该书的目录,另一部分是该书的正文。目录中分别记录着书中的主要内容及该内容在书中正文的位置(页码)。读者查找某个内容时,首先在目录中确定要查找的内容在书中的页码或者范围,然后再根据页码到书中相应位置找到具体内容。另外一个例子就是在汉语字典中查找汉字。若知道读音,则首先在音节表中查找对应正文中的页码,然后再在正文同音字中查找待查的汉字。若知道字形,则先在部首表中根据字的部首查找到对应检字表中的页码,再在检字表中根据汉字的笔画数目查找到对应正文的页码,最后在此页码中查找到待查的汉字。这里,书和字典都是索引查找的对象,书和字典的正文是它们的主要部分,分别称之为**主表**;而目录、检字表、音节表以及部首表等都是为了方便查找主表而建立的索引,称之为**索引表**。对于查找汉字而言,检字表以主表为查找对象,而部首表又以检字表作为查找对象,即通过部首表查找检字表,此时称检字表为一级索引,即对主表的索引;称部首表为二级索引,即对一级索引的索引。这就是多级索引的概念。

若采用计算机进行索引查找,则与上述人工查找过程基本相同,只是对应的表(包括主表和索引表)被存放在计算机的存储器中。若用户想要建立一个索引文件,则只需向计算机系统提供一些必要的信息(如文件名、关键字、建立的文件为索引文件等)之后,再以某种方式将主表的信息提供给系统即可。**索引文件**包括索引表与主表(主表也称为**基本文件**)两个部分。索引表是计算机系统自动建立的,它给出了记录的关键字值与记录的存储位置之间的对应关系,索引表中的表项按照关键字值大小有序排列。不同的基本文件建立索引以后,可以称为索引连续顺序文件或索引链接顺序文件。

在索引文件中查找记录称为索引查找,也称分级查找。

9.3.1 稠密索引文件

图 9.8 所示的基本文件以学生的学号为关键字,在图 9.8(a)中的基本文件是没有排序的连续顺序文件。索引表中对基本文件中的每一个记录都建立一个索引行,称为索引项,这种索

引称为**稠密索引**。由稠密索引和基本文件两个部分组成的文件称为**稠密索引文件**。由于索引表所包含信息量的大小比基本文件的信息量大小小得多,所以,索引表可以常驻内存。查找时首先在索引表中采用顺序查找方法或者折半查找方法找到记录的存储位置,然后根据该位置从外存介质上读入相应记录。这样不仅节省内存空间,而且还减少 I/O 的次数,从而大大提高查找的时间效率。

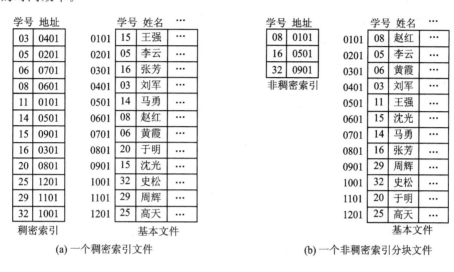

(a) 一个稠密索引文件　　　　　　　　(b) 一个非稠密索引分块文件

图 9.8　索引文件

例如,如果要查找学号(关键字)为 16 的同学的记录,先在索引表中查找到它的位置,然后根据地址 0301 找到"张芳"同学的记录。

9.3.2　非稠密索引分块文件

非稠密索引文件也称为非稠密索引分块文件。它将基本文件中的记录分成若干块,每一块内的记录不必按照关键字值排序,但块与块之间的记录必须保持按照关键字值大小有序,即前一块中所有记录的关键字值都小于后一块中所有记录的关键字值。这样,建立的索引表只需对每一块建立一个索引项,该索引项分别给出相应一块的最大关键字值以及该块的首地址,如图 9.8(b)所示。具有这种特点的索引称为**非稠密索引**。非稠密索引及基本文件合称为**非稠密索引分块文件**。如果文件中的记录是按照关键字值大小排序的,则成为非稠密索引分块文件的一种特例,如图 9.9 所示。

学号	地址
08	0101
16	0501
32	0901

	学号	姓名	…
0101	03	刘军	…
0201	05	李云	…
0301	06	黄霞	…
0401	08	赵红	…
0501	11	王强	…
0601	14	马勇	…
0701	15	沈光	…
0801	16	张芳	…
0901	20	于明	…
1001	25	高天	…
1101	29	周辉	…
1201	32	史松	…

图 9.9　另一个非稠密索引分块文件

对非稠密索引分块文件可以采用分块查找方法,即首先在索引表中确定要查找记录所在的块,然后把该块的所有记录读入内存,之后再在该块中具体查找记录。对索引表可采用顺序查找,也可采用折半查找。如果基本文件也是按关键字值排序的,则在已找到的块中也可采用顺序查找方法或者折半查找方法。若基本文件只是在块与块之间按关键字值有序,则在块中查找具体记录时只能采用顺序查找方法。

假设要查找的记录的关键字值为 k,当在索引表的关键字值集合中查找时如果满足关系 $k \leqslant key_i (i=1,2,\cdots)$,则说明如果要找的记录存在,它应该在第 i 块中,然后再到第 i 块中查找相应记录。

在图 9.8(b)所示的非稠密索引分块文件中,基本文件被分成 3 块,因而索引表中包含 3 个索引项。在查找关键字值 k=16 的记录时,首先在索引表中确定 k 所在的块,有关系 $k \leqslant key_1$,说明对应 k 的记录若存在应该在第 1 块中,然后再到基本文件的第 1 块中采用顺序查找方法找到记录(对于图 9.9 所示的文件则可以采用折半查找方法)。

在非稠密索引分块文件中的查找方法也称分块查找方法。其平均查找长度 ASL_{bs} 由查找块地址(确定所在的块)的平均查找长度 L_b 与在块中查找记录的平均查找长度 L_w 两部分组成,即

$$ASL_{bs} = L_b + L_w$$

若将长度为 n 的基本文件分为 b 块,每块有 s 个记录,则 $b = \lfloor n/s \rfloor + 1$。若每一块的查找概率为 $1/b$,块内查找任一记录的概率为 $1/s$,则当采用顺序查找方法时,有

$$ASL_{bs} = L_b + L_w = \frac{1}{b}\sum_{j=1}^{b}j + \frac{1}{s}\sum_{i=1}^{s}i = \frac{b+1}{2} + \frac{s+1}{2} = \frac{1}{2}\left(\left\lfloor \frac{n}{s} \right\rfloor + 1 + s\right) + 1$$

当 $s = \sqrt{n}$ 时,将使得 ASL_{bs} 达到极小值 $\sqrt{n}+1$。若采用折半查找方法确定块地址,则平均查找长度近似为

$$ASL_{bs} = \log_2\left(\frac{n}{s}+1\right) + \frac{s}{2}$$

在非稠密索引分块文件中,不仅可以比较方便地查找单个记录,而且更便于查找一块中的全部记录。当需要对一块中的全部记录依次进行处理时,只要从索引表中找到该块的起始位置,然后再由此位置开始依次取得该块的每一个记录。

可见,分块查找思想是考虑到顺序查找和折半查找具有的某些不足提出来的。为了吸取顺序查找和折半查找的优点,确保既有动态结构,又适用于快速查找,提出了这种混合查找方法。

*9.3.3　多级索引文件

当索引表本身很庞大时,在索引表中确定记录或者确定记录所在的块需要花费的时间可能也会变得很多,这时可以对索引表进行分块,即建立索引表的索引。如果索引表的索引还很大,则可以继续对索引表的索引进行分块,建立索引表的索引表的索引,这样就形成了一种树形结构的多级索引。

1. 二叉排序树多级索引

此索引结构第 i 层的索引分块数为 2^{i-1},即二叉树中第 i 层的结点数;每个结点表示一个索引块,该结点的构造如图 9.10 所示。其中,key 为

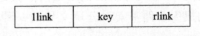

| llink | key | rlink |

图 9.10　二叉排序树多级索引的结点构造

索引树中的最大关键字;llink 为左指针,指出关键字值小于或者等于本结点中关键字的下一级索引存放地址;rlink 为右指针,指出关键字值大于本结点中关键字的下一级索引存放地址。这种索引结构的构造如图 9.11 所示。

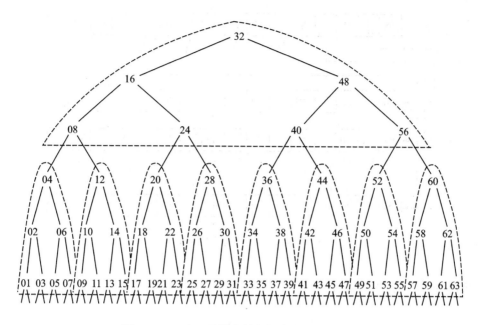

图 9.11　一个二叉排序树多级索引结构的示例

　　这种索引结构比较适用于在小型文件内进行查找,即文件或者文件的索引信息量不大,用一次 I/O 就能够把索引信息全部调入内存。这种结构简单,容易构造,操作也比较简单。

　　当文件及索引信息量很庞大时,采用这种结构会大大增加 I/O 操作的次数,因而导致总的查找效率降低。对于图 9.11 中的例子,若每次访问一个结点,进行一次 I/O 操作,则要经过 6 次 I/O 操作才能找到记录的地址。

2. 多分树索引

　　多数文件都不采用二叉排序树结构,而是在二叉排序树结构的基础上把索引结构改造成多分树结构。例如,把原有的 7 个结点组合成一块(一个结点),形成八分树。这时,树中每个结点的构造如图 9.12 所示。其中,8 个关键字域 $key_1,key_2,\cdots,key_8$ 分别存放下一级 8 个索引块中最大关键字值;8 个指针域 $p_1,p_2,\cdots,p_8$ 分别给出满足 $key_{i-1}<k\leqslant key_i$ 的关键字 k 所在的下一级索引块地址。

key_1	p_1	key_2	p_2	$\cdots$	key_8	p_8

图 9.12　多分树索引结点的构造

　　这样,图 9.11 所示的二叉树就成为图 9.13 所示的八分树。

　　这时,只需要进行两次 I/O 操作便可查找到记录的位置。当记录数目较多,这种结构仍然会出现索引层次过多而导致增加 I/O 次数的时候,可以将其改造为更多分支的树,使得每个结点包含的关键字信息更多。当然,这样做的结果又会要求更大的内存空间,因而结点大小的选择要适当。

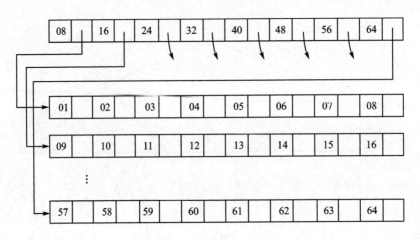

图 9.13　八分树索引结构

9.4　B—树和B十树

9.4.1　B—树的基本概念

这种结构是 1970 年由 R. Bayer 和 E. MacCreight 提出的,是一种平衡的多分树,多用于文件的索引结构。为什么叫 B—树? 有人认为是由"平衡(balanced)""宽广(broad)"或者"灌木样的(bushy)"词而得名的;也有人说因为 R. Bayer 和 E. McCreight 是在 Boeing 科学研究实验室发明的此概念并以此而命名的。最后一种说法得到了普遍认可。

B—树是一种多级索引结构,是一种平衡的多路查找树。B—树结构在数据处理中起着巨大的作用,已经成为数据处理中主要的文件组织形式。它以占用存储空间少,查找效率高的优势在数据库系统的索引技术中占据了重要的地位。

定义　一个 m 阶 B—树应为满足下列条件的结构。

① 每个分支结点最多有 m 棵子树。

② 除根结点外,其他每个分支结点至少有$\lceil m/2 \rceil$棵子树。

③ 根结点至少有两棵子树(除非根结点为叶结点,此时 B—树只有一个结点)。

④ 所有叶结点都在同一层上,叶结点不包含任何关键字信息(可以把叶结点看成实际上不存在的外部结点,指向这些"叶结点"的指针为空)。

⑤ 所有分支结点中包含下列信息

$$n, p_0, key_1, p_1, key_2, p_2, \cdots, key_n, p_n$$

其中,n 为该结点中关键字值的个数;$key_i (1 \leq i \leq n)$为该结点的第 i 个关键字值,并且满足关系 $key_i < key_{i+1} (i=1,2,\cdots,n-1)$;$p_i (0 \leq i \leq n)$为指向该结点第 i+1 棵子树根结点的指针。

实际上,每个结点中还包括了 n 个指向相应记录的指针(记录的存储位置。考虑到图形的清晰,这里把这些指针从图中略去了,而实际是存在的),使得每个结点既是索引的索引块,又是基本索引块(能直接给出记录存放地址的索引块)。p_i所指的子树中,所有结点的关键字值均小于 key_{i+1} 而大于 key_i。图 9.14 所示的为一个 6 阶 B—树。

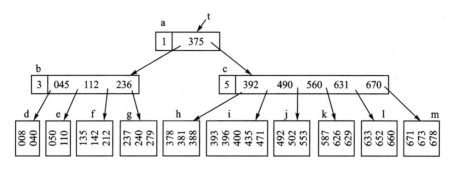

图 9.14　一棵 6 阶 B—树

B—树中的结点类型可以按如下定义。

```
#define  M  10              /* B—树的最大阶数 */
typedef struct node{
    int   keynum;           /* 本结点中关键字值的个数 */
    keytype  key[M+1];      /* 本结点的 n 个关键字,其中 key[0]未用 */
    struct node * ptr[M+1]; /* 本结点的 n+1 个指向子树的指针 */
    rectype * recptr[M+1];  /* 与本结点的 n 个关键字值对应的记录的存储位置 */
} * BTree;
```

*9.4.2 B—树的基本操作

1. B—树的查找

B—树是一种平衡查找树,在 B—树上进行查找的过程与在二叉排序树中的查找过程类似。

查找过程可以描述为:根据给定的关键字值 k,先在根结点的关键字集合中采用顺序查找方法或者折半查找方法(因为结点中的关键字是按值有序排列的)进行查找。若有 $k=key_i$,则查找成功,根据相应的指针即可取得记录;否则,若 $k<key_i(i=1,2,\cdots,n)$,则取指针 p_{i-1} 所指结点后重复这个查找过程,直到在某结点中查找成功,或者在查找过程中出现 $p_{i-1}=$ 空 (NULL),查找失败。

例如,在图 9.14 所示的 B—树中查找关键字为 502 的过程为:先从根结点开始,根据根结点的指针 t 找到地址为 a 的结点。由于该结点只有一个关键字 375,并且给定值 502>375,说明若存在关键字值为 502 的记录,则它必然在指针 p_1 所指的子树中;沿着指针 p_1 找到地址为 c 的结点。该结点有 5 个关键字,而 490<502<560,说明若存在关键字为 502 的记录,它必然在该结点的指针 p_2 所指的子树中;又顺着指针 p_2 找到地址为 j 的结点,该结点共有 3 个关键字 (492,502,553),在该结点中采用顺序查找方法找到关键字 502。到此,查找成功。查找失败的过程也类似。例如,查找关键字 215,首先查找根结点,由于 215<375,因此顺指针 p_0 找到地址为 b 的结点,在该结点中进行顺序查找,得知 112<215<236,又顺该结点的指针 p_2 找到地址为 f 的结点,在该结点的 3 个关键字中进行顺序查找,得到 212<215,由于此时 p_3 为空 (NULL),说明此 B—树中不存在关键字值为 215 的记录,查找失败。

可见在 B—树中查找记录的过程是一个沿着指针查找结点和在结点的关键字集合中顺序

查找记录的交叉过程。

在下面给出的查找算法中，T 为 m 阶 B—树的根结点指针，k 为要找的关键字值，若查找成功，则返回被查到记录的位置；否则，给出查找失败的信息。

```
MBSEARCH(BTree T,keytype k)
{
    int i,n;
    BTree q,p=T;
    while(p!=NULL){
        n=p->keynum;                  /* 取得当前结点中关键字值的个数 */
        p->key[n+1]=Maxkey;           /* 给第 n+1 个关键字域赋一个常量 Maxkey */
        i=1;                          /* i 为关键字值比较的序号,初值为 1 */
        while(k>p->key[i])            /* 在当前结点的关键字集合中进行比较 */
            i++;
        if(k==p->key[i])
            return (p,i,1);           /* 查找成功 */
        else {
            q=p;                      /* 保存双亲结点的位置 */
            p=p->ptr[i-1];            /* 准备查找下一层的一棵子树 */
        }
    }
    return(q,i,0);                    /* 查找失败 */
}
```

由以上讨论可知，在 B—树中的查找时间取决于以下两个因素。

① 给定关键字值所在结点的层次数，这关系到 I/O 操作的次数。

② 结点中关键字值的个数。

关键字值所在结点的最大层次数为树的深度。设一棵 m 阶 B—树的深度为 $h+1$（叶结点的深度），根据 B—树定义，第 1 层至少有 1 个结点，第 2 层至少有 2 个结点，第 3 层至少有 $2 \times (\lceil m/2 \rceil)$ 个结点……第 $h+1$ 层至少有 $2 \times (\lceil m/2 \rceil)^{h-1}$ 个结点。$h+1$ 层为叶结点所在层，对于具有 n 个记录的文件，其叶结点有 $n+1$ 个，所以有

$$n+1 \geqslant 2 \times (\lceil m/2 \rceil)^{h-1}$$

于是，得

$$(n+1)/2 \geqslant (\lceil m/2 \rceil)^{h-1}$$

从而有

$$h \leqslant \log_{\lceil m/2 \rceil}((n+1)/2)+1$$

这就意味着在具有 n 个关键字的 B—树上查找记录时，从根结点到关键字所在结点的路径上涉及的结点数目不会超过 $\log_{\lceil m/2 \rceil}((n+1)/2)+1$ 个。也就是说，在 B—树中查找是一种时间效率为 $O(\log_2 n)$ 的操作。

2. B—树的插入

B—树的生成是从空树开始、逐个插入关键字值而得到的。

在深度为 h+1 的 m 阶 B-树中插入关键字为 k 的记录,首先要查到树的第 h 层,确定 k 应该插入的结点,然后再进行插入。若插入后该结点中关键字数目不超过 m-1,则插入成功。否则,以中间那个关键字值为界把结点一分为二,产生一个新的结点,并把中间关键字插到双亲结点中;若双亲结点也出现上述情况,则需要再次进行分裂;最坏的情况是一直分裂到根结点,以至于 B-树的层数增加一层。可见,B-树的插入操作要比查找复杂得多。尽管这样,插入也可以在 O(log₂n) 的时间内完成。

在图 9.15 中,以一个 m=3 的 B-树为例给出插入不同关键字值记录的操作过程。在图 9.15 中,图(a)给出了这棵 B-树的初始状态;图(b)为插入关键字值 59 以后的状态;图(c)为插入关键字值 53 以后结点 g 分裂之前的状态;图(d)为结点 g 分裂为结点 g 和结点 g′,并且关键字值 56 在插入其双亲结点 f 以后的状态;图(e)为插入关键字值 9 以后结点 c 分裂之前的状态;图(f)为结点 c 分裂为结点 c 和结点 c′,关键字值 7 插入其双亲结点 b 以后的状态;图(g)为结点 b 分裂以后关键字值 20 插入其双亲结点 a 的状态;图(h)给出的是插入关键字值 67 以后,使得结点 h 分裂为结点 h 与结点 h′,关键字值 67 插入双亲结点 f,又使得结点 f 分裂为结点 f 和结点 f′,把关键字值 63 插入双亲结点 a,又使得结点 a 分裂为结点 a 和结点 a′,关键字值 50 插入新产生的根结点中,使得 B-树增加一层。

一般情况下,结点分裂的原则可描述为:设结点 q 中已经有 m-1 个关键字值,在该结点中插入一个新的关键字值以后,结点的内容为 $(m, p_0, key_1, p_1, \cdots, key_m, p_m)$,其中,有 $key_i < key_{i+1} (1 \le i \le m)$。此时,将 q 分裂为 q 和 q′ 两个结点,其中,结点 q 的内容为

$$(\lceil m/2 \rceil - 1, p_0, key_1, p_1, \cdots, key_{\lceil m/2 \rceil - 1}, p_{\lceil m/2 \rceil - 1})$$

结点 q′ 的内容为

$$(m - \lceil m/2 \rceil, p_{\lceil m/2 \rceil}, key_{\lceil m/2 \rceil + 1}, p_{\lceil m/2 \rceil + 1}, \cdots, key_m, p_m)$$

并且将关键字 $key_{\lceil m/2 \rceil}$ 与一个指向结点 q′ 的指针插入到结点 q 的双亲结点中。

3. B-树的删除

在深度为 h+1 的 m 阶 B-树中删除一个关键字值为 k 的记录,首先要找到该关键字值所在的结点,然后区别以下不同情况进行具体删除。

① 若结点为第 h 层结点,且该结点中关键字数目 num > ⌈m/2⌉-1,则直接在结点中删去该关键字值。例如,从图 9.15(a)中的 B-树中删去关键字值 66,在结点 g 中直接删去该关键字值以后成为图 9.16(a)所示的状态。

② 若结点在第 h 层,其关键字数目 num=⌈m/2⌉-1,且左(或右)兄弟结点的 num > ⌈m/2⌉-1,则把左(或右)兄弟结点中最大(或最小)关键字值移到其双亲结点中,再把双亲结点中大于(或小于)上移关键字值的关键字值下移到被删关键字值所在的结点中。从图 9.16(a)中删去关键字值 42 以后的状态如图 9.16(b)所示。

③ 若结点为第 h 层结点,且该结点及其左、右兄弟结点的关键字数目 num 都等于 ⌈m/2⌉-1,则假设该结点有右兄弟,且其双亲结点中指针 p_i 指向该右兄弟,于是把应删除的关键字值删除以后,把该结点中剩下的关键字值与双亲结点中关键字值 key_i 合并到 p_i 所指的结点中,然后将 key_i 从双亲结点中删去。图 9.16(b)中删去关键字值 23 以后成为图 9.16(c)所示的状态。如果因此使得双亲结点中关键字数目 num < ⌈m/2⌉-1,则对此双亲结点做同样处理,以至于可能直到对根结点做这样的处理而使得整棵树减少一层。从图 9.16(c)中删去关键字值 56 以后成了图 9.16(d)所示的状态。

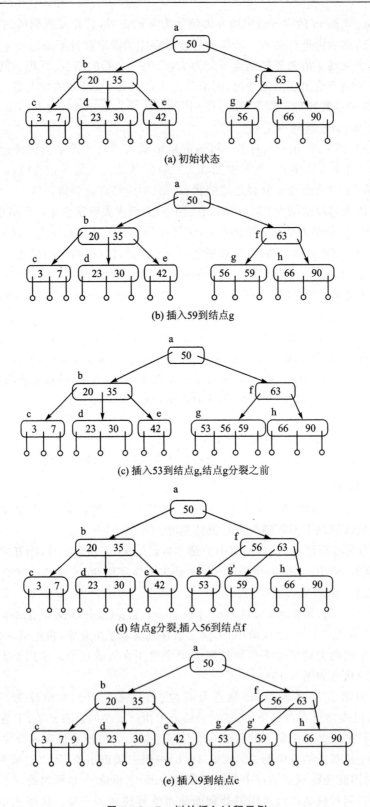

(a) 初始状态

(b) 插入59到结点g

(c) 插入53到结点g,结点g分裂之前

(d) 结点g分裂,插入56到结点f

(e) 插入9到结点c

图 9.15　B—树的插入过程示例

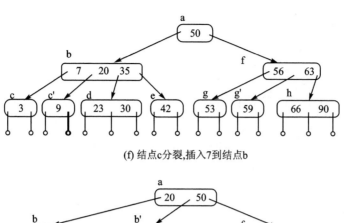

(f) 结点c分裂,插入7到结点b

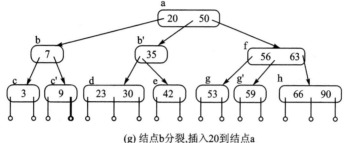

(g) 结点b分裂,插入20到结点a

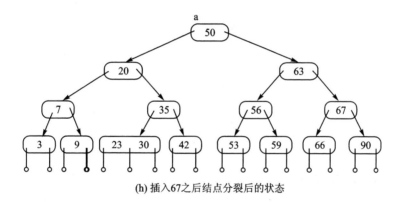

(h) 插入67之后结点分裂后的状态

图 9.15　B-树的插入过程示例(续)

④ 若所删关键字值所在结点的层数小于 h,且为所在结点的第 i 个关键字 k,则以该结点的 p_i 所指子树中的最小关键字 x 代替 key_i;然后根据 x 原来所在结点,并区别上述 3 种情况对原来的 x 进行删除处理。

　　B-树的插入和删除算法比较复杂。概括地说,在 B-树上做插入,首先要为待插入的关键字值 k 找到插入位置(它必定在某个叶结点上,假设为某叶结点的第 i 个位置),接着按照顺序表的插入方法把索引项(k,NULL)插入到该结点的第 i 个位置上,然后再进行插入之后的循环处理,直到不需要分裂结点为止。在 B-树上进行删除,首先要找到待删除的关键字值 k 所在的位置(若它不在叶结点上,则把它与其中序、前序或者后序关键字对调位置),接着按照顺序表的删除方法从相应的叶结点中删除关键字值 k 所在的索引项,然后再进行删除之后的循环处理,直到不需要合并结点为止。关于 B-树的插入和删除的具体算法,有兴趣的读者可以参看有关书籍与资料。

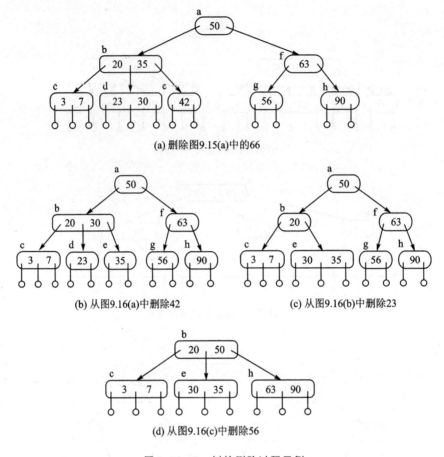

(a) 删除图9.15(a)中的66

(b) 从图9.16(a)中删除42　　　　(c) 从图9.16(b)中删除23

(d) 从图9.16(c)中删除56

图 9.16　B-树的删除过程示例

9.4.3　B+树的基本概念

B+树是 B-树的一种变形。在 B-树中,关键字分布在整个 B-树上,并且在上一层结点中出现过的关键字不再出现在最底层的结点中,而 B+树则不是这样。

定义　一个 m 阶的 B+树应满足下列条件。

① 每个分支结点最多有 m 棵子树。

② 除根结点之外,其他每个分支结点至少有$\lceil m/2 \rceil$棵子树。

③ 根结点至少有两棵子树。

④ 有 n 棵子树的结点中有 n 个关键字。

⑤ 叶结点中存放了记录的关键字值以及指向该记录的指针,或者存放基本文件分块之后每一块的最大关键字值和指向该块的指针(图 9.17),叶结点按关键字值大小顺序链接为一个链表。可以把每一个叶结点看成是一个基本索引块(它的指针不再指向另一级索引块,而是直接指向基本文件中的记录),如图 9.18 所示。

key_1	p_1	key_2	p_2	···	key_n	p_n

$n \leqslant m$

图 9.17　B+树结点的构造

⑥ 所有分支结点可看成是索引的索引,结点中仅包含它的各个子结点(下级索引的索引块)中最大(或最小)关键字值及指向子结点的指针。

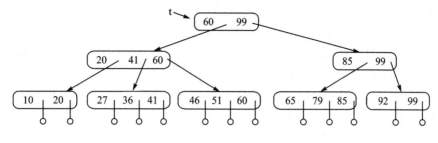

图 9.18   一棵 3 阶 B＋树

*9.4.4   B＋树的基本操作

在 B＋树上进行随机查找、插入和删除的过程与 B－树基本类似。

1. B＋树的查找

B＋树上有两个头指针:一个指向 B＋树的根结点,另一个指向关键字值最小的那个叶结点,所有叶结点链接成为一个不定长(结点大小不等)的线性链表。因此,在 B＋树中可以采用两种查找方式,一种方式是直接从最小关键字值开始进行查找;另一种方式就是从 B＋树的根结点开始进行随机查找,这种查找方式与 B－树的查找方法相似,只是当分支结点上的关键字值与查找值相等时,查找并不结束,而要继续向下查到叶结点为止。因此,对于 B＋树,无论查找成功与否,每次查找都走了一条从根结点到某个叶结点的路径。查找的时间效率分析也类似于 B－树。

2. B＋树的插入

B＋树的插入与 B－树的插入操作也相似,但总是插在叶结点上。当叶结点中关键字值数 num＞m 时,该结点分裂成为两个结点,分别使关键字值的个数为 $\lceil(m+1)/2\rceil$ 和 $\lfloor(m+1)/2\rfloor$,并且双亲结点中必须包括这两个结点的最大关键字值。

3. B＋树的删除

对于 B＋树而言,只是在叶结点中删除关键字值。当叶结点中最大关键字值被删除时,分支结点中的关键字值可以作为"分界关键字值"存在。如果因为删除操作而使得结点中关键字值的数目少于 $\lceil m/2 \rceil$ 时,则要与兄弟结点进行合并,合并过程和 B－树的合并过程类似。

9.5   散列(hash)文件

9.5.1   概   述

在前面讨论过的各种文件结构中,记录的存放位置与记录的关键字值之间没有确定的函数关系,查找一个记录在文件中存在与否都是基于对关键字值进行比较,查找的时间效率依赖于与关键字值比较次数的多少,而比较的次数又与文件的组织方式以及记录在文件中的位置有关。

最理想的情况是,希望不经过任何关键字值的比较便能直接得到所查记录的存放位置,从而得到所要找的记录。这就需要在记录的存储位置与该记录的关键字值之间建立一种确定的对应关系,使得每个记录的关键字值与结构中一个唯一的存储位置相对应。在这个前提下查找一个记录,只要根据这个对应关系就可以找到所要找的记录。若结构中存在关键字与给定值相等的记录,则必然在此位置上,不需要进行关键字值的比较便可以直接取得所查的记录。这种方法既是一种查找方法,也是一种确定存储位置的方法,并称这种存储方法为**散列**(hash)**方法**,它与顺序存储结构、链式存储结构和索引存储结构一样,是存储数据的又一种有用的方法。

按照散列方法建立的数据文件称为**散列文件**,或者**哈希文件**,也称**杂凑文件**。散列文件把记录的存储位置 A 定义为记录关键字值 k 的函数,即

$$A = H(k)$$

H(k)称为散列函数、哈希函数或杂凑函数。

若一个表的大小为 n,其地址范围为$[A_1, A_n]$,那么,散列函数的构造要保证可能的关键字值 k 的函数值 H(k)均在$[A_1, A_n]$内,散列函数值称为散列地址。如果表内存放的是一般数据元素的集合$\{k_i\}$,则称该表为散列表;如果数据元素是以$\{k_i\}$为关键字值的记录的集合$\{R_i\}$,则该散列表就称为散列文件。在散列文件中查找记录是否存在的方法称为散列查找方法。

由于元素 k 的值可能来源于一个庞大的集合,因此,可能会出现对于不同的关键字值得到相同的函数值的情况,即当$k_i \neq k_j$,而$H(k_i) = H(k_j)$,这种现象称为**散列冲突**(collision)**现象**。一般把具有相同散列函数值的关键字值称为该散列函数的同义词。

高级程序设计语言的编译程序所建的符号表就是散列表的应用。以 Pascal 语言的符号表为例,语言规定一个符号可以由字母字符为首的最多 8 个字符组成。这样,符合这个条件的符号可能有 $1.093\,88 \times 10^{12}$ 个,而实际的源程序中出现的不同符号是很有限的一部分,编译程序建立的符号表只要保留 1 000 个存放位置就足够了。可见,散列函数是一种压缩映像,难免出现的冲突就成为很自然的事情。一般情况下,处理冲突方法相同的散列表,其平均查找长度依赖于散列表的装填因子。装填因子用来衡量散列表的饱满程度。

设装填因子

$$\alpha = \frac{\text{散列表中实际存入的元素数}}{\text{散列表中基本区的最大容量}}$$

通常情况下,$\alpha < 1$。若 α 太小,则意味着很多空间没有被有效地利用。当 α 越大,散列表就越满,发生冲突的可能性也就越大。因此,在设计散列表时,基本区要有足够容量,以尽量减少冲突出现的可能性。

综上可知,散列函数构造得合适可以减少散列冲突现象的发生。但在一般情况下,冲突只能尽可能减少,很难避免。因此,设计一个散列表的过程包括以下 3 个内容。

① 确定散列表的地址空间范围,即确定散列函数值域。

② 构造合适的散列函数,该散列函数要保证所有可能元素的散列函数值均在指定的值域内,并使得冲突发生的可能性尽可能小。

③ 选择处理冲突的有效方法。

下面看一个简单的例子。已知某即将建立的散列文件的基本数据如图 9.19 所示。

散列地址范围为$[1, 30]$。若以"学号"作为关键字,则可以构造出散列函数为

$$H(k) = k - 106\,000$$

通过该散列函数将这 30 个记录依次映射到事先已知的范围中,并且没有出现冲突。一般情况

	学 号	姓 名	性 别	其 他
1	106001	刘　强	男	…
2	106002	王　敏	女	…
3	106003	李大伟	男	…
4	106004	汪　民	男	…
	⋮	⋮	⋮	⋮
30	106030	孙小红	女	…

图 9.19　散列文件基本数据示例

下,散列函数不一定是一个解析式,而可能是一个处理过程。例如,若以"姓名"作为关键字,则构造的散列函数就是这样:该过程可能是将组成该姓名的字符串的 ASCII 码值加起来(这里,假设所有中文出现的姓名都对应一个英文字符串),再经过某种处理后得到一个落在范围[1,30]之内的代码,然后再以该代码作为相应关键字值所对应记录的存储位置。显然,如果这 30 个学生中出现重名,则会产生冲突,例如"王敏"和"汪民"两个同学的姓名都对应着同一个字符串"WANGMIN",通过该散列函数一定会映射到同一个位置上。

9.5.2　散列函数的几种常见构造方法

构造散列函数的过程并没有既定的模式,通常只需遵循一个基本的原则,即一个"好"的散列函数应该要使得到的散列地址尽可能均匀地分布在事先已知的散列空间上,同时使得函数的计算尽可能简单。由于关键字值结构与分布的不同,构造出与之相适应的各种散列函数也就不同。实际上,散列函数构造得合适,在很大程度上可以减少冲突出现的可能性。

常用的散列函数的构造方法有以下几种。这里,假设关键字值均为不带符号的整型数,对于不是整型数的关键字值的情况,则应该设法将它们转换为整型数以后再运算。

1. 直接定址法

这种方法是取关键字值的某个线性函数作为散列函数,即

$$H(k)=ak+b$$

其中,k 为关键字值(自变量),a 和 b 分别为常数。

在 9.5.1 节提到的那个简单例子中的散列函数 $H(k)=k-106\,000$ 就是按照这种方法构造的。再例如,建立某个地区一个从 1 岁到 100 岁的人口数字统计表。设给定表的空间范围为[1001,1100],以年龄为关键字,则可以构造散列函数为 $H(k)=k+1\,000$。将关键字值代入该散列函数,可以得到各个年龄以及相应人口数的存放位置,并建立如图 9.20 所示的散列表作为人口统计表。由于直接定址法中地址集合和关键字值集合的大小相同,并且关键字值都不相同,形成了关键字值与存储位置之间的一一对应关系,因而不会发生冲突。

直接定址法比较适合于关键字值的分布基本连续,或者关键字值有一定规律的情况。如关键字值分布不连

地址	年　龄	人　数
1001	001	31 200
1002	002	29 930
⋮	⋮	⋮
1100	100	00 092

图 9.20　散列表作为人口统计表示例

续,空号较多,这种方法将会造成存储空间的浪费。另外,当关键字表示的范围很大,且无规律时,也不适合采用这种方法。因此,在实际应用中,这种散列函数使用不多。

2. 数字分析法

这种方法的基本思想是,当关键字值的位数大于散列地址码的位数时,对关键字值的各位数字进行分析,从中取出与散列地址位数相同的位。

假设关键字值是以 r 为基的数,并且可能值事先已知,则从中任意取出相当多的关键字值进行分析,舍去数字分布不均匀的那些位,而将其中位置分布比较均匀的若干位组成散列地址。

例如,一个散列表的地址范围为[000,999],关键字值均为 8 位十进制数,从中抽取 7 个元素如下。

$$
\begin{array}{cccccccccc}
k_1 = & 0 & 6 & 1 & 0 & 3 & 0 & 4 & 1 \\
k_2 = & 0 & 5 & 1 & 0 & 1 & 0 & 4 & 2 \\
k_3 = & 3 & 6 & 1 & 0 & 1 & 0 & 4 & 3 \\
k_4 = & 1 & 4 & 1 & 0 & 2 & 0 & 0 & 4 \\
k_5 = & 9 & 6 & 1 & 0 & 5 & 0 & 0 & 1 \\
k_6 = & 2 & 2 & 2 & 0 & 1 & 1 & 4 & 7 \\
k_7 = & 0 & 3 & 2 & 0 & 2 & 0 & 0 & 8 \\
& ① & ② & ③ & ④ & ⑤ & ⑥ & ⑦ & ⑧
\end{array}
$$

分析其中每一位的位值分布情况发现,第⑧位(最右边一位)出现了 6 种不同数字,第①和②位分别出现 5 种不同数字,其他各位出现的数字种数比较少,即只集中出现了少数几种数字,而不如第①,②和⑧位中那样多种数字较均匀地出现。为此可以取关键字值的第①位、第②位和第⑧位的位值组成散列函数值,得

$$H(k_1)=061 \qquad H(k_2)=052 \qquad H(k_3)=363 \qquad H(k_4)=144$$
$$H(k_5)=961 \qquad H(k_6)=227 \qquad H(k_7)=038$$

数字分析法比较适用于当所有关键字可能出现的值都已知的情况。但在许多情况下,构造散列函数的时候并不一定知道关键字的全部情况,这时采用数字分析法构造散列函数就不合适了。

3. 平方取中法

由于关键字值的具体情况在构造散列函数之前不一定知道,因此,数字分析方法的应用将受到一定限制,而平方取中法则不受此限制,是一种较为常用的方法。

该方法构造散列函数的原则是:先计算关键字值的平方,然后有目的地选取中间的若干位作为散列地址。具体取几位以及取哪几位要根据实际需要来确定。由于一个数经过平方之后的中间几位数字与数的每一位都有关,从而不难知道,采用平方取中法得到的散列地址与关键字的每一位都有关,因而使得散列地址具有较好的分散性,得到的散列地址也具有较好的随机性。

平方取中法适用于关键字值中的每一位取值都不够分散,或者相对比较分散的位数小于散列地址所需要的位数的情况。

例如,若设散列的地址范围为[000,999],k=4 731,则 k^2=22 382 361,取中间第 3 位至第 5 位作为相应散列地址,则有 H(k)=382。

4. 叠加法

这种方法是把关键字值分割成位数相同的几个部分(最后一个部分的位数如不够,不足位左边可以空缺),然后把这几个部分的叠加和(舍去进位)作为散列地址。在位数很多且位值分布比较均匀,而所需的散列地址的位数较少,关键字中每一位的取值又比较集中的情况下,可以考虑采用这种方法。

(1) 移位叠加法

这种方法的基本原理是先将关键字分割成位数相同的几个部分(最后一部分的位数可以不同),然后取这几部分的叠加和(舍去进位)作为散列地址。当关键字位数很多,且关键字中每一位上的数字分布相对比较均匀的时候,采用这种方法可以得到较好的散列地址。

把分割后的每一部分进行右对齐,然后相加。例如,散列地址范围为[000,999],某关键字值为 k=72 320 324 112。可按 3 位一段进行划分,移位叠加如下。

$$
\begin{array}{r}
723 \\
203 \\
241 \\
12 \\
\hline
H(k)=1\ 179
\end{array}
$$

舍去进位,将 179 作为 k 的散列地址。

(2) 折叠叠加法

这种方法与移位叠加法的区别就在于把分割后的每一部分进行来回折叠相加(将第偶数部分的数逆过来)。上例的元素 k 折叠相加如下。

$$
\begin{array}{r}
723 \\
302 \\
241 \\
21 \\
\hline
H(k)=1\ 287
\end{array}
$$

舍去进位,将 287 作为 k 的散列地址。

5. 基数转换法

设关键字值原来是十进制数,人为地当作 q 进制数,再转换成十进制数后作为散列地址。例如,有 $k=4\ 731_{10}$,$q=13$,则

$$H(k)=4\times13^3+7\times13^2+3\times13^1+1\times13^0=10\ 011_{10}$$

6. 除留余数法

除留余数法又称取模法。设散列范围的长度为 m,该方法是将关键字值 k 除以某数 $p(p\leqslant m)$ 以后所得到的余数作为散列地址,于是,对应的散列函数为

$$H(k)=k\ MOD\ p$$

例如,若表长 m=128,可选 p=127。当 k=4 731 时,则有 H(k)=4 731 MOD 127=32。

对于除留余数法,p 的选择很关键,选择得不好,发生冲突的可能性会增大。由经验得知,p 宜为一个小于或等于散列表长 m 的最大素数。例如,若 m=8,16,32,64,128,则 p 可分别取 7,13,31,61 和 127。除留余数法不仅可以直接取余数,也可以在利用叠加法或者平方取中法

之后再取余数。

　　另外有一种情况。当关键字 k 为一个字符串时,需要设法将它转换为一个整数,然后再用这个整数整除散列表表长 m 得到余数作为散列地址。下面的散列函数 HASH(k, m)就能够求出关键字为字符串时的散列地址。在这个函数里,把字符串 k 转换成一个整数的过程是这样:先求出 k 的长度,然后把每个字符的 ASCII 码(该字符的整数值)累加到一个无符号的整型变量 h 上,并且在每次累加之前把 h 的值左移 3 个二进制位(扩大 8 倍)。

```
int HASH(char * k, int m)
{
    int i, len = strlen(k);              /* 求字符串的长度 */
    unsigned int h = 0;
    for(i=0; i<len; i++){
        h<<=3;                           /* h 的值左移 3 位 */
        h+ = k[i];                       /* 把字符 k[i] 的整数值累加到 h 上 */
    }
    return h%m;                          /* 求得散列地址 */
}
```

　　除留余数法的地址计算比较简单,使用范围也比较广,是一种最常用的构造散列函数的方法。

7. 随机数法

　　随机数法适用于关键字长度不等的情况。选择一个随机函数,取关键字的随机函数值为它的散列地址,即 H(k)=random(k),其中,random(k)为随机函数。通常情况下,当各关键字长度不等时采用这种方法构造散列函数比较合适。

　　总之,在实际应用中需要根据不同情况选取不同方法来构造所需的散列函数。通常需要考虑的的因素主要有:

　　① 计算散列函数所需要的时间(包括硬件指令的因素);
　　② 关键字的长度;
　　③ 散列表的大小;
　　④ 关键字的分布情况;
　　⑤ 记录的查找概率。

9.5.3　处理冲突的方法

　　在建立散列表的过程中,构造出的散列函数将会影响冲突发生的可能性的大小,只有在极少的情况下不会发生冲突,一般情况下冲突都很难避免。因此,在建立散列表的同时选择处理冲突的方法是不可缺少的另一方面。

　　所谓处理冲突,就是在发生冲突时,为冲突的元素找到另一个散列地址以存放该元素。在处理冲突的过程中,可能会得到一系列散列地址 $H_i(i=1,2,\cdots,n)$,即发生第 1 次冲突($i=1$)时经过处理得到一个新的地址 H_1,如果在 H_1 处仍然发生冲突($i=2$),经过处理又求得另一个新的地址 H_2……如此下去,直到求得的 H_n 不再出现冲突,发生冲突的元素就存放于 H_n 处。

　　处理冲突的方法较多,常用的方法有下面几种。

1. 开放定址法

开放定址法是指将散列表中的"空"地址向处理冲突开放,当散列表未满时,处理冲突需要的"下一个"空位置在该散列表中解决。因此,当发生冲突时按下面的方法求得后继散列地址。

$$D_i = (H(k) + d_i) \text{ MOD } m \qquad i = 1, 2, 3, \cdots, n \quad (n \leqslant m-1)$$

其中,H(k)为散列函数;m 为散列表长;d_i 为地址增量,其取法可以有以下几种。

① $d_i = 1, 2, 3, \cdots, m-1$　称为线性探测再散列。

② $d_i = 1^2, -1^2, 2^2, -2^2, \cdots, \pm n^2 (n \leqslant m/2)$　称为二次探测再散列。

③ $d_i =$ 伪随机数序列　称为伪随机探测再散列。

这里,对散列表长 m 取模的目的主要是为了使得到的"下一个"地址一定落在散列表内。

例如,若散列函数为 H(k) = k MOD 7,根据此散列函数在长度 m=8 的散列表中已存入元素 11 和 26,此时,散列表的状态如图 9.21(a)所示。若要再存入元素 18,由散列函数计算得散列地址为 4,则在此位置发生冲突。

若采用线性再散列处理冲突,则在 4 的基础上增加一个地址增量 1,得到后继地址 $D_1 = (4+1) \text{ MOD } 8 = 5$,在地址 D_1 处仍然出现冲突;若在 4 的基础上增加一个地址增量 2,得地址 $D_2 = 6$,该地址处不发生冲突,可存入元素 18。此时,散列表的状态如图 9.21(b)所示。

若采用二次再散列处理冲突,则在 4 的基础上增加地址增量 1^2,得到后继地址 $D_1 = (4+1) \text{ MOD } 8 = 5$,在地址 D_1 处仍然发生冲突;然后在 4 的基础上增加地址增量 -1^2,得到地址 $D_2 = (4-1) \text{ MOD } 8 = 3$,此处没有发生冲突,元素 18 存入位置 3 中,此时,散列表的状态如图 9.21(c)所示。

若采用伪随机再散列处理冲突,假设伪随机数为 5,则得到地址 $D_1 = (4+5) \text{ MOD } 8 = 1$,此处没有发生冲突,元素 18 应存入位置 1 中,此时,散列表的状态如图 9.21(d)所示。

线性探测再散列是一种较好的处理冲突的方法,只要散列表足够大,总能够找到一个空闲位置存放元素。但这种方法容易造成元素的"聚集(clustering)",即出现散列地址不同的元素争夺同一后继散列地址。原因是当散列表中连续若干个位置被占用以后,再散列到这些位置上的元素与直接散列到后面一个空闲位

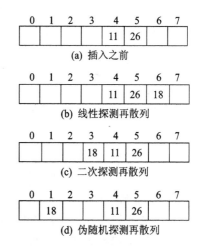

图 9.21　开放地址法处理冲突的示例

置上的元素都要占用这个空闲位置,致使该空闲位置很容易被占用,造成更大的聚集。这样导致的结果是任何元素都需要经过多次探测才能够解决冲突,从而大大增加查找下一个空闲位置的路径长度。二次探测再散列虽然能够较好地避免这种聚集现象,但还不能够探查到散列表中的所有位置。另外,线性再散列方法只能对散列表进行逻辑删除(例如作删除标记),而不是进行实际的物理删除,使得表面上看起来很满的散列表实际上存在许多空的位置。

2. 再散列法

这种方法的思想很简单,即在发生冲突时,用不同的散列函数再求得新的散列地址,直到不发生冲突时为止,即

$$D_i = H_i(k) \quad i = 1, 2, \cdots, n$$

其中,$H_i(k)$表示第 i 个散列函数。一般情况下采用这种方法不易发生冲突,但增加了计算时间的开销,而且要求事先构造多个散列函数,要做到这一点不是一件容易的事情,因此,这种方法在实际应用过程中有较大的局限性。

3. 链地址法

上面讨论的两种处理冲突的方法有一个共同的缺点,就是如果要在散列表中删除或者增加一些元素不方便,有时甚至不可能,链地址法则力求克服这一缺陷。链地址法又称按桶(bucket)散列方法。

链地址法的基本思想是把具有相同散列地址的元素(或记录)用一个线性链表链接在一起。每个线性链表称之为一个"桶",为了处理方便,每个链表前设置一个头结点,所有头结点指针则存放于散列地址在[0,m−1]范围内的一个散列表中。这个散列表实际上是一个名为 bucket[0..m−1]的指针类型的数组,将具有相同散列地址 i 的元素组成的线性链表的第 1 个结点地址存入 bucket[i]中,如图 9.22 所示。

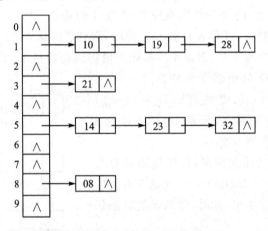

图 9.22 一个采用链地址法处理冲突的示例

在图 9.22 所示的例子中,m=10,散列地址范围为[0,9],散列函数为 H(k)=k MOD 9。散列表中已经先后存入的元素为 08,10,14,19,21,23,28,32。

对于采用链地址法处理冲突,在查找记录时,先使用散列函数确定需要查找的记录在哪个"桶"(链表)中,然后再在相应的"桶"中采用顺序查找方式具体查找记录。当向表中插入一个记录时,确定了相应的"桶"之后,再在"桶"中检查该记录是否已经处在表中适当位置。如果该记录不在"桶"中,是一个新的记录,则将该记录插入到"桶"的前端或者末尾(有时候新的记录插入到"桶"的前端不仅是因为方便,而且还因为新近插入的记录往往最有可能最先被访问)。删除操作则是线性链表删除操作的直接体现,这里不再赘述。

采用链地址法处理冲突的缺点是需要指针空间的开销,给新的记录分配链地址也需要时间,这多少会对算法的时间效率产生一些影响。

采用链地址法处理冲突中相对于开放地址法要多占用一些存储空间(主要是链指针要占用空间),但它可以减小在进行插入和查找具有相同散列地址元素的操作过程中的平均查找长度。这是因为,在链地址法中,待比较的元素都是具有相同散列地址元素,而在开放地址法中,待比较的元素不仅包含具有相同散列地址的元素,而且还包含散列地址不相同的元素,后者往往比前者可能还要多。

例 9.2　设散列函数为 H(k)＝i MOD p，其中 i 为关键字 k 的第 1 个字母在英文字母表中的序号，p＝7；散列地址域为[0,6]，采用链地址方法处理冲突。请画出在初始为空的散列表中依次插入以下关键字：Jan，Feb，Mar，Apr，May，Jun，Jul，Aug，Sept，Oct，Nov，Dec 以后的散列表。

解：

H(Jan)＝3　　H(Feb)＝6　　H(Mar)＝6　　H(Apr)＝1　　H(May)＝6　　H(Jun)＝3

H(Jul)＝3　　H(Aug)＝1　　H(Sept)＝5　　H(Oct)＝1　　H(Nov)＝0　　H(Dec)＝4

建立的散列表如图 9.23 所示。

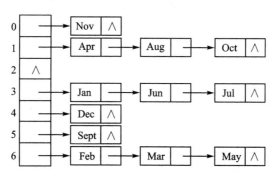

图 9.23　另一个采用链地址法处理冲突的例子

4. 建立一个公共溢出区

这也是处理散列冲突的一种方法，其基本原理是：假若散列函数的值域为[0,m−1]，则设置一个向量 HashTable[0..m−1]，称之为基本表，每个分量存放一个记录，另外再设置一个向量 OverTable[0..v]，称为溢出表。所有关键字和基本表中关键字为同义词的记录，不管它们通过散列函数计算得到的散列地址是什么，一旦发生散列冲突，都将填入溢出表。

9.5.4　散列文件的操作

前面已经提到，在散列表中存放的元素如果是记录，则这个散列表就是散列文件。所以，本小节介绍的操作等同于对散列表的操作。

对于不同的处理冲突的方法，散列表的类型定义也不同。若采用开放地址法处理冲突，则散列表的类型可定义如下。

```
typedef ElemType Hashlist1[HashMaxLen];
```

其中，HashMaxLen 表示分配给散列表的空间大小，它应大于实际使用的散列表的长度（下同）。若采用链地址法处理冲突，则散列表的类型可以定义如下。

```
typedef HNode * Hashlist2[HashMaxLen];
```

其中，HNode 定义为

```
struct HNode{
    KeyType    key;
```

```
    HNode    * link;
}
```

1. 插 入

在散列文件中按下列步骤插入一个新的记录。

① 根据给定记录的关键字值 k,计算出散列地址 H(k)。

② 若该地址为空,则把关键字为 k 的记录存入该地址中,否则进行步骤③。

③ 把该地址中的关键字与 k 进行比较,若相等,表示要插入的记录已经在文件中,插入结束;否则进行步骤④。

④ 根据处理冲突的方法求得一个新的散列地址,转执行步骤②。

若采用线性再散列法处理散列冲突,则插入算法如下(算法中未考虑溢出现象)。

```
int HASHINSERT(Hashlist1 HT,int M,KeyType k)
{
    /* M表示表的实际长度 */
    int i,D;
    i=H(k);                              /* 计算散列地址 */
    D=i;
    while(HT[D]!=Empty&&HT[D]!=k){
        D=(D+1) % M;                     /* 修正散列地址 */
        if(D==i)
            return -1;                   /* 表已满,插入失败 */
    }
    if(HT[D]!=k)
        HT[D]=k;                         /* 插入成功 */
    return D;
}
```

2. 查 找

在散列文件中查找记录的过程与建立散列文件的过程相似。通常按照下列步骤进行。

① 根据给定的关键字值 k,计算出散列地址 H(k)。

② 若该地址为空,则表中没有要查找的记录,查找失败;否则进行步骤③。

③ 若该地址中的关键字值与 k 相等,则查找成功,结束查找;否则进行步骤④。

④ 根据处理冲突的方法求得"下一个散列地址",转执行步骤②。

若采用二次再散列法处理冲突,则查找算法如下(算法中未考虑溢出现象)。

```
int HASHSEARCH(Hashlist1 HT,int M,KeyType k)
{
    int i,di,D;
    i=H(k);                              /* 计算散列地址 */
    D=i;
    di=1;
    while(HT[D]!=Empty&&HT[D]!=k){
```

```
        D=(i+di*di++)%M;                    /* 修正散列地址 */
        if(D==i)
            return -1;                       /* 查找失败 */
    }
    if(HT[D]==k)
        return D;                            /* 查找成功 */
    return -1;                               /* 查找失败 */
}
```

例 9.3　已知关键字序列(19,14,23,1,68,20,84,27,55,11,10,79)按散列函数 H(k)=k
MOD 13 和线性探测再散列法处理冲突所得到的散列表 HT[0..15]如图 9.24 所示。

0	1	2	3	4	5	6	7	8	9	10	11	12	13	14	15
	14	1	68	27	55	19	20	84	79	23	11	10			

图 9.24　散列表 HT[0..15]

在该散列表中查找关键字 84 和 38 的过程分别如下。

查找关键字 k=84 的过程为:首先根据散列函数得到散列地址 H(84)=6,因 HT[6]上不
空且 HT[6]≠84,则找到第一次冲突处理后的地址 $H_1(6+1)$ MOD 16=7,由于 HT[7]不空
且 HT[7]≠84,则找到第二次冲突处理后的地址 $H_2(6+2)$ MOD 16=8,此时 HT[8]不空且
HT[7]=84,查找成功,返回记录在散列表中位置(序号)8。

查找关键字 k=38 的过程为:先求得散列地址 H(38)=12,因 HT[12]不空且 HT[12]≠
38,则找到下一个散列地址 $H_1(12+1)$ MOD 16=13,由于此时 HT[13]为空,则说明散列表
中不存在关键字为 38 的记录,查找失败。

3. 删　除

若采用开放定址法处理冲突,则在散列文件中删除以 k 为关键字值的记录,首先要查找到
该记录,然后用一个特殊的符号作为删除标记,以把它们与那些从未被占用过的位置区别开
来,因此,一般不采用物理删除,以免在删除某个记录以后找不到比它晚插入的、并与其发生过
地址冲突的其他记录。

若采用链地址法处理冲突,则可利用链表删除操作删除记录。给出如下算法。

```
int HASHDELETE(Hashlist2 HT, KeyType k)
{
    int i;
    HNode *p, *r;
    i=H(k);                                 /* 计算散列地址 */
    p=HT[i];                                /* p指向第 i 个"桶" */
    while(p!=NULL){
        if(p->key==k){                       /* 找到了将要删除的结点 */
            if(HT[i]==p)                      /* 要删除的结点为"桶"的第 1 个结点 */
                HT[i]=p->link;
            else                              /* 要删除的结点非"桶"的第 1 个结点 */
```

```
        r->link=p->link;
        return i;                        /* 删除成功 */
      }
      r=p;
      p=p->link;
    }
    return -1;                           /* 删除失败 */
}
```

*9.5.5 散列法的平均查找长度

散列法是一种直接计算地址的方法。当所构造的散列函数能够得到均匀的散列地址时，其查找过程无须进行任何元素之间的比较。但在构造散列函数时，为了使得范围广泛的关键字域映射到一组指定的连续空间中，就放弃了一一对应的映射关系，引入了冲突的概念，使得散列文件的建立和查找过程仍然是一个与关键字值比较的过程，从而增加了查找时间。而发生冲突的次数与散列表的填满程度直接相关，即装填因子越大，表越满，冲突的可能性就越大，查找也就越慢。因此，散列表查找成功的平均查找长度与装填因子 α 有关（其证明过程可参见参考文献）。

对于采用线性探测再散列处理冲突的散列表，其查找成功时的平均查找长度为

$$S_{nl} \approx \frac{1}{2}\left(1+\frac{1}{1-\alpha}\right)$$

对于采用伪随机探测再散列和二次探测再散列处理冲突时，查找成功时的平均查找长度为

$$S_{nr} \approx -\frac{1}{\alpha}\ln(1-\alpha)$$

若采用链地址法处理冲突，则查找成功时的平均查找长度为

$$S_{nc} \approx 1+\frac{\alpha}{2}$$

由于查找不成功所用的比较次数也与给定值有关，因而可以类似地定义查找不成功的平均查找长度，即查找不成功的平均查找长度为需要与给定值进行比较的关键字个数的期望值。可以证明，采用线性探测再散列、二次探测再散列和伪随机探测再散列处理冲突得到的查找不成功的平均查找长度分别为

$$U_{nl} \approx \frac{1}{2}\left[1+\frac{1}{(1-\alpha)^2}\right]$$

$$U_{nr} \approx \frac{1}{1-\alpha}$$

$$U_{nc} \approx \alpha+e^{-\alpha}$$

由此可见，散列法的平均查找长度是装填因子 α 的函数，与散列表的长度 m 无关。在实际问题的处理中，一般总可以选择一个适当的装填因子，以便将平均查找长度限定在一个范围内。

习　题

9 - 1　单项选择题

1. 顺序查找方法的优点之一是_____。
   A. 被查找对象的排列次序无限制　　　B. 适合排序连续顺序文件的查找
   C. 适合链接顺序文件的查找　　　　　D. 查找时间效率高

2. 若要在线性表中采用折半查找法查找数据元素,则该线性表必须_____。
   A. 数据元素按值有序排列
   B. 采用顺序存储结构
   C. 元素按关键字值有序排列,并且采用顺序存储结构
   D. 元素按关键字值有序排列,并且采用链式存储结构

3. 下列关于顺序查找法和折半查找法的叙述中,错误的是_____。
   A. 顺序查找法适合于采用顺序存储结构和链式存储结构的线性表的查找
   B. 对于相同元素,顺序查找法一定能够查找到表中首次出现的元素
   C. 对于相同元素,折半查找法不一定能够查找到表中首次出现的元素
   D. 对于相同元素,折半查找法一定能够查找到表中首次出现的元素

4. 只能在顺序存储结构上实现的查找方法是_____。
   A. 顺序查找法　　　B. 树形查找法　　　C. 折半查找法　　　D. 散列查找法

5. 在有序表$(k_1,k_2,\cdots,k_{99})$中采用折半查找方法查找 99 次,其中,至少有一个元素被比较了 99 次,该元素是_____。
   A. k_{99}　　　　　B. k_{50}　　　　　C. k_{49}　　　　　D. k_1

6. 在长度为 18 且元素按值有序排列的顺序表中采用折半查找法查找第 15 个元素,需要进行的元素之间的比较次数是_____。
   A. 4　　　　　　B. 5　　　　　　C. 6　　　　　　D. 7

7. 在长度为 15 且元素按值有序排列的顺序表中采用折半查找法查找一个不存在的元素,需要进行的元素之间的比较次数是_____。
   A. 0　　　　　　B. 4　　　　　　C. 5　　　　　　D. 15

8. 在某序列中采用折半查找方法查找某个元素,依次被比较过的元素在该序列中的位置只能是_____。
   A. 10,15,16,18,19　　　　　　B. 10,15,11,13,14
   C. 10,15,12,18,19　　　　　　D. 10,15,12,13,14

9. 在某序列中采用折半查找方法查找某个元素,依次被比较过的元素在该序列中的位置不可能是_____。
   A. 10,5,7,8,9　　　　　　B. 10,5,2,1
   C. 10,5,6,7,8　　　　　　D. 10,5,7,6

10. 折半查找过程可以利用一棵称之为“判定树”的二叉树来描述。在长度为 12 的序列中进行折半查找对应判定树的根结点的右孩子的值(某元素在序列中的位置)是_____。

A. 7   B. 8   C. 9   D. 10

11. 若在一个序列中采用折半查找方法查找元素,用来描述该查找过程的"判定树"的形状与_____。

　　A. 序列中元素的值有关　　　　　　　　B. 序列中元素的排列次序有关

　　C. 序列中元素的类型有关　　　　　　　D. 序列中元素的个数有关

12. 在长度为 n 且元素按值有序排列的顺序表中采用折半查找法,查找每个元素的比较次数_____对应的判定树的深度(设判定树的深度≥2)。

　　A. 小于　　　　　　　B. 等于　　　　　　　C. 大于　　　　　　　D. 小于或等于

13. 在长度为 n 且元素按值有序排列的顺序表中采用折半查找法,其平均查找长度(ASL)为_____。

　　A. $O(n)$　　　　　B. $O(n^2)$　　　　　C. $O(\log_2 n)$　　　　　D. $O(n\log_2 n)$

14. 为了实现分块查找,线性表必须采用_____。

　　A. 顺序存储结构　　B. 链式存储结构　　　C. 索引存储结构　　　D. 散列存储结构

15. 若在 n 个元素中查找其中任意一个元素至少要比较 2 次,则所采用的查找方法可能是_____。

　　A. 分块查找　　　B. 折半查找　　　　C. 树形查找　　　　D. 散列查找

16. 索引文件中的索引表具有的特点是_____。

　　A. 索引项按关键字值有序排列,并且由用户提供

　　B. 索引项按关键字值有序排列,并且由系统提供

　　C. 索引项按关键字值无序排列,并且由用户提供

　　D. 索引项按关键字值无序排列,并且由系统提供

17. 已知在长度为 625 的线性表中采用分块查找,并且查找各数据元素的概率相同。若用顺序查找法来确定与给定值匹配的元素所在的块,则每块中的元素数目应该是_____。

　　A. 6　　　　　　　B. 10　　　　　　　C. 25　　　　　　　D. 625

18. m 阶 B—树中的 m 是指_____。

　　A. 每个结点至少具有 m 棵子树　　　　　B. 每个结点最多具有 m 棵子树

　　C. 分支结点中包含的关键字的个数　　　D. m 阶 B—树的深度

19. 下面关于 B—树和 B+树的叙述中,错误的是_____。

　　A. B—树和 B+树都是平衡的多分树

　　B. B—树和 B+树都可以用于文件的索引结构

　　C. B—树和 B+树都能有效地支持随机检索

　　D. B—树和 B+树都能有效地支持顺序检索

20. 下面 4 个命题中,不成立的是_____。

　　A. m 阶 B—树中每一个分支结点子树的数量都小于或等于 m

　　B. m 阶 B—树中每一个分支结点子树的数量都大于或等于 $\lceil m/2 \rceil$

　　C. m 阶 B—树中有 k 棵子树,它们的分支结点都包含 k−1 个关键字

　　D. m 阶 B—树中任何一个结点的子树深度都相等

21. 在一棵 m 阶 B—树的结点中插入新的关键码后该结点必须分裂为两个结点,插入之

前该结点中的关键码的数目应该是_____。

  A. m−2　　　　　B. m−1　　　　　C. m　　　　　D. m+1

22. 下列关于散列查找法的叙述中,正确的是_____。

  A. 采用再散列法处理冲突时不会产生"聚集"现象

  B. 散列表的装填因子越大,说明空间利用率越好

  C. 散列函数构造得好可以减少冲突现象的发生

  D. 无论关键字的情况如何都不可能找到不产生冲突的散列函数

23. 在建立散列表时,若散列函数为 H(k),a 与 b 分别为关键字值,则当_____时,称此现象为散列冲突。

  A. a=b　　　　　　　　　　　B. a≠b

  C. a=b 且 H(a)=H(b)　　　　D. a≠b 且 H(a)=H(b)

24. 评价一个散列函数质量好坏的标准是_____。

  A. 函数的形式是否简单　　　　　B. 函数值的分布是否均匀

  C. 函数是否是解析式　　　　　　D. 函数的计算时间的多少

25. 若一个待散列存储的线性表为 K=(18, 25, 63, 50, 42, 32, 9, 45),散列函数为 H(k)=k MOD 9,则与元素 18 发生冲突的元素有_____。

  A. 1 个　　　　　B. 2 个　　　　　C. 3 个　　　　　D. 4 个

26. 设初始为空的散列表的地址空间为[0..10],散列函数为 H(k)=k MOD 11,采用线性探测再散列法处理冲突,若依次插入关键字值 37,95,27,14,48,则最后一个关键字值 48 的插入位置是_____。

  A. 4　　　　　B. 5　　　　　C. 6　　　　　D. 7

27. 设散列函数为 H(key)=key MOD 7,散列地址范围为[0..7],采用线性探测再散列法处理冲突。依次将序列(20, 11, 13, 21, 34)中各关键字值插入初始为空的散列表以后,查找关键字值 34,依次与散列表中比较过的关键字是_____。

  A. 20, 13, 21, 34　　　　　　B. 20, 21, 13, 34

  C. 21, 13, 20, 34　　　　　　D. 13, 20, 21, 34

28. 在一个初始状态为空、散列地址域为[0,6]的散列表中依次插入关键字序列(MON,TUE,WED,THU,FRI,SAT,SUN),散列函数为 H(key)=i MOD 7,其中,i 为关键字 key 的第 1 个字母在英文字母表中的序号,并且采用线性再散列法处理冲突。插入后的散列表应该是_____。

A.

0	1	2	3	4	5	6
THU	TUE	WED	FRI	SUN	SAT	MON

B.

0	1	2	3	4	5	6
TUE	THU	WED	FRI	SUN	SAT	MON

C.

0	1	2	3	4	5	6
TUE	THU	WED	FRI	SAT	SUN	MON

D.

0	1	2	3	4	5	6
TUE	THU	WED	SUN	SAT	FRI	MON

29. 设 m 为散列表中基本区的最大容量,n 为散列表中实际存入的元素数,α 为散列表的装填因子。散列表的平均查找长度_____。

    A. 与 α 直接相关   B. 与 m 直接相关

    C. 与 n 直接相关   D. 与 α、m 和 n 都直接相关

30. 在具有 n 个元素的序列中进行查找,平均查找长度为 $O(n)$ 的方法是_____。

    A. 顺序查找方法   B. 散列查找方法

    C. 分块查找方法   D. 树形查找方法

9-2 简答题

1. 折半查找法适用于什么线性表? 为什么不能在按值大小有序链接的线性链表(单链表)中采用折半查找法查找链结点?

2. 折半查找的过程可以用一棵判定树来描述。对于具有 n 个结点的判定树,折半查找法最好的情况、最坏的情况以及平均情况下的查找结论是什么?

3. 从结构上说,B-树与 B+树的区别是什么?

4. 在含有 n 个关键字的 m 阶 B-树中进行查找时,最多要访问多少个结点?

5. 在采用线性探测再散列法处理冲突的散列表中,同义词在表中的位置一定是相邻的,这种说法正确吗? 为什么?

6. 在散列函数与散列地址范围都分别相同的前提下,采用链地址法处理冲突比采用开放地址法处理冲突的时间效率要高,为什么?

7. 假设 n 个关键字具有相同的散列函数值,若采用线性探测再散列方法处理冲突,将这些关键字散列到一个散列地址空间,则需要进行多少次探测?

8. 各种处理冲突方法的优点和缺点是什么?

9. 为什么在建立散列表时若采用线性探测再散列法处理散列冲突容易产生聚集(clustering)? 采用其他什么方法可以减少这种聚集?

10. 已知顺序查找法、折半查找法和散列查找法的时间复杂度依次为 $O(n)$、$O(\log_2 n)$ 和 $O(1)$。请问:既然有了高效的查找方法,为什么有时候还用到低效的查找方法? 请简要写出你的理解。(n 为查找表的长度)

9-3 应用题

1. 在长度为 n 的线性表中进行顺序查找。查找第 i 个数据元素的概率为 p_i,且分布如下:

$$p_1 = \frac{1}{2}, p_2 = \frac{1}{4}, \cdots, p_{n-1} = \frac{1}{2^{n-1}}, p_n = \frac{1}{2^n}$$

请求出在该线性表中查找成功的平均查找长度(要求写成关于 n 的简单表达式形式)。

2. 请画出在图 9.25 所示的 3 阶 B-树中插入关键字 64 以后的 B-树的状态。

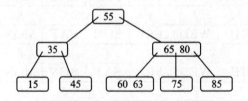

图 9.25　习题 9-3 第 2 题

3. 请画出依次插入关键字序列(6,7,10,14,9,2,13,5,4,11)中各关键字值以后的 4 阶 B—树。

4. 已知散列函数为 H(k)=k MOD 7,并采用线性探测再散列方法处理冲突,所建立的散列表如图 9.26 所示,请给出将关键字 17 和 27 填入后的散列表的状态。

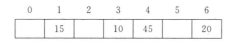

0	1	2	3	4	5	6
	15		10	45		20

图 9.26　习题 9－3 第 4 题

5. 已知散列函数为 H(k)=k MOD 11,采用链地址法处理冲突。请画出依次插入关键字 37,25,14,36,49,68,57,11 后的散列表,并计算出查找成功的 ASL。

6. 已知要将给定的关键字值序列(25,33,26,47,38,59,64)进行散列存储,并且要求装填因子 α=0.5,请先利用除留余数法构造出合适的散列函数,然后画出利用该散列函数依次将序列中各关键字值插入到散列表后表的状态。设散列表初始为空,并且采用线性探测再散列法处理冲突。

7. 已知散列函数为 H(k)=(3×k) MOD 11,并采用线性探测再散列法处理冲突。请对关键字序列(22,41,53,8,46,30,1,31,66)构造一个散列地址空间为[0,10]的散列表,并求出 ASL。

8. 已知要将给定的关键字值序列(42,51,16,26,50,25,37,68,64,33,18)进行散列存储,并且要求装填因子(也称负载因子)α≈0.61。

① 请利用除留余数法构造出合适的散列函数;

② 请画出利用该散列函数依次将序列中各关键字值插入到散列表以后表的状态。设散列表初始为空,并且采用线性探测再散列法处理冲突。

9－4　算法题

1. 假设长度为 n 的线性表 A 中每一个数据元素为整型数据,请写出采用顺序查找法查找值为 k 的元素的递归算法。若查找成功返回被查找元素在表中的位置,否则,返回−1。

2. 如果某线性表中各个数据元素的查找概率不等,则可以用采用如下策略提高顺序查找法的效率:若找到指定的元素,则将该元素与其直接前驱元素(若存在的话)交换,使得经常被查找到的元素尽量位于线性表的前端。若长度为 n 的线性表 A 采用顺序存储结构,请写出实现上述策略的顺序查找算法。

3. 已知长度为 n 的顺序表 A 中元素按值从小到大排列,请写出在该表中采用折半查找法插入元素 k 的非递归算法。

第 10 章　内排序

10.1　概　述

排序(sorting)是计算机程序设计过程中一种十分重要的操作,这一研究领域在计算机科学中占有相当重要的地位,不仅仅是因为它有着广阔的应用前景,其本身也具有理论研究意义。在计算机计算和数据处理过程中,都会直接或间接地涉及数据的排序问题。在第 9 章的讨论中已经知道,在一个按值有序排列的序列中采用折半查找方法查找一个数据元素比在由这些数据元素组成的任意序列中采用顺序查找方法查找这个元素效率要高得多。另外,在系统软件和应用软件的开发设计过程中,都会不可避免地遇到排序问题。在数据库和知识库管理系统中,排序应用更为广泛。在现今的高级计算机体系结构中,花费在排序上的时间占系统CPU 时间的比重很大,有人做过统计,在一些商用计算机系统中,花费在排序操作上的时间占CPU 的时间可高达 $15\% \sim 75\%$。不仅如此,在已知的各种著名算法中,排序本身也表明它是值得深入研究和认真剖析的有趣课题。因此,了解排序的基本概念和掌握各种排序的基本方法是每一个计算机工作者的重要课题之一。

限于篇幅,本章不准备对排序做深入的、理论上的研究,仅讨论几种常用的排序方法。

10.1.1　排序的基本概念

简单地说,对于文件而言,排序就是根据记录关键字值的递增或者递减关系将记录的次序进行重新排列,使得原来一组次序任意的记录转变为按其关键字值有序排列的一组记录。

设含有 n 个记录的文件为 $\{R_1, R_2, R_3, \cdots, R_n\}$,记录对应的关键字值为 $\{k_1, k_2, k_3, \cdots, k_n\}$,确定一种置换关系 $\sigma(1), \sigma(2), \sigma(3), \cdots, \sigma(n)$,使得关键字值序列满足关系

$$k_{\sigma(1)} \leqslant k_{\sigma(2)} \leqslant k_{\sigma(3)} \cdots \leqslant k_{\sigma(n)}$$

或者

$$k_{\sigma(1)} \geqslant k_{\sigma(2)} \geqslant k_{\sigma(3)} \cdots \geqslant k_{\sigma(n)}$$

相应的文件成为按关键字值有序的文件 $\{R_{\sigma(1)}, R_{\sigma(2)}, R_{\sigma(3)}, \cdots, R_{\sigma(n)}\}$,这种操作称为文件的排序,并称前一种关系为升序或者正序关系,后一种关系为逆序或者降序关系。若无特别指明,本章所讨论的排序均按照升序(正序)关系进行。

实际上,可以简单地将排序操作理解为将一个按值无序的数据元素序列转换为一个按值有序排列的数据元素序列的过程。因此,后面具体讨论的各种排序方法就是针对一个数据元素序列进行的。对于文件,该数据元素序列就是文件的关键字值序列,只要对相应的排序算法做小的修改就可以适合数据文件的排序。

排序又称为**分类**。排序的功能之一是能够将一个按值无序的数据元素序列转换成一个按值有序的数据元素序列。排序能够作为提高查找时间效率的手段。从第 9 章的讨论可知,在具有 n 个元素的无序序列中进行查找,其时间复杂度为 O(n),而在按值有序的序列中进行查

找,则时间复杂度为 $O(\log_2 n)$。

10.1.2 排序的分类

待排序的记录数量的不同以及根据排序过程中所使用的内、外存储器情况的不同,可以将排序分成**内部排序**与**外部排序**两大类。内部排序简称为内排序,外部排序简称为外排序。

1. 内排序和外排序

所谓内排序是指,当待排序的数据量不大时,在排序过程中将全部信息存放在内存中处理的排序方法。当待排序的数据量较大,以至于内存不足以一次存放全部信息,在排序过程中需要通过内存与外存之间的数据交换来达到排序目的,这种排序方式称为外排序。

外排序的速度要比内排序的速度慢很多。对于一些数据量较大的数据文件,由于计算机内存容量的限制,不能一次将全部数据装入内存进行排序,只得采用外排序来完成。

本章后面介绍的各种排序方法都是内排序,第 11 章讨论的是外排序。

2. 稳定性排序与非稳定性排序

通常把参加排序的项称为排序码或者排序项。其实,对于文件而言,记录的排序码可以是记录的关键字,也可以是任何非关键字。排序码相同的记录可能只有一个,也可能有多个。对于具有同一排序码的多个记录而言,若采用的排序方法使得排序后记录的相对位置保持不变,则称此排序为稳定的,否则为不稳定的,相应的排序方法称为**稳定性排序方法**和**非稳定性排序方法**。这种特性是有用的。例如有一个关于学生成绩的列表,若打算以学生个人的平均成绩来排序,则一个稳定的排序方法的排序结果就会把成绩相同的学生仍然按原来的次序排列。

3. 连续顺序文件排序和链表排序

如果根据文件在存储介质上的组织方式划分排序的种类,可以分为**连续顺序文件排序**与**链表排序**。

(1)连续顺序文件排序

由于记录之间的逻辑顺序是通过其物理地址的先后来映射,因而在排序过程中需要移动记录的位置。

(2)链表排序

文件中的一个记录对应着链表中的一个链结点,记录之间的逻辑顺序是通过指针来反映,因而排序过程中不必移动记录,只需修改相应指针的指向。

内排序方法的种类很多,如果按照完成排序所需的工作量来划分,还可以将排序方法分成**简单排序法、先进排序法**和**基数排序法** 3 类。如果按照排序过程中采用的策略的不同,还可以将排序归纳为**插入排序、选择排序、交换排序、归并排序**和**基数排序**几类。

内排序的方法虽然很多,但就其全面性而言,很难说哪一种或者哪一类方法最好,每一种方法都有它自己的优势和不足,使用者应该根据不同的环境和情况(如参加排序的序列数据量的大小或者序列的初始状态等)选择较为合适的方法。

无论何种排序方法,衡量其性能的主要指标不外乎两个,其一,执行排序算法所需要的时间;另一个就是执行排序算法所需要的附加空间。对于前者,排序过程中要进行的基本动作包括

① 比较两个元素的大小。

② 将元素从一个位置移动到另一个位置(采用链表排序时可以不必移动元素)。

因此,排序的工作量取决于这两种动作的执行次数,尤其是前一个动作。本章在讨论各种排序方法的时间复杂度时,主要讨论最坏情况下所需进行的元素之间的比较次数。

本章将着重讨论连续顺序文件的常用排序方法,并约定对记录的关键字按从小到大的次序进行排序,即进行升序排序。另外,正如前面已经提到的那样,为了叙述的方便,在下面讨论的各种排序方法中,并没有提及记录如何根据关键字值的移动而如何移动,只是提到关键字值在排序过程中如何改变位置,最终成为按值有序的序列,至于相应记录如何随着改变位置,很容易在算法中体现出来。为此,本章把对文件的排序简述成对关键字值序列$(k_1,k_2,k_3,\cdots,k_n)$的排序,把序列中的每一个关键字就简称为一个元素。另外,需要说明的一点是,为了算法具有更好的直观性和可读性,在本章给出的排序算法中,将序列中各关键字值依次存放于类型为 keytype 的数组元素 $K[1],K[2],K[3],\cdots,K[n]$中。

另外,在将一个按值任意的序列转换为一个按值有序的序列的过程中,大多数排序方法都要经过若干趟(pass)处理才能达到目的。

10.2　插入排序

插入排序法(insertion sort)有几种,这里讨论的是**简单插入排序法**,也称**直接插入排序法**。

这种排序方法的基本思想可以简单描述为:第 i 趟排序将序列中的第 i+1 个元素 k_{i+1}($i=1,2,\cdots,n-1$)插入到一个已经按值有序的子序列$(k'_1,k'_2,k'_3,\cdots,k'_i)$的合适位置,得到一个长度为 i+1 且仍然保持按值有序的子序列$(k''_1,k''_2,k''_3,\cdots,k''_i,k''_{i+1})$。

插入排序方法的核心动作是插入,而寻找被插入元素的合适位置是主要工作。

例如,有一个数据元素序列$(49,38,65,97,76,13,27,49')$,假设经过 3 趟排序以后,前 4 个元素已经按值从小到大次序排好序(见带有下画线的部分),即

$$(\underline{38,49,65,97},76,13,27,49')$$

现在要进行的第 4 趟排序把第 i=5 个元素 76 插入到这个已经按值有序的子序列的合适位置,使得前 5 个元素组成的子序列仍然保持按值有序。那么,只需按照从后向前顺序查找的方法来确定元素 76 应该插入的位置。由于有 65<76<97,说明 76 应该插在 65 与 97 之间,也就是序列的第 4 个位置。这时,只要将序列中第 4 个位置到第 i-1 个位置上的所有元素依次后移一个位置,然后再将元素 76 插入到第 4 个位置上即可。这样,又得到一个长度为 5 的新的子序列,使得整个序列的前 5 个元素保持按值有序,即得到

$$(\underline{38,49,65,76,97},13,27,49')$$

此过程称为一趟插入排序。然后再按照上述原则分别将序列的第 6,7,8 个元素通过 3 趟排序依次将它们插入到其相应的合适位置,从而完成整个序列的排序。

在进行第 1 趟排序时,可以将序列的第 1 个元素看成一个长度为 1 且按值有序的子序列,然后只要依次从第 2 个元素开始逐个把其余的 n-1 个元素插入到某个按值有序的子序列中就可以了。表 10.1 中给出了这个序列的完整排序过程。

表 10.1　一个元素序列的插入排序过程

趟　序	插入元素	排序结果							
初　始		49	38	65	97	76	13	27	49'
第 1 趟	k(2)=38	38	49	65	97	76	13	27	49'
第 2 趟	k(3)=65	38	49	65	97	76	13	27	49'
第 3 趟	k(4)=97	38	49	65	97	76	13	27	49'
第 4 趟	k(5)=76	38	49	65	76	97	13	27	49'
第 5 趟	k(6)=13	13	38	49	65	76	97	27	49'
第 6 趟	k(7)=27	13	27	38	49	65	76	97	49'
第 7 趟	k(8)=49'	13	27	38	49	49'	65	76	97

按照这个思想,排序的算法如下。

```
void INSERTSORT(keytype K[],int n)
{
    int i,j;
    keytype temp;
    for(i=2;i<=n;i++){
        temp=K[i];                    /* 将当前被插入元素 K[i]保存在 temp 中 */
        j=i-1;
        while(j>0 && temp<K[j])
            K[j+1]=K[j--];
        K[j+1]=temp;
    }
}
```

从上述例子可以看到,对于具有 n 个元素的序列,插入排序方法一共要进行 n−1 趟排序。

对于插入排序算法,整个排序过程只需要一个辅助空间(temp)。在 10.1 节中已经提到,排序的时间效率与排序过程中数据元素之间的比较次数和交换(移动)次数直接相关,尤其是比较次数。当原始序列是一个按值递增序列(升序)时,对应的每个 i 值只进行一次元素之间的比较,因而总的比较次数最少,为 $\sum_{i=2}^{n}1=n-1$,并且不需要移动元素(记录),这是最好的情况。最坏的情况是,序列初始时是一个按值递减序列(逆序),则对应的每个 i 值都要进行 i−1 次元素之间的比较,总的元素之间的比较次数达到最大值,为 $\sum_{i=2}^{n}(i-1)=n(n-1)/2$。如果序列的初始情况是随机的,即待排序的序列中元素可能出现的各种排列的概率相同,则可取上述最小值和最大值的平均值作为插入排序时所进行的元素之间的比较次数,约为 $n^2/4$。由此得知,插入排序算法的时间复杂度为 $O(n^2)$。

插入排序方法属于稳定性排序方法。

从上面的讨论可以看到,直接插入排序法的基本思想简单,且容易实现。当待排序记录的数量 n 较小时,直接插入排序法的确是一种较好的排序方法。但是,在实际情况中,待排序序列中的记录数量 n 往往很大,这时采用直接插入排序法就不合时宜了。我们可以在直接插入排序的基础上,从减少元素之间的"比较"和"移动"这两种操作的次数考虑,得到改进后的插入排序方法,即折半插入排序法。由于每一趟被插入的子序列为一个按值有序的序列,因而可以采用折半查找方法来确定被插入元素在该有序序列中的合适位置。

例如,对于前面给出的序列(49,38,65,97,76,13,27,49′),采用折半插入排序法经过 6 趟排序以后,序列的前 7 个元素组成一个按值有序排列的序列,如图 10.1 所示是将序列的第 8 个元素 49′插入到这个按值有序序列中合适位置的第 7 趟的排序过程。

```
13    27    38    49    65    76    97    49′
low               mid         high

13    27    38    49    65    76    97    49′
                        low   mid  high

13    27    38    49    65    76    97    49′
                   low=mid=high(查找结束)

13    27    38    49    49′   65    76    97
```
(第5至第7个元素反向移动一个位置,然后将49′插入到第5个位置)

图 10.1　插入元素 49′的排序过程

于是,比较容易给出折半插入排序算法。

```
void BIN_INSERTSORT(keytype K[],int n)
{
    int i,j,low,high,mid;
    keytype temp;
    for(i=2;i<=n;i++){
        temp=K[i];                    /* 将当前被插入元素 K[i]保存在 temp 中 */
        low=1;
        high=i-1;
        while(low<=high){
            mid=(low+high)/2;
            if(temp<K[mid])
                high=mid-1;
            else
                low=mid+1;
        }                             /* 采用折半查找方法确定 K[i]的合适位置 */
        for(j=i-1;j>=low;j--)
            K[j+1]=K[j];              /* 有关元素依次后移一个位置 */
        K[low]=temp;                  /* 插入 K[i],至此一趟结束 */
    }
}
```

可以看到,虽然折半插入排序算法在最坏情况下的时间复杂度也为 $O(n^2)$,但在最好情况下算法的时间复杂度达到 $O(n\log_2 n)$,这一点比简单插入排序算法的 $O(n)$ 要好。

10.3　选择排序

选择排序法(selection sort)的核心思想是:第 i 趟排序从序列的后 n−i+1(i=1,2,…, n−1)个元素中选择一个值最小的元素与该 n−i+1 个元素的最前面那个元素交换位置,即与整个序列的第 i 个位置上的元素交换位置。如此下去,直到 i=n−1,排序结束。

由于表达式 n−i+1 的值实际上是执行第 i 趟排序之前的序列中未排好序的元素的个数,因此,选择排序法每一趟排序的思想还可以简述为:每一趟排序从序列中未排好序的那些元素中选择一个值最小的元素,然后将其与这些未排好序的元素的第 1 个元素交换位置。

可见,选择排序法每一趟排序的核心动作是选择一个值最小的元素。

例如,对于序列(49,38,65,97,76,13,27,49′),第 1 趟排序从待排序的全部元素中选择出值最小的元素 13(其位置由一个整型变量 d 记录),即

$$(49,38,65,97,76,\underset{d}{13},27,49')$$

将 d 位置上的元素 13 与第 1 个元素 49 交换位置后得到

$$(\underline{13},38,65,97,76,49,27,49')$$

这就是第 1 趟排序的结果。下一趟排序无非在后面的 7 个元素中再选择一个值最小的元素,并且将它与这 7 个元素的第 1 个元素交换位置,得到第 2 趟的排序结果。以后每一趟排序的规律都是这样。

在下面即将给出的算法中设置的整型变量 i,既可以作为排序趟数的计数,同时也指出执行第 i 趟排序时,待排序的后 n−i+1 个元素的第 1 个元素的位置。另外,整型变量 d 记录这 n−i+1 个元素中值最小元素的位置。每一趟排序的开始,先令 d=i(暂时假设序列的第 i 个元素为值最小者,以后经过比较后视实际情况再正式确定最小值元素的位置),第 i 趟排序比较结束时,这 n−i+1 个元素中真正的值最小元素由此时的 d 指出。此时如果有 d=i,说明值最小元素就是这 n−i+1 个元素的第 1 个元素,这就意味着此趟排序不必进行交换元素的动作。

表 10.2 给出了采用选择排序法进行排序的完整过程。

表 10.2　一个元素序列的选择排序过程

趟　序	排序结果							
初　始	49	38	65	97	76	13	27	49′
i=1	13	38	65	97	76	49	27	49′
i=2	13	27	65	97	76	49	38	49′
i=3	13	27	38	97	76	49	65	49′
i=4	13	27	38	49	76	97	65	49′
i=5	13	27	38	49	49′	97	65	76
i=6	13	27	38	49	49′	65	97	76
i=7	13	27	38	49	49′	65	76	97

算法如下。

```
void SELECTSORT(keytype K[],int n)
{
    int i,j,d;
    keytype temp;
    for(i=1;i<=n-1;i++){
        d=i;                        /* 假设值最小元素为未排序元素的第 1 个元素 */
        for(j=i+1;j<=n;j++)
            if(K[j]<K[d])
                d=j;                /* 寻找真正值最小元素,记录其位置 d */
        if(d!=i){                   /* 当值最小元素非第 1 个元素时 */
            temp=K[d];
            K[d]=K[i];
            K[i]=temp;              /* 值最小元素与未排序的第 1 个元素交换位置 */
        }
    }
}
```

与插入排序方法一样,对于具有 n 个元素的序列采用选择排序方法要经过 n−1 趟排序。

从算法与实例不难看到,对具有 n 个元素的序列采用选择排序法排序,元素移动的次数比较少,最少为 0 次(当原始序列为升序时),最多为 3(n−1)次(当原始序列为降序时。3 是交换 $K[i]$ 与 $K[d]$ 的执行次数)。但是,无论序列中元素的初始排列状态如何,第 i 趟排序要找出值最小元素都需要进行 n−i 次元素之间的比较。因此,整个排序过程需要进行的元素之间的比较总次数都相同,为 $\sum_{i=2}^{n}(i-1)=n(n-1)/2$ 次。这说明选择排序法所进行的元素之间的比较次数与序列的原始状态无关,同时可以确定算法的时间复杂度也为 $O(n^2)$。

当然,对选择排序法还可以进行改进,以求得更高的时间效率。由于值最小元素与未排好序的元素中第 1 个元素的交换动作是在不相邻的元素之间进行的,因而很有可能会改变值相同元素的前后位置,因此,选择排序法是一种不稳定的排序方法,读者只需按照算法对序列 $(49,38,65,97,76,49',13,27)$ 进行排序就可以验证这一结论。

10.4 泡排序

泡排序法(bubble sort)也称冒泡排序法,或称起泡排序法。这种方法的过程非常简单,其基本思想是:先将序列中的第 1 个元素与第 2 个元素进行比较,若前者大于后者,则两者交换位置,否则不交换;然后将第 2 个元素与第 3 个元素比较,若前者大于后者,两者交换位置,否则不交换;依次类推,直到第 n−1 个元素与第 n 个元素比较(或交换)为止。经过如此一趟排序,使得 n 个元素中值最大元素被安置在序列的第 n 个位置上。此后,再对前 n−1 个元素进行同样过程,使得该 n−1 个元素中值最大元素被安置在序列的第 n−1 个位置上。然后再对前 n−2 个元素重复上述过程,直到某一趟排序过程中不出现元素交换位置的动作,排序结束。因此,泡排序方法的核心思想可以简单描述为:第 i(i=1,2,…)趟排序是从序列中前 n−i+1

个元素的第 1 个元素开始,相邻两个元素进行比较,若前者大于后者,两者交换位置,否则不交换。

不难想象,这种排序方法是通过相邻元素之间的比较与交换,使值较小的元素逐步从后面移到前面,值较大的元素从前面移到后面,就像水底的气泡一样向上冒,故称此排序方法为冒泡排序法。

表 10.3 给出采用泡排序方法进行排序的过程。

表 10.3　一个元素序列的泡排序过程

趟　序	排序结果							
初　始	49	38	65	97	13	27	76	49′
第 1 趟	38	49	65	13	27	76	49′	97
第 2 趟	38	49	13	27	65	49′	76	97
第 3 趟	38	13	27	49	49′	65	76	97
第 4 趟	13	27	38	49	49′	65	76	97
第 5 趟	13	27	38	49	49′	65	76	97

泡排序方法与插入排序方法和选择排序方法在排序的总趟数方面有区别,对于具有 n 个元素的序列,后面两种方法都要进行 n−1 趟排序,而泡排序方法则不一定。

由该过程可以看出,在泡排序方法排序的每一趟排序过程中,元素之间进行比较的动作不可缺少,但元素之间是否交换位置却需要根据条件来确定。若某一趟排序过程中只有比较动作而无元素交换位置的动作,则说明到这一趟排序为止序列已经按值有序,排序可以到此结束。这就是说,判断泡排序方法结束的一个条件是"在一趟排序过程中没有进行过元素交换的动作"。在上述例子中,第 5 趟排序过程中没有进行过元素交换动作,排序到第 5 趟结束。此时序列已经按值有序排列了。为了确定一趟排序过程中是否有交换动作,设置一个标志 flag,并约定

$$\text{flag} = \begin{cases} 1 & \text{某一趟排序过程中有元素交换的动作} \\ 0 & \text{某一趟排序过程中无元素交换的动作} \end{cases}$$

每一趟排序之前,先将 flag 置为 0,在排序过程中,只要出现元素交换位置的动作,及时将 flag 置为 1。下一趟排序进行与否主要根据 flag 的值是 1 还是 0 来决定。泡排序方法最多执行 n−1 趟排序(当最小值元素处在原始序列的最后时),但至少要执行一趟排序(当原始序列为一个按值递增序列时)。

具体算法如下。

```
void BUBBLESORT(keytype K[],int n)
{
    int i,j,flag = 1;
    keytype temp;
    i = n − 1;
    while(i > 0 && flag == 1){
        flag = 0;                          /* 每一趟排序之前先置标志 flag 为 0 */
        for(j = 1;j < = i;j + + )
```

```
        if(K[j]>K[j+1]){
            temp = K[j];
            K[j] = K[j+1];
            K[j+1] = temp;
            flag = 1;                    /* 有交换动作,置标志 flag 为 1 */
        }
        i-- ;
    }
}
```

算法分析:最好的情况下,初始时序列已经是从小到大有序(升序),则只需经过一趟 n-1 次元素之间的比较,并且不移动元素,算法就可结束排序。此时,算法的时间复杂度为 O(n)。最差的情况是当参加排序的初始序列为逆序,或者最小值元素处在序列的最后时,则需要进行 n-1 趟排序,总共进行 $\sum_{i=2}^{n}(i-1) = n(n-1)/2$ 次元素之间的比较,因此,泡排序算法的平均时间复杂度为 O(n²)。相比插入排序方法和选择排序方法,泡排序方法在排序过程中需要移动较多次数的元素。因此,泡排序方法比较适合于参加排序序列的数据量较小的情况,尤其是当序列的初始状态为基本有序的情况;而对于一般情况,这种方法是排序时间效率最低的一种方法。

由于元素交换是在相邻元素之间进行的,不会改变值相同元素的相对位置,因此,泡排序法是一种稳定排序法。

10.5 谢尔排序

谢尔排序法(Shell's sort)又称**缩小增量排序法**,是由谢尔(D. L. Shell)在 1959 年提出的、对直接插入排序法的一种改进。

从前面对泡排序法的讨论可知,一般情况下,若待排序序列的长度为 n,则泡排序算法的时间复杂度为 O(n²)。但是,若待排序序列中元素已经按值有序排列时,其时间复杂度为 O(n)。由此可以设想,若待排序序列已经按值"基本有序",则泡排序法的效率可以大大提高,从另一个方面来看,泡排序算法基本原理比较简单。可以说,谢尔排序法正是从这两个方面的分析出发对泡排序法进行改进后得到的一种排序方法。

谢尔排序的核心思想是:首先确定一个元素间隔数 gap(也称增量),然后将参加排序的序列按此间隔数从第 1 个元素开始依次分成若干个子序列,即分别将所有位置相隔为 gap 的元素视为一个子序列,在各个子序列中采用某种排序方法进行排序(例如,可用泡排序方法,也可利用其他排序方法,这里,不妨采用泡排序方法);然后减小间隔数,并重新将整个序列按新的间隔数分成若干个子序列,再分别对各个子序列进行排序,如此下去,直到间隔数 gap=1。

谢尔排序方法的主要特点是:由于排序的每一趟以不同的间隔数对子序列进行排序,因而元素的移动(小的元素往前移,大的元素往后移)在子序列之间跳跃式进行。gap 越大,跳跃的跨度就越大。很多情况下,当 gap=1 时,序列几乎已经按值有序,不需要进行较多元素的移动就能达到排序目的。

谢尔排序算法利用了多重嵌套循环来实现,外循环是以各种不同的 gap 值对序列进行排序,直到 gap=1。第 2 层循环是在某一个 gap 值下对各个子序列进行排序,若在某个 gap 值下有元素交换的动作,则该循环还将继续,直到各子序列中均无元素交换位置的动作,这说明各子序列已经分别排好序。为了控制这一点,设置一个标志 flag,有

$$\text{flag} = \begin{cases} 1 & \text{说明对各子序列排序时有元素交换的动作} \\ 0 & \text{说明对各子序列排序时都无元素交换的动作} \end{cases}$$

在每一趟排序开始之前,首先将 flag 置为 0;排序过程中若出现元素交换动作,将其置为 1。

对间隔数 gap 的取法也很多,实践证明,有一种比较常用的方法,它首先取 gap 为序列长度的一半,在排序过程中,后一趟排序的 gap 值为前一趟排序 gap 值的一半,即

$$\text{gap}_1 = \lfloor n/2 \rfloor$$
$$\text{gap}_i = \lfloor \text{gap}_{i-1}/2 \rfloor \qquad i=2,3,4,\cdots$$

其中,n 为序列中元素的总个数。

表 10.4 给出了一个采用谢尔排序方法进行排序的例子。

表 10.4　一个元素序列的谢尔排序过程

趟　序	间隔数	排序结果							
初　始		49	38	65	97	76	13	27	49′
第 1 趟	$\text{gap}_1=4$	49	13	27	49′	76	38	65	97
第 2 趟	$\text{gap}_2=2$	27	13	49	38	65	49′	76	97
第 3 趟	$\text{gap}_3=1$	13	27	38	49	49′	65	76	97

算法如下。

```
void SHELLSORT(keytype K[],int n)
{
    int i,j,flag,gap=n;
    keytype temp;
    while(gap>1){
        gap=gap/2;
        do{
            flag=0;
            for(i=1;i<=n-gap;i++){
                j=i+gap;
                if(K[i]>K[j]){
                    temp=K[i];
                    K[i]=K[j];
                    K[j]=temp;
                    flag=1;
                }
            }
        }while(flag!=0);
    }
}
```

谢尔排序方法的速度是一系列间隔数 gap_i 的函数,因而对谢尔排序方法进行算法分析不是一件容易的事情,尤其是如何选择最合适的间隔数序列才能产生最好的排序效果,至今也没能得到较好的解决。在一些特定的情况下可以准确地估算出元素的比较次数,但要弄清楚比较次数与 gap 之间的依赖关系,并给出完整的数学分析,目前还没有人能够做到。在本书的讨论中,由于采用 $gap_i=\lfloor gap_{i-1}/2 \rfloor$ 的方法缩小间隔数,对于具有 n 个元素的序列,若 $gap_1=\lfloor n/2 \rfloor$,则经过 $p=\lfloor \log_2 n \rfloor$ 趟排序以后就有 $gap_p=1$,因此,谢尔排序方法的排序总趟数为 $\lfloor \log_2 n \rfloor$。另外,从算法中也能够看到,最外层的 while 循环为 $\log_2 n$ 数量级,中间层的 do - while 循环为 n 数量级。当子序列分得越多时,子序列内的元素就越少,最内层的 for 循环的次数就越少;反之,当所分的子序列个数减少时,子序列内的元素也随之增多,但整个序列也逐步接近有序,而循环的次数却不会随之增加。因此,一般情况下,认为谢尔排序算法的时间复杂度在 $O(n\log_2 n)$ 与 $O(n^2)$ 之间。有人做过测试,谢尔排序法的时间复杂度稍大于 $O(n\log_2 n)$,接近于 $O(n^{1.23})$。

谢尔排序方法是一种不稳定排序方法。另外,读者可以想象得到,它是一种不适合于在链表结构上实现的排序方法。

根据谢尔排序法的基本思想可以设计出不同的算法,以上给出的算法虽然有一定特色,但第 2 重嵌套循环的比较次数较多,有兴趣的读者可以对算法做进一步改进。

10.6 快速排序

快速排序法(quick sort)是由 C. A. R Hoarse 提出并命名的一种排序方法,被认为是对泡排序方法的一种改进。在各种排序方法中,这种方法的元素之间的比较次数较少,因而速度较快,被认为是目前最好的内排序方法之一。

在泡排序方法中,元素的比较和交换动作是在相邻两个元素之间进行的,每次交换只能使元素上移或者下移一个位置,导致总的比较与移动的次数增多。在快速排序方法中,元素之间的比较和交换从两端向中间进行,值较大的元素一次就能交换到后面的某一个位置上,而值较小的元素也能一次交换到前面的某一个位置上去,元素移动的间隔距离较大,因此,总的比较和移动的次数减少。

快速排序方法的核心思想可以归纳为:在当前待排序的序列 $(k_s, k_{s+1}, \cdots, k_t)$ 中任意选择一个元素作为分界元素或者基准元素(有的教材中称之为枢轴或者支点),把小于等于分界元素的所有元素都移到分界元素的前边,把大于等于分界元素的所有元素都移到分界元素的后边,这样,分界元素正好处在排序的最终位置上,并且把当前待排序的序列划分成前后两个子序列(前一个子序列中所有元素都小于等于分界元素,后一个子序列中所有元素都大于等于分界元素)。然后,分别对这两个子序列(若子序列的长度大于 1 的话)递归地进行上述过程,直到使得所有元素都到达整个排序后它们应处的最终位置上。

从理论上说,分界元素的选择没有限制,但实际处理时选择分界元素不外乎 3 种情况:或者选择当前待排序元素中的第 1 个元素,或者选择当前待排序元素中的最后那个元素,或者选择当前待排序的那些元素中位置居中的那个元素。本书选择了第 1 种情况,即选择 k_s 作为分界元素。

把当前待排序的元素按照分界元素分成前后两个子序列的过程称为 1 次划分,故快速排序法又称为**划分排序法**。

排序过程中需要设置两个整型变量 i 和 j,每次排序的初始,i 给出当前参加排序序列中第 1 个元素的位置(s),j 给出当前待排序序列中最后那个元素之后的一个位置(t+1)。这样,整个快速排序过程可以归纳为执行以下步骤。

① 反复执行 i+1 送 i 的动作,直到满足条件 $k_s \leqslant k_i$ 或者 i=t;然后反复执行 j-1 送 j 的动作,直到满足条件 $k_s \geqslant k_j$ 或者 j=s。

② 若 i<j,则将 k_i 与 k_j 交换位置,然后重复步骤①与步骤②或者步骤③。

③ 若 i≥j,则将 k_s 与 k_j 交换位置,然后分别递归地对 $(k_s, \cdots, k_{j-1})$ 和 $(k_{j+1}, \cdots, k_t)$ 中长度大于 1 的子序列执行上述过程,直到整个序列排序结束。

图 10.2 给出确定某序列中一个分界元素最终位置的过程。

```
                    s                    t
序列初始状态    49 38 65 97 76 13 27 49'
                i=1                      j=9

第1次交换后     49 38 49' 97 76 13 27 65
                    i               j

第2次交换后     49 38 49' 27 76 13 97 65
                       i           j

第3次交换后     49 38 49' 27 13 76 97 65
                          i j

第4次交换前     49 38 49' 27 13 76 97 65
                       j  i
```

图 10.2　确定序列一个分界元素位置的示例

从图 10.2 看到,在第 4 次交换前出现 j<i 的情况,按照算法思想,交换分界元素 k_s 与 k_j 两个元素的位置(第 4 次交换),得到

$$13 \quad 38 \quad 49' \quad 27 \quad 49 \quad 76 \quad 97 \quad 65$$

到此,分界元素 k_s=49 处在序列的第 5 个位置,也就是它在整个排序结束后应处的最终位置,并且它将待排序的这 8 个元素的序列划分为前后两个子序列 (13,38,49',27) 和 (76,97,65),前一个子序列中所有元素都不大于分界元素,后一个子序列中所有元素都不小于分界元素。由于这两个子序列的长度都超过 1,此时只需再分别对这两个子序列执行快速排序过程。

快速排序方法的每一次处理都可以确定分界元素排序的最终位置。实际上,在很多情况下,快速排序方法的一次处理可以确定两个元素(包括分界元素),甚至 3 个元素(包括分界元素)排序的最终位置。

例如,若当前待排序的元素为

$$\cdots, \overset{s}{\underset{i}{27}}, 13, \overset{t}{\underset{j}{38}}, \cdots$$

经过处理,得到

$$\cdots, \overset{s}{\underset{j}{27}}, 13, \overset{t}{38}, \cdots$$

交换 k_s 与 k_j 的位置后得到

$$\cdots, 13, 27, 38, \cdots$$

此时确定了分界元素 27 的排序最终位置。不难发现,另外两个元素 13 与 38 随着分界元素 27 位置的确定,它们的排序最终位置也确定了,一次处理就确定了 3 个元素的排序最终位置。

快速排序是一个递归过程,很容易写出其递归算法如下。

```
void QUICK(keytype K[],int s,int t)
{
    int i,j;
    if(s<t){
        i=s;
        j=t+1;
        while(1){
            do  i++;
            while(!(K[s]<=K[i] || i==t));
            do  j--;
            while(!(K[s]>=K[j] || j==s));
            if(i<j)
                SWAP(K[i],K[j]);           /* 交换 K[i]与 K[j]的位置 */
            else
                break;
        }
        SWAP(K[s],K[j]);                    /* 交换 K[s]与 K[j]的位置 */
        QUICK(K,s,j-1);
        QUICK(K,j+1,t);
    }
}
void QUICKSORT(keytype K[],int n)
{
    QUICK(K,1,n);
}
```

子算法 SWAP(a,b)的功能是交换两个元素 a 与 b 的位置,一般情况下,通过 3 条赋值语句就可以达到目的。

算法的时间效率分析:在待排序的元素初始时已经有序的情况下,快速排序方法花费的时间最长。此时,第 1 趟排序经过 n−1 次比较以后,将第 1 个元素仍然确定在原来的位置上,并得到 1 个长度为 n−1 的子序列;第 2 趟排序经过 n−2 次比较以后,将第 2 个元素确定在它原来的位置上,又得到 1 个长度为 n−2 的子序列;依次类推,最终总的比较次数为(n−1)+(n−2)+…+1=n(n−1)/2。因此时间复杂度为 $O(n^2)$。

还有一种情况,若每趟排序后,分界元素正好定位在序列的中间,从而把当前待排序的序列分成大小相等的前后两个子序列,则对长度为 n 的序列进行快速排序所需要的时间为

$$T(n) \leqslant n + 2T(n/2)$$
$$\leqslant 2n + 4T(n/4)$$
$$\leqslant 3n + 8T(n/8)$$
$$\cdots$$
$$\leqslant (\log_2 n)n + nT(1) = O(n\log_2 n)$$

因此,快速排序方法的时间复杂度为 $O(n\log_2 n)$,时间性能显然优于前面已经讨论过的几种排序方法。

　　上面给出的是快速排序的递归算法,读者可以比较容易地写出相应的非递归算法。但无论算法递归与否,排序过程中都需要用到堆栈或者其他结构的辅助空间来存放当前待排序序列的首、尾位置(在非递归算法中可以不采用"先进后出"原则来保存和使用这些首、尾位置)。若每一趟排序之后,分界元素的位置都偏向子序列的一端,这是最坏的情况,在这种情况下,堆栈的最大深度为 n,致使空间复杂度为 $O(n)$。若对算法做一些改写,在一趟排序之后比较被划分所得到的两个子序列的长度,并且首先对长度较短的子序列进行快速排序,这时堆栈的深度可以大大降低,需要的空间复杂度可以达到 $O(\log_2 n)$。

　　从上面的例子中可以看到,快速排序法是一种不稳定的排序方法,也是一种不适合于在链表结构上实现的排序方法。

　　另外,从算法中可知,每次排序时都要选择一个分界元素,然后将待排序的序列分为两个部分。如果各个部分的分界元素恰好就是最大值元素时,快速排序就会倒退成为"慢速排序",尽管出现这种情况的可能性很小。因此,在选择确定分界元素的方法时还是应该尽可能小心。至于如何有效地选择分界元素,读者可参考有关资料。

10.7　堆积排序

　　第 10.3 节介绍的选择排序法又称为直接选择排序法,这一节讨论的**堆积排序法**(heap sort)是另一种形式的选择排序方法,可以认为是对直接选择排序法的一种改进。堆积排序法简称堆排序法。

　　前面讨论过的几种排序方法(包括本章后面将要讨论的排序方法)基本上都仅仅是一些方法,并未过多地涉及其他概念;但堆积排序方法稍有例外,它除了是一种排序方法,还涉及方法之外的某些概念,如堆积与完全二叉树。

10.7.1　堆积的定义

　　具有 n 个数据元素的序列 $K=(k_1,k_2,k_3,\cdots,k_n)$,当且仅当满足条件

$$\text{ⓐ}\begin{cases}k_i\geqslant k_{2i}\\k_i\geqslant k_{2i+1}\end{cases}\qquad\text{或者}\qquad\text{ⓑ}\begin{cases}k_i\leqslant k_{2i}\\k_i\leqslant k_{2i+1}\end{cases}$$

$$(i=1,2,\cdots,\lfloor n/2\rfloor)$$

时,称序列 K 为一个**堆积**(heap),简称堆。有时将满足条件ⓐ的堆积称为大顶堆积,满足条件ⓑ的堆积称为小顶堆积。大顶堆积中的第 1 个元素具有最大值。下面讨论的堆积排序方法将根据条件ⓐ进行。

　　堆积可以与一棵完全二叉树对应,而且很容易确定该完全二叉树中任意结点 i 的孩子结点的位置(如果存在的话)。因此,可以从另外一个角度给堆积下一个定义:堆积是一棵完全二叉树,其中每个分支结点的值均大于或者等于其左子树和右子树(若存在右子树的话)中所有结点的值,并且该完全二叉树的根结点值最大。显然,二叉树中任意一棵子树也满足堆积的特性。

例如,序列(50,23,41,20,19,36,4,12,18)就是一个堆积,其对应的完全二叉树如图 10.3 所示。

堆积与二叉树一样,既可以采用顺序存储结构,也可以采用链式存储结构。由于堆积可以表示为一棵完全二叉树,故堆积采用顺序存储结构更加合适,这样能够充分利用其存储空间。在后面的讨论中,我们都假设堆积采用顺序存储结构,即把堆积中的元素依次存储在一维数组 K[1..n] 中。对于图 10.3 所示的(大顶)堆积,对应的顺序存储结构如下:

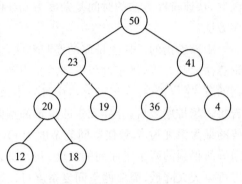

图 10.3 一棵完全二叉树(堆积)

1	2	3	4	5	6	7	8	9	10
50	23	41	20	19	36	4	12	18	

10.7.2 堆积排序算法

根据堆积的定义,堆积所对应序列的第 1 个元素具有最大值(或者堆积对应的完全二叉树的根结点具有最大值),若在输出这个最大值元素之后,使得剩余的 n-1 个元素的序列又重建为一个新的堆积,则得到 n 个元素的次大值元素,如此重复执行,便能得到一个按从小到大排列的有序序列,这个过程称之为堆积排序。于是,堆积排序的核心思想可以描述为:首先设法把原始序列构造成第 1 个堆积(这个堆积称为初始堆积),使得 n 个元素的最大值处于序列的第 1 个位置。然后交换序列第 1 个元素(最大值元素)与最后一个元素的位置。此后,再把序列的前 n-1 个元素组成的子序列设法构成一个新的堆积,这样又得到第 2 个最大值元素,把序列的第 1 个元素(最大值元素)与第 n-1 个元素交换位置。此后再把序列的前 n-2 个元素再构成一个新的堆积……依此下去,最终把整个序列变换成一个按值有序的序列。简单地说,堆积排序方法的第 i 趟排序就是将序列的前 n-i+1 个元素组成的序列转换为一个堆积,然后将堆积的第 1 个元素与堆积的最后那个元素交换位置。

根据这个思想,堆积排序的过程可以归纳为执行以下步骤。

① 建立初始堆积。

② 交换堆积的第 1 个元素(最大值元素)与堆积的最后那个元素的位置。

③ 将移走最大值元素之后的剩余元素组成的序列再转换为一个堆积。

④ 重复上述过程的第②步和第③步 n-1 次。

堆积排序的关键是将序列构造为堆积,包括如何将原始序列构造为一个初始堆积,以及如何将移走了最大值元素以后的剩余元素组成的序列再构造为一个新的堆积两个部分。

先来讨论第二个部分,即如何把移走了最大值元素以后的剩余元素组成的序列再构造为一个新的堆积,然后再讨论第一个问题。

需要说明的是,这里所谓的"移走"最大值元素是指将最大值元素(堆积的第一个元素)与堆积的最后那个元素交换位置,后续的排序过程中不再考虑该最大值元素。

图 10.3 给出了由 n=9 个元素组成的序列所对应的初始堆积(初始堆积是如何得到的,随后讨论)。当第 1 个元素(最大值元素)与第 9 个元素交换位置以后,前 8 个元素组成的序列所

对应的完全二叉树如图 10.4(a)所示。这棵完全二叉树一般不是堆积,但是很容易发现,除了根结点以外,其余任何一棵子树仍然满足堆积的特性。这样,只需从根结点开始自上而下地调整结点的位置,使其成为堆积。这里所说的调整,就是把序号为 i 的结点(或者序号为 i 的元素)与其左、右子树根结点(序号分别为 2i,2i+1)中值最大者交换位置。如图 10.4(a)所示的完全二叉树,根结点 18 与其左、右子树的根结点的最大者(41)交换位置以后得到如图 10.4(b)所示的状态。由于交换了位置,使得根结点右子树原有的堆积特性被破坏。于是,又要从这棵右子树的根结点开始继续进行类似的调整。如此下去,直到整棵完全二叉树成为一个堆积。图 10.5 是调整以后得到的堆积。

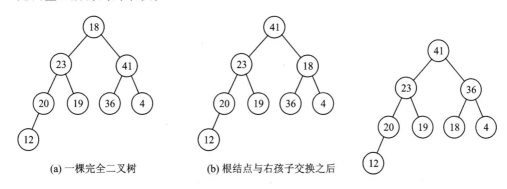

(a) 一棵完全二叉树　　　(b) 根结点与右孩子交换之后

图 10.4　结点交换过程　　　　　图 10.5　一个新的堆积

我们称这个自堆顶向叶结点的调整过程为“筛选”,从一个无序序列建立一个堆积的过程就是一个反复“筛选”的过程。

当以结点 i 为根结点的子树不是堆积,但结点 i 的左、右子树都是堆积时,下面给出的 ADJUST(K,i,n)算法将把以第 i 个结点作为根结点的子树调整为一个新的堆积,即完成 k_i 与其左、右子树的根结点 k_{2i} 和 k_{2i+1} 中最大值者交换位置;若交换位置以后破坏了子树的堆积特性,则再对这棵子树重复这个交换位置的过程,直到以结点 i 为根结点的子树成为堆积。

算法中的整型变量 i 指出根结点的序号(或者指出某棵子树根结点的序号),整型变量 j 指出其左、右子树根结点值最大者的序号。

```
void ADJUST(keytype K[],int i,int n)
{
    int j;
    keytype temp;
    temp = K[i];
    j = 2 * i;                      /* j为i结点的左孩子的序号 */
    while(j<=n){
        if(j<n&&K[j]<K[j+1])
            j++;                    /* j给出i结点的左、右孩子中值最大者的序号 */
        if(temp>=K[j])
            break;
        K[j/2] = K[j];              /* 把某孩子结点上移到父结点位置 */
        j = 2 * j;
    }
```

```
        K[j/2] = temp;
    }
```

显然,调用一次 ADJUST 子算法,就把以序号为 i 的结点作为根结点的二叉树调整为堆积,读者可以结合前面的例子检验算法的正确性。

现在再来讨论第一个问题,即如何把原始序列调整为一个初始堆积。

若原始序列所对应的完全二叉树(该完全二叉树不一定是一个堆积)的深度为 d,则从第 d−1 层最右边的那个分支结点(其序号为⌊n/2⌋)开始,即初始时令 i=⌊n/2⌋,调用算法 ADJUST(K,i,n)。每调用一次该算法,执行一次 i−1 送 i 的动作,直到 i=1 时,再调用一次,就能把原始序列调整为一个初始堆积。

例如,设原始序列为(26,5,77,1,61,11,59,15,48,19),将其调整为初始堆积的过程如图 10.6(a)~(f)所示,最后得到的初始堆积如图 10.6(f)所示,即得到序列(77,61,59,48,19,11,26,15,1,5)。

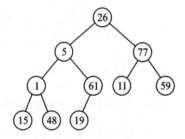

(a) 初始完全二叉树(非堆积)

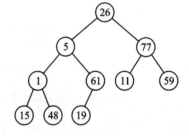

(b) 从i=⌊n/2⌋=5开始,调用ADJUST(K,5,10)后的状态

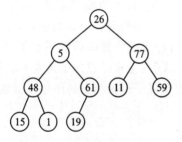

(c) 调用ADJUST(K,4,10)后的状态

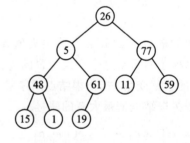

(d) 调用ADJUST(K,3,10)后的状态

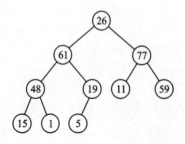

(e) 调用ADJUST(K,2,10)后的状态

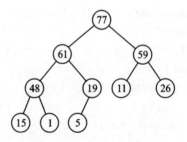

(f) 调用ADJUST(K,1,10)后的状态(堆积)

图 10.6 一个堆积排序的例子

从堆积中移走了最大值元素以后,剩余元素组成的序列中只有序号为 1 的元素破坏了整个二叉树堆积的特性,因此,每一趟排序只需对剩余元素组成的序列调用一次 ADJUST(K,1,i),便可以得到一个新的堆积。

算法如下。

```
void HEAPSORT(keytype K[],int n)
{
    int i;
    keytype temp;
    for(i=n/2;i>=1;i--)
        ADJUST(K,i,n);
    for(i=n-1;i>=1;i--){
        temp=K[i+1];
        K[i+1]=K[1];
        K[1]=temp;
        ADJUST(K,1,i);          /* 交换堆积的第 1 个元素与最后那个元素的位置 */
    }
}
```

表 10.5 给出了对一个序列(26,5,77,1,61,11,59,15,48,19)采用堆积排序方法排序的全过程。

表 10.5　一个元素序列的堆积排序过程

趟　序	排序结果									
初　始	26	5	77	1	61	11	59	15	48	19
第 1 趟	5	61	59	48	19	11	26	15	1	77
第 2 趟	1	48	59	15	19	11	26	5	61	77
第 3 趟	5	48	26	15	19	11	1	59	61	77
第 4 趟	1	19	26	15	11	48	59	61	77	
第 5 趟	1	19	11	15	5	26	48	59	61	77
第 6 趟	5	15	11	1	19	26	48	59	61	77
第 7 趟	1	5	11	15	19	26	48	59	61	77
第 8 趟	1	5	11	15	19	26	48	59	61	77
第 9 趟	1	5	11	15	19	26	48	59	61	77

对于具有 n 个元素的序列,采用堆积排序方法需要进行 n−1 趟排序才能达到目的。

堆积排序法的时间主要花费在将原始序列调整为一个初始堆积以及排序过程中不断将移走最大值元素以后剩下的那些元素重新调整为一个新堆积这两个部分上。因此,堆积排序方法很适合 n 较大的数据元素序列。

设原始序列所对应的完全二叉树的深度为 d,算法由两个独立的循环组成:在第 1 个循环构造初始堆积时,对每个分支结点都要调用一次 ADJUST 算法,从第 1 层到第 d−1 层上各结点可能移动的最大距离为(d−1)。而第 i 层上结点最多有 2^{i-1} 个,因此,堆积排序算法的第 1

个循环所需时间应该是各层上的结点数与该层上结点可移动的最大距离之积的总和,即

$$\sum_{i=d-1}^{1} 2^{i-1}(d-i) = \sum_{j=1}^{d-1} 2^{d-j-1}*j = \sum_{j=1}^{d-1} 2^{d-1}*\frac{j}{2^j} \leqslant n\sum_{j=1}^{d-1}\frac{j}{2^j} < 2n$$

这一部分的时间花费为 O(n)。

在算法的第 2 个循环中每次调用 ADJUST 算法一次,结点移动的最大距离为这棵完全二叉树的深度 $d=\log_2(n+1)$,一共调用了 $(n-1)$ 次 ADJUST 算法,所以,第 2 个循环的时间花费为 $(n-1)\log_2(n+1)=O(n\log_2 n)$。

对于两个部分总效率,有 $O(n)+O(n\log_2 n)=O(n\log_2 n)$。因此,堆积排序法的时间复杂度为 $O(n\log_2 n)$。实际上,无论是最坏情况还是平均情况,堆积排序的时间复杂度都是 $O(n\log_2 n)$,相对于快速排序法,这是堆积排序的最大优点。但是,也有人针对随机序列进行计时测试,结论是堆积排序比快速排序要慢。由于在堆积排序过程中只需要一个记录大小的辅助空间,因此,堆积排序方法的空间复杂度为 O(1)。另外,堆积排序方法也是一种不适于在链表上实现的排序方法。

堆积排序方法属于一种不稳定排序方法。

10.8 二路归并排序

归并排序法(merging sort)是另一种类型的排序方法。归并(merge)是指将两个或者多个按值有序序列合并成为一个按值有序序列的过程。若将两个按值有序序列合并成一个按值有序序列,则称之为二路归并。同理,有三路归并,四路归并等,其中二路归并最为简单,比较适合作为一种内排序方法。在具体给出二路归并排序算法之前,首先讨论两个作为其基础的子算法。

10.8.1 归并子算法

归并子算法的功能是把位置相邻的两个按值有序的序列合并为一个按值有序的序列。例如,两个位置相邻的序列分别为

$$(x_s, x_{s+1}, x_{s+2}, \cdots, x_u)$$

和

$$(x_{u+1}, x_{u+2}, x_{u+3}, \cdots, x_v)$$

其中,有

$$x_s \leqslant x_{s+1} \leqslant x_{s+2} \leqslant \cdots \leqslant x_u$$
$$x_{u+1} \leqslant x_{u+2} \leqslant x_{u+3} \leqslant \cdots \leqslant x_v$$

经过归并子算法合并以后得到

$$(z_s, z_{s+1}, z_{s+2}, \cdots, z_v)$$

并且

$$z_s \leqslant z_{s+1} \leqslant z_{s+2} \leqslant \cdots \leqslant z_v$$

例如,位置相邻的两个按值有序的子序列

$$(40,55,74,90,98,150)$$

和
$$\underset{u+1\qquad\qquad v}{\underset{s\qquad\qquad\qquad u}{\underline{(12,66,80,120)}}}$$

经过归并以后成为

$$(12,40,55,66,74,80,90,98,120,150)$$

实现这个过程很简单。只需设置 3 个整型变量,其中,变量 i 给出要归并的前一个子序列的起始位置(i 的初始值为 s);变量 j 给出要归并的后一个子序列的起始位置(j 的初始值为 u+1);变量 q 指出归并后得到的序列的起始位置,其初值 q=s。这样,算法中只需反复比较当前的元素 X[i]与 X[j],把二者中值小者送入 Z[q],并移动相应的位置,若两个子序列中的一个先结束,则把未结束子序列剩余的所有元素依次复制到 Z 中的末尾部分。

具体算法如下。

```
void MERGE(keytype X[],keytype Z[],int s,int u,int v)
{    /* 将有序的 X[s..u]和 X[u+1..v]归并为有序的 X[s..v] */
    int i,j,q;
    i=s;
    j=u+1;
    q=s;
    while(i<=u && j<=v)
        if(X[i]<=X[j])
            Z[q++]=X[i++];
        else
            Z[q++]=X[j++];
    while(i<=u)                    /* 将 X 中剩余的元素 X[i]至 X[u]复制到 Z */
        Z[q++]=X[i++];
    while(j<=v)                    /* 将 X 中剩余的元素 X[j]至 X[v]复制到 Z */
        Z[q++]=X[j++];
}
```

10.8.2　一趟归并扫描子算法

另一个子算法就是一趟归并扫描子算法。该子算法将参加排序的序列分成若干长度为 t 的、各自按值有序的子序列,然后多次调用归并子算法 MERGE 将所有两两相邻成对的子序列合并成若干个长度为 2t 的、各自按值有序的子序列。

细心的读者也许会问,每一趟扫描都是从前向后依次在相邻成对且长度为 t 的子序列中进行,若某一趟归并扫描到最后,剩下的元素个数不足两个子序列长度时,将如何处理呢? 原则是

① 若剩下的元素个数大于一个子序列长度 t 时,则再调用一次 MERGE 算法,将剩下的两个不等长的子序列合并为一个子序列。

② 若剩下的元素个数不足或者正好等于一个子序列长度 t 时,只需将这些剩下的元素依次复制到前一个子序列后面。

可以想象,二路归并排序方法的最后一趟排序通常是在两个不等长的子序列中进行。

下面给出的一趟归并扫描子算法中,设 X[1..n]表示参加排序的初始序列,t 为某一趟归并时子序列的长度,整型变量 i 指出当前归并的两个子序列中第 1 个子序列的第 1 个元素的位置,Y[1..n]表示这一趟归并后的结果。

```
void MPASS(keytype X[],keytype Y[],int n,int t)
{
    int i,j;
    while(n-i+1>=2*t){
        MERGE(X,i,i+t-1,i+2*t-1,Y);
        i=i+2*t;
    }
    if(n-i+1>t)
        MERGE(X,i,i+t-1,n,Y);
    else
        for(j=i;j<=n;j++)
            Y[j]=X[j];
}
```

10.8.3　二路归并排序算法

所谓二路归并排序,就是最初将长度为 n 的原始序列理解为由 n 个长度为 1 的按值有序的子序列组成,并把这些子序列中相邻的子序列两两成对地进行合并,得到$\lfloor n/2 \rfloor$个长度为 2 的按值有序子序列(若 n 为奇数,则还有第$\lfloor n/2 \rfloor$个子序列,它是原序列中的最后那个子序列);然后将这些子序列又两两成对地进行合并,得到$\lfloor n/4 \rfloor$个长度为 4 的按值有序子序列;依次类推,最后只剩一个长度为 n 的子序列,这个子序列就是原始序列经过二路归并排序后得到的结果。

例如,原始序列若为(25,57,48,37,12,82,75,29,16),图 10.7 的过程说明了每一趟归并排序的情况。

从这个例子可以看出,二路归并排序就是对原始序列进行若干趟处理,即第 i 趟排序是两两归并长度为2^{i-1}的子序列,得到$\lceil \dfrac{n}{2^{i-1}} \rceil$个长度为$2^i$的子序列。这样,对于具有 n 个元素的序列采用二路归并排序法排序,一共要进行$\lceil \log_2 n \rceil$趟排序才能完成。

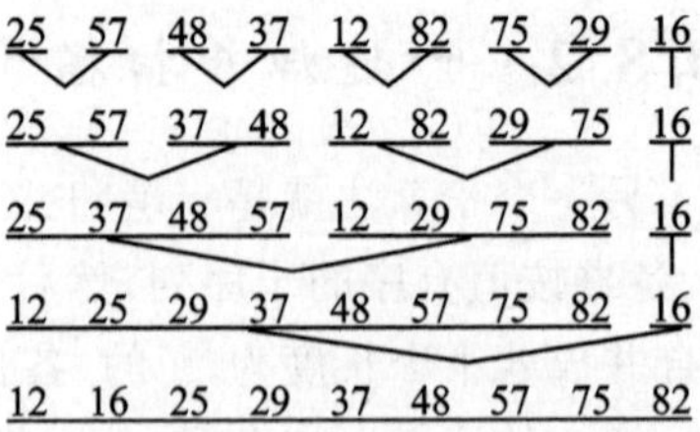

图 10.7　一个二路归并排序示例

下面是二路归并排序的算法。算法中设置的辅助数组 Y[1..n]主要用来与 X[1..n]轮流存放某一趟排序的结果,最后排序的结果在哪个数组中与排序过程有关。

```
void MERGESORT(keytype X[],keytype Y[],int n)
{
    int t=1;
    while(t<n){
```

```
        MPASS(X,Y,n,t);
        t *=2;
        if(t<=n)
            MPASS(Y,X,n,t);
        t *=2;
    }
}
```

二路归并排序算法的时间复杂度等于归并趟数与每一趟归并的时间复杂度的乘积。子算法 MPASS 的时间复杂度为 O(n)，因此，二路归并排序方法总的时间复杂度为 $O(n\log_2 n)$。另外，二路归并排序方法需要用到与参加排序的序列同样大小的辅助空间。因而算法的空间复杂度为 O(n)，明显高于前面讨论过的几种排序法的空间复杂度。

二路归并排序方法是一种稳定的排序方法，因为在两个有序子序列的归并过程中，若两个按值有序序列中出现相同元素，MERGE 算法能够使前一个序列中那个相同元素先被复制，从而确保这两个相同元素的相对次序不发生改变。

*10.9 基数排序

设参加排序的序列为 $K=(k_1,k_2,\cdots,k_p,\cdots,k_n)$，其中，元素 k_p 为 d 位 r 进制数，因而将每个元素看成是一个 d 元组，即 $k_p=k_p^d k_p^{d-1}\cdots k_p^1$。其中，$0\leqslant k_p^i\leqslant r-1(1\leqslant i\leqslant d,1\leqslant p\leqslant n)$，r 称为基数。例如，若元素是十进制数，则 r=10；若元素是八进制数，则 r=8。d 表示元素的位数，它由所有元素中最长的位数来确定，不足 d 位的元素在其前面均补上 0。

基数排序法的核心思想是：把参加排序的序列中的元素先按第 1 位（设最右边一位为第 1 位，其左边那一位为第 2 位，依此类推）的值进行排序，然后再按第 2 位的值进行排序……最后按第 d 位的值进行排序。每一趟排序过程中若有元素的位值相同，则它们之间仍然保留前一趟排序的先后次序。

图 10.8 给出一个基数排序的实例，例子中的序列为 K[1..6]，其中每个元素为 4 位十进制数。图 10.8(a) 给出的是初始序列，图 10.8(b)、(c)、(d)、(e) 分别给出按第 i 位(1≤i≤4)排序后的情况。

在具体实现基数排序时，设置了一个采用链式存储结构的队列（称之为总队），其队头元素的指针为 front，队尾元素的指针为 rear。初始时，所有参加排序的元素依次存放在总队的各链结点的数据域中。另外，再设置 r 个链接队列（称为分队），分别称为 0 号队列、1 号队列……r-1 号队列，作为排序过程中的辅助队列。分队的队头指针由数组 F[0..r] 给出，其中，F[j] 为 j 号分队的队头指针；分队的队尾指针由数组 E[0..r] 给出，E[j] 为 j 号分队的队尾指针。算法的第 i 趟(i=1,2,\cdots,d)排序中按下述步骤完成一趟排序。

① 从总队的第 1 个结点开始，依次把结点插入 k_q^i 分队（这里，k_q^i 表示总队中由 q 指出的结点中元素的第 i 位的值），并把该结点从总队中删去。重复这一过程，直到把总队的所有结点都分别插入到相应的分队中。

② 按分队的顺序号依次把各分队中所有结点（若该分队不空的话）插入到总队队尾，并把该分队的所有结点都删去。

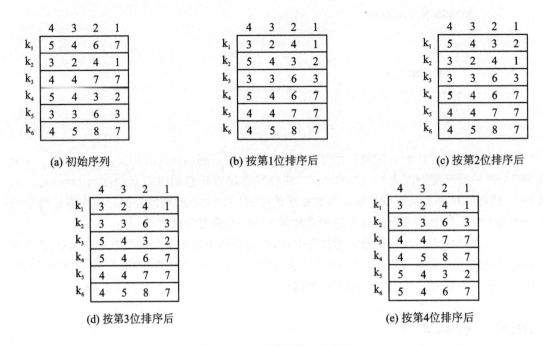

图 10.8　一个基数排序的例子

下面以图 10.8 所示的序列为例演示第 1 趟的排序过程。

① 初始状态如图 10.9 所示。

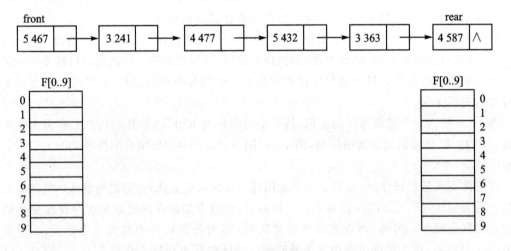

图 10.9　初始状态

② 根据总队的活动指针 q(初值为 front)所指的结点,依次将总队中所有结点按元素第 1 位值的大小分别插入到相应的分队队尾,同时删去总队中的相应结点,成为图 10.10 所示的状态。

③ 按分队队号的先后顺序,把非空分队的结点再链接到总队的队尾,得到图 10.11。

这就是第 1 趟的结果。然后再分别按元素的第 2,3,4 位的值重复上述过程,最后总队中结点排列的先后次序就是元素序列的排序结果。

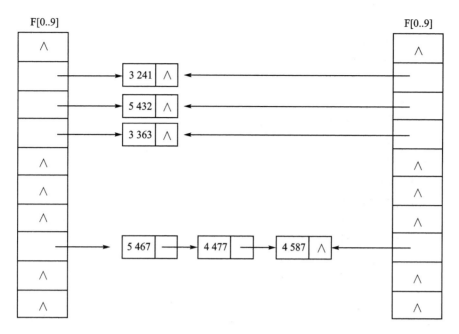

图 10.10　将总队中所有结点按第 1 位分别插入到相应分队中

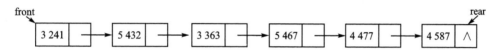

图 10.11　重新链接得到的总队

算法如下。

```
#define  MaxN  50
typedef struct node{
    keytype  K[MaxN];
    struct node * link;
} QLINK;
void RSORT(QLINK * front,int n,int r,int d)
{
    QLINK * F[MaxN], * E[MaxN], * q, * rear;
    int i,j,u;
    for(i=1;i<=d;i++){
        for(j=0;j<r;j++)
            F[j]=NULL;
        q=front;
        while(q!=NULL){
            u=BREAK(q,i);              /* 分解 q 所指结点的第 i 位 */
            if(F[u]==NULL)
                F[u]=q;
            else
```

```
            E[u] - > link = q;
        E[u] = q;
        q = q - > link;
    }
    j = 0;
    while(F[j] == NULL)                    / *  查找第 1 个非空分队队号 j * /
        j++;
    front = F[j];                          / *  把第 1 个非空分队的结点插入总队队尾 * /
    rear = E[j];
    F[j] = NULL;
    for(u = j + 1;u < r;u ++ ){            / *  依次把其余非空分队插入到总队 * /
        if(F[u]! = NULL){
            front - > link = F[u];
            front = E[u];
            F[u] = NULL;
        }
    }
    front - > link = NULL;
    }
}
```

算法分析：算法中要设置总队以及分队的队头指针与队尾指针共 $2(r+1)$ 个，各元素存放时，要为每个结点增设指针域共 n 个，所以使用的辅助空间为 $O(r+n)$。

算法要对序列进行 d 趟排序，每趟要把 n 个元素依次分配到各个分队，又把 r 个分队的元素再集中到总队，每一趟排序花费的时间为 $O(n+r)$。所以，基数排序算法总的时间开销为 $O(d(n+r))$。

若序列中的每一个元素为由英文字母组成的串，采用基数排序时，可以看成 $r=26$。而 k_q^i 为 26 个字母中的任一个。算法中需设立 26 个分队，队号分别为 A，B，C，…，Z。若序列由不等长的元素组成，则以最长元素的字符数为标准，在字符数不足的元素的右边补空格符（空格字符小于其他字符的值），使得字符数与最长元素的字符数目相等，并且令 $r=27$，建立 27 个分队，队号分别为：空格，A，B，C，…，Z。

10.10 各种内排序方法的比较

各种排序算法之间的比较主要从下面几个方面综合考虑。
① 算法的时间复杂度。
② 算法的空间复杂度。
③ 排序稳定性。
④ 算法结构的复杂度。
⑤ 参加排序的数据规模。

10.10.1　稳定性比较

插入排序、泡排序、二路归并排序和基数排序方法是稳定排序方法。

选择排序、谢尔排序、快速排序和堆积排序方法是不稳定排序方法。

10.10.2　复杂性比较

各种内排序算法的时间复杂度与空间复杂度如表 10.6 所列。

综上所述,可以得出如下结论。

① 在平均情况下,谢尔排序、快速排序、堆积排序以及归并排序方法都能达到较快的排序速度。进一步分析可知,快速排序最快。从空间消费来看,堆积排序最省。

② 在平均情况下,插入排序、泡排序方法的排序速度较慢,但当参加排序的序列开始就局部有序时,这两种排序方法能达到较快的排序速度。最好情况下,时间复杂度为 O(n),比情况①中叙述的 4 种方法要好一些,而且这两种方法辅助空间消费较少。所以当 n 较小或者序列开始就局部有序时,可选择这两种方法。多数情况下可以根据不同情况与①中的 4 种方法结合使用。

表 10.6　各种内排序算法的时间、空间复杂度比较

排序方法	平均时间	最坏情况	辅助空间
插入排序	$O(n^2)$	$O(n^2)$	$O(1)$
谢尔排序	$O(n\log_2 n)$	$O(n\log_2 n)$	$O(1)$
泡　排　序	$O(n^2)$	$O(n^2)$	$O(1)$
快速排序	$O(n\log_2 n)$	$O(n^2)$	$O(\log_2 n)$
选择排序	$O(n^2)$	$O(n^2)$	$O(1)$
堆积排序	$O(n\log_2 n)$	$O(n\log_2 n)$	$O(1)$
归并排序	$O(n\log_2 n)$	$O(n\log_2 n)$	$O(n)$
基数排序	$O(d(n+r))$	$O(d(n+r))$	$O(r+n)$

③ 基数排序方法消费的辅助空间较多,但其时间复杂度可简化成 O(dn);当元素的位数较少时,可进一步简化成 O(n),在这种情况下也能达到较快的排序速度。另外,归并排序方法需要的辅助空间也较多。

④ 从算法结构的简单性来看,插入排序法、选择排序法与泡排序法比较简单和直接;而谢尔排序法、快速排序法、堆积排序法以及归并排序法都可以看作是对某一种排序法的进一步改进。相对而言,改进后的排序法所对应的算法可能都比较复杂。

⑤ 从参加排序的数据序列的规模大小来看,n 越小,采用简单排序方法就越合适;n 越大,采用改进的排序方法越合适。这是因为,n 越小,n^2 与 $\log_2 n$ 的差距越小,并且简单排序方法的时间复杂度的系数均小于 1(除泡排序法的最坏情况以外),而改进后的排序方法的时间复杂度的系数均大于 1,因而也使得它们之间的差距变小。

从上面的分析可以看到,很难说哪一种排序方法绝对好。每一种排序方法都有其优缺点,适合于在不同的环境下使用。因此,在实际应用中,要根据具体情况选择合乎实际情况的方法。下面给出了综合考虑以上几方面之后所得出的大致结论,仅供读者在选择内排序方法时参考。

① 当参加排序的数据规模 n 较大,关键字元素分布比较随机,并且不要求排序稳定性时,宜选用快速排序法。

② 当参加排序的数据规模 n 较大,内存空间又允许,并且有排序稳定性要求,宜采用归并排序法。

③ 当参加排序的数据规模 n 较大,元素分布可能出现升序或者逆序的情况,并且对排序稳定性不要求时,宜采用堆积排序方法或者归并排序方法。

④ 当参加排序的数据规模 n 较小(如小于 100),元素基本有序(升序),或者分布也比较随机,并且有排序稳定性要求时,宜采用插入排序方法。

⑤ 当参加排序的数据规模 n 较小,对排序稳定性又不要求时,宜采用选择排序方法。

这里再说明一下,本章讨论各种内排序算法时,把记录如何根据其关键字值的大小进行排序简单地说成关键字元素的排序,这仅仅是为了叙述上的方便而已。就算法而言,并不产生矛盾。至于记录如何根据关键字值的大小改变其位置,读者在算法的适当地方加上相应动作就可以了。

另外,除了基数排序法之外,其他方法都是在一个向量(序列)结构上实现的。当参加排序的数据量很大时,为了避免将大量时间花费在元素的位置移动上,可以利用链表作为存储结构。像插入排序法、选择排序法和归并排序法都比较容易在链表上实现。但有些排序方法就很难在链表上实现,快速排序和堆积排序就是这样。

习 题

10 - 1 单项选择题

1. 每一趟排序时从待排序序列中依次取出元素与已排序序列中的元素进行比较,并将其放在已排序序列中的合适位置,这种排序方法称为_____。
   A. 选择排序法   B. 插入排序法   C. 泡排序法   D. 堆积排序法

2. 每一趟排序从待排序序列中挑选一个值最小的元素,然后将其放在已排序序列的右端,这种排序方法称为_____。
   A. 插入排序法   B. 选择排序法   C. 快速排序法   D. 谢尔排序法

3. 有一种排序方法,每一趟排序的基本思想是:如果最小元素位于待排序序列的最后,则最后一趟排序开始之前,所有元素都不在它的最终排序位置上,这种方法是_____。
   A. 插入排序法   B. 选择排序法   C. 泡排序法   D. 快速排序法

4. 下列 4 种排序方法中,一趟排序结束时不一定能够确定一个元素排序的最终位置的是_____。
   A. 选择排序法   B. 泡排序法   C. 快速排序法   D. 谢尔排序法

5. 从待排序序列中任选出一个元素,该元素将待排序的序列分成前后两个部分,前一部分中所有元素均小于等于所选元素,后一部分中所有元素均大于等于所选元素,而所选元素处在排序的最终位置,然后分别对被分成的两部分中元素个数超过 1 的部分重复上述过程,直至排序结束。这种排序方法称为_____。

A. 选择排序法　　　B. 插入排序法　　　　C. 快速排序法　　　　D. 归并排序法

6. 对同一个待排序的序列分别采用简单插入排序和折半插入排序,两者之间可能的不同
　　之处是_____。

　　A. 排序的总趟数　　　　　　　　　　　B. 元素的移动次数

　　C. 元素之间的比较次数　　　　　　　　D. 所使用的辅助空间的数量

7. 下列 4 种情况中,最不利于快速排序法发挥其长处的情况是_____。

　　A. 待排序的数据量太大

　　B. 待排序的数据个数为奇数

　　C. 待排序的数据中含有多个值相同的元素

　　D. 待排序的数据已基本有序

8. 对于快速排序法,为了减少算法的递归深度,下列叙述中,正确的是_____。

　　A. 每次划分后先处理较长的部分　　　B. 每次划分后先处理较短的部分

　　C. 与算法每次划分后的处理顺序无关　　D. 以上三者都不正确

9. 为了实现快速排序算法,待排序的序列宜采用的存储方式是_____。

　　A. 顺序存储　　　B. 链式存储　　　　C. 索引存储　　　　D. 散列存储

10. 在下列 4 种排序方法中,排序趟数与序列原始状态有关的方法是_____。

　　A. 选择排序法　　　B. 谢尔排序法　　　C. 堆积排序法　　　D. 泡排序法

11. 若只想从 1 000 个元素中仅挑选出前 5 个最小值元素,下列 4 种排序方法中,最合适
　　的方法是_____。

　　A. 选择排序法　　　B. 快速排序法　　　C. 堆积排序法　　　D. 泡排序法

12. 对序列(49,38,65,97,76,13,47,50)采用折半插入排序法进行排序,若把第 7 个
　　元素 47 插入到已排序序列中,为寻找插入位置需要进行的元素间的比较次数
　　是_____。

　　A. 3　　　　　　　B. 4　　　　　　　C. 5　　　　　　　D. 6

13. 对序列(7,1,5,15,10)按元素值从小到大进行泡排序,整个排序过程所进行的元素
　　之间的比较次数是_____。

　　A. 4　　　　　　　B. 7　　　　　　　C. 9　　　　　　　D. 10

14. 若对序列(tang,deng,an,wang,shi,bai,fang,liu)采用选择排序法按字典顺序进
　　行排序,第三趟排序结束时的结果是_____。

　　A. an,bai,deng,wang,tang,fang,shi,liu

　　B. an,bai,deng,wang,shi,tang,fang,liu

　　C. an,bai,deng,wang,shi,fang,tang,liu

　　D. an,bai,deng,wang,shi,liu,tang,fang

15. 对于序列(15,9,7,8,20,−1,4)按从小到大进行谢尔排序,若第一趟排序结束时
　　的结果为(15,−1,4,8,20,9,7),则该趟排序采用的增量值是_____。

　　A. 1　　　　　　　B. 2　　　　　　　C. 3　　　　　　　D. 4

16. 对于序列(49,38,65,97,76,13,27,50)按从小到大进行谢尔排序,若初始增量
　　d=4,则第 1 趟排序的结果是_____。

　　A. 49,76,65,13,27,50,97,38　　　　B. 13,27,38,49,50,65,76,97

C. 49,13,27,50,76,38,65,97　　　　D. 97,76,65,50,49,38,27,13

17. 对序列(46,79,56,38,40,84)采用快速排序法进行排序(以第一个元素为分界元素)得到的第一次划分结果是_____。
A. (38,46,79,56,40,84)　　　　B. (38,79,56,46,40,84)
C. (38,46,56,79,40,84)　　　　D. (38,40,46,56,79,84)

18. 根据(大顶)堆积的定义,下面给出的 4 个序列中,(大顶)堆积是_____。
A. 75,65,30,15,25,45,20,10　　　　B. 75,45,65,10,25,30,20,15
C. 75,45,65,30,15,25,20,10　　　　D. 75,65,45,10,30,25,20,15

19. 已知序列(5,8,12,19,28,20,15,22)为一个(小顶)堆积,插入元素 3,调整后得到的(小顶)堆积是_____。
A. (3,5,12,8,28,20,15,22,19)　　　　B. (3,5,12,19,20,15,22,8,28)
C. (3,8,12,5,20,15,22,28,19)　　　　D. (3,12,5,8,28,20,15,22,19)

20. 假设排序过程中序列的变化情况如下。
初　始:50,72,28,39,81,15
第 1 趟:15,72,28,39,50,81
第 2 趟:15,50,28,39,72,81
第 3 趟:15,39,28,50,72,81
第 4 趟:28,15,39,50,72,81
第 5 趟:15,28,39,50,72,81
则由此可以断定,所采用的排序方法只能是_____。
A. 插入排序法　　B. 泡排序法　　　　C. 选择排序法　　　　D. 堆积排序法

21. 若序列(11,12,13,7,8,9,23,4,5)是采用下列 4 种排序方法之一得到的第二趟排序结束时的结果,则该排序方法只能是_____。
A. 选择排序法　　B. 泡排序法　　　　C. 插入排序法　　　　D. 归并排序法

22. 对具有 n 个元素的序列采用选择排序法排序,排序趟数为_____。
A. n　　　　B. n−1　　　　C. n+1　　　　D. $\log_2 n$

23. 对具有 n 个元素的序列采用堆积排序法排序,排序趟数为_____。
A. $n\log_2 n$　　　　B. $\log_2 n$　　　　C. n−1　　　　D. n

24. 在序列中各元素已经排好序的情况下,可以尽可能快地结束排序的排序方法是_____。
A. 选择排序法　　B. 泡排序法　　　　C. 快速排序法　　　　D. 堆积排序法

25. 在序列中各元素已经排好序的情况下,排序过程中元素移动次数最少的排序方法是_____。
A. 选择排序法　　B. 快速排序法　　　　C. 堆积排序法　　　　D. 归并排序法

26. 若序列的原始状态为(1,2,3,4,5,10,6,7,8,9),要想使得排序过程中元素的比较次数最少,应该采用的排序方法是_____。
A. 插入排序法　　B. 选择排序法　　　　C. 谢尔排序法　　　　D. 泡排序法

27. 仅就排序算法所使用的辅助空间而言,堆积排序、快速排序和归并排序的关系是_____。

　　　A. 堆积排序＜快速排序＜归并排序　　　B. 堆积排序＜归并排序＜快速排序

　　　C. 堆积排序＞归并排序＞快速排序　　　D. 堆积排序＞快速排序＞归并排序

28. 当待排序的数据量较大,元素的分布又比较随机,并且无排序稳定性要求时,宜采用的排序方法是_____。

　　　A. 插入排序法　　　B. 选择排序法　　　C. 快速排序法　　　　D. 堆积排序法

29. 下面 4 种排序方法中,属于稳定性排序方法的是_____。

　　　A. 插入排序法　　　B. 选择排序法　　　C. 快速排序法　　　　D. 谢尔排序法

30. 下列 4 种排序方法中,不属于内排序的是_____。

　　　A. 插入排序　　　　B. 选择排序　　　　C. 快速排序　　　　　D. 拓扑排序

10-2　简答题

1. 对于初始时元素已经按值有序排列的序列,采用堆积排序法、快速排序法、泡排序法和归并排序法对序列元素进行排序,最省时间的是哪种方法? 最费时间的又是哪种方法?

2. 采用插入排序法进行排序的过程中,每次向一个有序子序列插入一个新元素,并形成一个新的更大的有序子序列。新的元素插入的位置是否是它的最终排序位置?

3. 快速排序法的排序过程是递归的。若待排序序列的长度为 n,则快速排序的最小递归深度与最大递归深度分别是多少?

4. 设计快速排序方法的非递归算法时,能否不用堆栈保存待排序序列的首、尾位置,而改为其他机制,如队列? 请说明理由。

5. 进行堆积排序时将待排序的元素组织成一棵完全二叉树的顺序存储,是否由此可以说堆积是一个线性结构?

6. 若对序列(2, 12, 16, 88, 5, 10)按值从小到大进行排序,前三趟排序的结果分别为

第一趟排序的结果:(2,12,16,5,10,88)

第二趟排序的结果:(2,12,5,10,16,88)

第三趟排序的结果:(2,5,10,12,16,88)

请问:该结果是采用选择排序法还是采用泡排序法得到的? 为什么?

7. 什么是(小顶)堆积? 在一个(小顶)堆积中,值最大的元素可能处在什么位置? (请借助一棵二叉树描述)

8. 选择排序法与堆积排序法的基本思想都是每一趟排序是从待排序的元素中选出一个元素,而一般情况下堆积排序法的时间效率远比选择排序法的时间效率要高,为什么?

9. 在所学过的内排序方法中,哪些排序方法是稳定的? 哪些排序方法是不稳定的?

10-3　算法题

1. 请写出一个选择排序方法的算法,该算法将待排序的数组元素按照降序进行排列。

2. 请写出快速排序方法的非递归算法。

3. 请写出在一个长度为 n 的(大顶)堆积中插入一个新的元素的算法。

4. 请写出用带头结点的线性链表作为存储结构时的选择排序算法。设链表中头结点的指针为 list,算法中不得使用除链表以外的其他链结点空间,也不得改变链结点的数据域内容。

5. 请写出用带头结点的双向循环链表作为存储结构时的插入排序算法。设头结点的指针为 list,算法中不得使用除链表外的其他链结点空间,也不得改变链结点的数据域内容。

6. 已知一整数类型的一维数组,请设计一算法,该算法以较高的时间效率使所有负数都在零的前面,所有正数都在零的后面。

7. 已知一个 m×n 阶矩阵,假设其元素均为整型数。请设计一算法,该算法根据每一行中值最小元素的大小,按从小到大原则重新排列矩阵行的位置。

8. 若 n 个值各不相同的元素存在于数组 A[1..n]中,则可按如下所述方法实现**计数排序法**,即:另设一个数组 B[1..n](先令其元素初值均为 0),对 A 中每个元素 A[i],统计 A 中值比 A[i]小的元素的个数并存于 B[i]中(与 B[i]=0 对应的元素 A[i]必为 A 中值最小的元素);然后,根据 B[i]值的大小将 A 中元素重新排列(根据 B[i]确定 A[i]的排序位置)。请编写一算法,实现上述排序方法。

9. 荷兰国旗问题:设有一个仅由红、白、蓝三种颜色的 n 个条块组成的条块序列,请设计一个时间复杂度为 O(n)的算法,使得这些条块按红、白、蓝的顺序排好,即形成荷兰国旗图案。

*第 11 章　外排序

11.1　概　述

　　外排序和内排序是两种不同范畴的排序方法,外排序通常用于信息量很大的数据文件的排序。由于计算机内存容量的限制(内存所能容纳的信息量总是有限的),大量的信息需要保存在诸如磁带、磁盘以及光盘之类的外存储器上。在对这样的文件进行排序时,数据信息只能一部分一部分地调入内存,在内存中完成排序以后再送往外存,排序过程中需要进行多次内、外存之间的数据交换才能达到排序目的。

　　比较常用的外排序方法是归并法。这种排序方法基本上要经历以下两个阶段。

　　第 1 阶段:把含有 n 个记录的文件按内存缓冲区的大小分成若干个长度为 u 的子文件,选择合适的内排序方法后,分别将这些子文件调入内存进行排序,然后再把排好序的子文件送往外存,形成有序子文件,这些有序的子文件通常被称为**归并段**或**顺串**(run),记作 R。这样,外存储器上就形成了许多初始归并段。

　　第 2 阶段:对这些初始归并段采用某种归并方法逐趟进行归并,使得有序的归并段逐渐扩大,直至整个文件有序,即最后在外存储器上形成一个排好序的文件。

　　本章主要讨论的是第 2 阶段,即归并的过程。下面先看一个例子。

　　例如,某数据文件一共含有 5 000 条记录。假设每个物理块可以容纳 100 条记录,内存缓冲区可以容纳 5 个物理块的记录,即 500 条记录。首先经过 10 次内排序以后得到 10 个初始归并段 R_i(i=1,2,…,10),每个归并段含有 500 条记录;然后再经过 4 趟归并排序就可以得到完整的、排好序的文件。图 11.1 反映了这个归并过程。

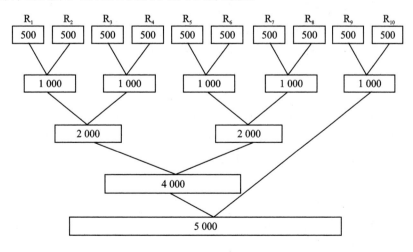

图 11.1　一个二路平衡归并排序的过程

　　在外存储器上读写文件是以物理块为单位进行的。在图 11.1 所示的例子中,每一趟归并要进行 50 次读与 50 次写的操作,加上产生初始归并段的读写次数,共计进行了 500 次 I/O 操作。因此,一般情况下,外排序的时间花费可计算为

$$外排序的时间花费 = 产生归并段的时间(m \times t_{IS})$$
$$+ I/O 的时间(d \times t_{IO})$$
$$+ 内排序归并的时间(s \times u \times t_{mg})$$

式中,m 为初始归并段的段数;t_{IS} 为得到一个归并段所进行内部排序的时间;d 是总的读/写次数;t_{IO} 为一次读/写时间的平均值;s 为归并的趟数;$u \times t_{mg}$ 为对 i 条记录进行一趟归并所花费的时间。实际上,t_{IO} 比其他时间花费要大得多,提高外排序效率主要应减少 I/O 的次数 d。因此,上例 5 000 条记录利用二路归并进行外排序所需的总时间为

$$10 \times t_{IS} + 500 \times t_{IO} + 4 \times 500 \times t_{mg}$$

综上所述,在归并外排序中需要深入讨论的问题是

① 如何进行多路归并以减少文件归并的趟数。

② 如何更巧妙地运用内存缓冲区,使 I/O 和 CPU 处理工作尽可能地并行操作。

③ 研究较好的产生初始归并段的方法。

11.2 磁带排序

对于磁带排序而言,多路平衡归并排序与多步归并排序是两种较为常用的磁带文件排序方法。下面分别讨论这两种排序方法。

11.2.1 多路平衡归并排序法

这种方法可以使用 2k 条磁带,也可以使用(k+1)条磁带,此处 k 的含义是指平衡归并排序的路数。开始时,先将产生的初始归并段均匀地分布在 k 条磁带上。

以图 11.1 所示的过程为例,设有 2k=4 台磁带机 T_1,T_2,T_3,T_4,先将 10 个初始归并段 R_1,R_2,…,R_{10} 依次轮流地分布到 T_1 与 T_2 上,而 T_3 与 T_4 为空带,即

T_1:R_1(500),R_3(500),R_5(500),R_7(500),R_9(500)

T_2:R_2(500),R_4(500),R_6(500),R_8(500),R_{10}(500)

T_3:空

T_4:空

经过第 1 趟归并以后,依次把 T_1 和 T_2 上的 R_1 和 R_2 归并为 R'_1,R_3 和 R_4 归并为 R'_2……R_9 和 R_{10} 归并为 R'_5,并且将 R'_1,R'_2,…,R'_5 依次写到 T_3 与 T_4 上(此时,T_4 上的符号 D 表示空,其长度为 0,这是为了与 T_3 保持平衡而添加的),即有

T_1:空

T_2:空

T_3:R'_1(1 000),R'_3(1 000),R'_5(1 000)

T_4:R'_2(1 000),R'_4(1 000),D

经过第 2 趟归并之后,各磁带上的状态如下。

T_1:R''_1(2 000),R''_3(1 000)

$T_2:R''_2(2\ 000),D$

$T_3:$ 空

$T_4:$ 空

经过第 3 趟归并之后,各磁带上的状态如下。

$T_1:$ 空

$T_2:$ 空

$T_3:R'''_1(4\ 000)$

$T_4:R'''_2(1\ 000)$

经过第 4 趟归并之后,各磁带上的状态如下。

$T_1:R(5\ 000)$

$T_2:$ 空

$T_3:$ 空

$T_4:$ 空

此时,文件已经排好序,大大减少了文件的读写次数。根据 11.1 节的讨论可知,这个例子中所花费的时间总共应该为

$$10\times t_{IS}+500\times t_{IO}+4\times 500\times t_{mg}$$

如前面所述,要提高外排序的效率,关键在于减少 I/O 的次数 d。若文件的物理块数为 b,外排序的趟数为 s,则有

$$d=2\times b\times s+2\times b=2\times b\times(s+1)$$

其中,$s=\lceil \log_2 m\rceil$。于是,减少 I/O 次数的关键又是减少排序趟数 s,故可采用多路平衡归并。

图 11.2 是三路平衡归并过程的示意,更多路的平衡归并过程与此类似。

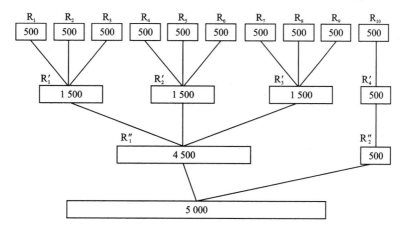

图 11.2 一个三路平衡归并的过程

具体实现 k 路平衡归并时,可以使用 k+1 磁带。初始归并段依次均匀地写到前 k 条磁带上,不足部分添上空段以使得各条磁带上归并段的段数相等。合并以后的归并段写到第 k+1 条磁带上,然后再依次平衡地写到前 k 条磁带上以备下一趟合并。如此重复,直到整个文件为一个排序文件。由于 $m\leqslant k^s$,因而有 $s=\lceil \log_k m\rceil$。

可见,增加 k 或者减少初始归并段的段数 m 都可以使排序趟数 s 减少,从而达到提高排序速度的目的。当然,增加 k 就会增加磁带机的数量,而要减少初始归并段的段就是要扩大

初始归并段的长度(段中记录条数),也就是要增加内存缓冲区的空间。

11.2.2　多步归并排序

在多路平衡归并排序中,每一趟归并都要求文件的全部记录参加,并且总是把第 $k+1$ 条磁带作为输出带。为避免每趟归并后又重新把第 $k+1$ 条磁带上的归并段平均地依次写到前 k 条磁带上,可以采用**多步归并排序方法**。

所谓多步归并排序方法实际上是多路非平衡归并排序,在这种方法中,各条磁带上的归并段不再保持平衡分布。k 路多步归并排序需要 $k+1$ 条磁带。开始时,初始归并段不平衡地分配在前 k 条磁带上,第 $k+1$ 条磁带作为输出带,初始为空。每一步归并只是部分记录参加,在每步归并之前,归并段最少的磁带在本步归并完成之后便成为空带,作为下一步归并的输出带。这样,$k+1$ 条磁带将轮流成为输出带。

例如,初始时有 17 个归并段做三路多步归并排序,假设初始归并段按下列情形分布在 T_1,T_2,T_3 上,而让 T_4 为空带,即

T_1:R_1,R_4,R_7,R_{10},R_{13},R_{15},R_{17}

T_2:R_2,R_5,R_8,R_{11},R_{14},R_{16}

T_3:R_3,R_6,R_9,R_{12}

T_4:空

经过第 1 步归并后,T_3 成为空带,作为第 2 步归并时的输出带,而其他各带的状态如下。

T_1:R_{13},R_{15},R_{17}

T_2:R_{14},R_{16}

T_3:空

T_4:R'_1,R'_2,R'_3,R'_4

经过第 2 步归并以后,T_2 又成了空带,准备作为第 3 步归并的输出带,其他各带的状态如下。

T_1:R_{17}

T_2:空

T_3:R''_1,R''_2

T_4:R'_3,R'_4

第 3 步归并结束以后,各带的状态如下。

T_1:空

T_2:R'''_1

T_3:R''_2

T_4:R'_4

经过第 4 步归并以后,得到的最后结果在 T_1 上,而其他各带均成为空带,即

T_1:R

T_2:空

T_3:空

T_4:空

11.3　初始归并段的合理分布与产生

11.3.1　初始归并段的合理分布

从 11.1 节的讨论可知,外排序分为两个阶段:第 1 个阶段是产生归并段,并将其分布到各条磁带上,第 2 阶段才是归并阶段。从已经讨论过的几种外排序方法可以看出,若第 1 阶段构成的归并段较长,则归并的趟数可以减少,从而达到提高速度的目的。

在多步归并方法(多路非平衡归并法)中,为了使归并的趟数达到最少,必须合理地分配各磁带上初始归并段的段数。

以三路多步归并方法为例来进行分析。4 条磁带进行三路多步归并,为了保证经过 n 步归并后在 T_1 带上得到一个完整的有序文件,而其他磁带均为空,需要在 $n-1$ 步归并后使得 T_1 为空,T_2,T_3,T_4 各有一个归并段;这一步是以 T_2 作为输出带,并接收到一个归并段……这样倒推下去,只要知道经 i 步归并后各带上归并段的段数,就可以按照下面的规则推出第 i-1 步归并后各带上的归并段的段数,即第 i 步归并中的输出带在第 i-1 步归并后应为空带,第 i-1 步归并后各带上的归并段段数应该是该带在第 i 步后的归并段段数加第 i 步中的输出带上接收到的归并段段数。根据这个规则,可以推出三路多步归并中每一步归并之后,各带上的归并段分布情况和总的归并段 $T_总$,如表 11.1 所列。

表 11.1　三路多步归并中每步归并后的状态表

步　数	$T_总$	T_1	T_2	T_3	T_4
n	1	1	0	0	0
n-1	3	0	1	1	1
n-2	5	1	0	2	2
n-3	9	3	2	0	4
n-4	17	7	6	4	0
n-5	31	0	13	11	7
n-6	57	13	0	24	20
n-7	105	37	24	0	44
n-8	193	81	68	44	0
n-9	355	0	149	125	81

从表 11.1 可以看出,归并段的总数以及在各带上的分布情况与斐波那契序列及广义斐波那契序列[①]有关。设 $F_j^{(k)}$ 为 k 阶广义斐波那契序列中的第 j 项,$f_j^{(k)}$ 为 k 阶斐波那契序列中

[①] k 阶广义斐波那契(Fibonacci)序列定义。
　　若 $F_j^{(k)}=1$　$(0 \leqslant j \leqslant k-j)$,　$F_j^{(k)}=F_{j-k+1}^{(k)}+\cdots+F_{j-1}^{(k)}$　$(j \geqslant k)$
　　则有
　　$F_0^{(3)}=1$, $F_1^{(3)}=1$, $F_2^{(3)}=1$, $F_3^{(3)}=3$, $F_4^{(3)}=5$, $F_5^{(3)}=9$, $F_6^{(3)}=17$, $F_7^{(3)}=31$, $F_8^{(3)}=57$, $F_9^{(3)}=105$, $F_{10}^{(3)}=193$,$\cdots$
　　k 阶斐波那契(Fibonacci)序列定义。
　　若 $f_j^{(k)}=0$　$(0 \leqslant j \leqslant k-2)$,　$f_j^{(k)}=1$　$(j=k-1)$,　$f_j^{(k)}=f_{j-k+1}^{(k)}+\cdots+f_{j-1}^{(k)}$　$(j \geqslant k)$
　　则有
　　$f_0^{(3)}=0$, $f_1^{(3)}=0$, $f_2^{(3)}=1$, $f_3^{(3)}=1$, $f_4^{(3)}=2$, $f_5^{(3)}=4$, $f_6^{(3)}=7$, $f_7^{(3)}=13$, $f_8^{(3)}=24$, $f_9^{(3)}=44$, $f_{10}^{(3)}=81$

的第 j 项。当利用 k+1 台磁带机做 k 路多步归并时,若初始归并段的总数为 $F_j^{(k)}$,则初始归并段在各带上分布的段数应为

$$t_1 = f_{j-1}^{(k)} + f_{j-2}^{(k)} + \cdots + f_{j-k}^{(k)}$$

$$t_2 = f_{j-1}^{(k)} + f_{j-2}^{(k)} + \cdots + f_{j-k+1}^{(k)}$$

$$\vdots$$

$$t_{k-1} = f_{j-1}^{(k)} + f_{j-2}^{(k)}$$

$$t_k = f_{j-1}^{(k)}$$

例如,4 台磁带机做三路多步归并时,若初始归并段段数为 193(在三阶广义斐波那契序列中,193 正好是 $f_{10}^{(3)}$,即 j=10)。所以,各带上的归并段段数应分别为

$$t_1 = f_9^{(3)} + f_8^{(3)} + f_7^{(3)} = 44 + 24 + 13 = 81$$

$$t_2 = f_9^{(3)} + f_8^{(3)} = 44 + 24 = 68$$

$$t_3 = f_9^{(3)} = 44$$

$$t_4 = 空$$

若在内存中利用内排序法排序所得到的初始归并段段数不是恰好为广义斐波那契序列中的数时,则要通过添加虚的归并段来补充,使归并段总数满足条件,虚的初始归并段可集中在一条磁带上,也可以分散在各条磁带上,归并过程中要考虑虚归并段的存在。

11.3.2 一种产生初始归并段的方法——置换选择排序

前面已经提到,减少排序归并趟数的措施之一是扩大初始归并段的长度,而初始归并段的长度又受到内排序时内存工作区容量的限制。这里将要讨论的置换选择排序提供了一种不受内存工作区容量限制而产生初始归并段的方法。

假设要排序的文件为 f_1,建立一个能容纳 w 条记录的内存工作区 WORK,设立一个工作变量 min,排序的结果将写到文件 f_0 上。

这种方法的基本步骤可以归结如下。

① 从 f_1 中顺序读 w 条记录到 WORK 中。

② 从 WORK 的 w 条记录中选择一个关键字值最小的记录,把它的关键字写入变量 min。

③ 把关键字为 min 的记录写到 f_0。

④ 若 f_1 非空,则顺序读下一条记录到 WORK 中,替换已写到 f_0 上的那条记录。

⑤ 在 WORK 的所有关键字大于 min 的记录中选择一条关键字值最小的记录,把它的关键字读到 min 中。

⑥ 重复第③至第⑤步,直到 WORK 中选不出新的 min 的记录。这时,在 f_0 上写一个归并段的结束标志,意味着此时已产生了一个归并段。

⑦ 重复第②至第⑥步,直到 WORK 为空。

例如,设 $f_1 = \{14, 20, 5, 55, 10, 18, 91, 25, 17, 33, 27, 8, 22\}$(为了说明问题,这里给出的仅是记录的关键字值),工作区容量 w=3。按通常的内排序方法将得到下列 5 个归并段。

R₁:5, 14, 20

R₂:10, 18, 55

R₃:17, 25, 91

R_4:8，27,33

R_5:22

用置换选择排序方法则可得到下列 3 个归并段。

R_1:5，14,20,55,91

R_2:10,17,18,25,27,33

R_3:8,22

具体排序过程如表 11.2 所列。

表 11.2　用置换选择排序方法产生初始归并段的例子

f_1	f_0	工作区 WORK
14,20,5,55,10,18,91, 25,17,33,27,8,22		
55,10,18,91,25 17,33,27,8,22		14,20,5
10,18,91,25,17 33,27,8,22	5	14,20,55
18,91,25,17,33 27,8,22	5,14	10,20,55
91,25,17,33,27 8,22	5,14,20	10,18,55
25,17,33,27,8,22	5,14,20,55	10,18,91
17,33,27,8,22	5,14,20,55,91	10,18,25
17,33,27,8,22	5,14,20,55,91 （第 1 个归并段结束）	10,18,25
33,27,8,22	5,14,20,55,91* ,10	17,18,25
27,8,22	5,14,20,55,91* ,10,17	18,25,33
8,22		25,27,33
22	5,14,20,55,91* ,10, 17,18,25	8,22,33
	5,14,20,55,91* ,10, 17,18,25,27	8,22,33
	5,14,20,55,91* ,10, 17,18,25,27,33	8,22
	5,14,20,55,91* ,10, 17,18,25,27,33 （第 2 个归并段结束）	8,22
	5,14,20,55,91* ,10, 17,18,25,27,33* ,8	22
	5,14,20,55,91* ,10, 17,18,25,27,33* ,8,22	

　* 表示一个归并段的结束标志。

11.4 磁盘排序

11.2 节讨论的磁带排序方法都可以用于磁盘排序。磁盘排序与磁带排序的区别在于

① 磁带是顺序存取设备,为了提高存取速度,在做 k 路归并时,至少要有 k+1 台磁带机归并段分配到 k 条输入带上,留一条空带作为输出带。

磁盘是直接存取设备,只需在磁盘上设立相应的存储区,并建立各归并段的长度与存储物理地址之间的索引表,然后在 k 路归并中把归并段分为 k 组进行归并。

② 在 k 路归并中,至少要有 k 个输入缓冲区,一个输出缓冲区。k 的大小对磁盘排序来说,主要取决内存容量的大小;而对磁带排序来说,除此之外还要受到可用磁带机的台数限制。

通常用置换选择方法产生的初始归并段的平均长度为内存缓冲区容量的两倍。但是,用这种方法产生的归并段的长度往往不相同。这样,即使按照归并段的斐波那契分布做多步归并排序,I/O 次数也往往并不是最少,排序的效率因此并不理想。为了提高排序效率,不但要按 11.3.1 小节介绍的方法合理地分配初始归并段的段数,而且还要根据初始归并段的长度对每一组的初始归并段合理地进行搭配,以保证归并过程中 I/O 的次数最少。这里,引进一种最佳归并树的树形结构来对这个问题加以研究。为了讨论时叙述上的方便(仅此而已),假设每条记录占用一个物理块。这样,每条记录被读写的次数与归并过程中计算机对外存的读写次数就相同了。

下面通过一个具体例子来介绍最佳归并树方法。

假设利用置换排序方法产生了 9 个初始归并段,每个归并段的长度(所含记录的条数)分别为 13,11,8,7,6,6,4,3,2,采用三路归并进行排序。按照三阶广义斐波那契序列的分布,最初的归并段在 T_1,T_2,T_3 上,归并段数分别为 2,3,4,T_4 作为输出(为方便起见,仍然用 T_1,T_2,T_3,T_4 表示外设归并段分组的组号),即有

      T_1:R(13) R(11)

      T_2:R(8)   R(7)   R(6)

      T_3:R(6)   R(4)   R(3)   R(2)

      T_4:空

经过第 1 趟归并以后,各组的状态如下。输入/输出记录的次数为 49。

      T_1:空

      T_2:R(6)

      T_3:R(3)   R(2)

      T_4:R(27) R(22)

第 2 趟归并以后,各组的状态如下。输入/输出记录的次数为 36。

      T_1:R(36)

      T_2:空

      T_3:R(2)

      T_4:R(22)

经过第 3 趟归并以后,各组的状态如下。输入/输出记录的次数为 60。

      T_1:空

T_2:R(60)

T_3:空

T_4:空

经过上述 3 趟归并以后,总的输入/输出次数为 145。

上述归并过程可以用图 11.3 所示的归并树来表示。每个圆形叶结点中的数字代表初始归并段的记录个数,内部结点(方框结点)所标数字为中间归并树生成时需进行的读写记录的总数。例如,在第 3 层上,记录个数分别为 13,8,6 的初始归并段归并成记录个数为 27 的中间归并段,共进行了 28 次读写操作。如果以归并段的长度(记录条数)作为叶结点的权值,该归并树的带权路径长度为

$$WPL = \sum_{i=1}^{n} w_i l_i = (6+3+11+7+4) \times 2 + (13+8+6) \times 3 + 2 = 145$$

其中,w_i 为第 i 个初始归并段的长度,称为权值;l_i 为第 i 个叶结点(第 i 个初始归并段)的路径长度,即第 i 个初始归并段参加归并的趟数。可以利用第 7 章讨论过的哈夫曼树的构造方法找到一棵具有最小路径长度的哈夫曼归并树。三叉树及 k 叉树的哈夫曼树的构造方法与二叉树的哈夫曼树的构造方法是一样的。

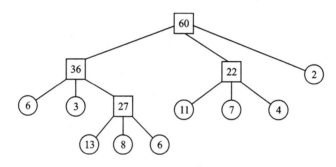

图 11.3 一棵最佳归并树

仍以图 11.3 中出现的初始归并段为例构造一棵三叉哈夫曼树,其过程如图 11.4 所示。这样得到的哈夫曼树的带权路径长度为

$$WPL = 13 + (6+6+7+8+11) \times 2 + (2+3+4) \times 3 = 116$$

这是具有相同权值的叶结点所构造的三叉树中路径长度最短的一棵。按照这棵树组织初始归并段的分配,将会使得输入/输出记录的总次数达到最小(116 次),故称之为最佳归并树。

根据这个结论,初始归并段的搭配分组可以如下所示。

T_1:R(4)　　R(7)

T_2:R(3)　　R(6)　　R(11)

T_3:R(2)　　R(6)　　R(8)　　R(13)

T_4:空

一般情况下,若有 n 个初始归并段,m+1 条磁带,进行 m 路归并,应该如何处理呢?

可以通过一个实例来观察这个问题的解决过程。设有 10 个初始归并段,其长度分别为 1,4,9,16,25,36,49,64,81,100,进行三路归并,其最佳归并树如图 11.5 所示。由于该树最底层不够 3 个叶结点,因此,可拼凑一个空白归并段作为叶结点完成该层归并。完成一次三路归并以后,归并段数将减少 1,最后只剩下一个归并段,到此,全部归并排序结束。

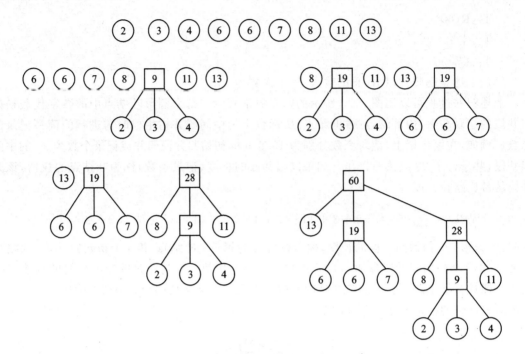

图 11.4　构造一棵三叉哈夫曼树

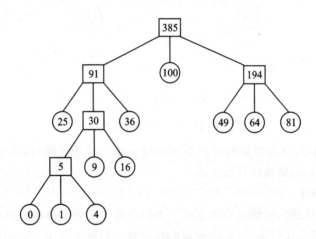

图 11.5　另一棵最佳归并树

习　题

11 - 1　简答题

1. 假设某文件经过内部排序得到 100 个初始归并段，请问：若要使多路归并 3 趟完成排序，则应取归并的路径至少为多少？

2. 请对 497 个初始归并段做五路归并排序，根据斐波那契序列求出其初始归并段的分布情况，并写出归并过程。

3. 给出文件 $f_1 = \{10,20,25,15,2,12,3,30,8,5,10\}$，采用置换选择排序。请问：可以产

生多少个初始归并段？每个归并段包含哪些记录(假设工作区大小为 4)？

4.假设有 490 个初始归并段,将做五路磁带多步归并。请问:需要多少步归并才能得到一个有序文件？初始归并段应在 5 台磁带上如何分布？

5.假设有 180 个初始归并段(每个归并段占一个物理块)和 5 台磁带机。请比较平衡归并和多步归并的 I/O 次数。若有 8 台磁带机可供平衡归并排序使用,I/O 次数可降到多少？

6.给出 7 个初始归并段,其长度分别为 10,20,15,25,30,12,2,做三路归并,请画出最佳归并树,并计算其带权路径长度是多少？

习题答案

第 1 章

1-1

1. D　2. B　3. C　4. A　5. B　6. D　7. A　8. C　9. D　10. A

11. A　12. C　13. D　14. D　15. C　16. A　17. C　18. B　19. B　20. D

1-2

1. 逻辑结构　存储结构　算法

2. 数据元素在客观世界中存在的逻辑关系　具有某种逻辑关系的数据在计算机存储器中的存储映像

3. 线性结构　非线性结构

4. "一对一"

5. "一对多"　"多对一"　"多对多"

6. 顺序

7. 链式

8. 存储地址

9. 指针

10. $O(n\log_2 n)$

1-3

1. **答**：D 代表数据元素的有穷集合，R 代表 D 上关系的集合。

2. **答**：数据的结构包括数据的逻辑结构和数据的存储结构两种。

3. **答**：数据的逻辑结构面向所解决的问题，反映了数据内部的构成方式；而数据的存储结构面向计算机，目标是将数据及其逻辑关系存储到计算机的存储器中。一般情况下，一种逻辑结构可以采用多种存储结构来存储，而采用不同的存储结构，其对数据处理的效率往往不同。

4. **答**：数据的逻辑结构可以独立于数据的存储结构，这是因为数据的逻辑结构设计是在数据的分析阶段进行的，而数据的存储结构设计则是在数据的设计阶段进行的。反之，数据的存储结构不能独立于数据的逻辑结构，这是因为数据的存储结构是数据的逻辑结构在计算机存储中的映像。

5. **答**：这种说法正确。例如在长度为 n 的线性表中进行插入或者删除操作，当线性表采用顺序存储结构时，需要平均移动将近一半的数据元素的位置，操作的时间复杂度为 $O(n)$，而在链式存储结构下，则不需要移动数据元素的位置，操作的时间复杂度为 $O(1)$，与线性表的长度无关。

6. **答**：这里的 0 个输入是指算法的输入不是通过键盘或者其他输入设备输入的，而是由算法的内部确定初始条件，或者通过算法内部诸如赋值语句等方式给出所需要变量的初值，被认为是一种特殊的输入。因此，在某些特殊情况下，一个算法可以没有输入。

7. **答**：是指当输入一组合理的数据时，能够在有限的运行时间内得出正确的结果，对于不合理的输入数据，能够给出相应的警告提示信息。

8. **答**：衡量一个算法质量优劣的基本标准通常包括 5 个方面，分别是算法的正确性、算法的易读性、算法的健壮性、算法的可移植性及算法的时空效率；尤其第 5 个方面是重点需要考虑的。

9. **答**：影响一个算法的时间效率的主要因素包括两个方面。其中，解决的问题的规模大小是影响算法时间效率的重要原因之一。例如，对于查找算法或者排序算法而言，一般情况下，待查找或者待排序的数据元素的个数越多，所需要的时间就越长。另一个影响算法时间效率的重要原因是算法中执行"基本操作"的次数。例如，对于查找算法或者排序算法，元素之间的比较次数可视为基本操作。通常情况下，执行基本操作的次数越少，算法运行的时间就越短；反之，执行基本操作的次数越多，算法运行的时间就越长。

10. 答: 分别对算法 A 和算法 B 的时间复杂度取对数,得到 $n\log 2$ 和 $2\log n$,显然,当 $n<4$ 时,算法 A 的时间复杂度不大于 B 的时间复杂度;当 $n=4$ 时,两个算法的时间复杂度相同;当 $n>4$ 时,算法 B 要好于算法 A。

1-4

1. **解:** ① n; ② $n-1$; ③ $n^2(n+1)/2$; ④ $n(n+1)(n+2)/6$; ⑤ n。

2. **解:** 带 ♯ 号语句的执行次数为 $n^2/4$。因为对于带 ♯ 号的语句,当 $i=1$ 时被执行 $n-1$ 次,当 $i=2$ 时被执行 $n-3$ 次,……,当 $i=n/2$ 时被执行 1 次,总的执行次数为 $(n-1)+(n-3)+\cdots+3+1=(n/2)^2=n^2/4$。

3. **解:** 算法的时间复杂度为 $O(\log_2 n)$。

4. **解:** 时间复杂度分别为 $O(1)$、$O(n^2)$ 和 $O(n^3)$。

5. **解:** 设 $n=2^m$ 则有

$$T(n)=T(2^m)=2T(2^{m-1})+2^m=2(2T(2^{m-2})+2^{m-1})+2^m=2^2\times T(2^{m-2})+2\times 2^m=\cdots$$
$$=2^m\times T(1)+m\times 2^m=2^m(1+m)=n(\log_2 n)=O(n\log_2 n)$$

因此,该算法的时间复杂度为 $O(n\log_2 n)$。

第 2 章

2-1

1. A	2. B	3. D	4. C	5. A	6. B	7. B	8. A	9. D	10. C
11. A	12. C	13. D	14. C	15. B	16. D	17. A	18. B	19. D	20. B
21. B	22. D	23. A	24. B	25. C	26. D	27. C	28. A	29. B	30. B

2-2

1. 采用顺序存储结构

2. 元素的地址 指针

3. 144

4. 最后那个数据元素之后

5. 将表的第 i 个元素至第 n 个元素依次后移一个位置 将被插入元素插入表中 表长增 1

6. 将表的第 i+1 个元素至第 n 个元素依次前移一个位置 表长减 1

7. 单链表 循环链表 双向链表

8. 链表的每个链结点中指针域的数目是 1 还是 2

9. p->link≠NULL

10. p->link=NULL

11. p->link=p

12. 从链表的任意一个结点出发可以访问到链表中每一个结点

13. list->llink=list,并且 list->rlink=list

14. 4

15. p->rlink->llink=p;

16. q->llink->rlink=q->rlink; q->rlink->llink=q->llink; free(q);

17. O(1)

18. O(n)

19. 单向循环链表

20.
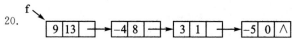

2-3

1. **答:** 在计算机存储器中,线性表的顺序存储结构与程序设计语言中的一维数组都采用一片地址连续的存储空间存放元素,都可以按元素的下标直接(或称随机)存取元素的值,但是二者不能等同。一维数组只有按下标存取元素,而顺序表则可以有线性表的所有操作。一般情况下,顺序表的长度可以改变,而数组的长度一经存储分配就不可以改变。线性表的顺序存储结构只是借用了程序设计语言中的一维数组的形式表示。

2. **答**:若频繁地查找或者存取表中的数据元素,而对表元素进行的插入和删除操作较少时,可以考虑采用顺序存储结构;当事先难以确定线性表的长度,或者对线性表进行的主要操作是插入和删除时,线性表应该采用链式存储结构。

3. **答**:该线性表应该采用顺序存储结构,因为它可以按照数据元素的下标直接存取表中的元素。

4. **答**:具体移动的元素个数主要取决于表的长度 n 以及插入或删除元素的位置。若位置远小于 n(位置处于表的前端),需要移动的元素就越多,反之,若位置越接近 n(位置处于表的后端),需要移动的元素就越少,尤其当 n 较大时。

5. **答**:$\sum_{i=1}^{n+1} p_i(n-i+1) = \frac{2}{n(n+1)} \sum_{i=1}^{n+1} (n-i+1)^2 = \frac{2}{n(n+1)} \frac{n(n+1)(2n+1)}{6} = \frac{2n+1}{3}$。

6. **答**:顺序存储结构只需要存储数据元素本身的信息,通过数据元素的存储地址直接反映数据元素之间的逻辑关系;链式存储结构不仅要存储数据元素本身的数据信息,还需通过存储的指针来反映数据元素之间逻辑关系,即指针占用了存储空间。从这一点来说,顺序存储结构比链式存储结构要节省存储空间。

顺序存储结构需要事先准备足够的存储空间,而实际使用的空间若小于事先分配的存储空间,则会导致存储空间的浪费;而链式存储结构只是在需要空间时才动态申请空间,不会造成空间不必要的开销。从这一点来说,链式存储结构比顺序存储结构要节省存储空间。

7. **答**:一般情况下,线性表采用链式存储结构的确能够克服顺序存储结构的三个弱点。首先,进行插入、删除操作时不需移动其他元素,只需修改指针,时间复杂度为 O(1);其次,不需要预先分配空间,可根据实际需要动态申请空间,使空间得到充分利用;其三,表的容量仅受系统可用内存空间的限制。但是,由于链表中每个链结点设置的指针增加了空间开销,如果系统的可用空间不能满足要求,会使第 3 个弱点难以克服。

8. **答**:此说法不正确。顺序存储结构不仅可以用来存储具有线性关系的数据,如线性表,也可以用来存储具有非线性关系的数据,例如,二叉树也可以采用顺序存储结构。

9. **答**:链表中的头结点的设置不是必需的。对于设置头结点的原因,有的时候是为了解决问题的需要或者方便,有的时候是为了简化链表的操作,使得诸如插入和删除操作在不同情况下尽可能统一而人为设置的,不是必需的。

如果线性表采用带有头结点的链表作为存储结构,空表对应的链表并不实际为空,还有一个头结点。

10. **答**:应该选择仅设置了尾指针(指针指向链表最后那个结点,不妨设为 rear,同时假设新元素对应的新结点指针为 p)的单向循环链表。因为在链表中插入一个结点需要知道插入点的位置,把新结点插入在链表末尾,只需知道末尾链结点的指针,即依次执行语句 p->link=rear->link;rear->link=p;和 rear=p;即可。而删除一个结点也只需要知道被删除结点直接前驱结点的位置,因此,删除链表第 1 个结点只需知道它的前驱结点的指针,而该指针就在末尾结点的指针域中。此时,依次执行语句 q=rear->link;rear->link=q->link;free(q);即可(q 为临时指针变量)。

2-4

1.

```
ElemType FINDMIN(ElemType A[ ], int n)
{
    ElemType min = A[0];              /* 先假设第 1 个元素值最小 */
    for(i = 1; i<n; i++)              /* 从第 2 个元素开始确定实际值最小元素 */
        if(A[i]<min)                  /* 若 A[i]小于当前值最小元素 min */
            min = A[i];               /* 记录当前值最小元素 */
```

```
        return min;                          /* 返回值最小元素 */
    }
```

2. **算法核心思想**:按照常规的做法,找出数组的最大值与最小值元素分别需要扫描数组所有元素一遍,总的比较次数为 2n;如果按照下面算法进行一遍扫描就找出最大值与最小值元素,其平均比较次数不多于 3n/2。分析如下。

最坏的情况下,数组的元素按值递减次序排列,此时条件 A[i]>max 均不成立,比较次数为 n−1,由此导致需要判断 A[i]<min 是否成立而产生的比较次数也为 n−1,合计总的比较次数为 2(n−1)。最好的情况是,数组的元素按值递增次序排列,这时条件 A[i]>max 均成立,不会再执行 else 后面的比较,总的比较次数为 n−1。两种情况的平均比较次数为 [2(n−1)+(n−1)]/2＝3n/2−3/2。由此可得知算法的平均比较次数不会超过 3n/2。

```
void MAXMIN(int A[ ], int n)
{
    int i,max = A[0],min = A[0];              /* 设第 1 个元素为最小与最大元素 */
    for(i=1;i<n;i++)                          /* 从第 2 个元素开始寻找 */
        if(A[i]>max)   max = A[i];            /* 记录当前值最大元素 */
        else if(A[i]<min)   min = A[i];       /* 记录当前值最小元素 */
    printf("\nmax = %d,min = %d\n", max, min);  /* 输出值最小元素与值最大元素 */
}
```

3.

```
int SEQSEARCH(int A[ ], int n, int item, int pos)
{
    if(pos>n)
        return −1;
    if(A[pos] == item)
        return pos;
    return SEQSEARCH(A, n, item, pos+1);
}
```

4.

```
void REVERSE(ElemType A[ ], int n)
{
    ElemType temp;
    int i;
    for(i=0; i<n/2; i++){
        temp = A[i];
        A[i] = A[n-i-1];
        A[n-i-1] = temp;
    }                                         /* 交换元素 A[i]与 A[n-i-1]的位置 */
}
```

5.

```
void DELETEODD(int A[ ], int &n)
{
    int i = 0;
    while(i<n)
```

```
        if(A[i]%2!=0)                              /*若元素 A[i]是奇数 */
            DELETELIST(A, n, i+1);                 /*删除元素 A[i] */
        else
            i++;                                   /*若 A[i]不是奇数,则判断下一个元素 */
}
```

6.

```
void DELODD(ElemType A[ ], int &n)
{
    int i=1, j=-1;
    while(i<=n){
        A[++j]=A[i];
        i+=2;
    }
    n=j+1;
}
```

7.

```
void DELXY(ElemType A[ ], int &n, ElemType x, ElemType y)
{
    int k,pos,i=0,j=n-1;
    while(A[i]<x)   i++;
    while(A[j]>y)   j--;
    pos=i;
    for(k=j+1;k<n;k++)
        A[i++]=A[k];
    n=n-j+pos-1;                                   /*计算删除以后的表长 */
}
```

8. **算法核心思想**：为了简单,假设输入的数据元素均为整型数据。算法思想比较简单。首先输入第 1 个元素,然后,对以后输入的每一个元素,检查此前是否已经接受过该元素,若未接受过,则该元素为有效元素,否则,放弃该元素。依次类推,直到输入 n 个有效元素。

```
void BUILDLIST(int A[ ], int n)
{
    int flag=0,i=0,j;
    scanf("%d",&A[0]);                             /*输入第 1 个元素 */
    while(i<n-1){
        scanf("%d",&A[i+1]);                       /*输入一个新的元素 */
        for(j=0;j<i;j++)
            if(A[j]==A[i+1]){                      /*若此前接受过该元素 */
                flag=1;                            /*置标志 flag 为 1 */
                break;
            }
        if(flag==0)                                /*若此前未接受过该元素 */
            i++;                                   /*记录已输入的有效元素的个数 */
        else
            flag=0;                                /*置标志 flag 为 0 */
```

```
        }
    }

9.
    int INSERTAB(ElemType A[], int n,ElemType B[], int m, int i)
    {
        int j;
        for(j=n-1; j>i-2; j--)                    /* 将第 i 个元素至最后那个元素后移 m 个位置 */
            A[j+m]=A[j];
        for(j=0; j<m; j++)
            A[i+j-1]=B[j];                         /* 从第 i 个位置开始,依次插入 B 的 m 个元素 */
        return n+m;                                /* 返回插入后 A 的长度 */
    }

10.
    void MODIFY(LinkList list，ElemType d，ElemType item)
    {
        LinkList p=list;
        while(p!=NULL){
            if(p->data==d)                         /* 若 p 所指结点满足条件 */
                p->data=item;                      /* 将 p 所指结点的数据信息修改为 item */
            p=p->link;                             /* p 移到下一个结点 */
        }
    }

11.
    int DEL1(LinkList &list，int i)
    {
        LinkList r,q=list;
        int k;
        if(i==1)                                   /* 若删除的是链表的第 1 个结点 */
            list=list->link;
        else{
            for(k=1;k<i;k++){                       /* 寻找第 i 个结点,由 q 指出 */
                r=q;                                /* q 指结点的直接前驱结点由 r 指出 */
                q=q->link;
                if(q==NULL)
                    return -1;                      /* 删除失败 */
            }
            r->link=q->link;                        /* 删除第 i 个结点 */
        }
        free(q);
        return 1;                                   /* 删除成功 */
    }
```

12. **算法核心思想**:根据题意,需要分两种情况考虑:① 当 i=1 时(从链表的第 1 个结点开始删除结点),只需从第一个结点开始依次删除连续的 k 个链结点即可;② 当 i>1 时,首先找到链表的第 i-1 个结点,然后从第 i 个结点开始依次删除连续的 k 个结点。删除链结点的同时释放链结点的空间。为了简化算法,这里假设链表中存在被删除的结点。

```
LinkList DEL2(LinkList list, int i, int k)
{
    LinkList p, q = list;
    int j;
    if(i == 1)
        for(j = 1;j <= k;j ++){                  /* 从第 1 个结点开始依次删除 k 个结点 */
            q = list;                            /* 保存 list 所指的结点的位置(地址) */
            list = list ->link;                  /* list 指向下一个结点 */
            free(q);                             /* 释放 q 所指的结点的存储空间 */
        }
    else{
        for(j = 1;j < i - 1;j ++)                /* 找到链表的第 i-1 个结点的位置(地址) */
            q = q ->link;
        for(j = 1;j <= k;j ++){                  /* 从第 i 个链结点开始依次删除 k 个结点 */
            p = q ->link;
            q ->link = p ->link;                 /* 删除 p 所指的结点 */
            free(p);                             /* 释放 p 所指的结点的存储空间 */
        }
    }
    return list;
}
```

13. **算法核心思想**:算法的主要工作分为两个部分,首先找到链表中数据域值最大的结点(用指针变量 q 指向该结点),然后再删除该结点。重点是前者。在确定链表的最大值结点的过程中,先假设第 1 个结点为最大值结点,然后从第 2 个结点开始(用指针变量 p 指向该结点),判断 p 指向结点的值是否大于 q 指向结点的值,若是,则将 q 指向 p 指向的结点;否则,保持 q 的指向不变。此后,将 p 的指向后移一个结点。重复上述过程,直到链表中所有结点都处理完毕(此时有 p = NULL)。由于一般情况下删除一个结点时,不仅需要知道被删除结点,还需要知道被删除结点的直接前驱结点。因此,在将 p 的指向后移一个结点之前,先将 p 指向的结点的地址保存在另外一个指针变量中(用 r 表示该指针变量),于是,在将 q 指向 p 指向的结点的同时,将 r 指向的结点的地址送入指针变量 s 中。这样,q 指向值最大结点,s 指向它的直接前驱结点。

```
LinkList DELMAX(LinkList list)
{
    LinkList p,q,r,s;
    q = list;                        /* 首先假设第 1 个结点值最大 */
    p = list ->link;                 /* 从第 2 个结点开始寻找最大值结点 */
    r = list;                        /* r,s 分别为最大值结点的前驱结点的指针 */
    while(p! = NULL){
        if(p ->data > q ->data){
            q = p;                   /* 保存当前最大值结点的位置 */
            s = r;
        }
        r = p;                       /* 保存 p 所指结点的位置 */
        p = p ->link;                /* p 移向下一个结点 */
```

```
        }
        if(q == list)                    /* 最大值结点为链表的第 1 个结点 */
            list = list - >link;         /* 删除第 1 个结点 */
        else                             /* 最大值结点不是链表的第 1 个结点 */
            s - >link = q - >link;       /* 删除 q 所指的结点(最大值结点) */
        free(q);
        return list;
}
```

14.

```
int ISSORT(LinkList list)
{
    LinkList r = list,p = list - >link;
    while(p! = NULL){
        if(p - >data<r - >data)          /* 若后一个结点小于前一个结点 */
            return 0;                    /* 不是按值有序链接的线性链表 */
        r = p;
        p = p - >link;
    }
    return 1;                            /* 是按值有序链接的线性链表 */
}
```

15.

```
LinkList EXCHANGE(LinkList list，LinkList p)
{
    LinkList q = list;
    if(p == list){                       /* 如果交换第 1 个与第 2 个结点的位置 */
        list = list - >link;
        p - >link = p - >link - >link;
        list - >link = p;
    }
    else{
        while(q - >link! = p)             /* 找到 p 所指结点的前驱结点的位置 */
            q = q - >link;
        q - >link = p - >link;
        p - >link = p - >link - >link;
        q - >link - >link = p;           /* 以上三条为交换 p 所指结点与其后继结点的位置 */
    }
    return list;
}
```

16.

```
LinkList REMOVE(LinkList list)
{
    LinkList p, q, r, s;
    q = list;                            /* q 首先指向链表的第 1 个结点 */
    p = list - >link;                    /* p 首先指向链表的第 2 个结点 */
```

```
        r = list;
        while(p! = NULL){
            if (p->data<q->data){              /* 若 p 所指结点的值小于当前 q 所指结点的值 */
                s = r;
                q = p;                          /* 修改 q 的指向 */
            }
            r = p;
            p = p->link;                        /* p 移向下一个链结点 */
        }                                       /* 找到值最小的那个结点(由 q 指出)*/
        if (q! = list){                         /* 若最小的结点不是链表最前面的那个结点 */
            s->link = q->link;
            q->link = list;
            list = q;                           /* 以上三条语句将值最小的结点移到链表最前面 */
        }
        return list;
    }
```

17. **算法核心思想**:找到链表的倒数第 k 个结点可以按照以下 3 个步骤进行:

第一步:设置一个指针变量 p(初始时指向链表的第 1 个结点),然后让其后移指向链表的第 k 个结点(注意:不是倒数第 k 个结点);

第二步:再设置一个指针变量 r,初始时也指向链表的第 1 个结点;

第三步:利用一个循环让 p 与 r 同步沿链表向后移动;当 p 指向链表最后那个结点时,r 指向链表的倒数第 k 个结点。

显然,算法的时间开销主要在第一步和第三步。若用 n 表示链表的长度,对于任意 $k(1 \leqslant k \leqslant n)$,第一步要执行 $k-1$ 次,第三步要执行 $n-k$ 次,两个部分总计执行 $n-1$ 次。因此,算法的时间复杂度为 $O(n)$。

```
LinkList SEARCHNODE(LinkList list, int k)
{
    LinkList p,r;
    int i;
    if(list! = NULL && k>0){
        p = list;
        for(i = 1;i<k;i++){                     /* 循环结束时,p 指向链表的第 k 个结点 */
            p = p->link;
            if(p == NULL){
                printf("链表中不存在倒数第 k 个结点!")
                returnNULL;
            }
        }
        r = list;
        while(p->link! = NULL){
            p = p->link;
            r = r->link;
        }                                       /* 循环结束时,p 指向最后那个结点,r 指向倒数第 k 个结点 */
        return r;                               /* 给出链表倒数第 k 个结点(r 指向的那个结点)的地址 */
    }
}
```

18. **算法核心思想**:需要说明的是,题中的 x_i 与 y_i 不表示链结点的地址,而是表示线性表中的数据元素。

因此,本题通过改变链结点指针的指向来达到目的。

```
LinkList COMBINE(LinkList X,LinkList Y)
{
    LinkList p,q,Z = X;                  /* 结果链表由 Z 指出 */
    if(X->link == NULL)
        X->link = Y;
    else{
        do{
            p = X->link;
            q = Y->link;
            X->link = Y;
            Y->link = p;
            X = p;
            Y = q;
        }while(p->link! = NULL && q! = NULL);
        if(p->link == NULL)
            X->link = Y;
    }
    return Z;                            /* 返回结果链表指针 */
}
```

19. **算法核心思想**:算法的基本思想比较简单,即从链表的第 2 个结点(用指针变量 p 指向该结点)开始,依次判断在该结点之前是否出现过与其数据域值相同的结点,若出现过,则删除 p 指向的结点;否则,将 p 的指向后移一个结点。重复上述过程,直到链表中所有结点都处理完毕(此时有 p=NULL)。

```
void DEL3(LinkList list)
{
    LinkList p,q,r,flag = 0;
    p = list->link;                      /* 从链表的第2个结点开始寻找多余结点 */
    r = list;
    while(p! = NULL){
        q = list;                        /* 每次从链表的第1个结点开始寻找多余结点 */
        while(q! = p)
            if(q->data == p->data){      /* p所指结点为多余结点 */
                r->link = p->link;       /* 删除p所指结点 */
                free(p);
                flag = 1;
                break;
            }
            else
                q = q->link;
        if(flag){
            p = r->link;
            flag = 0;
        }
        else{
            r = p;
```

```
            p=p->link;                            /*准备判断下一个结点是否为多余结点 */
        }
    }
}
```

20. **算法核心思想**:首先建立一个长度为 k 且每个结点的数据域值为 0 的循环链表,然后依次将通过键盘输入的数据元素送到链结点的数据域中,最后打印各结点数据域内容即可(因为链表里只保存了最后输入的 k 个元素)。

```
void PRINTELE(int k)
{
    LinkList list, p,r;
    int i,a;
    list=(LinkList)malloc(sizeof(LNode));        /*申请第一个结点空间 */
    list->data=0;                                /*结点数据域置初值 0   */
    r=list;
    for(i=1;i<k;i++){
        p=(LinkList)malloc(sizeof(LNode));
        p->data=0;
        r->link=p;
        r=p;
    }
    r->link=list;                                /*建立循环链表 */
    p=list;
    while(scanf("%d",&a)>0){
        p->data=a;
        p=p->link;
    }                                            /*将数据依次读入链表 */
    for(i=1;i<=k;i++){
        if(p->data!=0)
            printf("%d",p->data);
        p=p->link;
    }                                            /*依次打印 k 个元素 */
}
```

21. **算法核心思想**:算法的基本思想比较简单。首先从 p 指的结点的直接后继结点开始向后扫描链表,找到 p 指结点的直接前驱结点,并用指针变量 q 记录该直接前驱结点,同时,设置一个指针变量 r 记录 q 所指结点的直接前驱结点(因删除 q 指结点需要其直接前驱的指针)。然后,删除满足条件的结点。

```
void DEL4(LinkList p)
{
    LinkList r,q;
    r=p;
    q=p->link;                                   /*q首先指向 p 的直接后继结点  */
    while(q->link!=p){                           /*查找 p 的直接前驱结点,q 为其指针  */
        r=q;                                     /*r 为 q 所指结点的直接前驱结点的指针  */
        q=q->link;
    }
```

```
        r->link = p;                         /*删除 p 所指链结点的前驱结点 */
        free(q);                             /*释放被删除结点的空间 */
    }
```

22. 算法核心思想:首先分别为即将经过分解得到的两个循环链表申请头结点空间,同时设置一个标志变量 flag(假设初值为 1,即先将 list 所指链表的第 1 个链结点链接到第 1 个循环链表中);然后在分解过程中,根据不断变化的标志 flag 的当前值,将 list 所指链表的链结点分别链接到两个链表中;最后,将分解后得到的两个链表分别形成一个循环链表。

```
    LinkList list1, list2;                   /* list1,list2 分别指向两个循环链表的头结点 */
    void SEPARATE(LinkList list)
    {
        LinkList r1,r2,p = list;
        int flag = 1;                        /*置标志 flag 初值为 1 */
        list1 = (LinkList)malloc(sizeof(LNode));   /*申请第 1 个循环链表头结点空间 */
        list1->data = 0;
        r1 = list1;                          /* r1 指向第 1 个循环链表头结点 */
        list2 = (LinkList)malloc(sizeof(LNode));   /*申请第 2 个循环链表头结点空间 */
        list2->data = 0;
        r2 = list2;                          /* r2 指向第 2 个循环链表头结点 */
        while(p! = NULL){
            if(flag == 1){                   /*若标志 flag 为 1 */
                r1->link = p;                /*将当前 p 所指结点链接到第 1 个链表尾部 */
                r1 = p;                      /* r1 总是指向第 1 个链表的当前最后结点 */
                list1->data++;               /*累计第 1 个链表的结点数目 */
                flag = 2;                    /*置标志 flag 为 2 */
            }
            else{                            /*若标志 flag 为 2 */
                r2->link = p;                /*将当前 p 所指结点链接到第 2 个链表尾部 */
                r2 = p;                      /* r2 总是指向第 2 个链表的当前最后结点 */
                list2->data++;               /*累计第 2 个链表的结点数目 */
                flag = 1;                    /*置标志 flag 为 1 */
            }
            p = p->link;                     /*指针变量 p 指向下一个结点 */
        }
        r1->link = list1;                    /*将分解得到的第 1 个链表形成循环链表 */
        r2->link = list2;                    /*将分解得到的第 2 个链表形成循环链表 */
    }
```

23.

```
    void INVERTCIR(LinkList list)
    {                                        /* list 中存放循环链表头结点指针 */
        LinkList p,q,r;
        p = list->link;                      /*从头结点后边那个结点开始逆转链表 */
        q = list;
        while(p! = list){
            r = q;
            q = p;
```

```
        p=p->link;                                /* p 移到下一个结点 */
        q->link=r;
    }
    list->link=q;                                 /* 头结点指针域指向原链表最右边那个结点 */
}
```

24. **算法核心思想**:不难想象,改造后得到的单向循环链表的结点对称于 a_n 元素所在的结点。于是,从原链表的末尾结点出发,沿链指针逐个复制结点,并将复制后的结点插入到链表中由当前 rear 所指的末尾结点的后面,最后将 rear 指向初始线性表中 a_1 所在的链结点,形成一个新的单向循环链表。

```
LinkList CIRMODIFY(LinkList rear)
{
    LinkList p, q, r, s;
    q=rear->link;                                 /* q 指向 a₁ 所在结点 */
    p=(LinkList)malloc(sizeof(LNode));            /* 申请一个新的链结点 */
    p->data=q->data;                              /* 复制 a₁ 的数据信息 */
    r=p;                                          /* 记住 a₁ 所在结点指针 */
    p->link=rear->link;                           /* 形成循环链表 */
    rear->link=p;                                 /* 将 a₁ 结点安置在正确位置 */
    q=q->link;                                    /* 从 a₂ 所在结点开始继续处理 */
    while(q!=rear){                               /* 若前 n-1 个结点未处理完毕 */
        s=q->link;                                /* 暂存下一次处理结点的指针 */
        p=(LinkList)malloc(sizeof(LNode));        /* 申请一个新的结点 */
        p->data=q->data;                          /* 将相应结点信息复制到新结点 */
        p->link=rear->link;
        rear->link=p;                             /* 将新结点链接在当前 rear 指结点后面 */
        q=s;                                      /* 获得下一次处理结点的指针 */
    }
    rear=r;                                       /* 将 rear 指向结果链表的末尾结点 */
    return rear;
}
```

25. **算法核心思想**:根据题意,依次读入多项式中一项,包括该项的系数和指数。每读入一项,首先为该项建立一个新的结点(分别将读入的系数与指数存放于结点数据域,同时指针域置为 NULL)。若该项为多项式的第 1 项,则新的链结点即为链表的第 1 个链结点;否则,从链表的第 1 个结点开始,寻找新结点的插入位置(把当前读到的指数与链结点中的指数信息进行比较),当找到插入位置,则将新的结点插入到链表中。

```
typedef struct node{
    int coef,exp;
    struct node *link;
}LNode, *LinkPoly;                                /* 定义链结点类型 */
LinkPoly POLY(int n)
{
    LinkPoly p,q,r,list=NULL;
    int k;
    for(k=1; k<=n; k++){
        p=(LinkPoly)malloc(sizeof(LNode));        /* 申请一个结点 */
        scanf("%d%d",&(p->coef),&(p->exp));       /* 读入多项式的一项 */
```

```
        p->link = NULL;
        if(list == NULL)                        /* 若当前读入项是多项式的第 1 项 */
            list = p;                           /* 令 list 指向多项式的第 1 项 */
        else{                                   /* 若当前读入项不是多项式的第 1 项 */
            q = list;                           /* 从已建多项式的第 1 项开始寻找插入点 */
            while(q! = NULL){
                if(p->exp>q->exp){              /* 比较读入项的指数与 q 所指项的指数 */
                    p->link = q;                /* 将当前读入项插在 q 所指项之前 */
                    if(q == list)               /* 若 q 所指的项为多项式的第 1 项 */
                        list = p;               /* 将读入项插在已建多项式的最前面 */
                    else
                        r->link = p;            /* 将当前读入项插在 r 所指项的后面 */
                    break;                      /* 本次插入结束 */
                }
                else{                           /* 若读入项的指数小于 q 所指项的指数 */
                    r = q;                      /* 保存 q 所指项的位置(地址) */
                    q = q->link;                /* q 指向下一项 */
                }
            }
            if(q == NULL)                       /* 若读入项小于已建多项式的最后 1 项 */
                r->link = p;                    /* 将读入项插在已建多项式的最后面 */
        }
    }
    return list;                                /* 最后返回多项式对应链表的指针 */
}
```

26. **算法核心思想**:每次查找到 x 所在结点时,将其所在结点的 freq 域值加 1,然后再将该结点与其直接前驱结点的 freq 域的值进行比较,若大于直接前驱结点的 freq 域值,则将其与直接前驱结点交换位置,否则,不作交换。

```
int LOCATE(DLinkList list, ElemType x)
{
    DLinkList p = list->rlink, q;
    while(p! = NULL && p->data! = x)            /* 查找 x 所在结点 */
        p = p->rlink;
    if(p == NULL)                               /* 若链表中不存在 x 所在结点 */
        return 0;
    else{                                       /* 找到 x 所在结点,指针为 p */
        p->freq++;                              /* x 所在结点的频度加 1 */
        q = p->llink;                           /* q 为 p 指结点的直接前驱的指针 */
        while(q! = list && q->freq<p->freq){
            p->llink = q->llink;
            p->llink->rlink = p;                /* 交换 p 和 q 所指结点的位置 */
            q->rlink = p->rlink;
            if(q->rlink! = NULL)                /* p 指结点不是链表最后那个结点 */
                q->rlink->llink = q;
            p->rlink = q;
```

```
            q->llink=p;
            q=p->llink;                    /*q 指向 p 的直接前驱结点 */
        }
    }
    return 1;
}
```

27. **算法核心思想**:算法基本思想比较简单,只需设置一个指针变量 p,从链表头结点后面那个结点开始扫描链表,逐个查找数据域内容为 x 的结点,找到满足条件的结点,将其从链表中删除。

```
void DELETEX(DLinkList list, ElemType x)
{
    DLinkList p=list->rlink;               /*首先,p 指向头结点后面那个结点 */
    while(p!=list){                        /*扫描链表,寻找满足条件的结点 */
        if(p->data==x){                    /*若当前 p 指向的结点满足条件 */
            p->llink->rlink=p->rlink;
            p->rlink->llink=p->llink;      /*删除满足条件的结点 */
            free(p);                       /*释放被删除结点的空间 */
        }
        p=p->rlink;                        /*p 移到直接后继结点 */
    }
}
```

28. **算法核心思想**:令指针变量 front 指向链表第 1 个结点,指针变量 rear 指向最后 1 个结点。在当前 front 与 rear 所指结点的值相等的情况下,front 沿后继结点指针后移,rear 沿前驱结点指针前移,当出现 front 与 rear 指向同一个结点时(链表中结点数为奇数),或者 rear 指向 front 所指结点的直接前驱结点时(链表中结点数为偶数),说明该双向循环链表是前后对称的,否则,不是对称的。

```
int SYMMETRY(DLinkList list)
{
    DLinkList front=list,rear=list->llink;
    int flag=0;                            /*标志 flag 置初值 0 */
    while(flag==0 && front->data==rear->data){
        front=front->rlink;                /*指针 front 后移 */
        rear=rear->llink;                  /*指针 rear 前移 */
        if(front==rear || front->llink==rear)
        flag=1;
    }
    if(flag==1)
        return 1;                          /*双向循环链表是对称的 */
    else
        return 0;                          /*双向循环链表是不对称的 */
}
```

29. **算法核心思想**:首先建立一个空的双向循环链表(此时链表中只有一个头结点),然后反复执行下列操作,即先产生一个新的链结点,接着将当前输入的数据信息(假设为整型数据)送新结点的数据域,同时将新结点插到头结点的后面,最后从头结点后面那个结点开始,从前至后依次输出各结点的数据域内容。

```
DLinkList INOUT(DLinkList list, int n)
{
```

```
        DLinkList p;
        int i;
        list = (DLinkList)malloc(sizeof(DNode));
        list->llink = list;
        list->rlink = list;                              /* 以上三条语句建立头结点 */
        for(i = 1;i<n;i++){
            p = (DLinkList)malloc(sizeof(DNode));        /* 申请一个新结点空间 */
            scanf("%d",&(p->data));
            p->llink = list;
            p->rlink = list->rlink;
            list->rlink->llink = p;
            list->rlink = p;                             /* 以上四条将新结点插在头结点后面 */
        }
        p = list->link;                                  /* 从头结点后面那个结点开始输出 */
        while(p! = list){
            printf("%5d",p->data);                       /* 输出一个结点的数据信息 */
            p = p->rlink;
        }
        return list;
    }
```

30. **算法核心思想**：设置两个指针变量 p 和 q，初始时，p 指向头结点右面那个结点，q 指向头结点左面那个结点（链表最右边那个结点）。然后，指针 p 从左向右扫描链表，查找数据值小于 0 的结点，而指针 q 从右向左扫描链表，查找数据域值大于 0 的结点。若此时 p 指结点不是 q 指结点右面那个结点，交换两结点的数据域值，直到链表满足条件。

```
    int DMOVE(DLinkList list)
    {
        DLinkList p = list->rlink, q = list->llink;
        int temp;
        if(p == list)                                    /* 若链表中只有头结点 */
            return 0;
        while(p! = q){
            while(p->data>0 && p! = list)                /* 从左至右查找数据域小于 0 的结点 */
                p = p->rlink;
            while(q->data<0 && q! = list)                /* 从右至左查找数据域大于 0 的结点 */
                q = q->llink;
            if(q->rlink! = p){
                temp = p->data;
                p->data = q->data;
                q->data = temp;                          /* 交换 p 指结点与 q 指结点数据域值 */
                p = p->rlink;
                q = q->llink;
                if(q->rlink == p || (p == list && q = list))
                    return 1;
            }
            else                                         /* 链表已经满足要求 */
```

```
        return 1;
    }
}
```

第 3 章

3 - 1

1. D   2. B   3. A   4. B   5. C   6. D   7. C   8. D
9. C   10. A   11. D   12. C   13. B   14. A   15. D

3 - 2

1. 答:根据逻辑结构的种类划分,一维数组的逻辑结构属于线性结构。

2. 答:二维数组是一维数组的扩展。设二维数组由 m 行、n 列元素组成。可以把二维数组每一行(列)看作一个行(列)向量,则二维数组是由长度确定的行(列)向量组成。即 $A = (R_1, R_2, \cdots, R_m)$ 或者 $A = (Q_1, Q_2, \cdots, Q_n)$,因此,从这个角度说,二维数组也是一种线性结构。

3. 答:所谓随机存取是指按照元素下标直接存取元素,而不是在此之前先采用查找来确定元素的位置。对于对称矩阵和三对角矩阵这样的特殊矩阵,采用压缩存储后仍然保持了随机存取的功能,因为压缩存储后可以经过下标换算关系,得到被存取元素在压缩数组中的位置,从而直接在压缩数组中存取元素。

4. 答:稀疏矩阵采用十字链表为存储结构后需要扫描链表才能找到相应的数组元素,失去随机存取功能是显然的。而采用三元组表作为存储结构时,存取元素也需要扫描三元组表才能得到元素的位置,而不能直接得到元素的位置,因此,稀疏矩阵采用三元组表作为存储结构时也将失去随机存取的功能。

5. 答:当 t 满足关系 $t < \dfrac{m \times n}{3} - 1$ 时这样做才有意义。

3 - 3

1.

```
#define MaxN        100
void TRANSFORM(ElemType A[ ][MaxN], int m, int n, ElemType TA[ ][3])
{
    int i,j,t = 0;
    TA[0][0] = m;                       /* 记录稀疏矩阵总行数 */
    TA[0][1] = n;                       /* 记录稀疏矩阵总列数 */
    for(i = 0;i < m;i++)
        for(j = 0;j < n;j++)
            if(A[i][j]! = 0){            /* 若 A\[i\]\[j\]为非 0 元素 */
                TA[++t][0] = i;         /* 记录该非 0 元素在稀疏矩阵中的行号 */
                TA[t][1] = j;           /* 记录该非 0 元素在稀疏矩阵中的列号 */
                TA[t][2] = A[i][j];     /* 记录该非 0 元素的值 */
            }
    TA[0][2] = t;                       /* 保存稀疏矩阵中非 0 元素的总数目 */
}
```

2.

```
#define MaxN100
void STOREAB(ElemType A[ ][MaxN], int n, ElemType B[ ])
{
    int i,j,k = 0;
    for(j = 0;j < n;j++)
```

```
      for(i = j + 1;j<n;j++ )
          B[k++ ] = A[i][j];
}
```

3.

```
# define MaxN      100
int MATRIXA(ElemType TA[ ][3], ElemType A[ ][MaxN])
{       /* TA[0][2]中存放着对称矩阵下三角形部分(包括主对角线元素)的元素数目,
          输出的对称矩阵为 A[0..TA[0][0]-1][0..TA[0][0]-1] */
int i,j;
for(i = 1;i<= TA[0][2];i++ ){               /* 依次给对称矩阵各元素赋值 */
    A[TA[i][0]-1][TA[i][1]-1] = TA[i][2];
    A[TA[i][1]-1][TA[i][0]-1] = TA[i][2];
}
return TA[0][0];                            /* 返回对称矩阵的阶数 */
}
```

4.

```
void MOVE(ElemType A[ ], int n, int k)
{
    int count,i;
    ElemType temp;
    for(count = 1;count<= k;count++ ){
        temp = A[n-1];                      /* 保存数组最后那个元素于 temp 中 */
        for(i = n-2;i>=0;i-- )              /* 将第 1 个元素至第 n-1 个元素依次后移一个位置 */
            A[i+1] = A[i];
        A[0] = temp;                        /* 将保存在 temp 中的元素送数组的第 1 个位置 */
    }
}
```

算法的时间复杂度为 O(k×n),空间复杂度为 O(1)。

5.

```
void MOVE1(ElemType A[ ], int n, int k)
{
    int count = 1,i = 0,j = 0;
    ElemType temp;
    while(count<n){
        j = (j + k)%n;
        if(j! = i){
            temp = A[i];
            A[i] = A[j];
            A[j] = temp;                    /* 交换 A[i]与 A[j]的位置 */
        }
        else{
            i++ ;
            j++ ;
        }
```

```
        count++;                          /*计数器 count 做一次累加 */
    }
}
```

另一个聪明的方法是根据 k 值将数组 A[0..n−1]分成前后两部分,前一部分为数组的前 n−k 个元素,后一部分为数组的后 k 个元素;然后先将后一部分中的 k 个元素进行逆置(前后对应位置的元素依次颠倒位置),接着将前一部分中的 n−k 个元素进行逆置,最后将整个数组的所有元素再进行一次逆置,即得到所需要的结果。(说明:逆置数组的后 k 个元素与逆置数组的前 n−k 个元素这两个步骤的先后次序无关)

设函数 REVERSE(A,from,to)的功能是完成对数组下标为 from 到下标为 to 之间的所有元素的逆置。例如,假设数组元素为 abcdefg,将所有元素循环右移 k=3 个位置的过程如下。

第一步:REVERSE(A,n−k,n−1)逆置数组的后 3 个元素 efg,得到 abcdgfe;

第二步:REVERSE(A,0,n−k−1)逆置数组的前 4 个元素 abcd,得到 dcbagfe;

第三步:REVERSE(A,0,n−1)逆置数组的所有元素,最后得到结果 efgabcd。

算法如下:

```
void MOVE2(ElemType A[ ], int n, int k)
{
    REVERSE(A, n−k, n−1);              /*逆置数组的后 k 个元素 */
    REVERSE(A, 0, n−k−1);              /*逆置数组的前 n−k 个元素 */
    REVERSE(A, 0, n−1);                /*逆置数组的所有元素 */
}
void REVERSE(ElemType A[ ], int from, int to)
{
    ElemType temp;
    int i;
    for(i=0;i<(to−from+1)/2;i++){       /*逆置下标为 from 到 to 之间的所有元素 */
        temp=A[from+i];
        A[from+i]=A[to−i];
        A[to−i]=temp;                  /*交换元素 A[from+i]与 A[to−i]的位置 */
    }
}
```

算法分析:第 1 次调用 REVERSE 算法的时间复杂度为 O(k),第 2 次调用 REVERSE 算法的时间复杂度为 O(n−k),第 3 次调用 REVERSE 算法的时间复杂度为 O(n),因此,整个算法的时间复杂度为 O(n)。只用了 1 个数组元素大小的辅助空间 temp。

6.

```
#define MaxN     100
#define M        3*n−2
void EXSTORE(ElemType A[ ][MaxN], int n, ElemType B[M])
{
    int i,j,k;
    for(i=0;i<n;i++)
        for(j=0;j<n;j++)
            if(A[i][j]!=0){
                k=2*i+j−3;
                B[k]=A[i][j];
            }
```

```
    }
```

7.

```
# define MaxN        100
int MULT(int A[ ][MaxN]，int n)
{
    int i,j,s = 1;
    for(i = 0;i<n;i++)
        for(j = 0;j<n;j++)
            scanf("%d",&A[i][j]);                /* 分别给数组元素赋初值 */
    for(i = 0;i<n;i++)
        s = s * A[i][i] * A[i][n - i - 1];       /* 两条对角线元素相乘 */
    if(A[n/2][n/2]! = 0)
        s/ = A[n/2][n/2];                        /* 因为元素 A[n/2][n/2]被乘了两次 */
    return s;                                     /* 返回两条对角线元素之乘积 */
}
```

8. **算法核心思想**:算法的基本思想比较简单,只需将数组第 1 行所有元素与第 m 行所有元素进行累加,然后再加上数组第 1 列从第 2 个元素至第 m−1 个元素的所有元素与第 n 列从第 2 个元素至第 m−1 个元素的所有元素之值即可。

```
# define MaxN        100
ElemType ACCUMULATE(ElemType A[ ][MaxN]，int m，int n)
{
    ElemType sum = 0;
    int k;
    for(k = 0;k<n;k++){                          /* 累加第 1 行与第 m 行所有元素之值 */
        sum+ = A[0][k];
        sum+ = A[m - 1][k];
    }
    for(k = 1;k<m - 1;k++){                       /* 累加第 1 列与第 n 列相关元素之值 */
        sum+ = A[k][0];
        sum+ = A[k][n - 1];
    }
    return sum;
}
```

9.

```
# define MaxN        100
void REVOLVE(ElemType A[ ][MaxN]，int n)
{
    int i,j;
    ElemType temp;
    for(i = 0;i<n/2;i++)
        for(j = i;j<n - i - 1;j++){
            temp = A[i][j];
            A[i][j] = A[n - j - 1][i];
            A[n - j - 1][i] = A[n - i - 1][n - j - 1];
```

```
    A[n-i-1][n-j-1] = A[j][n-i-1];
    A[j][n-i-1] = temp;
    }
}
```

10. **算法核心思想**:若设填数过程中行、列下标的改变量分别为 Δx 与 Δy,则不难想到:向右填数时,行下标不变,列下标改变量为 1;向下填数时,列下标不变,行下标改变量为 1;向左填数时,行下标不变,列下标改变量为 -1;向上填数时,列下标不变,行下标改变量为 -1。为此,在沿 4 个方向填数之前,先将行、列下标的改变量 Δx 与 Δy 分别存放于一个一维数组 DELTA[4][2]中,如习题图 1 所示。

在填数之前,将方阵各元素清 0,同时用一圈数字"1"将方阵包围,并用整型变量 i,j 分别表示行、列下标,d,num 分别表示方向数和当前要填的数。首先令 i,j,d,num 的初值分别为 1,随后重复下列操作直到填完数 n^2。先在第 i 行第 j 列填入 num,令 num 加 1;然后,测试方向 d 上的下一个位置(i+DELTA[d][0],j+DELTA[d][1])是否越界,若未越界,则令 i 等于 i+DELTA[d][0],令 j 等于 j+DELTA[d][1],若已越界,则在修正 i,j 之前先将方向数 d 加 1,即改变填数方向。

	Δx	Δy	
0	0	1	向右填数时
1	1	0	向下填数时
2	0	-1	向左填数时
3	-1	0	向上填数时

习题图 1

```
#define MaxN    100                                    /* 定义方阵的最大阶数 */
void HELIX(int n)
{
    int DELTA[4][2] = { {0,1},{1,0},{0,-1},{-1,0} };   /* 给下标增量数组赋值 */
    int H[MaxN][MaxN],i,j,d,num;                        /* H[MaxN][MaxN]为螺旋方阵 */
    for(i=1;i<=n;i++)                                   /* 给方阵各元素赋初值 0 */
        for(j=1;j<=n;j++)
            H[i][j]=0;
    for(i=0;i<=n;i++){                                  /* 设置方阵四周边界 */
        H[i][0]=1;   H[i][n+1]=1;
        H[0][i]=1;   H[n+1][i]=1;
    }
    i=1;j=1;num=1;                                      /* 行、列下标和填数置初值 */
    d=0;                                               /* 方向数置初值 0 */
    while(num<=n*n){                                    /* 从这里开始填数 */
        H[i][j]=num++;                                  /* 填一个数 num */
        if(H[i+DELTA[d][0]][j+DELTA[d][1]]>0)           /* 若方向 d 上的下一个位置越界 */
            d=(d+1)%4;                                  /* 则改变填数方向(改变方向数 d) */
        i=i+DELTA[d][0];                                /* 修正行下标 */
        j=j+DELTA[d][1];                                /* 修正列下标 */
    }
    for(i=1;i<=n;i++){                                  /* 按矩阵形式输出螺旋方阵 */
        printf("\n");
        for(j=1;j<=n;j++)
            printf("%4d",H[i][j]);
    }
}
```

11. **算法核心思想**:基本思想比较简单。从矩阵的第 1 行开始做如下工作:首先确定当前行中的最小值元素,并记录其在矩阵中所在列的位置;然后判断该元素是否是该列中的最大值元素。若找到鞍点,算法返回该鞍点的值;否则,算法返回矩阵中不存在鞍点的信息。

```
#define MaxN        100
int SADDLE(int A[ ][MaxN], int m, int n)
{
    ElemType min,max;
    int i,j,ii,jj;
    for(i=0;i<m;i++){
        min=A[i][0];
        jj=0;
        for(j=1;j<n;j++)
            if(A[i][j]<min){
                min=A[i][j];
                jj=j;                    /* 找到第 i 行中最小元素,并记录其列的位置 */
            }
        max=A[i][j];                     /* A[i][jj]为第 i 行中最小元素,假设也是所在列最大元素 */
        ii=0;
        while(ii<m && max>=A[ii][jj])
            ii++;                        /* 找到第 jj 列中最大元素 */
        if(ii>m-1)
            return A[i][jj];             /* 找到鞍点 A[i][jj] */
    }
    return 0;                            /* 矩阵中不存在鞍点 */
}
```

12.

```
void ODDEVEN(int A[ ], int n)
{
    int temp,i=0,j=n-1;
    while(i<j){
        while(i<n && A[i]%2!=0) i++;    /* 如果 A[i]是奇数 */
        while(j>=0 && A[j]%2==0) j--;   /* 如果 A[j]是偶数 */
        if(i<j){
            temp=A[i];
            A[i++]=A[j];
            A[j--]=temp;
        }                                /* 交换 A[i]与 A[j]的位置 */
    }
}
```

13.

```
void MOVE3(int A[ ], int n)
{
    int k=-1;
    for(i=0;i<n;i++)
        if(A[i]!=0){
```

```
A[++k] = A[i];
if(i! = k)
A[i] = 0;
}
}
```

第 4 章

4 − 1

1. A 2. B 3. D 4. C 5. D 6. A 7. C 8. B 9. A 10. B

11. C 12. D 13. B 14. A 15. D 16. C 17. C 18. A 19. B 20. C

21. D 22. C 23. D 24. C 25. B

4 − 2

1. 线性 任何 栈顶 队尾 队头

2. 堆栈中只有一个元素

3. 链式

4. 通常不会出现栈满的情况

5. 两个堆栈的栈顶元素在这片空间的某个位置相遇(相邻)

6. O(1)

7. 元素进入队列满足先进先出的规律

8. 第 1 个结点 末尾结点

9. 避免出现假溢出时移动其他数据元素

10. O(1)

4 − 3

1. 答:一共有 3 个,分别是 C,D,B,A,E 和 C,D,E,B,A 及 C,D,B,E,A。

2. 答:这 4 辆列车开出车站的所有可能的顺序共有 14 种情况,分别如下:

1,2,3,4   1,2,4,3   1,3,2,4   1,3,4,2   2,1,3,4   1,4,3,2   2,1,4,3

2,3,1,4   2,3,4,1   2,4,3,1   3,2,1,4   3,2,4,1   3,4,2,1   4,3,2,1

3. 答:有 $\dfrac{(2n)!}{(n+1)(n!)^2}$ 种可能的输出序列。

4. 答:堆栈采用顺序存储结构的缺点是当堆栈满时会产生溢出。为了避免这种现象的发生,需要为堆栈设置一个足够大的存储空间。如果空间设置过大,而堆栈实际只有很少几个元素,也是一种空间浪费。另外,如果应用中需要使用多个堆栈,而各堆栈在实际使用时由于占用空间的变化导致难以确定所需的空间大小;如果给每个堆栈设置相同大小的空间,可能会在实际使用中出现有的堆栈因空间紧张而即将发生溢出,而其他堆栈此时还有许多空闲的空间的现象。这个时候就必须采取调整堆栈空间的措施,以防空间产生溢出,而这些都会带来一定时间开销。

5. 答:堆栈的容量至少应该是 3 个元素的空间。图 2 是元素进栈与出栈的情况,可以看到,在出栈顺序为 a_2, a_3, a_4, a_6, a_5, a_1 时,堆栈里只需 3 个元素的空间就可以满足要求。

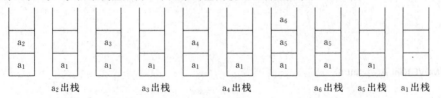

习题图 2

6. 答:① 多个堆栈共享一个连续的存储空间,可以充分利用空间,只有在整个存储空间都用完时才产生溢出。其缺点是当一个堆栈溢出时需要向左、右栈查询有无空闲单元;若有,则需要移动相应元素和修改相关的栈底和栈顶指针的位置。当各个堆栈接近溢出时,查询空闲单元、移动元素和修改栈底栈顶指针位置的操作频繁,计算复杂,并且耗费时间。

② 每个堆栈仅用一个顺序存储空间时,操作简便,但难以确定初始分配存储空间的大小,空间分配少了,容易产生溢出,空间分配多了,容易造成空间浪费,并且各个堆栈不能共享空间。

③ 一般情况下,分别建立多个链接堆栈不用考虑堆栈的溢出问题(仅受用户内存空间限制),缺点是堆栈中各元素要通过指针链接,比顺序存储结构多占用存储空间。

7. 答: 在检查一个算术表达式中出现的圆括号是否配对时,通常利用一个堆栈来辅助进行判断。从左至右扫描一遍表达式,当遇到左括号时,将该左括号进栈,当遇到右括号时,检查它是否与当前栈顶左括号配对,若配对,则退栈一次,继续向后扫描表达式;否则,断定表达式中左、右括号不配对。

8. 答: 通过直接或者间接的方式调用自身的算法称为递归算法。在实现递归时,系统会利用一个堆栈结构(通常称之为递归工作栈)来保存每一层调用的返回点以及局部量等信息;当递归次数过多时,可能会引起堆栈的溢出。

9. 答: 以计算 n! 为例。从外部调用计算 n! 开始,到计算 0! 为止,一共做了 1 次外部调用和 n 次内部调用,共使用了 n+1 个递归工作栈的工作单元,递归深度为 n+1。再以汉诺塔问题为例。假设 n=4,做了 2 次 n=3 的递归调用,4 次 n=2 的递归调用,8 次 n=1 的递归调用,加上 1 次外部调用,一共做了 1+2+4+8=15=2^4−1 次递归调用。递归工作栈使用了 4 个工作单元,因此,递归深度等于 4。一般情况下,递归深度等于递归工作栈占用的工作单元数。

10. 答: 在这种情况下应该采用链接队列。例如同时使用 10 个队列时,可以设置两个指针数组 front[10] 和 rear[10],其中,front[i]指出第 i 个队列的队头元素,rear[i]指出第 i 个队列的队尾元素。对队列进行插入(进队)、删除(出队)和判断队列是否为空等操作与一般的链接队列相同。

4−4

1.

```
void CHANGE(int num, int r)
{
    STLink p, top = NULL;
    do{
        p = (STlink)malloc(sizeof(STNode));    /* 申请链接堆栈中一个链结点 */
        p->data = num % r;                      /* 求出余数送新结点数据域 */
        p->link = top;                          /* 余数所在链结点进链接堆栈 */
        top = p;                                /* 修改栈顶指针所指位置 */
        num = num/r;                            *  求出商 */
    }while(num! = 0);
    while(top! = NULL){                         /* 若堆栈非空 */
        printf("%d",top->data);                 /* 输出一位 r 进制数 */
        p = top;
        top = top->link;                        /* 从堆栈中退出一个元素 */
        free(p);                                /* 释放退出的栈顶链结点空间 */
    }
}
```

2. 算法核心思想: 算法中利用一个二维数组 STACK[0..MaxN][0..2]作为堆栈来保存相关信息,即用 STACK[top][0]保存 f(n)的值,STACK[top][1]保存 n 的值,STACK[top][2]保存 f(n/2)的值。算法的基本步骤如下。

第一步:初始化堆栈,并将初值 n 进栈于 STACK[top][1];

第二步:不断执行 n=n/2,并将变化后的 n 进栈于 STACK[top][1],直至 n 等于 0;

第三步:置初值 1 进栈于 STACK[top][0];

第四步:不断从堆栈中退出相应信息进行求值运算,直至栈空。

```
#define MaxSize        500
int FINDVAL(int n)
{
    int STACK[MaxSize][3], top;
    int fval;
    top=0;
    STACK[top][1]=n;                      /* 初值进栈 */
    while(n!=0){
        n=n/2;
        STACK[++top][1]=n;                /* n 值进栈 */
    }
    STACK[top][0]=1;                      /* 给栈顶的 STACK[top][0]置初值 */
    while(top>0){
        fval=STACK[top--][0];             /* 保存栈顶的 STACK[top][0]值,并退栈 */
        STACK[top][2]=fval;
        STACK[top][0]=STACK[top][1]*STACK[top][2];
    }
    return STACK[top][0];                 /* 返回计算结果 */
}
```

3.

① 递归算法:

```
int ACK(int m, int n)
{
    if(m==0)
        return n+1;
    if(m==0)
        return ACK(m-1, 1);
    return ACK(m-1,ACK(m, n-1));
}
```

② 非递归算法:

```
#define MaxSize        70000
int ACK(int m,int n)
{
    int SATCK[MaxSize],top=0;
    STACK[top]=m;
    STACK[top+1]=n;
    while(top>=0)
        if(STACK[top]>0)
            if(STACK[top+1]>0){
                STACK[top+2]=STACK[top+1]-1;
```

```
                        STACK[top+1] = STACK[top];
                        STACK[top] = STACK[top++]-1;
                    }
                else{
                    STACK[top] = STACK[top-1];
                    STACK[top+1] = 1;
                }
            else{
                STACK[top] = STACK[top+1]+1;
                top--;
            }
        returnSTACK[0];
    }
```

③ ACK(2,1) = STACK[0] = 5。

4.

```
#define MaxSize      10000
int GCD(int m,int n)
{
    int temp,STACK[MaxSize][2],top=0;
    STACK[top][0] = m;
    STACK[top][1] = n;
    while(STACK[top][1]! = 0)
        if(STACK[top][0]<STACK[top][1]){
            temp = STACK[top++][0];
            STACK[top][0] = STACK[top-1][1];
            STACK[top][1] = temp;
        }
        else{
            temp = STACK[top][0]%STACK[top++][1];
            STACK[top][0] = STACK[top-1][1];
            STACK[top][1] = temp;
        }
    return STACK[top][0];
}
```

5. **算法核心思想**：只需从左至右对表达式依次进行扫描。当扫描遇到左圆括号时将其进栈，当遇到右圆括号时，将栈顶的左圆括号退栈。表达式扫描结束时，若左、右圆括号匹配，则堆栈应该为空；若此时堆栈不为空，则说明表达式中左、右圆括号不匹配。（当然，还有更加简单的方法判断表达式中括号是否匹配，此略）

```
#define MaxSize      100                    /*定义表达式的最大长度*/
int PAIRBRACKET(char E[ ])
{
    char STACK[MaxSize];                    /*定义一个采用了顺序存储结构的堆栈*/
    int i=0,top=-1;
    while(E[i]! = '@'){                     /*若当前扫描未到表达式结束标志*/
        if(E[i] == '(')                     /*若当前扫描为左圆括号*/
```

```
            STACK[ ++ top] = E[i];              /* 则左圆括号进栈 */
        if(E[i] == ')')                         /* 若当前扫描为右圆括号 */
            if(top == - 1)
                return 0;
            top-- ;                             /* 则栈顶左圆括号退栈 */
        i++ ;                                   /* 准备扫描表达式的下一项 */
    }
    return top == - 1;                          /* 由栈空与否返回左、右圆括号匹配与否 */
}
```

6. **算法核心思想**：设 A 柱上最初的盘片总数为 n，汉诺塔问题的求解过程可以归纳如下。

若 n=1，则将这张盘片直接从 A 柱移到 C 柱上；否则，执行以下三步。

第一步：利用 C 柱作为辅助过渡，将 A 柱上的 n-1 张盘片先移到 B 柱上；

第二步：将 A 柱上剩余的 1 张盘片移到 C 柱上；

第三步：利用 A 柱作为辅助过渡，将 B 柱上的 n-1 张盘片移到 C 柱上。

当 n=4 时，求解过程如习题图 3 所示。

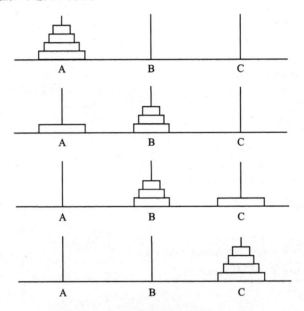

习题图 3　汉诺塔问题的求解过程示意

显然，这是一个递归求解的过程。利用这个求解方法，将移动 n 张盘片的汉诺塔问题归结为移动 n-1 张盘片的汉诺塔问题。与此类似，移动 n-1 张盘片的汉诺塔问题又归结为移动 n-2 张盘片的汉诺塔问题，……，最后，归结为只移动 1 张盘片的汉诺塔问题。问题就是这样解决的。根据这个思路，可得到求解汉诺塔问题的递归算法如下。

```
void HANOI(int n, char A, char B, char C)
{
    /* 借助汉诺塔 B 柱，将 n 张盘片从汉诺塔 A 柱移到汉诺塔 C 柱上 */
    if(n == 1)                                  /* 若初始时 A 柱上只有 1 张盘片 */
        MOVE(A, C);                             /* 直接将盘片从 A 柱移到 C 柱上 */
    else{
        HANOI(n-1, A, C, B);                    /* 将 A 柱上 n-1 张盘片移到 B 柱上 */
```

```
        MOVE(A，C)；                   /* 将 A 柱上最后 1 张盘片移到 C 柱上 */
        HANOI(n-1，B，A，C)；          /* 将 B 柱上 n-1 张盘片移到 C 柱上 */
    }
}
```

说明:算法中的函数 MOVE(X，Y)的功能是将 X 柱上的盘片移到 Y 柱上,具体实现过程此略。

7. **算法核心思想**:根据题目描述,该链接队列的示意如下:

在插入算法中,首先为被插入元素申请一个新的链结点空间,将被插入元素送新结点数据域;然后将新结点链接在队尾后面,成为新的队尾结点;最后修改队尾指针指向新的队尾。在删除算法中,先判断队列是否为空。若队列为空(此时链表中只有一个头结点),算法给出相应信息;若队列非空,删除当前队头元素,并将队头元素保存在 item 中。

插入算法:

```
void INSERT_CIRL(LinkList rear，ElemType item)
{
    LinkList p;
    p=( LinkList)malloc(sizeof(LNode));
    p->data=item;
    p->link=rear->link;rear->link=p;
    rear=p;                         /*  修改队列尾指针 */
}
```

删除算法:

```
DELETE_CIRL(LinkList rear，ElemType &item)
{
    LinkList p，q;
    if(rear->link==rear)            /* 队列为空 */
        EMPTYMESSAGE("队列为空");
    else{                           /* 队列非空 */
        p=rear->link;
        item=p->link->data;         /* 保存队头元素信息 */
        q=p->link;
        p->link=p->link->link;      /* 删除队头元素 */
        free(q);
    }
}
```

第 5 章

5-1

　1. B　　2. C　　3. A　　4. D　　5. C　　6. D　　7. A　　8. A　　9. B　　10. B

5-2

　1. **答**:广义表是线性表的一种扩展。当表中的元素都为原子元素时,它就是线性表。若表中包含有表元素时,它就不是线性表。但是,广义表属于线性结构,对于非空广义表,每个元素有且仅有一个直接前驱元素,有且仅有一个直接后继元素。

2. **答**:在广义表中,原子元素的深度为 0,空表的深度为 1,非空表的深度为表中具有最大深度的表元素的深度值加 1。

3. **答**:一个 m×n 阶矩阵 **A** 可以表示成 $\mathbf{A}=(\mathbf{R}_1,\mathbf{R}_2,\cdots,\mathbf{R}_m)$ 形式,其中,$\mathbf{R}_i(i=1,2,\cdots,m)$ 分别是由 n 个元素组成的行向量 $(r_{i1},r_{i2},\cdots,r_{in})$,从这个意义上说,**A** 是一个广义表。

5 - 3

1.

```
int ISSIMILAR(BSLinkList list1, BSLinkList list2)
{
    /* list1 与 list2 分别指向两个广义表 */
    int result = 0;
    if( (list1 == NULL) && (list2 == NULL) )          /* 若两个广义表都为空表 */
        result = 1;                                    /* 两个广义表结构相同 */
    else                                               /* 若两个广义表都为非空表 */
        if( (list1 != NULL) && (list2 != NULL) )
            if(list1 -> flag == list2 -> flag){
                switch(list1 -> flag){
                    case 0: result = ISSIMILAR(list1 -> link, list2 -> link);
                        break;
                    case 1: result = ISSIMILAR(list1 -> pointer, list2 -> pointer)
                        && ISSIMILAR(list1 -> link, list2 -> link);
                }
            }
    return result;                                     /* 返回结论 */
}
```

2.

```
int COUNTER(BSLinkList list)
{
    int m,n;
    if(list == NULL)
        return 0;
    else{
        if(list -> flag == 0)
            n = 1;
        else
            n = COUNTER(list -> pointer);
        if(p -> link != NULL)
            m = COUNTER(p -> link);
        else
            m = 0;
        return m + n;
    }
}
```

3.

```
int ISATOM(BSLinkList list, datatype item)
```

```
{    /* list 为指向广义表的指针,item 表示将要查找的原子元素  */
     int result = 0;
     while((result == 0) && (list! = NULL)){
         if(list->flag == 1)
             result = ISATOM(list->pointer,item);
         else
             result = list->data == item;
         list = list->link;
     }
     return result;                              /* 返回结论  */
}
```

<h2 style="text-align:center">第 6 章</h2>

6 - 1

1. **答**:在线性表中,除了第一个元素和最后那个元素之外,其他的数据元素有且仅有一个直接前驱元素,有且仅有一个直接后继元素。由串的定义可知,串中的数据元素(字符)满足这个条件,只是串中字符的取值范围受到限制,即只能取字符集合中字符。从逻辑上说,字符串仍然属于线性结构。

2. **答**:空串是不包含任何字符的串,其长度为 0,空格串是包含了空格字符的串,其长度不为 0,长度为串中所包含的空格字符的个数。

3. **答**:两个字符串相等的充分必要条件是两个字符串的长度相等,并且对应位置上的字符也相同。

4. **答**:长度为 n 的子串有 1 个,长度为 n−1 的子串有 2 个,……,长度为 1 的子串有 n 个,因此,长度为 n 的字符串的子串个数为 $1+2+\cdots+n=n(n+1)/2$ 个。

6 - 2

1. **算法核心思想**:算法中设置两个整型变量 i 和 j,初始时分别给出字符串第 1 个字符与末尾字符的位置,然后,i 从前向后变化,同时 j 从后向前变化,比较当前位置 i 上的字符与位置 j 上的字符是否相同,若不相同,则断定该字符串不是回文字符串;若相同,则 i 向后移动一个位置,同时 j 向前移动一个位置,继续重复上述比较,直到 i 与 j 相遇,断定该字符串是回文字符串。

```
int FS(char S, int n)
{
    int i = 0, j = n−1;
    while(i<j){
        if(S[i]! = S[j])              /* 当前对应字符不相同 *
            return 0;                 /* S 不是回文字符串  */
        i++ ;
        j−− ;
    }
    return 1;                         /* S 是回文字符串  */
}
```

2. **算法核心思想**:算法中用数组 C[0..n−1]记录串中出现的不同字符,同时,用数组 F[0..n−1]记录串中每一种字符出现的频度,初值均为 0(初始时频度为 0)。这两个数组的长度均与 S 相同,是考虑了极端情况下字符串 S 中各个字符均可能不相同。算法的参数表中定义的引用型参数 k 用以返回字符串 S 中不同字符的个数。

```
void FREQUENCY(char S[ ], char C[ ], int F[ ], int n,int &k)
{
```

```
        int i, j;
        if(n! = 0){
            C[0] = S[0];                            /* 初始时将 S 第 1 个字符送数组 C 中 */
            F[0] = 1;                               /* 置该字符出现的初始频度为 1 */
            k = 1;
            for(i = 1;i<n;i++)
                F[i] = 0;                           /* 其他字符初始频度均为 0 */
            for(i = 1;i<n;i++){
                for(j = 0;j<k && C[j]! = S[i];j++)    /* 查找不同字符 */
                    j++;
                if(j == k){
                    C[k] = S[i];                    /* 找到一个不同字符送数组 C 中保存 */
                    F[k]++;                         /* 该不同字符的频度增 1 */
                    k++;                            /* 不同字符的个数增 1 */
                }
            }
        }
    }
```

3.

```
    int LENS(StrLink S)
    {
        int len = 0;
        StrLink p = S;
        while(p! = 0){
            len++;
            p = p->link;
        }
        return len;
    }
```

4. **算法核心思想**:算法基本思想比较简单,只要设置两个指针变量 p 和 q,初始时它们分别指向两个字符串的第 1 个字符,然后依次比较当前 p 和 q 所指的字符是否相同,若不相同,则断言两个字符串不相等,算法返回 0,结束。若相同,p 和 q 同时指向各自字符串的下一个字符,继续比较,直至字符串的所有字符都比较完毕,且都相同,算法返回 1。

```
    int EQUALS(StrLink S, StrLink T)
    {
        StrLink p = S, q = T;
        while(p! = NULL && q! = NULL){
            if(p->data! = q->data)                /* 若当前 p 和 q 所指的字符不相同 */
                return 0;                         /* 两个字符串不相等 */
            p = p->link;
            q = q->link;
        }
        return 1;                                 /* 两个字符串相等 */
    }
```

5. **算法核心思想**:算法的基本思路非常简单,只需先找到 S 串的末尾字符所在的结点,然后将字符串 T 连接在 S 的末尾即可。换言之,将 T 指的链表链接在 S 所指的链表后面。

```
StrLink CONNECTS(StrLink S，StrLink T)
{
    StrLink p＝S；
    if(T!＝NULL){
        while(p－>link!＝NULL)          /＊找到 S 串的末尾字符所在的结点 ＊/
            p＝p－>link；
        p－>link＝T；                    /＊将字符串 T 接在 S 的末尾 ＊/
        return S；
    }
}
```

6. **算法核心思想**:根据题意,需要分两种情况考虑:① 当 i＝1 时(从 S 的第 1 个字符开始删除字符),只须从第一个字符开始依次删除连续的 k 个字符即可;② 当 i>1 时,首先找到 S 的第 i−1 个字符,然后从第 i 个字符开始依次删除连续的 k 个字符。删除字符的同时释放被删字符所在结点的空间。为了简化算法,这里假设 S 中存在被删除的字符。

```
StrLink DELSTR(StrLink S, int i, int k)
{
    StrLink p，q＝list；
    int j；
    if(i==1)
        for(j＝1;j<＝k;j++){              /＊从第 1 个字符开始依次删除 k 个字符 ＊/
            q＝S；
            S＝S－>link；                 /＊S 指向下一个字符 ＊/
            free(q)；                    /＊释放 q 所指的结点的存储空间 ＊/
        }
    else{
        for(j＝1;j<i−1;j++)              /＊找到 S 的第 i−1 个字符的位置(指针) ＊/
            q＝q－>link；
        for(j＝1;j<＝k;j++){             /＊从第 i 个字符点开始依次删除 k 个字符 ＊/
            p＝q－>link；
            q－>link＝p－>link；         /＊删除 p 所指的字符 ＊/
            free(p)；                   /＊释放 p 所指的结点的存储空间 ＊/
        }
    }
    return S；
}
```

第 7 章

7－1

1. A　　2. B　　3. C　　4. D　　5. C　　6. B　　7. D　　8. A　　9. A　　10. B

11. C　　12. D　　13. B　　14. B　　15. B　　16. C　　17. D　　18. B　　19. A　　20. C

21. A　　22. D　　23. B　　24. D　　25. B　　26. C　　27. A　　28. D　　29. D　　30. B

7－2

1. 5

2. 11

3. 95

4. $n-m+1$

5. $\lfloor \log_2 i \rfloor = \lfloor \log_2 j \rfloor$

6. D,C,B,F,G,E,A

7. B,F,G,D,E,C,A

8. 线索二叉树

9. 3

10. 4

7-3

1. **答**：若设 n_i 分别表示度为 i 的结点数目,则该树的叶结点总数为

$$n_2 + 2n_3 + 3n_4 + \cdots + (m-1)n_m + 1$$

该结论的推导过程如下。

设叶结点数目为 n_0,且结点总数为 n,有

$$n = n_0 + n_1 + n_2 + n_3 + n_4 + \cdots + n_m \qquad \qquad ①$$

设树的分支总数为 B,有

$$B = n - 1 \qquad \qquad ②$$

由于

$$B = n_1 + 2n_2 + 3n_3 + 4n_4 + \cdots + mn_m \qquad \qquad ③$$

联立关系式①、②和③,可得结论

$$n_0 = n_2 + 2n_3 + 3n_4 + \cdots + (m-1)n_m + 1$$

2. **答**：(1) m^{k-1}；   (2) $(m^h-1)/(m-1)$；   (3) $\lfloor (i+m-2)/m \rfloor$ $i \times m + j - m + 1$。

3. **答**：设满二叉树的深度为 h,结点个数 $n = 2^h - 1$,根据题意,$20 \leqslant 2^h - 1 \leqslant 40$,可得 $\log_2 21 \leqslant h \leqslant \log_2 41$。满足此不等式的整数 $h = \log_2 32 = 5$,由此可知,此二叉树有 $2^{h-1} = 2^4 = 16$ 个叶结点。

4. **答**：由于题目中没有明确指出该完全二叉树的深度,因此,完全二叉树的第 7 层有 10 个叶结点,有两种情况(见习题图 4):

第一种情况(深度为 7)   第 2 种情况(深度为 8)

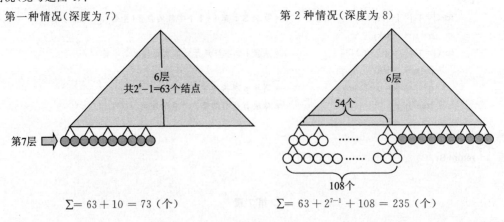

习题图 4

因此,该完全二叉树最多有 235 个结点。顺便说明,如果题目中明确指出了该完全二叉树的深度,如"已知深度为 7(或者 8)的完全二叉树的第 7 层有 10 个叶结点",则得到的结论就不同了。

5. **答**：可以。因为由中序遍历序列可以得到该完全二叉树的结点总数,根据结点总数可以得到完全二叉树的形状;然后,只要按照中序遍历的次序将中序遍历序列的结点数据信息依次放入结点即可。

6. **答**:二叉树的遍历操作是寻找二叉树中所有结点在某种次序下的排列顺序。如果每次寻找一个指定结点在某种顺序下的直接前驱结点或者直接后继结点都要对二叉树进行一次遍历,这会降低操作的效率。如果只进行一次遍历就把各结点的前驱和后继的信息记录在二叉树的存储结构中,寻找结点的直接前驱或者直接后继的效率就会大大提高。这就是对二叉树进行线索化的主要目的。

7. ① **答**:这种说法不正确。题目中的叙述完全符合习题图 5(a)所示的二叉树,但该二叉树并不是二叉排序树。

② **答**:这种说法不正确。对于习题图 5(b)所示的二叉排序树,若此时有数据信息为 60 的新结点要插入该二叉排序树,新结点不是插在叶结点下面,而是作为数据信息为 50 的根结点的右孩子插入二叉树中。

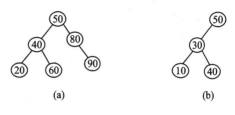

习题图 5

8. **答**:将一个新的结点插入二叉排序树时该结点都是处在叶结点位置。如果删除的结点是二叉排序树的叶结点,再将其插入该二叉排序树,所得到的新的二叉排序树与原来那棵二叉排序树相同,因为它不影响二叉树中其他结点之间的相互关系,它删除前在何处,重新插入后仍然在何处(叶结点位置)。但是,如果删除的结点不是二叉排序树的叶结点,此时二叉树中相关结点之间的关系可能会发生调整,从而导致二叉排序树的分裂,再将其插入该二叉排序树,所得到的新的二叉排序树与原来那棵二叉排序树是不相同的。

9. **答**:同样一组数据,采用"逐点插入法"建立二叉排序树时,如果元素的输入次序不同,可以得到不同的二叉排序树。因此,对于具有 n 个结点的二叉排序树,形状如完全二叉树或者理想平衡二叉树的二叉树具有最小深度,即 $h=\lfloor \log_2 n \rfloor +1$,而形状如单枝树(分支结点的度均为 1)的二叉排序树具有最大深度,即 $h=n$。

10. **答**:都可以。尽管在一些"数据结构"教材中,算法的实现都以根结点的关键码最小的作为左子树,关键码次小的作为右子树来构造哈夫曼树,而理论上或者实际手工构造哈夫曼树时并没有限制。

在构造哈夫曼树的过程中,合并后新构造出的二叉树的根结点的关键码与另一棵二叉树根结点的关键码相同,下一次选择根的关键码最小和次小时,一般都后选新构造出来的二叉树的关键码。

7 – 4

1. **证明**:设该二叉树的深度为 h,叶结点数目为 x,有 $x=2^{h-1}=2^h/2$。由于 $n=2^h-1$,得到 $2^h=n+1$,于是有 $x=(n+1)/2$。证毕

2. **解**:设结点总数为 n,有

$$n = n_0 + n_m \qquad ①$$

设分支总数为 B,有

$$B = n-1 \qquad ②$$

且有

$$B = mn_m \qquad ③$$

联立①、②和③,得

$$n_0 = (m-1) \times n_m + 1$$

3. **解**:

中序遍历序列:B,A,D,C,F,E

后序遍历序列:B,D,F,E,C,A

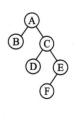

4. **解**:

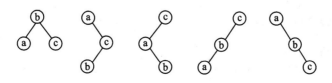

5. **解**:前缀形式为:$-+A\times BC/DE$。

6. **解**:前序遍历序列:A,B,C,E,G,D,F,H。(前序线索二叉树二叉链表略)。

7.

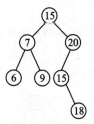

8. **解**:

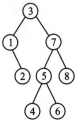

9. 将已知的前序遍历序列或者后序遍历序列按结点大小从小到大排序,得到该二叉排序树的中序遍历序列,根据该中序遍历序列和前序遍历序列或者后序遍历序列确定该二叉排序树。

10. **证明**:设哈夫曼树有 n 个结点。由于哈夫曼树没有度为 1 的结点,设 n_0 和 n_2 分别为叶结点和度为 2 的结点数目,有 $n=n_0+n_2$。根据二叉树的性质得 $n_2=n_0-1$,因此有 $n=2n_0-1$。若 B 表示哈夫曼树的分支数目,则有 $B=n-1=2n_0-1-1=2(n_0-1)$。证毕。

7－5

1.

```
#define MaxN    100                              /* MaxN>=M */
void PREORDER(datatype BT[ ],int M)
{
    int STACK[MaxN],i,top=-1;
    i=0;
    do{
        while(i<M && <BT[i]!=0){
            VISIT(BT[i]);                         /*访问结点 BT[i] */
            STACK[++top]=i;                       /* BT[i]的位置 i 进栈 */
            i=i*2+1;                              /*找到 BT[i]的左孩子的位置 */
        }
        i=STACK[top--];                           /*从堆栈中退出一个结点的位置 */
        i=i*2+2;                                  /*找到 BT[i]的右孩子的位置 */
    }while(!(((i==M || BT[i]==0) && top<0));
}
```

2.

```
int SIMILAR(BTREE T1, BTREE T2)
{
    if(T1==NULL && T2==NULL)                      /*两者都为空二叉树,相似 */
        return 1;
    if(T1!=NULL && T2!=NULL
            && SIMILAR (T1->lchild,T2->lchild)
```

```
            SIMILAR(T1->rchild,T2->rchild))
        return 1;                         /* 左子树与右子树分别都相似 */
    return 0;                             /* 二叉树不相似 */
}
```

3.

```
int EQUALBT(BTREE T1，BTREE T2)
{
    if(T1==NULL&&T2==NULL)               /* 两者都为空二叉树 */
        return 1;
    if(T1!=NULL&&T2!=NULL&&T1->data==T2->data
            &&EQUALBT(T1->lchild,T2->lchild)
            &&EQUALBT(T1->rchild,T2->rchild))
        return 1;                         /* 左子树与右子树分别都等价 */
    return 0;                             /* 二叉树不等价 */
}
```

4.

```
void RELEASE(BTREE &T)
{
    /* 利用后序遍历的递归算法删除二叉树并释放所有结点的空间 */
    if(T!=NULL){
        RELEASE(T->lchild);
        RELEASE(T->rchild);
        free(T);
    }
}
```

5. **算法核心思想**:这是一个利用二叉树的遍历操作的简单例子。下面的算法利用了前序遍历的非递归算法。在遍历过程中,每访问一个结点就判断该结点是否只存在一棵子树,同时记录满足该条件的结点数目。

```
typedef struct node{
    BTREE data;
    struct node * link;
}BLNode，* BLinkList;                      /* 定义链接堆栈的结构 */
int COUNT(BTREE T)
{   /* 利用前序遍历的非递归算法统计度为 1 的结点数目 */
    BTREE p=T;
    BLinkList q，top=NULL;
    int n=0;                              /* 记录度为 1 的结点数目 */
    if(T!=NULL)
        do{
            while(p!=NULL){
                if(p->lchild!=NULL&&p->rchild==NULL ||
                    p->rchild!=NULL&&p->lchild==NULL)
                    n++;                  /* 度为 1 的结点数目增 1 */
                q=(BLinkList)malloc(sizeof(BLNode));  /* 申请一个新的链结点 */
                q->data=p;
```

```
            q->link=top;
            top=q;                              /* 以上三条语句将 p 所指结点的地址进栈 */
            p=p->lchild;                        /* 将 p 移到其左孩子结点 */
        }
        p->top->data;                           /* 退栈 */
        q=top;
        top=top->link;
        free(q);
        p=p->rchild;                            /* 将 p 移到其右孩子结点 */
    }while(!(p==NULL && top==NULL));
    return n;                                    /* 返回度为 1 的结点数目 */
}
```

    6. 算法核心思想:这里,为了简化算法,假设每个结点的数据信息为一个十进制整数。根据定义,一个结点的祖先定义为根结点到该结点的双亲结点路径上的所有结点。因此,本题利用后序遍历二叉树的非递归算法达到目的。在遍历过程中,当找到满足条件的结点时,堆栈中依次保存的就是该结点的祖先结点。

```
#define NodeNum      100                        /* 定义二叉树中结点最大数目 */
void ANCESTOR(BTREE T, int item)
{
    BTREE STACK1[NodeNum],p=T;
    int STACK2[NodeNum],top=-1,flag;
    if(T!=NULL && T->data!=item)                /* 若二叉树不空且根结点不满足条件 */
        do{
            while(p!=NULL){
                STACK1[++top]=p;                /* 当前 p 所指结点的地址进栈 */
                STACK2[top]=0;                  /* 标志 0 进栈 */
                p=p->lchild;                    /* 将 p 移到其左孩子结点 */
            }
            p=STACK1[top];                      /* 栈 1 的顶结点(地址)退栈送 p */
            flag=STACK2[top--];                 /* 栈 2 的顶元素(标志)退栈送 flag */
            if(flag==0){
                STACK1[++top]=p;                /* 当前 p 所指结点的地址再次进栈 */
                STACK2[top]=1;                  /* 标志 1 进栈 */
                p=p->rchild;                    /* 将 p 移到其右孩子结点 */
            }
            else{
                if(p->data==item){              /* 若 p 所指结点满足条件 */
                    while(top!=-1)              /* 依次输出 p 所指结点的祖先 */
                        printf("%4d",STACK1[top--]->data);
                    break;                      /* 退出算法,结束 */
                }
                else
                    p=NULL;                     /* 置 p 为 NULL */
            }
        }while(!(p==NULL && top==-1));
}
```

7. **算法核心思想**：根据前序序列中的每一个结点在中序序列中位置大小（先后）的关系，利用"逐点插入法"依次将前序序列中的结点插入一棵二叉排序树中，该二叉树的二叉链表就是最后需要的结果。

```
int SEARCHPOS(datatype INOD[ ], int n, datatype item)
{
    int i;
    for(i = 0;i<n;i++)
        if(INOD[i] == item)
            return i+1;
}                                               /* 确定 item 在中序序列中的位置 */
void INSERTITEM(BTREE &T, datatype item)
{
    BTREE p,q;
    int ord;
    p = (BTNode)malloc(sizeof(BTREE));
    p->data = item;
    p->lchild = p->rchild = NULL;               /* 以上三条语句构造一个新的链结点 */
    if (T == NULL)
        T = p;
    else{
        ord = SEARCHPOS(INOD,n,item);           /* 确定 item 在中序序列中的位置 */
        q = T;
        while(1)
            if (ord<SEARCHPOS(INOD,n,q->data))   /* 确定 q->data 在中序序列中的位置 */
                if (q->lchild! = NULL)
                    q = q->lchild;
                else{
                    q->lchild = p;
                    break;
                }                               /* 将新结点插入左子树中 */
            else
                if (q->rchild! = NULL)
                    q = q->rchild;
                else{
                    q->rchild = p;
                    break;
                }                               /* 将新结点插入右子树中 */
    }
}
BTREE BUILDTREE(datatype PREOD[ ], int n)
{
    BTREE T = NULL;
    int i;
    for(i = 0;i<n;i++)
        INSERTITEM(T, PREOD[i]);                /* 依次将前序序列中的元素插入二叉树 */
    return T;
}
```

8. 算法核心思想:本题采用按层次遍历二叉树的方法。由完全二叉树的定义可知,若某结点无左孩子结点,则它一定无右孩子结点。因此,在对二叉树进行按层次遍历过程中,在判断该特性的同时,该结点的所有后继结点(可能该结点还存在右子树)均不进队列,使得在后面的遍历中不会处理这些结点。为此,设置两个标志变量 flag 和 comflag,flag 为 1 表示结点的左、右孩子均存在,flag 为 0 表示结点无左孩子;遍历结束时 comflag 标记该二叉树是否为完全二叉树。

```
#define NodeNum     100                              /*定义二叉树中结点最大数目 */
int TESTCOMTREE(BTREE T)
{
    BTREE QUEUE[NodeNum],p;
    int front,rear,flag=1, comflag=1;
    if(T!=NULL){                                     /*若二叉树不空 */
        QUEUE[0]=T;                                  /*根结点(地址)进队 */
        front=-1;                                    /*队头指针置初值-1 */
        rear=0;                                      /*队尾指针置初值0 */
        while(front<rear){                           /*若队列不空 */
            p=QUEUE[++front];                        /*退出队头元素(地址)送p */
            if(p->lchild==NULL){                     /* p 的左孩子结点为空 */
                flag=0;                              /*置标志 flag 为 0 */
                if(p->rchild!=NULL)                  /* p 的右孩子结点不空 */
                    comflag=0;                       /*置标志 comflag 为 0 */
            }
            else{                                    /* p 的左孩子结点不空 */
                comflag=flag;
                QUEUE[++rear]=p->lchild;/        * p 的左孩子结点(地址)进队 */
                if(p->rchild!=NULL)
                    QUEUE[++rear]=p->rchild;    /* p 的右孩子结点(地址)进队 */
                else
                    flag=0;
            }
        }
    }
    return comflag;                                  /* comflag 记录是否为完全二叉树 */
}
```

9. 算法核心思想:若根结点 T 就是要找的结点 p,则返回 T 所在的层次;否则,先递归到 T 的左子树中查找 p,若找到,返回结点 p 在由 T 指的子树中的层次;若未找到,再递归到 T 的右子树中查找 P。当没找到 p,算法返回 0。

```
int LEVEL(BTREE T, BTREE p, int d)
{
    int subtreelevel;
    if(T==NULL)
        return 0;
    if(T==p)
        return d;
    if((subtreelevel=LEVEL(T->lchild, p, d+1))>0)   /* 在左子树中找到 */
        return subtreelevel;                         /* 返回 p 所在子树的层次 */
```

```
else
        return LEVEL(T->rchild, p, d+1);                    /*在右子树中找到*/
}
```

10. **算法核心思想**:算法分为两部分,这两部分都分别用到了二叉树的遍历操作。约定:第一部分利用二叉树的前序遍历的非递归算法(当然,递归算法也可以),在二叉树中确定满足条件的结点是否存在,若存在这样的结点,则调用第二个算法;在第二个算法中利用后序遍历的递归算法(非递归算法也可以),确定以满足条件的结点为根结点的子树的深度。

```
#define NodeNum        100
int GET_SUB_DEPTH(BTREE T, datatype item)
{
    /*T为二叉树根结点所在链结点的地址,本算法主要确定满足条件的结点是否存在*/
    BTREE STACK[M], p=T;
    int top=-1;
    if(T!=NULL)
        do{
            while(p!=NULL){
            if(p->data==item)
                return GET_DEPTH(p);                  /*找到满足条件的结点,求子树的深度*/
            STACK[++top]=p;                            /*当前p指向结点的地址进栈*/
            p=p->lchild;                               /*将p移到其左孩子结点*/
            }
            p=STACK[top--];                            /*退栈*/
            p=p->rchild;                               /*将p移到其右孩子结点*/
        }while(!(p==NULL&&top==-1));
        return 0;
}
int GET_DEPTH(BTREE p)
{   /*p为满足条件的结点的地址,本子算法求以满足条件的结点为根结点的子树的深度*/
    int m, n;
    if(!p)
        return 0;
    else{
        m=GET_DEPTH(p->lchild);
        n=GET_DEPTH(p->rchild);
        return (m>n? m:n)+1;
    }
}
```

11. **算法核心思想**:本题可以利用按层次遍历算法来实现。在遍历过程中,访问一个结点的操作即为输出该结点的数据信息(这里,假设每个结点的数据信息为一个整数)。

```
#define NodeNum        100                      /*定义二叉树中结点最大数目*/
void LAYERORDER(BTREE T)
{   /*T为二叉树根结点所在链结点的地址*/
    BTREE QUEUE[M],p;
    int front,rear;
```

```
    if(T! = NULL){
        QUEUE[0] = T;
        front = -1;                                    /* 队头指针赋初值 */
        rear = 0;                                       /* 队尾指针赋初值 */
        while(front<rear){                              /* 若队列不空 */
            p = QUEUE[++front];                         /* 退出队头元素(结点地址)送p */
            printf("%d",p->data);                       /* 输出当前p所指结点的数据信息 */
            if(p->rchild! = NULL)
                QUEUE[++rear] = p->rchild;              /* p所指结点的左孩子的地址进队 */
            if(p->lchild! = NULL)
                QUEUE[++rear] = p->lchild;              /* p所指结点的右孩子的地址进队 */
        }
    }
}
```

12. **算法核心思想**:算法比较简单,只需利用二叉树的遍历操作就能达到目的。下面给出的算法利用了二叉树的前序遍历的非递归算法(递归算法也可以,其他遍历操作也可以)。在遍历过程中,当某结点的指针p进栈,并且左移至p的左孩子时,如果该左孩子非空,则按照题目要求打印左孩子的数据信息。

```
#define NodeNum    100                                 /* 定义二叉树中结点最大数目 */
void PRINTLEFT(BTREE T)
{   /* T为二叉树根结点所在链结点的地址 */
    BTREE STACK[M],p=T;
    int top = -1;
    if(T! = NULL)
        do{
            while(p! = NULL){
                STACK[++top] = p;                      /* 当前p指向结点的地址进栈 */
                p = p->lchild;                         /* 将p移到其左孩子结点 */
                if(p! = NULL)
                    PRINT(p->data);                    /* 打印某结点的左孩子结点的信息 */
            }
            p = STACK[top--];                          /* 退栈 */
            p = p->rchild;                             /* 将p移到其右孩子结点 */
        }while(!(p==NULL && top == -1));
}
```

13. **算法核心思想**:若T所指的结点的左孩子或者右孩子是p指的结点,则说明p的双亲结点是T,否则,递归到T的左子树或者右子树中继续查找,直到查找成功。

```
BTREE PARENT(BTREE T, BTREE p)
{
    if(T == NULL)
        return NULL;
    if(T->lchild==p || T->rchild==p)
        return T;                                      /* 找到p的双亲结点 */
    p = PARENT(T->lchild);                             /* 递归到T的左子树查找 */
    if(p! = NULL)
        return p;
```

```
    else
        return PARENT(p->rchild);              * 递归到 T 的右子树查找 * /
}
```

14. **算法核心思想**:利用二叉树的前序遍历的非递归算法解决该问题。在遍历过程中,当访问一个结点时,判断该结点的左孩子或者右孩子是否是 q 指结点,若是,返回该结点的左孩子或者右孩子的位置即可。

```
BTREE FINDBROTHER(BTREE T,BTREE q)
{
    / * T 为二叉树根结点所在链结点的地址 * /
    BTREE STACK[M],p=T;
    int top=(1;
    do{
        while(p! = NULL){
            if(p->lchild == q)
                return p->rchild;
            if(p->rchild == q)
                return p->lchild;                  / * 访问当前 p 指的结点 * /
            STACK[++ top]=p;                        / * 当前 p 指结点的地址进栈 * /
            p=p->lchild;                            / * 将 p 移到其左孩子结点 * /
        }
        p=STACK[top--];                             / * 退栈 * /
        p=p->rchild;                                / * 将 p 移到其右孩子结点 * /
    }while(p! = NULL||top! = -1);
}
```

15. **算法核心思想**:由于遍历序列中的某结点在该序列中的直接前驱和直接后继的信息只能在对二叉树进行遍历的过程中得到,因此,本题通过在中序遍历过程中修改空的指针域的方法实现对二叉树的线索化。算法思想比较简单。设置一个指针变量 prior 用以记录前一次访问过的结点的地址。在遍历过程中,当访问一个结点时作判断:

① 若本次访问结点的左指针域为空,则令它指向 prior 所指结点,即本次访问结点的左指针域中,地址为线索,置标志为 0;否则,本次访问结点的左指针域中,地址为指向孩子结点的指针,置标志为 1。

② 若 prior 所指结点的右指针域为空,则让它指向本次访问的结点,即 prior 所指结点的右指针域为线索,置标志为 0;否则,prior 所指结点的右指针域中,地址为指向孩子结点的指针,置标志为 1。

算法最终返回所建立的线索二叉树的头结点指针 HEAD。

```
#define NodeNum    100              / * 定义二叉树中结点最大数目 * /
TBTREE INTHREAD(TBTREE T)
{
    TBTREE HEAD,p=T,prior,STACK[NodeNum];
    int top=-1;
    HEAD=(TBTREE)malloc(sizeof(TBNode)); / * 申请线索二叉树的头结点空间 * /
    HEAD->lchild=T;                     / * 头结点的左指针域指向二叉树的根结点 * /
    HEAD->rchild=HEAD;                  / * 头结点的右指针域指向头结点自己 * /
    HEAD->lbit=1;
    HEAD->rbit=1;                       / * 以上 5 条语句建立线索二叉树的头结点 * /
    prior=HEAD;                         / * 设中序序列的第 1 个结点的"前驱"为头结点 * /
    do{
```

```
while(p! = NULL){
    STACK[++ top] = p;              /* p 所指结点的地址进栈 */
    p = p->lchild;                  /* p 移到左孩子结点 */
}
p = STACK[top--];                   /* 栈顶结点的地址出栈送 p */
if(p->lchild == NULL){              /* 若本次访问结点的左孩子为空 */
    p->lchild = prior;              /* 本次访问结点的左指针指向前一次访问结点 */
    p->lbit = 0;                    /* 本次访问结点的左标志域置 0(表示地址为线索) */
}
else
    p->lbit = 1;                    /* 本次访问结点的左标志域置 1(表示地址为指针) */
    if(prior->rchild == NULL){      /* 若前一次访问的结点的右孩子为空 */
        prior->rchild = p;          /* 前一次访问结点的右指针指向本次访问结点 */
        prior->rbit = 0;            /* 前一次访问结点的右标志置 0(表示地址为线索) */
    }
    else
        prior->rbit = 1;            /* 前一次访问结点的右标志置 1(表示地址为指针) */
    prior = p;                      /* 记录本次访问结点的地址 */
    p = p->rchild;                  /* p 移到右孩子结点 */
} while( !(p == NULL && top == -1));
prior->rchild = HEAD;               /* 设中序序列的最后结点的后继为头结点 */
prior->rbit = 0;                    /* prior 所指结点的右标志置 0(表示地址为线索) */
return HEAD;                        /* 返回建立的中序线索二叉树的头结点指针 */
}
```

16. **算法核心思想**:由于对二叉排序树进行中序遍历可以得到一个按值有序排列的中序序列,因此,可以利用中序遍历的非递归算法实现题目的要求。在遍历过程中,当访问一个结点时,只需判断该结点的值是否大于前一次被访问结点的值(算法中用变量 priordata 记录该值),若否,则可断言该二叉树不是二叉排序树;若整个遍历过程中均未出现否的情况,则可断言该二叉树是二叉排序树。

```
#define NodeNum    100              /* 定义二叉树中结点最大数目 */
int TESTSORTTREE(BTREE T)
{
    BTREE STACK[NodeNum],p = T;
    int top = -1;
    datatype priordata = MinValue;  /* 假设 MinValue 为最小值 */
    if(T! = NULL){                  /* 若二叉树不空 */
        do{
            while(p! = NULL){
                STACK[++ top] = p;  /* 当前 p 所指的结点(地址)进栈 */
                p = p->lchild;      /* p 移到左孩子结点 */
            }
            p = STACK[top--];       /* 栈顶结点(地址)退栈送 p */
            if(p->data<priordata)   /* 若被访问结点小于前一次被访问结点 */
                return 0;           /* 二叉树不是二叉排序树,算法结束 */
            priordata = p->data;    /* 保存当前被访问结点的值 */
            p = p->rchild;          /* p 移到右孩子结点 */
```

```
        }while(!(p==NULL && top==-1));
    }
    return 1;                            /*断言二叉树是二叉排序树 */
}
```

17.

```
typedef struct node{
    int data;                            /* 数据域 */
    struct node * lchild, * rchild;      /* 指向左、右子树的指针域 */
} * BTREE;
void SORTTREE(BTREE T, int item)
{
    BTREE  p=T;
    while(p! = NULL){
        if(p->data==item)
            break;                       /* 查找结束  */
        if(p->data<item){
            printf("%d  ",p->data);
            p=p->rchild;                 /* 将 p 移到右子树的根结点 */
        }
        else{
            printf("%d  ",p->data);
            p=p->lchild;                 /* 将 p 移到左子树的根结点 */
        }
    }
}
```

18. **算法基本思想:** 本题宜采用二叉树的后序遍历的非递归算法完成。在遍历过程中,当访问一个叶结点时,将该叶结点的数据域值(该叶结点的权值)与该叶结点的路径长度(当前栈顶指针值加 1)相乘,并进行 WPL 值的累加。遍历结束时便求得该哈夫曼树的 WPL。

```
#define MaxNum    50                    /*定义二叉树中结点最大数目 */
int POSTORDER_WPL(BTREE T)
{   /*T 为二叉树根结点所在链结点的地址 */
    BTREE STACK1[MaxNum], p=T;
    int STACK2[MaxNum], flag, top=(1;
    WPL=0;
    if(T! = NULL)
        do{
            while(p! = NULL){
                STACK1[++top]=p;         /* 当前 p 指结点的地址进栈 */
                STACK2[top]=0;           /* 标志 0 进栈 */
                p=p->lchild;             /* 将 p 移到其左孩子结点 */
            }
            p=STACK1[top];
            flag=STACK2[top--];          /* 退栈 */
            if(flag==0){
                STACK1[++top]=p;         /* 当前 p 指结点的地址再次进栈 */
                STACK2[top]=1;           /* 标志 1 进栈 */
```

```
            p=p->rchild;                    /*将 p 移到其右孩子结点 */
        }
        else{
            if(p->lchild==NULL && p->rchild==NULL)    /* p 指结点为叶结点 */
                WPL=WPL+p->data*(top+1);
            p=NULL;
        }
    }while(!(p==NULL && top== -1));
    return WPL;
}
```

第 8 章

8-1

1. C   2. A   3. D   4. D   5. A   6. B   7. A   8. D   9. B   10. C

11. B   12. D   13. C   14. A   15. C   16. C   17. D   18. B   19. D   20. B

21. A   22. D   23. C   24. A   25. B   26. C   27. C   28. D   29. B   30. D

8-2

1. 答:对于无向图,所有顶点的度数之和等于边数的 2 倍,这是因为一条边与两个顶点关联,在计算顶点度数时做了重复计算。对于有向图,所有顶点的出度之和等于入度之和,出度之和或者入度之和等于边数。

2. 答:具有 n 个顶点的强连通图至少有 n 条边,这 n 条边依次将 n 个顶点首尾相接构成一个环的形状。

3. 答:设图中顶点数为 x。根据图中顶点与边之间的关系 $\sum_{i=1}^{x} TD(v_i) = 2e$ 可得到如下关系:

$$3 \times 4 + 4 \times 3 + (x-3-4) \times 2 \geqslant 2 \times 16$$

得到 x≥11,因此,该无向图至少有 11 个顶点。

4. 答:该无向图的边数就是邻接矩阵中上三角形部分的非零元素的个数。若顶点 i 和顶点 j 之间存在边,则邻接矩阵中第 i 行第 j 列的元素为 1,否则为 0。计算顶点 i 的度只需统计邻接矩阵的第 i 行(或者第 i 列)非零元素的个数即可。

5. 答:一般情况下,采用邻接矩阵存储图需要一个一维数组存储顶点的数据信息和一个二维数组(称之为邻接矩阵)存储边或弧的信息,因此,空间复杂度为 $O(n^2)$,与图中边或弧的数量无关,可见邻接矩阵适合存储稠密图;而采用邻接表需要分别将以某顶点为出发点的所有边对应的边结点链接为一个线性链表,同时用一个一维数组存储图中顶点的数据信以及指向以该顶点为出发点的第一条边对应的边结点的指针,因此,空间复杂度为 $O(n+e)$,可见图中边(或弧)数越少需要的存储空间就越少,因此,邻接表比较适合存储稀疏图。

6. 答:导致遍历序列不唯一的主要因素有以下几点:遍历的出发顶点不同以及采用的遍历方法不同。另外,如果图采用不同存储结构也是导致遍历序列不唯一的因素之一,即使采用同一种存储结构,如果信息的存放位置不同,存储结果也是不同的。

7. 答:如果带权连通图中各条边上的权值互不相同,则具有最小权值和次小权值的边一定在最小生成树中,具有第三小权值的边不一定在最小生成树中,这要看它与具有最小和次小权值的边是否构成回路。如果带权连通图中有多条具有最小或者次小权值的边,且构成了回路,则会有一部分具有最小或者次小权值的边可能不在最小生成树中,具有第三小权值的边就更不一定了。

8. 答:源点到图中其他各顶点的所有最短路径构成一棵生成树,该生成树一般情况下不是该图的最小生成树。最小生成树是在考虑图中的所有顶点构成的生成树中总的权值为最小的前提下求得的,而最短路径则只是考虑两个顶点之间的路径上的权值之和最小,并且最短路径构成的生成树与源点有关。

9. 答:在拓扑排序算法中,堆栈用来保存入度为 0 的顶点,使用队列同样可以实现这种要求,只是拓扑排序过程中输出入度为 0 的顶点的次序不同而已。

10. **答**:不一定。即使各个事件的最早开始时间与最晚开始时间都相等,但由于各条边上权值不同,会导致各个活动的最晚开始时间不同,不是所有活动的最晚开始时间减去最早开始时间都为 0,所以,有可能有些活动不是关键活动。

8－3

1. **证明**:设 G 的顶点数目为 n,边的数目为 e,所有顶点的度之和为 m。由 G 中顶点的度的最小值大于或等于 2 可知 m≥2n。由于无向图的一条边涉及两个顶点,于是,有 e＝m/2≥n。由此可知 G 至少有 n 条边。如果 G 是生成树,则生成树应该包含 G 的全部顶点、仅包含 G 的 n－1 条边,且无回路。由前提条件和 G 的边数至少为 n 的结论可知 G 中必然存在回路。证毕。

2. **证明**:如果无向图的边数达到最大,则图中每一个顶点必然与其余的 n－1 个顶点都分别存在一条边,即图中邻接每个顶点的边数均为 n－1,总的边数为 n(n－1)。由于对于无向图而言,有 $(v_i, v_j) = (v_j, v_i)$,因此,达到的 a 最大边数为 n(n－1)/2。证毕。

3. **证明**:只要求出达到最多 28 条边的无向连通图中的顶点数目,然后在该无向图中仅添加一个与其他顶点无关联的顶点便得到具有最少顶点数目的非连通无向图。

由于具有 n 个顶点的无向图的边数所能达到的最大值为 n(n－1)/2,即有 n(n－1)/2＝28,即 $n^2 - n - 56 = 0$,得到 n＝8。因此,具有最多 28 条边的连通图具有 8 个顶点,具有最多有 28 条边的非连通无向图至少有 9 个顶点(因为只需在该连通图中加 1 个顶点得到的图就不是连通图了)。证毕。

4. **解**:邻接表为

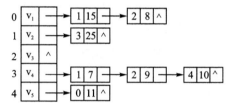

顶点 v_1 的入度为 1,出度为 2,度为 3。
顶点 v_2 的入度为 2,出度为 1,度为 3。
顶点 v_3 的入度为 2,出度为 0,度为 2。
顶点 v_4 的入度为 3,出度为 1,度为 4。
顶点 v_5 的入度为 1,出度为 1,度为 2。

5. **解**:深度优先序列:A、C、B、D、E。
　　　广度优先序列:A、C、E、B、D。

6. **解**:该带权连通图有两棵最小生成树,分别如下:

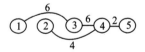 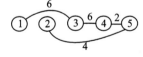

7. **解**:例如,对于下图左所示的带权连通图,从顶点 1 出发的最小生成树如下图右所示,而从顶点 1 到顶点 3 的最短路径为 1→3,不是最小生成树中的 1→2→3。

8. **解**:

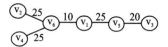

9. 解:按照此该方法求得的路径不一定是顶点 v 至顶点 u 之间的最短路径。例如,对于习题图 6 所示的带权图,如果按照此方法求得 a 到 c 的最短路径是 a→b→c,而事实上,a 到 c 的最短路径是 a→d→c。

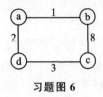

习题图 6

10. 解:

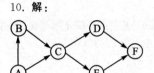

拓扑序列:

A, B, C, D, E, F   A, B, C, E, D, F

11. 解:

① 活动 $a_i (i=1,2,\cdots,14)$ 的最早开始时间 e 与最晚开始时间 1 分别如下:

e	0	0	5	6	6	9	9	9	12	12	16	14	13	19
1	4	0	9	6	6	9	13	13	13	12	17	14	17	19
	1	2	3	4	5	6	7	8	9	10	11	12	13	14

② 关键活动分别为 a_2、a_4、a_5、a_6、a_{10}、a_{12}、a_{14},存在两条关键路径,分别如下:

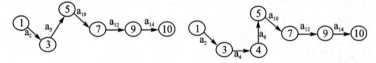

8 - 4

1. 算法核心思想:算法的第一部分是根据依次输入的 n 个顶点的信息建立邻接表的 n 个顶点结点;第二部分则是以顶点偶对的形式依次输入一条边,每接收一条边的信息,先分别确定构成该边的两个顶点在顶点结点中的位置 $i(0 \leqslant i \leqslant n-1)$,然后根据该位置分别将构造的新的边结点插入相应链表中。这里,如果每次都将新的边结点插入链表的第 1 个边结点之前,会使算法更简单。

```
int CHECK(Vlink G[ ], int n, vertype v)
{    /* 确定顶点 v 在顶点结点中的位置 */
    int i;
    for(i=0;i<n;i++)
        if(G[i].vertex == v)
            return i;
}
void ADJLIST(Vlink G[ ],int n,int e)
{
    int k,i,j;
    vertype vi,vj;
    Elink * p;
    for(k=0;k<n;k++){
        G[k].vertex = READ(vi);
        G[k].link = NULL;
    }                                    /* 建立邻接表的顶点结点 */
    for(k=0;k<e;k++){
        READ(vi,vj);                      /* 输入一条边(一个顶点偶对) */
```

```
        i = CHECK(vi);                              /*确定顶点 vi 在顶点结点中的位置 */
        j = CHECK(vj);                              /*确定顶点 vj 在顶点结点中的位置 */
        p = (Elink * )malloc(sizeof(ELink));        /*申请一个新边结点 */
        p->adjvex = j;
        p->next = G[i].link;
        G[i].link = p;                              /*在第 i+1 个链表的第 1 个边结点前插入新边结点 */
        p = (Elink * )malloc(sizeof(ELink));        /*申请一个新的边结点 */
        p->adjvex = i;
        p->next = G[j].link;
        G[j].link = p;                              /*在第 j+1 个链表的第 1 个边结点前插入新边结点 */
    }
}
```

2.

```
#define MaxVNum    100
void CHANGE2(VLink G[ ], int n, vertype V[ ], int A[ ][MaxVNum])
{   /* A[0..n-1][0..n-1]为邻接矩阵,V[0..n-1]分别存放顶点的数据信息 */
    ELink * p, * r;
    int i, j;
    for(i = 0;i<n;i++){
        G[i].vertex = V[i];
        G[i].link = NULL;                           /*顶点结点的两个域分别置初值 */
        for(j = 0;j<n;j++)                          /*依次建立邻接表的 n 个链表 */
            if(A[i][j]! = 0){
                p = (ELink * )malloc(sizeof(ELink)); /*申请一个边结点空间 */
                p->adjvex = j;
                p->next = NULL;
                if(G[i].link == NULL)               /*将边结点插入链表 */
                    G[i].link = p;
                else
                    r->next = p;
                r = p;
            }
    }
}
```

3.

```
#define MaxVNum 100
void CHANGE3(VLink G[ ], int n, vertype V[ ], int A[ ][MaxVNum])
{   /* A[0..n-1][0..n-1]为邻接矩阵,V[0..n-1]分别存放顶点的数据信息 */
    int i,j;
    ELink * p;
    for(i = 0;i<n;i++){                             /*依次处理邻接表的 n 个链表 */
        V[i] = G[i].vertex;
        for(j = 0;j<n;j++)                          /*邻接矩阵置初值 */
            if(i == j)
                A[i][j] = 0;                        /*置初值 0 */
```

```
            else
                A[i][j] = MaxValue;                    /* 置初值∞ */
            p = G[i].link;                             /* p首先指向某链表的第1个链结点 */
            while(p! = NULL){
                A[i][p->adjvex] = p->weight;
                p = p->next;                           /* p移至第i个链表当前结点的下一个结点 */
            }
        }
    }
```

4.

```
void DEG(int A[][3], int n, int e, int D[])
{   /* 各顶点的度分别记录在数组 D[0..n-1]中 */
    int i;
    for(i = 0; i < n; i++)
        D[i] = 0;                                      /* 各顶点的度清0 */
    for(i = 1; i <= e; i++){                           /* 分别统计各顶点的度 */
        D[A[i][0]-1]++;
        D[A[i][1]-1]++;
    }
}
```

5. **算法核心思想**：算法中首先设置了三个整型数组，其中，ID[0..n-1]用以分别记录各顶点的入度，OD[0..n-1]用以分别记录各顶点的出度，D[0..n-1]用以分别记录各顶点的度，前两个数组初始值均置为 0。然后依次扫描 n 个链表，在处理第 i 个链表时，只需从该链表的第 1 个边结点开始从前向后获取边结点 adjvex 域值，并将当前边结点 adjvex 域值指示的数组元素 ID[adjvex]增 1，同时统计顶点 v_i 的出度。最后计算出各顶点的度。

```
void INDEGREE(VLink G[], int n, D[])
{
    int i, k;
    ELink * p;
    for(i = 0; i < n; i++){
        ID[i] = 0;                                     /* ID 数组初始化 */
        OD[i] = 0;                                      /* OD 数组初始化 */
    }
    for(i = 0; i < n; i++){
        k = 0;
        p = G[i].link;                                 /* 获取第i个链表第1个边结点指针 */
        while(p! = NULL){
            k++;                                        /* 顶点 $v_i$ 的出度值增1 */
            IND[p->adjvex]++;                          /* 顶点 $v_{p->adjvexd}$ 的入度值增1 */
            p = p->next;                                /* p指向下一个边结点 */
        }
        OD[i] = k;                                      /* 顶点 $v_i$ 的出度 */
    }
    for(i = 0; i < n; i++)
```

```
        D[i] = ID[i] + OD[i];                    /* 计算顶点 vi 的度 */
}
```

6. **算法核心思想**：根据题意，图中存在将要被删除的有向边<u,v>。为此，先在邻接表的顶点结点（数组）中分别确定该有向边两个顶点在邻接表中的位置；然后在相应链表边结点的 adjvex 域中找到满足条件的边<u,v>，并将其从链表中删除。

```
void DELETEE(VLink G[ ], int n, vertype u, vertype v)
{
    ELink * p, * q, * r;
    int upos,vpos,i;
    if(i = 0;i<n;i++){                           /* 分别确定边的两个顶点在邻接表中的位置 */
        if(G[i]. vertex == u)
            upos = i;                            /* 记录出发顶点在邻接表中的位置 */
        if(G[i]. vertex == v)
            vpos = i;                            /* 记录终止顶点在邻接表中的位置 */
    }
    p = G[upos].link;                            /* 初始时,p 指向相应链表的第 1 个边结点 */
    while(p! = NULL)
        if(p->adjvex == vpos){                   /* 找到满足条件的边 */
            if(p == G[upos].link)                /* 若被删除边结点是链表的第 1 个结点 */
                G[upos].link = p->next;          /* 删除 p 所指的边结点 */
            else                                 /* 若被删除边结点不是链表的第 1 个结点 */
                q->next = p->next;               /* 删除 p 所指的边结点 */
            r = p;
            p = p->next;                         /* p 移到下一个边结点 */
            free(r);                             /* 释放被删除边结点的空间 */
            break;                               /* 算法结束 */
        }
        else{
            q = p;                               /* 保存 p 所指结点的直接前驱结点的位置 */
            p = p->next;                         /* p 移到下一个边结点 */
        }
}
```

7. **算法核心思想**：根据题意，首先在邻接表的顶点结点（数组）中分别确定该有向边<u,v>的两个顶点在邻接表中的位置（算法中分别用 upos 和 vpos 记录该位置），然后在 u 对应的链表中根据不同情况进行如下处理：

① 若 u 对应的链表为空，则申请一个新的边结点，然后将新的边结点插入该链表（把新的边结点作为该链表的第 1 个边结点插入）；

② 若 u 对应的链表中已经存在有向边<u,v>，则只需修改该有向边对应的边结点的权值即可；

③ 根据 v 在顶点结点中的位置与边结点中 adjvex 域的值的大小关系确定插入的新边结点在链表中的位置，然后将新的边结点插入链表中。

```
void INSERTEDGE(VLink G[ ], int n, vertype u, vertype v, int weight)
{
    ELink * p, * q, * r;
    int upos,vpos,i;
```

```
    if(i=0;i<n;i++){                    /* 分别确定边的两个顶点在邻接表中的位置 */
        if(G[i].vertex==u)
            upos=i;                     /* 记录出发顶点在邻接表中的位置 */
        else
            if(G[i].vertex==v)
                vpos=i;                 /* 记录终止顶点在邻接表中的位置 */
    }
    if(G[upos].link==NULL){             /* 若 u 对应的链表为空表 */
        q=(ELink *)malloc(sizeof(ELink));  /* 申请一个新的边结点 */
        q->adjvex=vpos;
        q->weight=weight;
        q->next=NULL;
        G[upos].link=q;                 /* 新的边结点作为链表的唯一结点插入 */
    }
    else{
        p=G[upos].link;                 /* p 指向 u 对应链表的第 1 个边结点 */
        while(p!=NULL){                 /* 若链表非空 */
            if(p->adjvex==vpos){        /* 若链表中已经存在有向边<u,v> */
                p->weight=weight;       /* 仅修改权值 */
                break;                  /* 退出循环,算法结束 */
            }
            if(vpos<p->adjvex){         /* 若链表中不存在<u,v>,并已找到插入位置 */
                q=(ELink *)malloc(sizeof(ELink)); /* 申请一个新的边结点 */
                q->adjvex=vpos;
                q->weight=weight;
                q->next=p;              /* 将 p 指向的边结点插入到新的边结点后面 */
                if(p==G[upos].link)
                    G[upos].link=q;     /* 新的边结点插在该链表的最前面 */
                else
                    r->next=q;          /* 新的边结点插在 p 指向结点(指针为 r)的前面 */
                return;
            }
            r=p;                        /* 记录 p 指向边结点的前驱边结点 */
            p=p->next;                  /* 将 p 指向下一个边结点 */
        }
    }
}
```

第 9 章

9-1

1. A   2. C   3. D   4. C   5. B   6. A   7. B   8. D   9. C   10. C

11. D   12. D   13. C   14. C   15. A   16. B   17. C   18. B   19. D   20. C

21. B   22. C   23. D   24. B   25. C   26. C   27. A   28. B   29. A   30. A

9-2

1. **答:**对于线性表而言,折半查找法只适用于元素按值大小排列的顺序表。根据折半查找法的思想,当前查找范围位置居中的元素的位置是通过将当前查找范围的首、尾位置相加后除以 2 计算得到的,而对于按值大小有序链接的线性链表,由于链结点的地址(位置)是系统随机分配的,不能够按照这个方法计算出位置居中的链结点的位置(地址),因此,折半查找法不适合于链表的查找。

2. 答:对于具有 n 个结点的判定树,其深度为$\lfloor \log_2 n \rfloor + 1$。最好的情况下,只需比较一次,即查找的结点为判定树的根结点。最坏的情况下,经过$\lfloor \log_2 n \rfloor + 1$次比较到达判定树的最下一层结点。平均情况下,折半查找的平均时间复杂度为 $O(\log_2 n)$。

3. 答:从结构上说,B一树与 B+树的主要区别在于:第一,只有 B一树的每个分支结点给出了该分支结点包含的关键字值的个数;第二,B一树中每个分支结点除了包含若干关键字值外,还包含指向这些关键字值对应记录的指针(几乎所有"数据结构"教材中都未显式地标出这些指针),而 B+树只有叶结点包含了指向关键字值对应记录的指针;第三,B一树只有一个指向根结点的入口指针,而 B+树有两个入口指针,其中一个指向根结点,另一个指向最左边的叶结点,即指向关键字值最小的那个叶结点(所有叶结点被链接一个线性链表)。

4. 答:最多要访问 $\log_{\lceil m/2 \rceil}((n+1)/2) + 1$ 个结点。

5. 答:这种说法不正确,同义词在表中的位置不一定相邻。因为当发生冲突的下一个散列位置是空闲时,同义词在表中的位置是相邻的;若发生冲突的下一个散列位置在此前已被分配,此时同义词在表中的位置会不相邻。

6. 答:因为在链地址法中,待比较的关键字都是具有相同散列地址的关键字;而在开放地址法中,待比较的关键字既包括相同散列地址的关键字,也包括散列地址不相同的关键字,往往后者比前者还多。一般情况下,在查找过程中采用开放地址法比采用链地址法所进行的关键字之间的比较次数要多;但是,链地址法比开放地址法所需要的存储空间的开销要大,这是因为每个链指针都要占用存储空间的缘故。

7. 答:至少要进行 $0+1+2+3+\cdots+(n-1) = n(n-1)/2$ 次探测。因为,散列表初始为空,第 1 次向散列表中插入关键字时无冲突,无须进行探测;第 2 次向散列表中插入关键字时出现冲突,需要探测一次;第 3 次向散列表中插入关键字时也出现冲突,需要探测两次;依次类推。因此,至少要进行 $n(n-1)/2$ 次探测。

8. 答:开放地址法。优点是当问题规模较小时节省存储空间。二次探测法可以避免出现"聚集"现象;缺点是为了减少散列冲突,要求装填因子 α 较小,当问题规模较大时浪费存储空间。线性探测法容易产生"聚集",而二次探测法不容易探测到整个散列空间。删除元素不能简单地将被删除元素的存储空间置为空,只能在被删除元素上做删除标记,因而不是真正意义上的删除元素,否则将会截断在它之后进入散列表的同义词的查找路径。

再散列法。优点是不容易产生"聚集"现象,缺点是需要准备多个散列函数(构造一个好的散列函数并非轻而易举的事情,更何况要构造多个散列函数),增加了计算时间。

链地址法。优点是方法简单,不会产生"聚集"现象,非同义词之间不会发生冲突,因此平均查找长度较短。由于链表的空间动态申请,比较适合造表前难以确定散列表长度的情况。相对于开放地址法,由于可取 $\alpha \geq 1$,当问题规模较大时,链表中的指针域可以忽略不计,节省存储空间。另外,删除结点的操作比较容易实现。与其他方法相比,其缺点是指针需要占用一定的空间。

9. 答:采用线性探测再散列法处理冲突容易产生聚集的原因是确定"下一个"空的位置的距离太小,使得散列表中某个区域聚集较多元素,如果采用二次探测再散列法则可以拉大"下一个"空的位置的距离,使得冲突的元素尽可能分散在表的各个区域,从而减少聚集。

10. 答:时间复杂度不是判断查找方法效率高低的唯一指标,在实际应用中,采用何种查找方法需要综合考虑。散列查找法的查找速度快,但需要构造散列函数,并且设计处理冲突的方法;折半查找法要求查找表中元素按值有序,并且查找表必须采用顺序存储结构,元素排序操作的时间开销较大;虽然顺序查找法时间效率低,但对查找表无要求,在数据量较小的情况下使用比较方便。

9-3

1. 解:平均查找长度 $(ASL) = \sum_{i=1}^{n} i \times p_i = \sum_{i=1}^{n} i \times \frac{1}{2^i} = 2 - \frac{n+2}{2^n}$。

2. **解:**

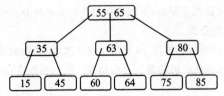

3. 解：

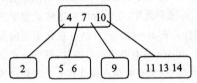

4. 解：

H(17)＝4（发生冲突）　　　D1＝(4＋1) MOD 7＝5（不冲突）

H(27)＝6（发生冲突）　　　D1＝(6＋1) MOD 7＝0（不冲突）

得到的散列表如下

0	1	2	3	4	5	6
27	15		10	45	17	20

5. 解： 通过该散列函数计算出各关键字的散列地址如下

H(37)＝4　H(25)＝3　H(14)＝3　H(36)＝3　H(49)＝5　H(68)＝2　H(57)＝2　H(11)＝0

得到的散列表为

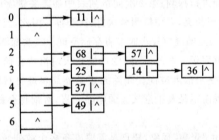

查找成功的 ASL＝(1＋1＋2＋1＋2＋3＋1＋1)/8＝1.5。

6. 解： 由于

$$\alpha = \frac{\text{散列表中实际存入的元素数}}{\text{散列表的长度 } m}$$

得到散列表长度

$$m = \frac{\text{散列表中实际存入的元素数}}{\alpha} = \frac{7}{0.5} = 14$$

于是，利用除留余数法构造出的散列函数为

$$H(k) = k \text{ MOD } 13$$

根据此散列函数将序列中各关键字值插入到散列表后表的状态如下

0	1	2	3	4	5	6	7	8	9	10	11	12	13
26	64						33	47	59			25	38

7. 解： 得到的散列表和平均查找长度 ASL 分别如下

0	1	2	3	4	5	6	7	8	9	10
22	66	41	8	30	53	46	1	31		

ASL=(4×1+2×2+1×3+1×4+1×5)/9=20/9=2.22。

8. ① 根据 α＝散列表中存入的元素数 n/散列表的长度 m 得到散列表的长度 m＝18,取质数 p＝17,因此,利用除留余数法构造出来的散列函数应该为

$$H(k)=k \text{ MOD } 17$$

说明:利用上述散列函数计算出来的地址范围为[0,16],因此,17 这个散列地址实际上一开始是不可能用该散列函数计算出来的,而只可能在后面处理散列冲突时到达这个地址。

② 依次将序列中各关键字值插入到散列表以后,表的状态为

0	1	2	3	4	5	6	7	8	9	10	11	12	13	14	15	16	17
51	68	33	37	18				42	26	25			64			16	50

9－4

1.

```
int SEQSEARCH1(int A[ ],int n,int k,int i)
{
    if(i>n)
        return −1;                          /＊查找失败 ＊/
    if(A[i]==k)
        return i;                           /＊查找成功 ＊/
    return SEQSEARCH1(A,n,k,i+1);
}
```

2. **算法核心思想**:查找时先从线性表的表头元素开始向后依次扫描。

```
int SEQSEARCH2(int A[ ], int n, int k)
{
    int temp, i=0;
    while(A[i]!=k && i<n)
        i++;                                /＊查找满足条件的元素 ＊/
    if(i<n){
        temp=A[i];
        A[i]=A[i−1];
        A[i−1]=temp;
        return i;                           /＊查找成功 ＊/
    }
    else
        return 0;                           /＊查找失败 ＊/
}
```

3. **算法核心思想**:先利用折半查找法找到被插入元素 k 的合适位置,然后将表的最后那个元素至该合适位置之间的所有元素(包括最后那个元素与合适位置的那个元素)都依次后移一个位置,最后将被插入元素 k 插入到该位置,同时修改表的长度加 1。

```
void INSERT(ElemType A[ ], int &n, ElemType k)
{
int j,low=1,high=n,mid;
while(low< =high){                          /＊利用折半查找法查找合适位置 ＊/
    mid=(low+high)/2;                        /＊计算当前查找部分的中间位置 ＊/
```

```
    if(k<A[mid])
        high = mid - 1;                          /* 准备查找前半部分 */
    else
        low = mid + 1;                           /* 准备查找后半部分 */
    }
    for(j = n;j >= low;j-- )                      /* 相关元素依次后移一个位置 */
        A[j + 1] = A[j];
    A[low] = k;                                   /* 将被插入元素 k 插入合适位置 */
    n++ ;                                         /* 表的长度加 1 */
}
```

第 10 章

10-1

1. B　　2. B　　3. A　　4. D　　5. C　　6. C　　7. D　　8. B　　9. A　　10. D

11. C　　12. A　　13. B　　14. B　　15. D　　16. C　　17. D　　18. C　　19. A　　20. D

21. C　　22. B　　23. C　　24. B　　25. A　　26. A　　27. A　　28. C　　29. A　　30. D

10-2

1. 答:当元素的初始排列已经按值有序排列时,泡排序法最省时间,对于长度为 n 的序列,只需进行 n-1 次元素之间的比较,而不需要移动元素。此时,快速排序法最费时间,因为它采用了分治法,递归了 n 次,元素之间的比较次数达到 n(n-1)/2,而元素的移动次数达到 O(n²)。

2. 答:不一定是,因为后续的排序过程中可能还有更小的元素会插入到它的前面。

3. 答:最小递归深度为⌊log₂n⌋+1,最大递归深度 n。

4. 答:可以不用设置堆栈而采用其他机制。因为快速排序法经过一次划分(一趟排序)以后,分界元素将待排序的那些元素分成前后两个部分,如果这两个部分的长度都超过 1,则在下一次划分(排序)中先处理其中的那一个部分,这个先后次序无关紧要,而设置某种机制只是决定处理的先后次序而已。

5. 答:堆积中各个元素之间的关系可以表示成一棵完全二叉树形式,通常情况下都是将堆积中的元素存储在一个一维数组中,但不能由此说堆积是一个线性结构。

6. 答:该结果是采用了泡排序法排序得到的。若选择排序法每一趟排序选择一个最大值元素,该最大值元素只需要与待排序的最后那个元素交换位置,而不需要改变其他元素的位置,显然,从上述结果可以看出不是如此。上述结果符合起泡排序的规律。

7. 答:如果借助二叉树来描述,(小顶)堆积是一棵完全二叉树,二叉树中任意分支结点的值均小于或等于其左孩子和右孩子(若右孩子存在)的值。堆积中值最大的元素对应的结点一定是叶结点,否则,该结点必定有大于它的孩子结点,这与(小顶)堆积的定义矛盾;因此,值最大的元素对应的结点只能作为叶结点出现在二叉树的最下面两层中的一层中。

8. 答:因为选择排序法的每一趟排序都是从当前待排序的所有元素中查找一个值最小(或最大)的元素;而堆积排序法的每一趟排序虽然也是从当前待排序的所有元素中查找一个值最小(或最大)的元素,但是,其查找过程却是在各子树已经成为堆积的基础上对根结点进行筛选(采用树形查找)而实现的,比较的路线仅仅是从根结点到某个叶结点(最多到该叶结点)的那一条路径(该路径之外的其他元素不参加比较),即只比较了当前待排序的那些元素中的一部分元素,比较的次数要比选择排序法少。

9. 答:插入排序法、泡排序法、二路归并排序法和基数排序法为稳定性排序方法,选择排序法、谢尔排序法、快速排序法和堆积排序法为非稳定性排序方法。

10-3

1. **算法核心思想**:采用选择排序法,将原算法中的判断条件 if(K[j]<K[d])改为 if(K[j]>K[d])即可。

void SELECTSORT(keytype K[ ], int n)

```
{
    int i,j,d;
    keytype temp;
    for(i=1;i<=n-1;i++){
        d=i;                          /* 假设最大值元素为待排序元素的第 1 个元素 */
        for(j=i+1;j<=n;j++)
            if(K[j]>K[d])
                d=j;                  /* 寻找真正值最大元素,记录其位置 d */
        if(d!=i){                     /* 当最大值元素非第 1 个元素时 */
            temp=K[d];
            K[d]=K[i];
            K[i]=temp;                /* 最大值元素与待排序的第 1 个元素交换位置 */
        }
    }
}
```

2.

```
#define MaxN 1000
void QUICKSORT(keytype K[ ], int n)
{
    keytype temp;
    int buf[MaxN][2],i,j, pos=-1,left=1,right=n;
                                      /* 数组 buf 用以保存下一趟排序范围的起始和末尾位置 */
    while(1){
        i=left;                       /* K[left]为分界元素 */
        j=right;
        while(1){                     /* 每一趟排序从这里开始 */
            do i++; while(i!=right && K[left]>K[i]);
            do j--; while(j!=left && K[left]<K[j]);
            if(i<j){
                temp=K[i];
                K[i]=K[j];
                K[j]=temp;
            }                         /* 以上三条交换元素 K[i]与 K[j]的内容 */
            else break;
        }
        temp=K[left];
        K[left]=K[j];
        K[j]=temp;                    /* 以上三条交换元素 K[left]与 K[j]的内容 */
        if(j-1<=left && j+1>=right){   /* 被分成的前后两部分都不足两个元素 */
            if(pos==-1)
                break;                /* 保存排序首、尾位置的数组为空,排序结束 */
            left=buf[pos][0];          /* 获取新的排序范围的起始位置 */
            right=buf[pos--][1];       /* 获取新的排序范围的末尾位置 */
        }
        else
            if(j-1>left && j+1<right){  /* 若被分成的前后两部分都超过一个元素 */
```

```
                buf[ ++ pos][0] = j + 1;
                buf[pos][1] = right;          /* 保存排序后边部分的首、末位置 */
                right = j - 1;
            }
            else if(j + 1 >= right)            /* 若只有被分成的前部分超过一个元素 */
                right = j - 1;
            else                               /* 若只有被分成的后部分超过一个元素 */
                left = j + 1;
        }
    }
```

3. **算法核心思想**:向一个(大顶)堆积中插入一个新的元素时,先假设已将该元素插入到堆积的末尾,即堆积最后那个元素的后面(需要修改堆积的长度 n)。由于在原有堆积上插入一个新的元素以后,可能会使以该元素的双亲结点为根结点的子树不成为堆积,因此需要进行调整使之成为一个堆积。

调整的方法比较简单。若新元素大于其双亲结点的值,则交换它与双亲结点的位置。新元素换到双亲结点的位置后使以该位置为根的子树成为堆积,但新元素有可能还大于此位置的双亲结点的值,从而使上一层以该双亲结点为根的子树不成为堆积,为此还需要按照上述方法继续进行调整。如此从下至上进行,直到以新位置的双亲结点为根的子树成为堆积,或者将新的元素调整到堆顶。此时得到的整个二叉树成为一个新的堆积。

```
void INSHEAP(keytype K[ ], int &n, keytype item)
{
    int i,j;
    n++ ;                      /* 堆积的长度 n 增 1 */
    i = n;                     /* i 指向待调整元素的位置,初始指向新元素 */
    while(i! = 1){
        j = i/2;               /* j 为位置 i 的结点的双亲结点的位置 */
        if(item <= K[j])
            break;             /* 退出循环 */
        K[i] = K[j];           /* 将元素 K[j]下(后)移到当前 K[i]的位置 */
        i = j;                 /* 改变调整元素的位置为其双亲位置 */
    }                          /* 此循环语句调整二叉树为一个新的堆积 */
    K[i] = item;               /* 将新元素调整到最终位置,调整结束 */
}
```

从算法中不难看到,算法的运行时间主要取决于 while 循环语句的执行次数,它等于新的元素向双亲结点的位置逐层上移的次数,而该次数最多等于整棵二叉树的深度减1,因此,算法的时间复杂度为 O(logn),其中,n 为堆积的大小。

4. **算法核心思想**:选择排序法的基本思想是每一趟排序从当前未排好序的元素中选择一个值最小的元素,然后将其与当前未排好序的那些元素的第1个元素交换位置。

按照这个思想,第1趟排序前,未排序的结点为头结点后面的那个结点至链表的最后那个结点。此时先假设这些结点的第1个结点值最小(用 q 指向值最小结点,其前驱结点用 s 指出),然后从第2个结点(用 p 指向该结点,其前驱结点用 r 指出)开始到链表的最后那个结点,依次将 p 所指结点与 q 所指结点进行比较。若 p 所指结点的值小于 q 所指结点的值,则将 s 改为 r,将 q 改为 p,否则不改变 s 与 q 的指向(始终保持 q 指向值最小结点,s 指向其前驱结点)。经过如此处理,可知值最小结点由 q 指出,此时只需将该结点与当前未排序的那些结点的第1个结点交换位置(若值最小结点为当前未排序的那些结点的第1个结点,则不必进行此交换动作)。到此,第1趟排序结束(找到了第1个值最小结点,并且将其链接到了头结点后面)。下一趟排序只须从头结点后面的第 2 个结点开始重复上述过程完成下一趟排序。以此类推,直到整个排序结束。

需要说明的是,当找到值最小结点时不能像通常那样交换结点的位置,也不能改变两个结点的数据域值,只能通过改变指针的方式将值最小结点链结到链表前面相应的位置。

```
void SELLINKSORT(LinkList list)
{
    LinkList p, q, r, s, save;              /* list 指向头结点  */
    save = list;
    while(save->link! = NULL){
        q = save->link;
        r = q;
        p = q->link;
        while(p! = NULL){
            if(p->data<q->data){
                s = r;
                q = p;
            }
            r = p;
            p = p->link;
        }                                   /* 寻找值最小结点与其前驱结点  */
        if(q! = save->link){                /* 若值最小结点不是未排序结点的第 1 个结点  */
            s->link = q->link;
            q->link = save->link;
            save->link = q;
        }                                   /* 将值最小结点与前面一个链结点交换位置  */
        save = q;
    }
}
```

5. **算法核心思想**:算法从头结点后面的第 2 个链结点(假设该链结点由 p 指出)开始进行第 1 趟插入排序(此时要记录下一趟排序的起始位置,即 p 所指的链结点的下一个链结点的地址,算法中用 save 记录该位置),然后再从 p 所指的链结点的左边那个链结点开始,从右往左寻找插入 p 所指链结点的合适位置。当找到这个合适位置以后,将 p 所指的链结点插入到这个位置,到此第 1 趟排序结束。然后将 p 修改为新的起点(本趟排序前保存在 save 中的位置),开始新的一趟排序。如此下去,直到整个排序结束。

```
void INSLINKSORT(DLinkList list)
{
    DLinkList p, q, r, save;                /* list 指向头结点  */
    p = list->rlink->rlink;                 /* 从头结点后面第 2 个结点开始插入  */
    while(p! = list){
        q = p->llink;                       /*q 指向本趟排序比较的起始位置  */
        save = p->rlink;
        r = save;                           /* 保存下一趟排序插入的开始位置  */
        while(q! = list && p->dada<q->data){
            if(r == save){
                r->llink = q;
                q->rlink = r;
            }
```

```
            r = q;
            q = q - >llink;
        }                               / * 寻找插入位置 * /
        if(r! = save){
            r - >llink = p;
            q - >rlink = p;
            p - >llink = q;
            p - >rlink = r;             / * 将 p 指结点插在 q 指结点与 r 指结点之间 * /
        }
        p = save;                       / * p 指向新的一趟排序时被插入结点的位置 * /
    }
}
```

6. **算法核心思想**：这里，假设数组的第 1 个元素至第 i 个元素的值都小于 0，第 j 个元素至第 n 个元素的值都大于 0。从左至右依次检查数组的第 k(k=i+1,i+2,…,j−1)个元素，若第 k 个元素的值小于 0，则 i 先加 1，然后交换第 i 个元素与第 k 个元素的值，最后 k 加 1；若第 k 个元素的值大于 0，则 j 先减 1，然后交换第 j 个元素与第 k 个元素的值；若第 k 个元素的值等于 0，则只做 k 加 1。

```
void EXCHANGE(int A[ ], int n)
{
    int i = 0, j = n+1, k, temp;
    while(i<n && A[i+1]<0)   i ++ ;
    while(j>1 && A[j−1]>0)   j −− ;
    k = i + 1 ;
    while(k<j){
        if(A[k]<0){
            i ++ ;
            temp = A[k];
            A[k] = A[i];
            A[i] = temp;                / * 交换 A[k] 与 A[i] 的值 * /
            k ++ ;
        }
        else
            if(A[k]>0){
                j −− ;
                temp = A[k];
                A[k] = A[j];
                A[j] = temp;            / * 交换 A[k] 与 A[j] 的值 * /
            }
            else
                k ++ ;
    }
}
```

7. **算法核心思想**：首先找出已知矩阵 A[0..m][0..n]每一行中最小值元素，分别将它们存放于一维数组 MINA[0..MaxM−1]中，同时将这些最小值元素所在行号分别存放于一维数组 ROW[0..MaxM−1]中；然后采用某种排序方法(本题采用了插入排序法)对数组 MINA 中元素按值从小到大进行排序，数组 ROW 中的元素随数组 MINA 中元素位置的变动而变动；最后根据数组 ROW 提供的位置将已知矩阵的一行元素分别存放于一个临时数组 B[0..m][0..n]的合适一行中。

```
#define MaxM      100                    /*定义矩阵的最大行数 */
#define MaxN      100                    /*定义矩阵的最大列数 */
void SORTROW(int A[ ][MaxN], int m, int n)
{
    int MINA[MaxM], ROW[MaxM ], B[MaxM][MaxN], i, j, d, temp1, temp2;
    for(i=0;i<m;i++){
        ROW[i]=i;                        /*在 ROW[i]中记录该行最小值元素所在行号 i */
        d=0;                             /*d记录最小值元素的位置,假设第1个元素最小 */
        for(j=1;j<n;j++)
            if(A[i][j]<A[i][d])
                d=j;
            MINA[i]=A[i][d];             /*保存一行中最小值元素 */
                                         /*分别找出每一行中最小值元素 */
    }
    for(i=0;i<m;i++){
        temp1=MINA[i];
        temp2=ROW[i];
        j=i-1;
        while(j>-1 && temp1<MINA[j]){
            MINA[j+1]=MINA[j];
            ROW[j+1]=ROW[j--];
        }
        MINA[j+1]=temp1;
        ROW[j+1]=temp2;
    }                                    /*以上采用插入排序法对 m 个最小元素排序 */
    for(i=0;i<m;i++)
        for(j=0;j<n;j++)
            B[i][j]=A[ROW[i]][j];        /*根据 ROW 将 A 的一行元素存放于 B 的一行中 */
    for(i=0;i<m;i++)
        for(j=0;j<n;j++)
            A[i][j]=B[i][j];             /*数组 A[0..m][0..n]为最终结果 */
}


8.
#define MaxN    1000
void COUNTSORT(keytype K[ ], int n)
{
    keytype C[MaxN];
    int i, j, B[MaxN];
    for(i=1;i<=n;i++){
        B[i]=0;
        for(j=1;j<=n;j++)
            if (K[j]<K[i])
                B[i]++;
    }                                    /*统计比 K[i]小的元素的个数存于 B[i]中 */
    for(i=1;i<=n;i++)
```

```
        C[B[i]+1]=K[i];                    /* 排序结果暂时在 C[1]至 C[n]中 */
     for(i=1;i<=n;i++)
        K[i]=C[i];
}
```

9. **算法核心思想**：在算法中设置 3 个位置变量 i,j 和 s,其中 j 表示当前元素的位置,并约定位置 i 之前的元素均为红色,位置 s 之后的元素均为蓝色,这样,根据位置 j 上元素的颜色将其交换到序列的前部或者后部。

```
typedef enum {RED, WHITE, BLUE} color;
void HOLLANDFLAG (color K[ ], int n)
{
     int i, j, s;
     color temp;
     i=1; j=1; s=n;
     while (j<=s)
        switch (K[i]){
           case RED:
               temp=K[i];
               K[i++]=k[j];
               K[j++]=temp;                /* 交换 K[i]与 K[j]的位置 */
               break;
           case WHITE:
               j++;
               break;
           case BLUE:
               temp=K[j];
               K[j]=K[s];
               K[s--]=temp;                /* 交换 K[j]与 K[s]的位置 */
        }
}
```

参考文献

1　麦中凡. 程序设计技术. 北京:高等教育出版社,1987.

2　[美]萨拉·巴斯. 计算机算法:设计和分析引论. 朱洪,等译. 上海:复旦大学出版社,1985.

3　唐发根,刘又诚. 数据结构教程. 北京:北京航空航天大学出版社,1996.

4　唐发根. 数据结构. 北京:科学出版社,1998.

5　唐发根. 数据结构教程. 2 版. 北京:北京航空航天大学出版社,2005.

6　殷人昆. 数据结构(用面向对象方法与 C++描述). 北京:清华大学出版社,1999.

7　严蔚敏,吴伟民. 数据结构(C 语言版). 北京:清华大学出版社,1997.

8　许卓群. 数据结构. 北京:中央广播电视大学出版社,2001.

9　薛超英. 数据结构学习指导与题解. 武汉:华中科技大学出版社,2002.

10　彭波. 数据结构教程. 北京:清华大学出版社,2004.

11　张铭,赵海燕,王腾蛟. 数据结构与算法——学习指导与习题解析. 北京：高等教育出版社,2005.

12　Horowitz E, Sahni S. Fundamentals of Data Structures. London：Pitman Publishing Limited，1976.

13　Wirth N. Algorithms＋Data Structures＝Programs. New Jersey：Prentice Hall,Inc,1976.